从零开始学 C++

明日科技 编著

全国百佳图书出版单位

化学工业出版社

·北京·

内容简介

本书从零基础读者的角度出发，通过通俗易懂的语言、丰富的实例，循序渐进地让读者在实践中学习C++编程知识，并提升自己的实际开发能力。

全书共分为6篇20章，内容包括初识C++、第一个C++程序、数据类型、运算符与表达式、条件判断语句、循环语句、函数、数组、指针与引用、构造数据类型、面向对象编程、类和对象、继承与派生、模板、STL标准模板库、文件操作、RTTI与异常处理、网络通信、图书管理系统、网络五子棋等。书中知识点讲解细致，侧重介绍每个知识点的使用场景，涉及的代码给出了详细的注释，可以使读者轻松领会C++程序开发的精髓，快速提高开发技能。同时，本书配套了大量教学视频，扫码即可观看，还提供相关程序的源文件，方便读者实践。

本书适合C++初学者、软件开发入门者自学使用，也可用作高等院校相关专业的教材及参考书。

图书在版编目（CIP）数据

从零开始学C++ / 明日科技编著． —北京：化学工业出版社，2022.3

ISBN 978-7-122-40452-7

Ⅰ．①从… Ⅱ．①明… Ⅲ．①C语言－程序设计 Ⅳ．①TP312

中国版本图书馆CIP数据核字（2022）第013325号

责任编辑：耍利娜　张　赛　　文字编辑：林　丹　吴开亮
责任校对：宋　玮　　装帧设计：尹琳琳

出版发行：化学工业出版社（北京市东城区青年湖南街13号　邮政编码100011）
印　　装：大厂聚鑫印刷有限责任公司
787mm×1092mm　1/16　印张23¼　字数568千字　2022年7月北京第1版第1次印刷

购书咨询：010-64518888　　售后服务：010-64518899
网　　址：http://www.cip.com.cn
凡购买本书，如有缺损质量问题，本社销售中心负责调换。

定　　价：99.00元

版权所有　违者必究

前言

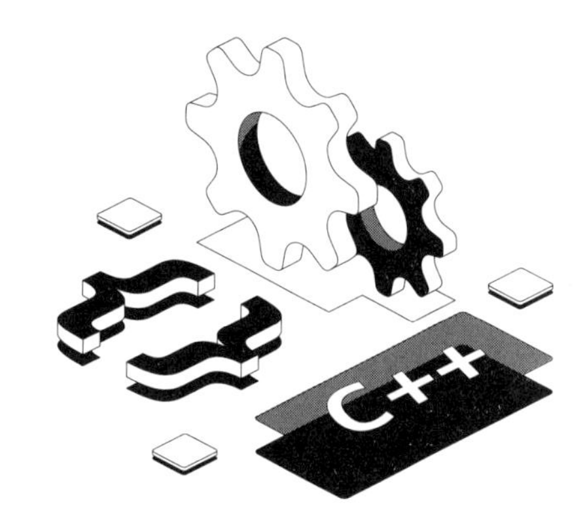

C++ 是一门面向对象的编程语言，主要用于系统程序设计。它既可以进行以抽象数据类型为特点的基于对象的程序设计，也可以进行以集成和多态为特点的面向对象的程序开发。C++ 具有在计算机上高效运行的实用性特征，受到广大编程人员的青睐，同时也是编程初学者的首选编程语言。

本书内容

本书包含了学习 C++ 编程开发的各类必备知识，全书共分为 6 篇 20 章内容，结构如下。

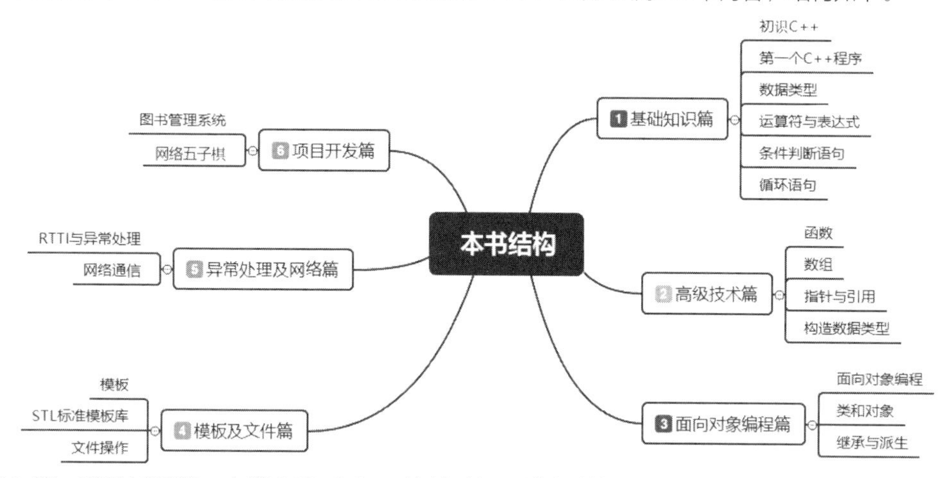

第 1 篇：基础知识篇。本篇主要对 C++ 的基础知识进行详解，包括初识 C++、第一个 C++ 程序、数据类型、运算符与表达式、条件判断语句、循环语句等内容。

第 2 篇：高级技术篇。本篇主要讲解 C++ 的高级技术，包括函数、数组、指针与引用、构造数据类型等内容。

第 3 篇：面向对象编程篇。本篇主要讲解 C++ 的核心编程思想——面向对象编程，包括面向对象编程、类和对象、继承与派生等内容。

第 4 篇：模板及文件篇。本篇主要介绍 C++ 的常用模板以及文件操作函数，包括模板、STL 标准模板库、文件操作等内容。

第 5 篇：异常处理及网络篇。本篇学习 C++ 出现错误怎么处理以及更高级的网络通信，包括 RTTI 与异常处理以及网络通信等内容，通过本篇还将学习了解网络套接字的使用。

第 6 篇：项目开发篇。学习编程的最终目的是进行开发，解决实际问题。本篇通过图书管理系统和网络五子棋两个不同类型的项目，讲解如何使用所学的 C++ 知识开发项目。

本书特点

☑ **知识讲解详尽细致**。本书以零基础入门学员为对象，力求将知识点划分得更加细致，讲解更加详细，使读者能够学必会，会必用。

☑ **案例侧重实用有趣**。通过实例讲解是最好的编程学习方式，本书在讲解知识时，通过有趣、实用的案例对所讲解的知识点进行解析，让读者不只学会知识，还能够知道所学知识的真实使用场景。

☑ **思维导图总结知识**。每章最后都使用思维导图总结本章重点知识，使读者能一目了然地回顾本章知识点，以及重点需要掌握的知识。

☑ **配套高清视频讲解**。本书资源包中提供了同步高清教学视频，读者可以通过这些视频更快速地学习，感受编程的快乐和成就感，增强进一步学习的信心，从而快速成为编程高手。

读者对象

☑ 初学编程的自学者
☑ 大中专院校的老师和学生
☑ 做毕业设计的学生
☑ 程序测试及维护人员
☑ 编程爱好者
☑ 相关培训机构的老师和学员
☑ 初、中、高级程序开发人员
☑ 参加实习的“菜鸟”程序员

读者服务

为了方便解决本书中的疑难问题，我们提供了多种服务方式，并由编者团队提供在线技术指导和社区服务，服务方式如下：

√ 企业 QQ：4006751066
√ QQ 群：465817674
√ 服务电话：400-67501966、0431-84978981

本书约定

开发环境及工具如下：

√ 操作系统：Windows7、Windows 10 等。
√ 开发工具：Visual Studio 2019（Visual Studio 2015 及 Visual Studio 2017 等兼容）。

致读者

本书由明日科技 C++ 程序开发团队组织编写，主要人员有李菁菁、王小科、申小琦、赵宁、何平、张鑫、周佳星、王国辉、李磊、赛奎春、杨丽、高春艳、冯春龙、张宝华、庞凤、宋万勇、葛忠月等。在本书编写过程中，编者以科学、严谨的态度，力求精益求精，但疏漏之处仍在所难免，敬请广大读者批评指正。

感谢您阅读本书，零基础编程，一切皆有可能，希望本书能成为您编程路上的敲门砖。

祝读书快乐！

编者

目录

第1篇　基础知识篇

第4章 运算符与表达式 / 41

视频讲解：4 节，129 分钟

第5章 条件判断语句 / 58

视频讲解：5 节，98 分钟

第 6 章 循环语句 / 72

视频讲解：5 节，82 分钟

第 2 篇 高级技术篇

第 7 章 函数 / 86

视频讲解：7 节，203 分钟

第 8 章 数组 / 103

视频讲解：7 节，108 分钟

第 9 章 指针与引用 / 116

视频讲解：6 节，156 分钟

第10章 构造数据类型 / 145

▶视频讲解：6 节，92 分钟

第 3 篇 面向对象编程篇

第13章 继承与派生 / 199

视频讲解：5 节，112 分钟

第 4 篇 模板及文件篇

第14章 模板 / 224

视频讲解：3 节，20 分钟

第15章 STL标准模板库 / 237

视频讲解：3节，30分钟

第16章 文件操作 / 260

视频讲解：6节，35分钟

第 5 篇　异常处理及网络篇

第 17 章　RTTI 与异常处理 / 278

▶视频讲解：2 节，18 分钟

第 18 章　网络通信 / 290

▶视频讲解：3 节，20 分钟

第 6 篇　项目开发篇

第 19 章　图书管理系统 / 308

▶视频讲解：7 节，44 分钟

▶视频讲解：7 节，35 分钟

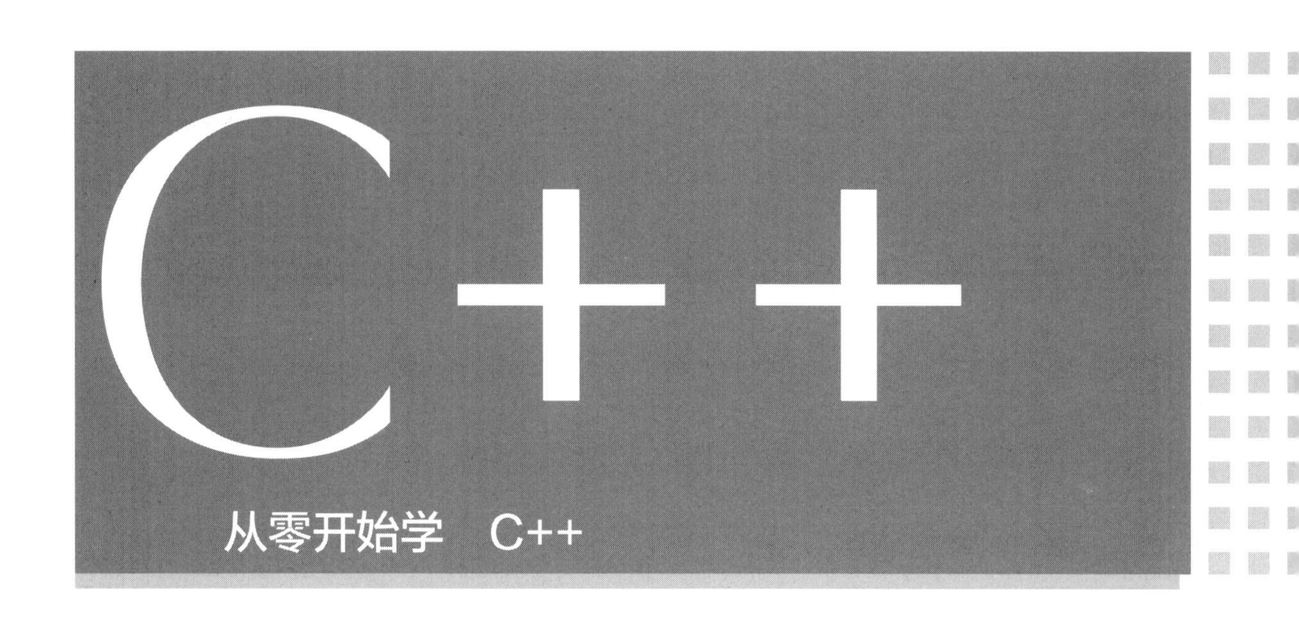

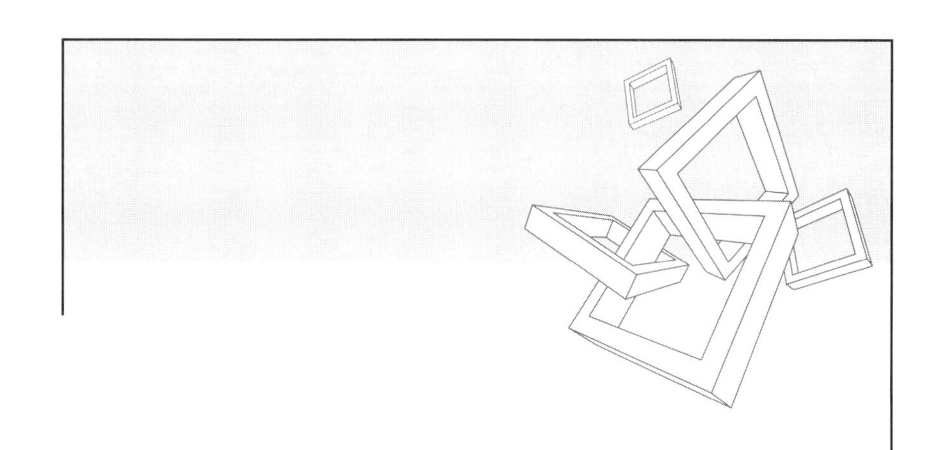

第1篇 基础知识篇

第 1 章

初识 C++

本章学习目标

- 了解 C++ 发展史。
- 按照步骤安装 C++ 开发环境。
- 熟悉使用 C++ 开发环境。
- 掌握开发应用程序过程。
- 了解 C++ 项目工程文件。
- 了解 C++ 的特点。

1.1 C++ 发展史

学习一门语言，首先要对这门语言有一定的了解，要知道这门语言能做什么，要怎样才能学好。本节将对 C++ 这门语言的历史背景进行简单的介绍，使读者对 C++ 有一个简单而直接的印象。

1.1.1 20 世纪最伟大的发明之一——计算机

计算机的出现给人们的生活带来了巨大的变化，它是如何发展起来的呢？开始时人们致力于研发能够进行四则运算的机器，最初是通过机械齿轮运作的加法器，而后是精度只有 12 位的乘法计算器。直到 1847 年，Charles Babbages 开发出能计算 31 位精度的机械式差分机，这台差分机被普遍认为是世界上第一台机械式计算机。随着电子物理的发展，真空二极管、真空三极管相继问世，1939 年第一部用真空管计算的机器被研制出来，该机器能进行 16 位加法运算；随后，氖气灯（霓虹灯）存储器、复杂数字计算机（断电器计数机）、可编写程序的计数机，被一一研制出来。1946 年，第一台电子管计算机 ENIAC 在美国被研制出来，这台计算机占地 $170m^2$，重 30t，有 1.8 万个电子管，用十进制计算，每秒运算 5000 次。计算机从此进入了电子计算机时代，经历了真空管计算机、晶体管计算机、集成电路计算机、大规模集成电路计算机 4 个阶段，每一个阶段都是随着电子物理的发展而发展的。晶体管的出现取代了电子管，将电子元件集合到一片小小的硅片上形成集成电路（IC），在一个芯片上容纳几百个甚至几千个电子元件形成了大规模集成电路（LSI）。现在，已经出现了 3nm 工艺的电子芯片，可谓是发展迅速。

现在计算机已经应用到各个领域，如科学计算、信号检测、数据管理、辅助设计等领域，人们的生活已经渐渐离不开它，所以说电子计算机是 20 世纪最伟大的发明之一。

1.1.2 C++ 发展历程

早期的计算机程序语言就是计算机控制指令，每条指令就是一组二进制数，不同的计算机有不同的计算机指令集。使用二进制指令集开发程序是件令人头痛的事，需要记住大量的二进制数。为了便于记忆，人们将二进制数用字母组合代替，以字符串关键字代替二进制机器码的编程语言称为汇编语言（被称为低级语言）。虽然汇编语言比机器码容易记忆，但仍然有可读性差的缺点，大量的跳转指令和地址值很难让程序开发人员在短时间内理解程序的意思。于是，高级语言应运而生。

第一个高级语言是美国尤尼法克公司在 1952 年研制成功的 Short Code，但被广泛使用的高级语言 FORTRAN 是由美国科学家巴克斯设计并在 IBM 公司的计算机上实现的。FORTRAN 语言和 ALGOL60 主要应用于科学和工程计算，随后出现了 Pascal 和 C 语言。C 语言是在其他语言基础上发展起来的。首先是 Richard Martin 开发了一种高级语言 BCPL，随后 Kenneth Lane Thompson 对 BCPL 语言进行了简化，形成一门新的语言——B 语言。但 B 语言没有类型的概念，之后 Dennis Ritchie 对 B 语言进行研究和改进，在 B 语言基础上添加了结构和类型，并将这个改进后的语言命名为 C 语言，寓意很简单，因为字母 C 是字母 B 的下一个字母，预示着语言的发展。

本书所讲述的 C++ 就是从 C 语言发展过来的。Stroustrup 经过钻研，在 C 语言中加入类的概念。C++ 最初的名字是 C with Class，到 1983 年 12 月由 Rick Mascitti 建议改名为 CPlusPlus，即 C++。最开始提出类概念的语言是 Simula，它具有很高的灵活性，但无法胜任比较大型的程序。此后在 Simula 语言基础上发展的 Smalltalk 语言才是真正面向对象的语言，但 Smalltalk-80 不支持多继承。

C++ 从 Simula 继承了类的概念，从 ALGOL68 继承了运算符重载、引用以及在任何地方声明变量的能力，从 BCPL 获得了 // 注释，从 Ada 得到了模板、名字空间，从 Ada、Clu 和 ML 取来了异常。

1.1.3　C++ 相关的杰出人物

C++ 相关的杰出人物如表 1.1 所示。

表 1.1　C++ 相关的杰出人物

Dennis M.Ritchie	Dennis M.Ritchie 被称为 C 语言之父、Unix 之父，生于 1941 年 9 月 9 日，哈佛大学数学博士，曾任朗讯科技公司贝尔实验室（原 AT&T 实验室）下属的计算机科学研究中心系统软件研究部主任一职。他开发了 C 语言，并著有《C 程序设计语言》一书，还和 Ken neth Lane Thompson 一起开发了 Unix 操作系统。他因杰出的成就得到了众多计算机组织的认可和表彰，1983 年获得美国计算机协会颁发的图灵奖（被誉为“计算机界的诺贝尔奖”），还获得了 C&C 基金奖、电气和电子工程师协会优秀奖章、美国国家技术奖章等多项大奖
Bjarne Stroustrup	Bjarne Stroustrup 于 1950 年出生在丹麦，先后毕业于丹麦阿鲁斯大学和英国剑桥大学，曾担任 AT&T 大规模程序设计研究部门负责人，AT&T 贝尔实验室和 ACM 成员。1979 年，Bjarne Stroustrup 开始开发一种语言，当时称为“C with Class”，后来演化为 C++。1998 年，ANSI/ISO C++ 标准建立，同年，Bjarne Stroustrup 推出其经典著作 *The C++ Programming Language* 的第三版
Scott Meyers	Scott Meyers 是世界顶级的 C++ 软件开发技术权威之一，他拥有 Brown University 的计算机科学博士学位，其著作 *Effective C++* 和 *More Effective C++* 很受编程人员的喜爱。Scott Meyers 曾经是 *C++ Report* 的专栏作家，为 *C/C++ Users Journal* 和 *Dr. Dobb's Journal* 撰稿，为全球范围内的客户提供咨询活动。他还是 Advisory Boards for NumeriX LLC 和 InfoCruiser 公司的成员
Andrei Alexandrescu	Andrei Alexandrescu 被认为是新一代 C++ 天才的代表人物，2001 年撰写了经典名著 *Modern C++ Design*，其中对 Template 技术进行了精湛运用，第一次将模板作为参数在模板编程中使用，该书震撼了整个 C++ 社群，开辟了 C++ 编程领域的“Modern C++”新时代。此外，他还与 Herb Sutter 合著了 *C++ Coding Standards*。他在对象拷贝（objectcopying）、对齐约束（alignment constraint）、多线程编程、异常安全和搜索等领域做出了巨大贡献
Herb Sutter	Herb Sutter 是 C++ 标准委员会的主席。作为 ISO/ANSI C++ 标准委员会的委员，Herb Sutter 是 C++ 程序设计领域内屈指可数的大师之一。他的 *Exceptional* 系列三本书（*Exceptional C++*、*More Exceptional C++* 和 *Exceptional C++ Style*）成为 C++ 程序员必读之书。他是深受程序员喜爱的技术讲师和作家，是 *C/C++ Users Journal* 的撰稿编辑和专栏作者，发表了上百篇软件开发方面的技术文章和论文。他还担任 Microsoft Visual C++ 架构师，和 Stan Lippman 一起在微软主持 VC 2005（即 C++/CLI）的设计

续表

 Andrew Koenig	Andrew Koenig是AT&T公司Shannon实验室大规模编程研究部门中的成员，同时也是C++标准委员会的项目编辑，是一位真正的C++内部权威人物。Andrew Koenig的编程经验超过30年，其中有15年使用C++，已经发表了超过150篇和C++有关的论文，并且在世界范围内就该主题进行了多次演讲。他对C++的最大贡献是带领Alexander Stepanov将STL引入C++标准

1.2 开发环境

在使用C++时，需要选择开发环境，当今有几款开发环境可供用户选择。本书中所用的开发环境为Visual C++ 6.0（VC6），下面就对这款开发环境进行简单介绍。

Visual C++ 6.0是一个功能强大的可视化软件开发工具，它将程序的代码编辑、编译、链接和调试等功能集于一身。Visual C++ 6.0操作和界面都比较友好，使得开发过程更快捷、方便。本书中的所有程序都是在Visual C++ 6.0开发环境中编写的。接下来将介绍Visual C++ 6.0的安装和使用过程。

1.2.1 Visual C++ 6.0的安装

微软公司已经停止了对Visual C++ 6.0的技术支持，并且也不提供下载。本书使用的Visual C++ 6.0的英文版，读者可以在网上搜索，下载合适的安装包。接下来介绍其安装过程。

注意：

如果读者使用Win10操作系统，建议安装Visual C++ 6.0英文版。

Visual C++ 6.0英文版的具体安装步骤如下。

① 双击打开Visual C++ 6.0安装文件夹中的SETUP.exe文件，将弹出如图1.1所示的“程序兼容性助手”界面，单击“运行程序”按钮进入“安装向导”界面（如果是Win10操作系统，可忽略此步骤）。

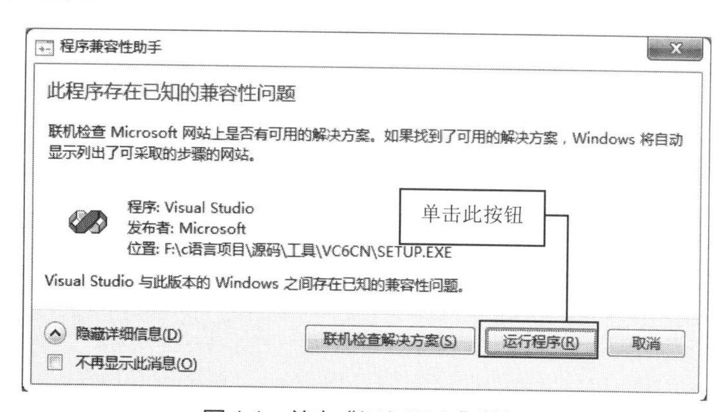

图1.1 单击“运行程序”按钮

② 进入“安装向导”界面后，单击“Next”按钮，进入“最终用户许可协议”界面，首先选择“I Agree”选项，然后单击“Next”按钮。

③ 进入“Product Number and User ID”界面，如图 1.2 所示。在安装包内找到 CDKEY.txt 文件，填写产品 ID。姓名和公司名称根据情况填写，可以采用默认设置，不对其修改，然后单击“Next”按钮。

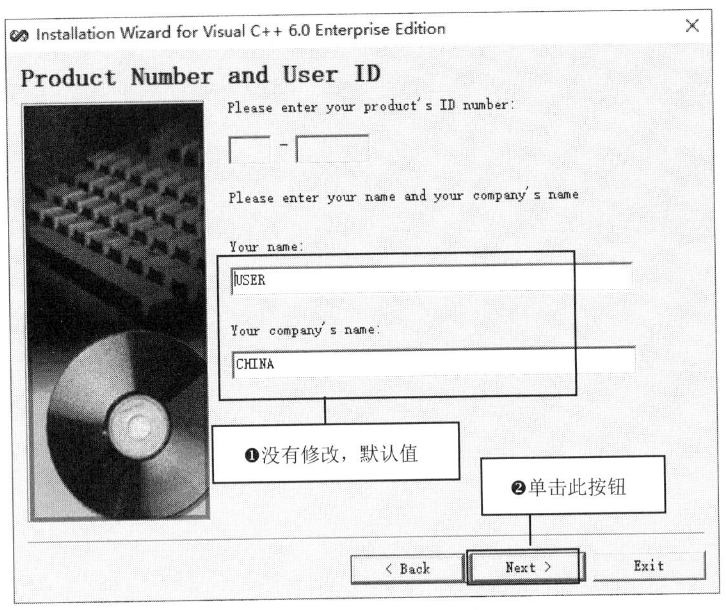

图 1.2 “产品号和用户 ID”界面

④ 进入“Visual C++ 6.0 Enterprise Edition”界面，如图 1.3 所示，选中“Install Visual C++ 6.0 Enterprise Edition”单选按钮，然后单击“Next”按钮。

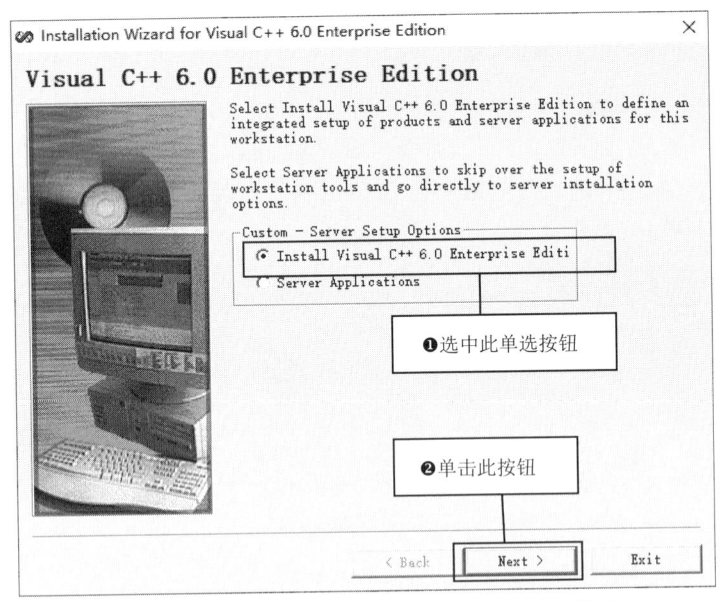

图 1.3 “Visual C++ 6.0 Enterprise Edition”界面

⑤ 进入“Choose Common Install Folder”界面，如图 1.4 所示。公用文件默认存储在 C 盘中，单击“Browse”按钮，选择安装路径（这里建议安装在空间剩余比较大的磁盘中），然后单击“Next”按钮。

说明：

值得注意的是：安装路径可以选择C盘，也可以选择其他磁盘，但是笔者建议安装在其他磁盘，以节约系统盘（C盘）空间。

⑥ 如图1.5所示，进入安装程序的欢迎界面，单击“继续”按钮。

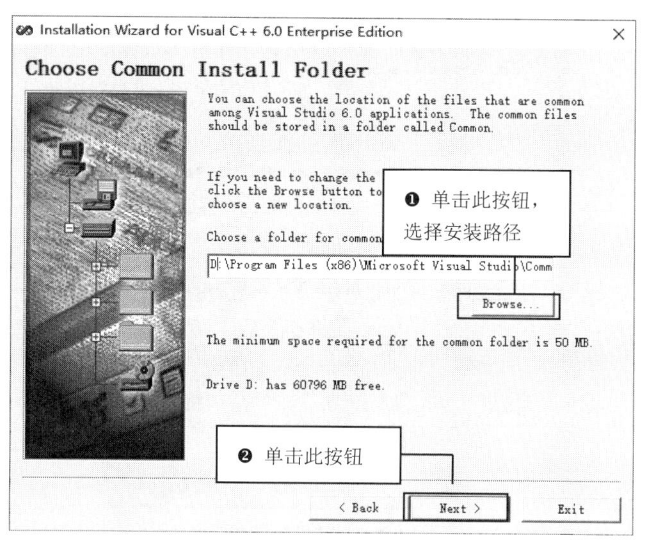

图1.4 “Choose Common Install Folder”界面

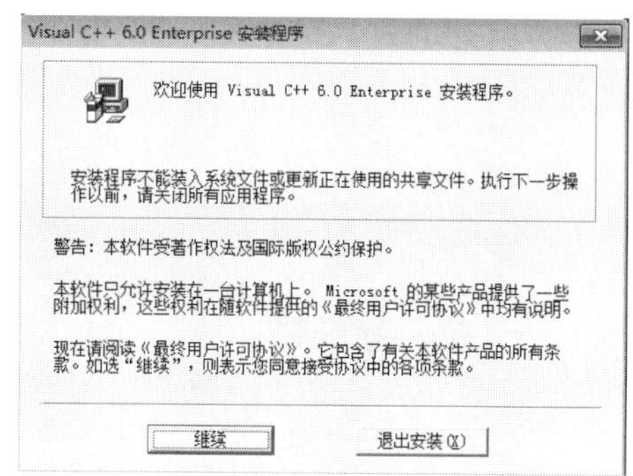

图1.5 安装程序的欢迎界面

⑦ 进入产品ID确认界面，如图1.6所示。在此界面中，显示要安装的Visual C++ 6.0软件的产品ID，单击“确定”按钮。

⑧ 如果读者计算机中安装过Visual C++ 6.0，尽管已经卸载了，但是在重新安装时还会提示如图1.7所示的信息。安装软件时检测到系统之前安装过Visual C++ 6.0，如果想要覆盖安装，单击“是”按钮；如果要将Visual C++ 6.0安装在其他位置，单击“否”按钮。这里单击“是”按钮，继续安装。

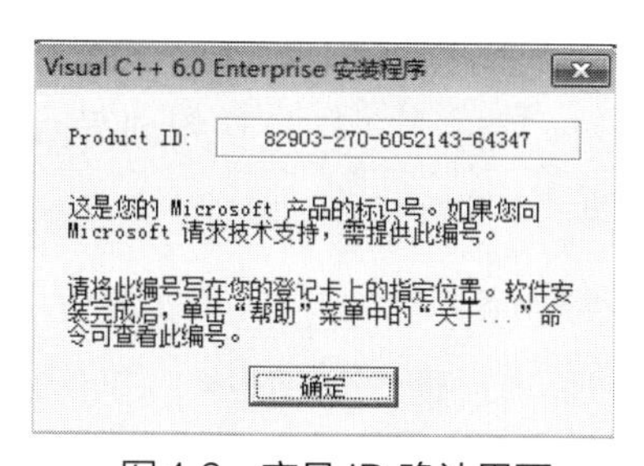

图1.6 产品ID确认界面

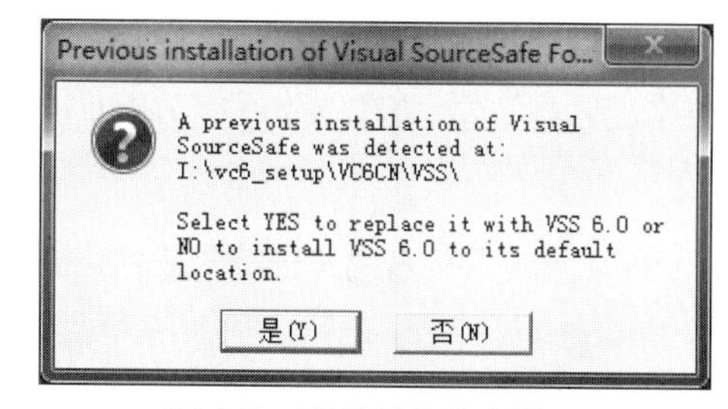

图1.7 覆盖以前的安装

⑨ 进入选择安装类型界面，如图1.8所示。在此界面中，Typical为传统安装，Custom为自定义安装，这里选择Typical安装类型。

⑩ 进入注册环境变量界面，如图1.9所示。在此界面中，选中“Register Environment Variables”复选框，注册环境变量，单击“OK”按钮。

⑪ 前面的安装选项都设置好之后，下面就开始安装Visual C++ 6.0了，图1.10显示了安装进度。当进度条达到100%时，则安装成功，如图1.11所示。

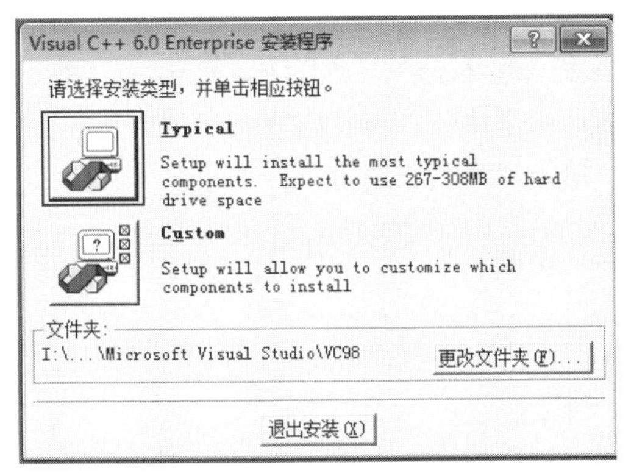

图 1.8　选择安装类型界面

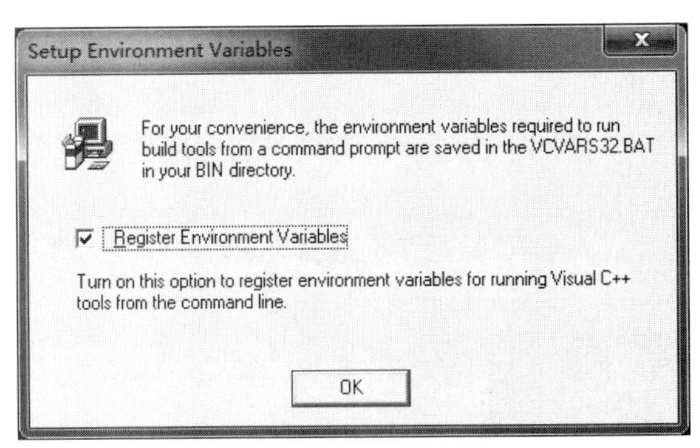

图 1.9　注册环境变量界面

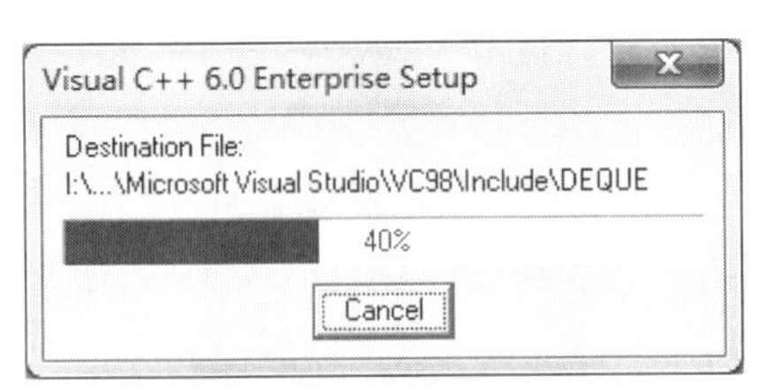

图 1.10　安装进度条

图 1.11　安装成功界面

说明:

如果是 Win10 操作系统，当进度条达到 100% 时，将会弹出未响应的界面，这是 Visual C++ 6.0 与 Win10 的兼容性问题，此时只需要双击该界面，在弹出的对话框中单击“关闭程序”按钮即可，然后在计算机的“开始”菜单中找到 Visual C++ 6.0，打开就可以使用。

⑫ Visual C++ 6.0 安装成功后，进入 MSDN 安装界面。取消选中“安装 MSDN”，不安装 MSDN，单击“Next”按钮。在其他客户工具和服务器安装界面不进行选择，直接单击“Next”按钮，则可完成 Visual C++ 6.0 的全部安装。

1.2.2　Visual C++ 6.0 的使用

Visual C++ 6.0 可以通过两种方式创建 Hello World 程序：一种是使用向导直接创建；另一种是创建空工程后，手动向工程中添加源文件并写入代码。

（1）使用 Visual C++ 6.0 自动创建 Hello World 程序

① 启动 Visual C++ 6.0，单击“File”→“New”菜单，弹出创建工程的向导，如图 1.12 所示。

② 在列表中选择“Win32 Console Application”工程类型，在“Project name”中输入工程名“Sample”，在“Location”中设置工程的保存路径“D:\Sample”，然后单击“OK”按钮，弹出“Win32 Console Application”窗口，如图 1.13 所示。

③ 向导可以创建 4 种类型的工程，如图 1.13 所示。

- An empty project（一个空工程）：创建一个空的工程，工程中没有任何源文件和头文件。
- A simple application（一个简单的程序）：创建的工程中含有两个源文件（Sample.cpp 和 StdAfx.cpp）和一个头文件（StdAfx.h），并且 Sample.cpp 源文件中有一个不做任何操作的 main 函数。

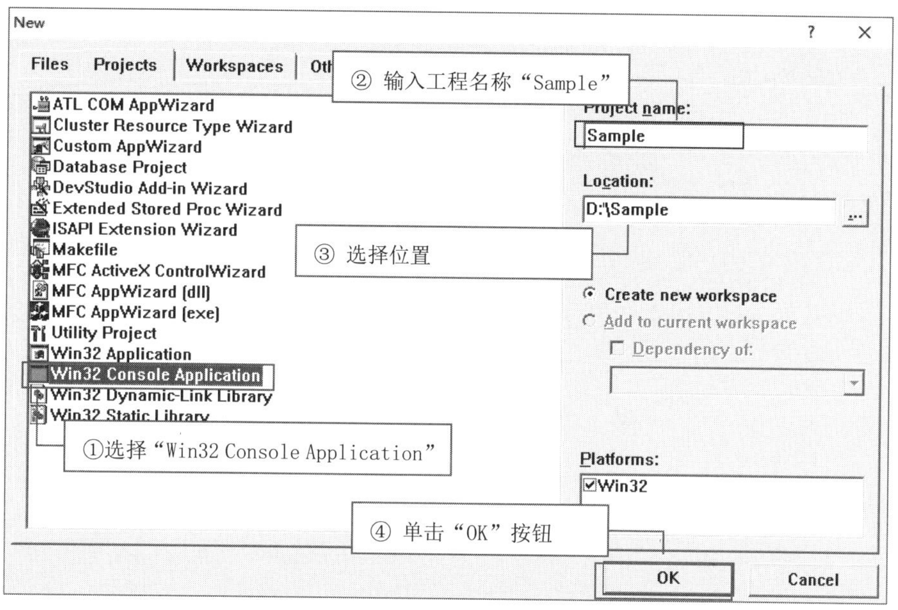

图 1.12　Visual C++ 6.0 创建工程向导

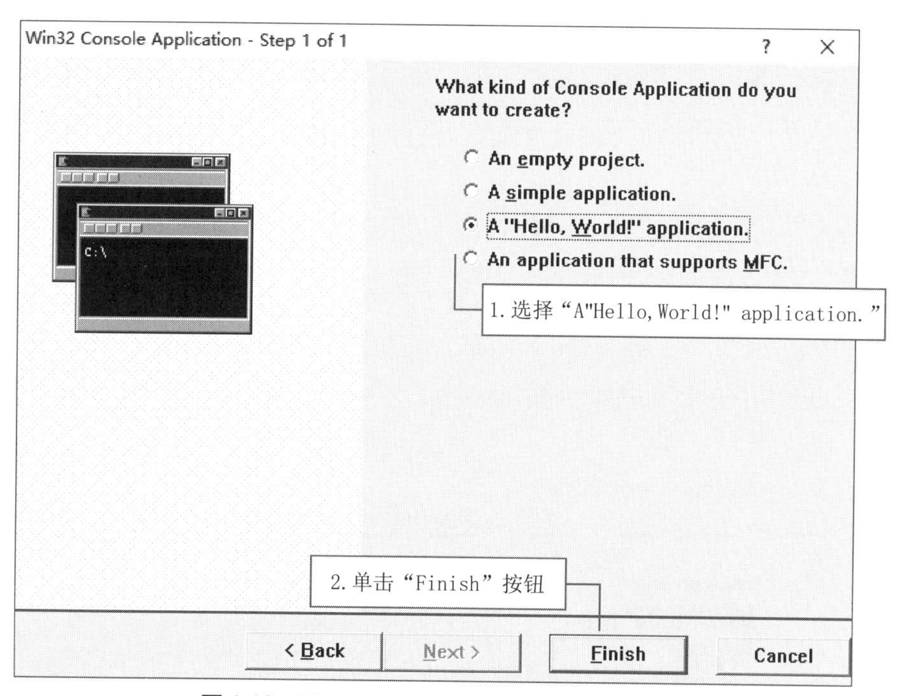

图 1.13　Visual C++ 6.0 工程向导第一步对话框

● A "Hello World!" application（一个“Hello,World!”程序）：创建的工程中也含有两个源文件（Sample.cpp 和 StdAfx.cpp）和一个头文件（StdAfx.h），但 Sample.cpp 源文件中的 main 函数有一条输出“Hello,World!”字符的 printf 语句。

● An application that supports MFC（一个支持 MFC 的程序）：创建了支持 MFC 类库的工程。MFC 类库由微软开发，使用 MFC 类库可以加快程序开发的速度。

④ 选择“A "Hello World!" application”，单击“Finish”按钮，向导会弹出一个“New Project Information”窗口，如图 1.14 所示。

⑤ 单击“OK”按钮，向导会创建能够在控制台输出“Hello World!”字符串的应用程序。创建完的工程如图 1.15 所示。

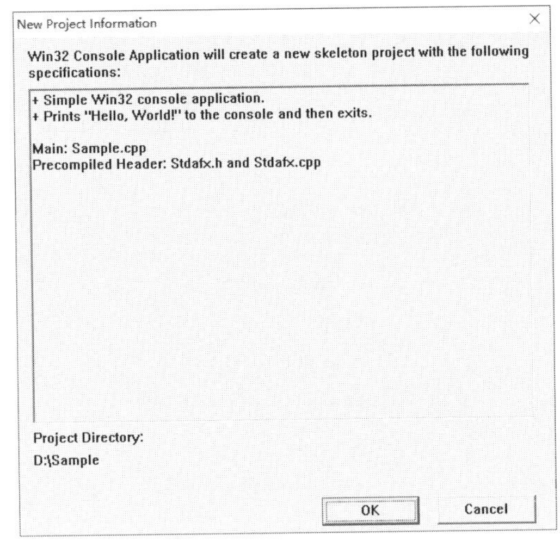

图 1.14　新建工程信息

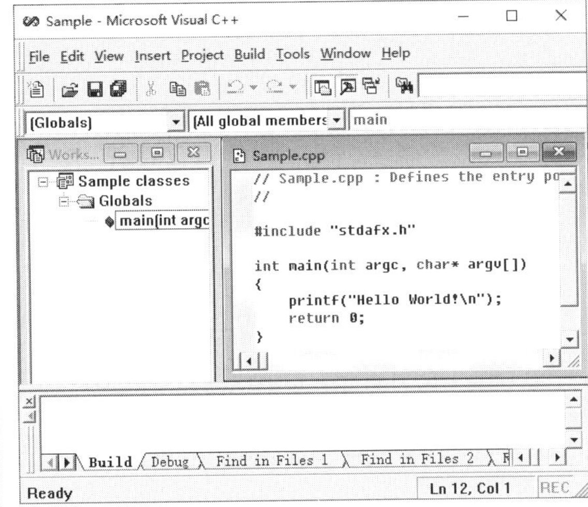

图 1.15　Visual C++ 6.0 开发环境

⑥ 此时通过“Build”→“Execute”菜单执行应用程序可看到程序运行结果，如图 1.16 所示。

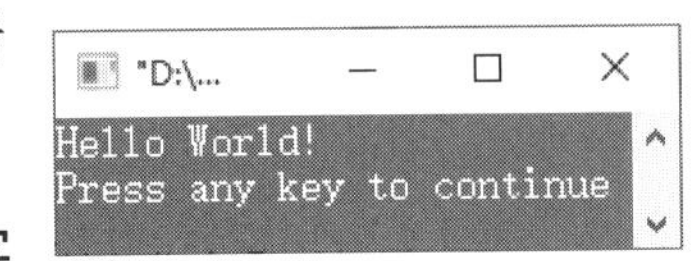

图 1.16　程序运行结果

（2）创建空工程，手动添加代码文件实现在控制台输出字符串 Hello World!

① 启动 Visual C++ 6.0，单击“File”→“New”菜单，弹出创建工程的向导。

② 在列表中选择“Win32 Console Application”工程类型，在“Project name”中输入工程名“Sample”，在“Location”中设置工程的保存路径“D:\Sample”，然后单击“OK”按钮，弹出“Win32 Console Application”窗口，如图 1.17 所示。

③ 在弹出的窗口中选择“An empty project”工程类型，单击“Finish”按钮，向导会创建一个空的工程，如图 1.17 所示。

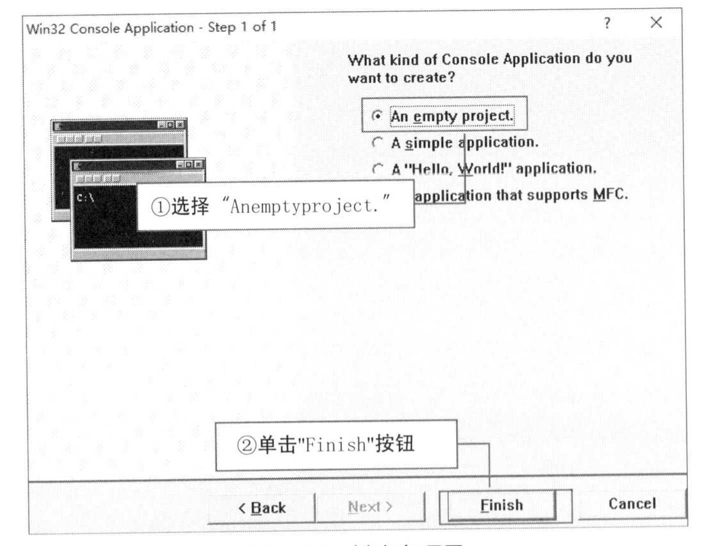

图 1.17　创建空项目

④ 通过向导向工程中添加源文件。单击“File”→“New”菜单，弹出“New”创建工程的向导。选择“Files”选项卡，在列表中选择“C++ Source File”，在“File”中输入文件名“sample”，如图 1.18 所示。

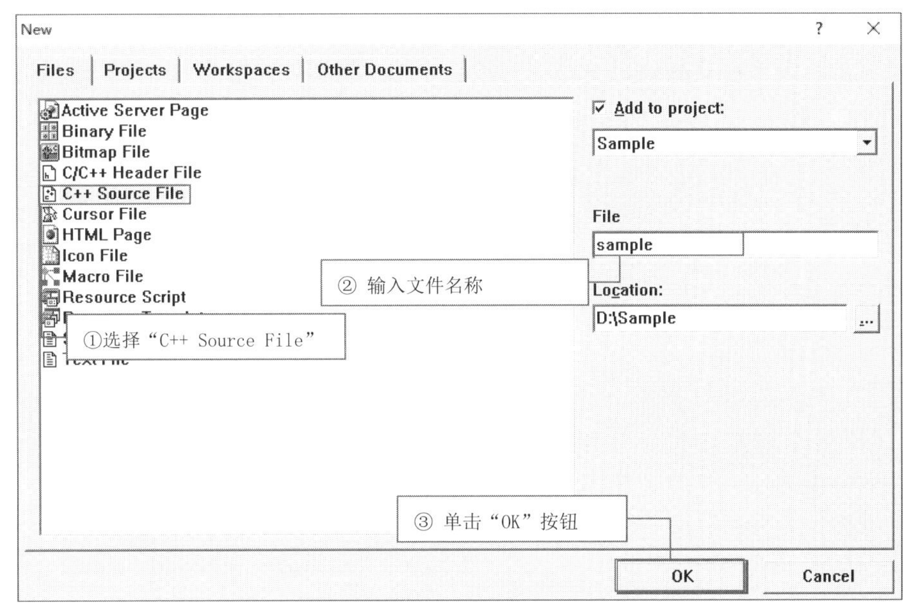

图 1.18 添加文件对话框

⑤ 单击“OK”按钮后，向导会向工程中添加 Sample.cpp 文件。

⑥ 在 Sample 文件中输入如下代码。

```
01  #include <iostream>
02  using namespace std;
03  int main()
04  {
05     cout << "Hello,World!" << endl;
06     return 0;
07  }
```

⑦ 通过“Build”→“Execute”菜单执行应用程序可看到程序运行结果。

下面对 Visual C++ 6.0 集成开发环境的使用进行补充说明。

① Visual C++ 6.0 集成开发环境提供了如下有用的工具栏按钮。

- ：代表 Compile 操作。
- ：代表 Build 操作。
- ：代表 Execute 操作。

② 在编写程序时，使用快捷键会加快程序的编写进度。在此建议读者对常用的操作最好能熟记其快捷键。常用的快捷键有以下几个。

- Ctrl+N：创建一个新文件。
- Ctrl+]：检测程序中的括号是否匹配。
- F7: Build 操作。
- Ctrl+F5: Execute（执行）操作。
- Alt+F8: 整理多段不整齐的源代码。

● F5：进行调试。

为了便于读者阅读代码，可将程序运行结果的显示底色和文字进行修改。其修改过程如下。

① 按“Ctrl+F5”快捷键执行一个程序，在程序的标题栏上右击，在弹出的快捷菜单中选择“属性”命令，如图 1.19 所示。

② 此时弹出“属性”对话框，在“颜色”选项卡中对“屏幕文字”和“屏幕背景”进行修改，如图 1.20 所示。在此，读者可以根据自己的喜好设定颜色并显示。

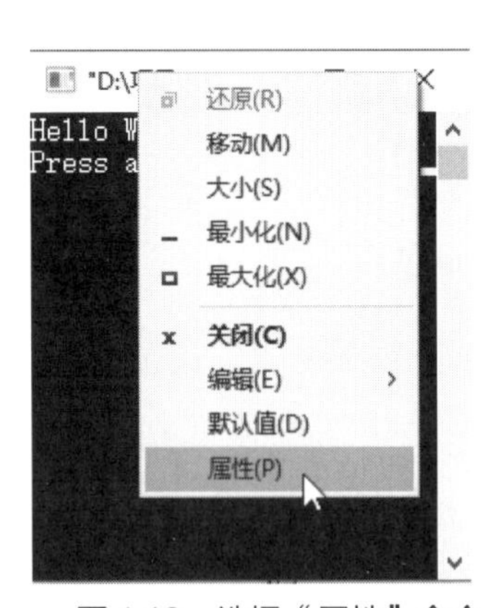

图 1.19　选择“属性”命令

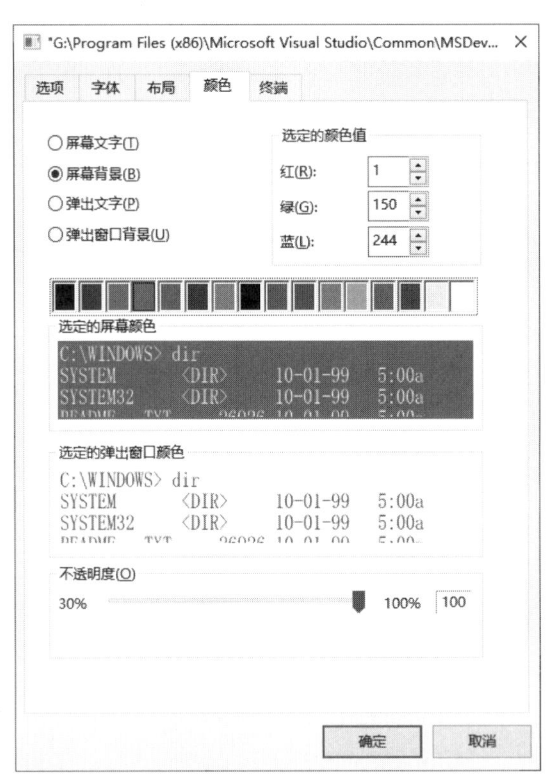

图 1.20　“颜色”选项卡

1.3　开发应用程序过程

开发应用程序可以分为编辑、编译、链接、执行 4 个步骤。

（1）编辑

编辑就是在文本编辑器中输入代码，并对代码字符进行增、删、改，然后将输入的内容保存成文件。如图 1.21 所示，输入“Hello World！”程序代码，并将代码保存成 Sample.cpp 文件。

（2）编译

编译就是将代码文件编译成目标文件。如图 1.22 所示，编译过程就是将 Sample.cpp 编译成 Sample.obj。

在 Visual C++ 6.0 开发环境中，单击编译按钮后 Visual C++ 6.0 开发环境对输入的代码进行编译，如图 1.23 所示。

图 1.21　编辑代码　　　　图 1.22　编译文件

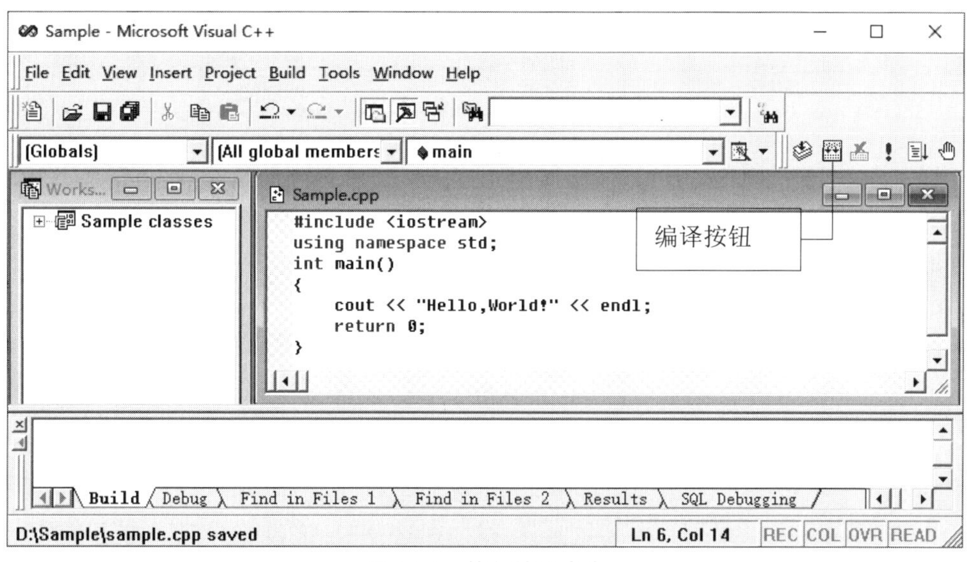

图 1.23　执行编译命令

单击编译按钮后 Visual C++ 6.0 开发环境自动对代码进行编译和链接，整个编译过程如图 1.24 所示。

（3）链接

链接就是将编译后的目标文件链接成可执行的应用程序，如将 Sample.obj 和 lib 库文件链接成 Sample.exe 可执行程序。lib 库是编译好的提供给用户使用的目标模块。有多个源文件的工程，例如 Sample1.cpp、Sample2.cpp、Sample3.cpp，会编译成多个目标模块 Sample1.obj、Sample2.obj、Sample3.obj，链接器会将程序所涉及的目标模块链接成可执行程序，如图 1.25 所示。

图 1.24　编译过程

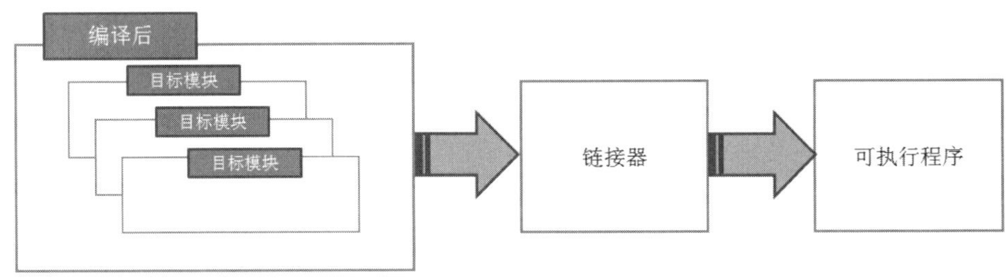

图 1.25　链接过程

（4）执行

执行就是执行生成的应用程序。Visual C++ 6.0 开发环境下集成了运行按钮，单击运行按钮后开发环境自动执行生成的程序。运行按钮如图 1.26 所示。

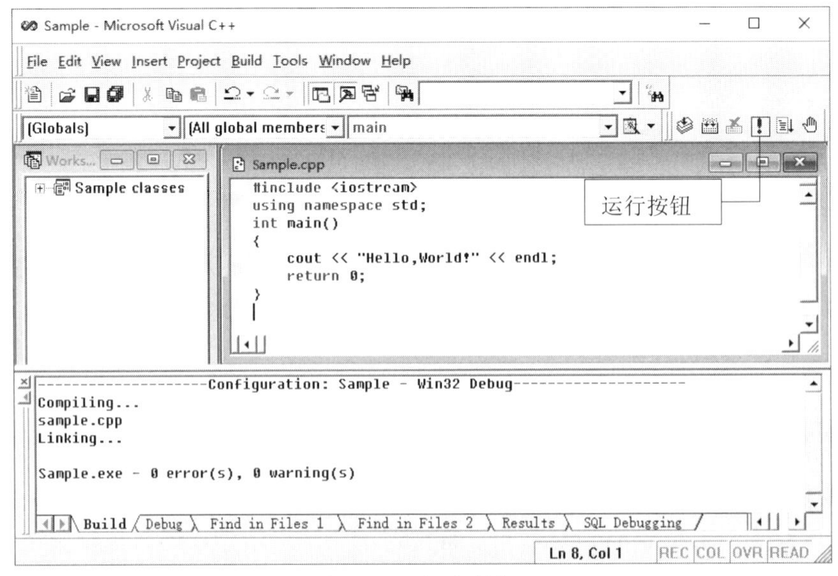

图 1.26　运行按钮

1.4 C++ 工程项目文件

Windows 操作系统主要是用来管理数据的，而数据是以文件的形式存储在磁盘上的。文件可以通过扩展名来区分不同的类型，C++ 的代码文件有两种类型：源文件与头文件。头文件中添加的是定义和声明函数部分，源文件中则是在头文件中定义的函数的实现部分；源文件主要以 .cpp 为扩展名，而头文件主要以 .h 为扩展名。有的开发环境可能使用 .cxx、.cHH 来作为源文件的扩展名。

对一个比较大的工程而言，它的源文件和头文件可能会比较多。为了管理这些源文件和头文件，不同的编译器提供了管理代码的工程项目文件，不同开发环境的工程项目文件也会不同。

Visual C++ 6.0 的工程项目文件如图 1.27 所示。

图 1.27　Visual C++ 6.0 的工程项目文件

- Debug：存储编译后程序的文件夹，带有调试信息的程序。
- Release：存储编译后程序的文件夹，最终程序。
- Sample.cpp：源文件。
- Sample.dsp：Visual C++ 6.0 的工程文件。
- Sample.dsw：Visual C++ 6.0 的工作空间文件。
- Sample.ncb：Visual C++ 6.0 的用于声明的数据库文件。
- Sample.opt：Visual C++ 6.0 的存储用户选项的文件。
- StdAfx.cpp：向导生成的标准源文件，代码中涉及 MFC 类库内容时使用该文件。
- StdAfx.h：向导生成的标准头文件。

注意：

Debug 与 Release 的区别在于，Debug 是含有调试信息的应用程序，Debug 文件夹下的程序可以设置断点调试，而且 Debug 文件夹下的程序要比 Release 文件夹下的程序大。

1.5 C++ 的特点

C++ 的运算符十分丰富，共有 30 多个，有算术、关系、逻辑、位、赋值、指针、条件、逗号、下标、类型转换等多种类型。

C++ 的数据结构多样，有整型、实型、字符型、枚举类型等基本类型，有数组、结构体、共用体等构造类型以及指针类型，还为用户提供了自定义数据类型，能够实现复杂的数据结构，还可以定义类实现面向对象编程，类和指针结合可以实现高效的程序。

C++ 的控制语句形式多样、使用方便。C++ 有两路分支、多路分支和虚幻结构几种控制语句，便于结构化模块的实现和控制，结合面向对象编程，便于程序的编制和维护。

C++ 是一种面向对象的程序设计语言，采用抽象和实际相结合，各对象间使用消息进行通信，对象通过继承方法增加了代码的复用。

C++ 继承了 C 语言的特性，可以直接访问地址，进行位运算，从而能对硬件进行操作。

C++ 具有编写简单方便、便于理解的优点，还具有低级语言与硬件结合紧密的优点。

C++ 具有很强的移植性，用 C++ 编写的程序基本不用太多修改就可以用于不同型号的计算机上。C++ 可在多种操作系统下使用。

本章知识思维导图

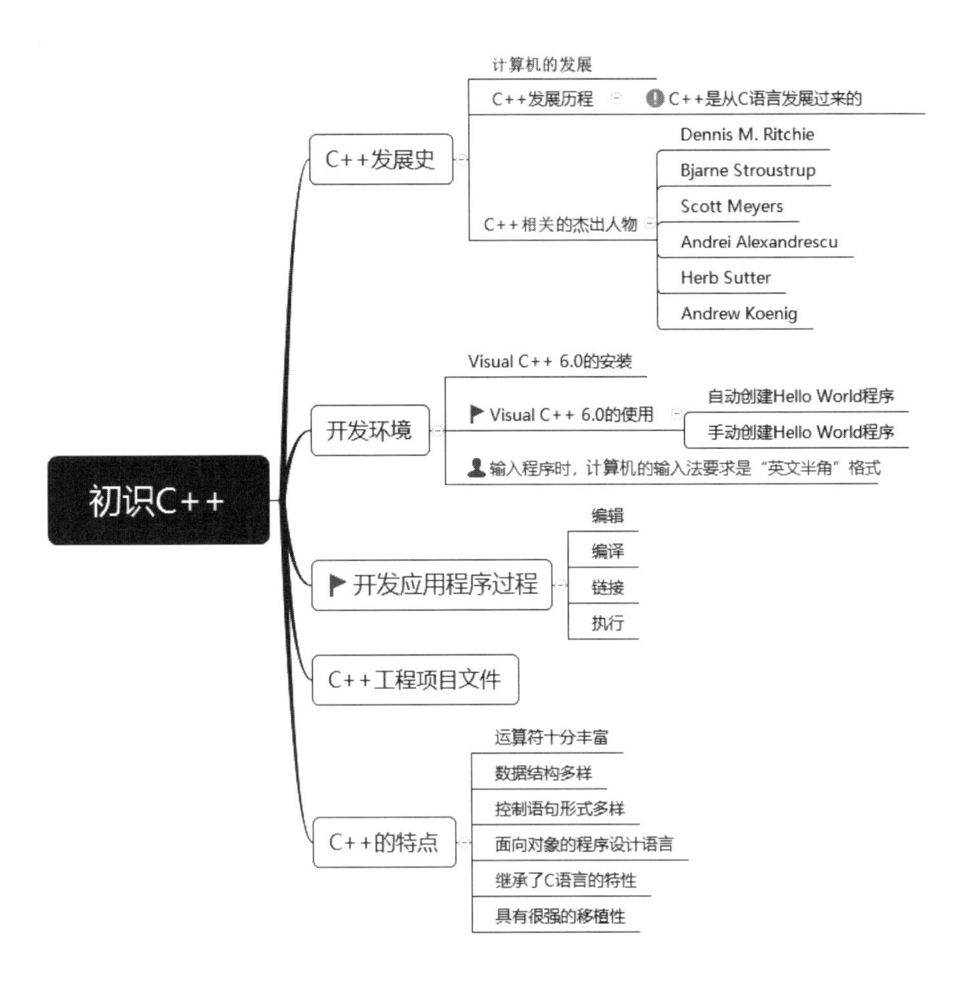

第 2 章

第一个 C++ 程序

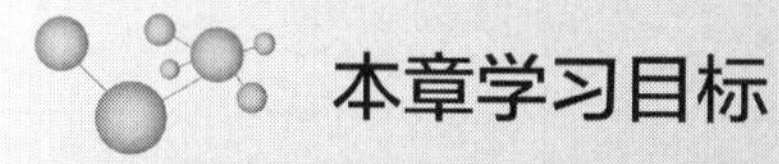

本章学习目标

- 编写第一个 C++ 程序。
- 熟悉 #include 指令。
- 掌握注释。
- 熟悉 main 函数。
- 了解函数体。
- 了解函数返回值。

2.1 最简单的 C++ 程序

学习编程的第一步是先写一个最简单的程序。学习任何编程语言都需要写一个“HelloWorld”程序，下面是最简单的 C++ 程序，同样也是一个 HelloWorld 程序。

```
01    #include <iostream>
02    using namespace std;
03    int main()                                    // 主函数
04    {
05        cout << "HelloWorld\n";                   // 输出语句
06        return 0;
07    }
```

最简单的程序输出结果如图 2.1 所示。

最简单的 C++ 程序中包含了头文件引用、应用命名空间、主函数、字符串常量、数据流等几部分，这些都是 C++ 程序中经常用到的。下面对 C++ 常用的概念进行介绍。

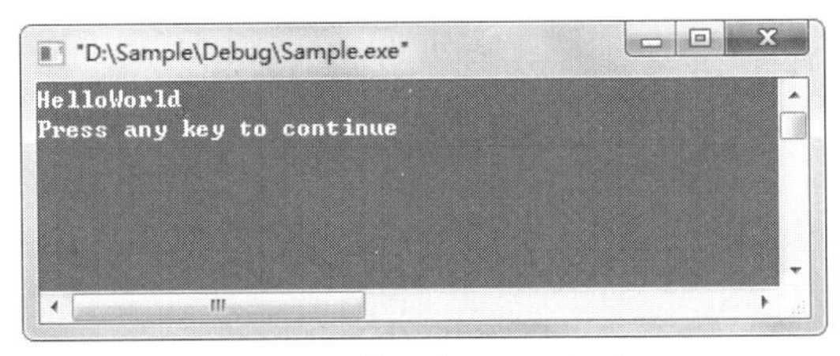

图 2.1　第一个 C++ 程序

2.2 #include 指令

2.1 节提到的 C++ 程序代码中的第 1 行代码为:

```
#include < iostream >
```

它的含义就是包含 iostream 函数库，这样才可以在下面的程序中使用 iostream 中的函数。它就像个五金工具箱，只有拥有它，才可以使用工具箱里的工具。

而程序 #include< iostream > 这行代码表示程序开发人员已经“拥有”iostream“工具箱”，可以任意使用里面的“工具”。那么这句代码的形式是固定不变的吗？ #、include、<>、iostream 这么多元素都是什么含义呢？接下来对此进行详细介绍。

2.2.1 #include

#include 是一条 C++ 预处理器指令。include 的中文是包括、计入的意思，也就是包括后面的 iostream。与 include 搭配使用的第一个符号是“#”，“#”表示预处理命令；与 include 搭配使用的第二个符号是英文的尖括号“<>”或者英文的双引号“""”，例如：

```
#include< iostream >                    // 头文件
#include " iostream"                    // 头文件
```

这两种的头文件表示方法都是正确的，但它们之间是有区别的：

① 用尖括号时，系统直接到存放 C++ 库函数头文件所在的目录中查找要包含的文件，这称为标准方式。

② 用双引号时，系统先在用户当前目录中查找要包含的文件，这称为用户方式。若找不到，再按标准方式（即按尖括号的方式）查找。

说明：

关于预处理指令的知识会在本书的后续章节详细讲解。

2.2.2 iostream

了解了第一行中“#include<>”的含义，那头文件还有一个成分——iostream，它是函数库之一。iostream是C++程序的输入输出库，iostream库中包含各种各样的输入输出函数，例如printf、cout、cin函数等。所以想要输出或者输入任何信息，都要使用这个函数库。

说明：

若要了解iostream函数库中包含哪些输入输出函数，可以参考函数手册。

当然，如果不需要输入输出函数，是不需要写这个函数库的。也就是说，这个函数库的位置可以换成其他的函数库名称。程序中使用哪种函数，在函数库的位置就添加对应的名称。

注意：

程序中的第2行代码：

```
using namespace std;
```

是解决变量冲突而出现的一种界限。

2.3 注释

代码注释是禁止语句的执行，编译器不会对注释的语句进行编译。C++主要提供了两种代码注释，分别为单行注释、多行注释，下面分别进行介绍。

2.3.1 单行注释

单行注释有以下两种形式。

① 第一种格式为：

```
// 这里是注释
```

这里的“//”为单行注释标记，从符号“//”开始直到换行为止的所有内容均作为注释而被编译器忽略。

例如，以下代码为语句添加注释：

```
cout << "HelloWorld\n"; // 输出要显示的字符串
```

或

```
// 输出要显示的字符串
cout << "HelloWorld\n";
```

② 第二种格式为：

```
/* 这里是注释 */
```

符号“/*”与“*/”之间的所有内容均为注释内容。

例如，以下代码为每行语句添加注释：

```
cout << "HelloWorld\n"; /* 输出要显示的字符串 */
```

或

```
/* 输出要显示的字符串 */
cout << "HelloWorld\n";
```

注意：

注释可以出现在代码的任意位置，但是不能分隔关键字和标识符。例如，下面的代码注释是错误的：

```
int // 错误注释 main(){}
```

2.3.2 多行注释

还可能会看到如下绿色的注释：

```
/*
        注释内容 1
        注释内容 2
        …
*/
```

“/* */”为多行注释标记，符号“/*”与“*/”之间的所有内容均为注释内容。注释中的内容可以换行。

利用多行注释可以为代码添加版权、作者信息等，例如：

```
/*
        版权所有：吉林省明日科技有限公司
        文件名：demo.c
        文件功能描述：输出字符画
        创建日期：2021 年 6 月
        创建人：mrkj
*/
```

注释不仅可以在调试时使用，开发人员也可以在代码中加入注释，用来说明代码的含义，这样方便日后自己或别人查看。

2.4 main 函数

单词 main 表示主要的意思，在 C++ 中表示一个主函数。main 函数是程序执行的入口，程序从 main 函数的一条指令开始执行，直到 main 函数结束，整个程序也将结束执行。注意函数的格式，单词 main 后面有个小括号 ()，小括号内可放参数。

在 C++ 代码中，常见的主函数有 3 种形式，下面分别进行介绍。

(1) int main()

代码中除了 main() 之外，还有 int 这个蓝色的英文单词。在 main() 前面的这个位置，是告诉操作系统，在程序结束时需要返回一个类型的值。那么这里的 int，就是 main 函数的返回类型，表明 main 函数返回的值是整数。使用这种方法时，通常会在程序结束时加上一句 return 0。例如：

```
int main()
{
	语句；
	return 0;
}
```

(2) void main()

main 函数除了定义为有返回值类型之外，还可以定义为无返回值类型，形式如下：

```
void main()
{
	语句；
}
```

这种形式在编译器编译程序时，不会报错误信息，但是所有的标准都未曾认可这种写法。因此，有的编译器不接受这种形式，建议不要这样书写主函数，应坚持使用标准形式。

(3) 带参数的 main()

上述两种 main() 都是不带参数的主函数，还有一种带参数的 main()，这种形式也常见，代码如下：

```
int main(int argc,char* argv[])                    // 带参数形式
{
	语句；
	return 0;
}
```

带参数形式的 main()，通常需要有两个参数：第一个参数是 int 类型，表示命令行中的字符串数，按照习惯（不是必须），将参数名称定义成 argc(Argument Count)；第二个参数是字符串类型，表示一个指向字符串的指针数组，按照习惯（不是必须），将参数名称定义为 argv(Argument Value)。

说明：

这 3 种形式的主函数，根据自己的喜好选择一种即可。

2.5 函数体

大括号“{ }”中的内容是需要执行的内容，称为函数体。函数体是按代码的先后顺序执行的，写在前面的代码先执行，写在后面的代码后执行，如 2.1 节代码中的第 4 ～ 7 行：

```
04  {
05      cout << "HelloWorld\n";            // 输出语句
06      return 0;
07  }
```

其中，代码“cout << "HelloWorld\n"”；表示通过输出流输出单词“HelloWorld”，单词 HelloWorld 两边的双引号（英文）代表单词是字符串常量，cout 表示输出流，<< 表示将字符串传送到输出流中。

2.6 函数返回值

函数的返回值是用来判断函数执行情况以及返回函数执行结果的。void 代表不返回任何数据类型。如果要返回数据还需要使用 return 语句。

如 2.1 节代码中的第 6 行：

```
return 0;                                    // 程序返回 0
```

这行语句使 main 函数终止运行，并向操作系统返回一个整型常量 0。在此处，可以将 return 理解成 main 函数的结束标志。

本章知识思维导图

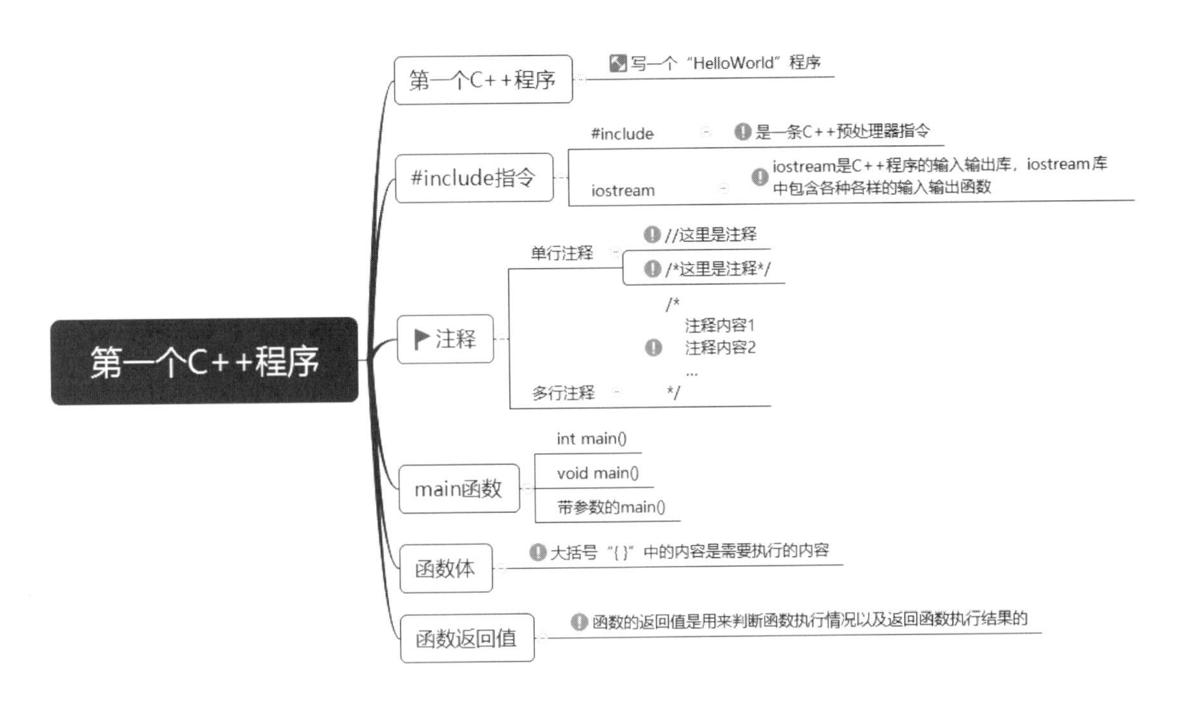

第 3 章

数据类型

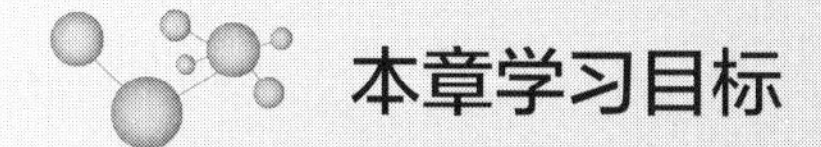

- 掌握常量及符号。
- 掌握变量。
- 掌握常用的数据类型。
- 掌握数据输入与输出。

3.1 常量及符号

在程序运行过程中，其值不能改变的量称为常量。普通常量可分为整型常量、浮点型常量、字符常量和字符串常量。

```
01    cout << 2021 << endl;
02    cout << 6.66 << endl;
03    cout << 'j' << endl;
04    cout << "HelloWorld"<< endl;
```

上面代码通过 cout 向屏幕输出 4 行内容。cout 是输出流，实现向屏幕输出不同类型的数据。代码中 2021 是整型常量，6.66 是浮点型常量（实型常量），'j' 是字符常量，"HelloWorld" 是字符串常量。

3.1.1 整型常量

整型常量可以分为有符号整型常量和无符号整型常量。

−522 代表一个负整数，+2048 代表一个正整数，正整数前面的“+”符号可以省略，即 +2048 和 2048 表示的意义相同。

由于基本的数据类型里除了整型外，还有长整型和短整型，所以整型常量也有长整型常量和短整型常量之别。长整型常量不是可以无限大的，它的最大值是有限定的。根据 CPU 寄存器位数的不同以及编译器的不同，最大的整型常量值也会不同。

注意：
4294967295 是 32 位 CPU 寄存器以及 VC6 编译器所允许的最大正整数。

整型常量在编写代码时不仅可以写成十进制整数形式，也可以写成十六进制或八进制整数形式。

① 八进制整型常量必须以 0 开头，即以 0 作为八进制数的前缀，每位取值范围是 0 ～ 7。八进制数通常是无符号数。

- 以下各数是合法的八进制数：

024、0111、0657。

- 以下各数不是合法的八进制数：

666 无前缀 0，它代表十进制整型常量。

0769 中数字 9 不是八进制应有的取值。

② 十六进制整型常量的前缀为 0X 或 0x，其取值范围为 0 ～ 9，以及 A ～ F 或 a ～ f。

- 以下各数是合法的十六进制数：

0X2A1、0XC5、0XFFFF。

- 以下各数不是合法的十六进制数：

7F 无前缀 0X。

0X3N 中含有非十六进制数 N。

注意：
“合法”主要指能通过编译器编译，“非法”就是不能通过编译器编译。

3.1.2 浮点型常量

浮点型常量也称为实型常量，只能采用十进制形式表示。它有两种表示形式，即小数表示法和指数表示法。

（1）小数表示法

使用这种表示法，浮点型常量由整数部分和小数部分组成，整数部分和小数部分每位取值范围是 0 ～ 9，中间用小数点分隔。例如，0.0、5.2、0.00134、539.、-5.1、-0.007 等均为合法的浮点型常量。

整数部分和小数部分有时可以不必同时出现，例如 .1 和 2.。

（2）指数表示法

指数表示法也称科学记数法，指数部分以符号“e”或“E”开始，但必须是整数，并且符号“e”或“E”两边都必须有一个数，例如 5.2e20 和 -6.4e-2。

以下不是合法的浮点型常量:

```
E8 是 E 之前无数字。
4E6.5 是 E 后面有小数。
```

说明:

在字母 e（或 E）之前的小数部分中，小数点左边应有一位（且只能有一个）非零的数字，即规范化的指数形式。

科学记数法中 45e2 表示 45×10^2。

L 代表长整型。L 可以大写也可以小写，在编写代码时可以不写。此类的符号还有 U 和 u，它们代表无符号。例如:

```
655U 或 655u 都代表无符号整型常量 655。
符号 L 或 l 与符号 U 或 u 可以一起使用。
65536lu 代表无符号长整型常量 65536。
```

C++ 编译系统把用 65536lu 形式表示的浮点数按双精度常量处理，在内存中占 8 个字节。如果在实数的数字之后加字母 F 或 f，表示此数为单精度浮点数，如 5678F 和 -21f，占 4 个字节。如果加字母 L 或 l，表示此数为长双精度浮点数（long double）。

3.1.3 字符常量

字符常量是用单引号括起来的一个字符，例如 ‘a’ 和 ‘?’ 都是合法的字符常量。在对代码编译时，编译器会根据 ASCII 码表将字符常量转换成整型常量。字符 ‘a’ 的 ASCII 码值是 97，字符 ‘A’ 的 ASCII 码值是 65，字符 ‘?’ 的 ASCII 码值是 63。ASCII 码表中还有很多通过键盘无法输入的字符，可以使用 ‘\ddd’ 或 ‘\xhh’ 来引用这些字符。可以使用 ‘\ddd’ 或 ‘\xhh’ 来引用所有ASCII码表中的字符。ddd 是 1 ～ 3 位八进制数所代表的字符，\xhh 是 1 ～ 2 位十六进制数所代表的字符。例如 ‘\101’ 表示 ASCII 码 “A”，\x0A 表示换行等。

[实例 3.1] （源码位置：资源包 \Code\03\01）

转义字符应用

```
01    #include<iostream>
02    void main()
```

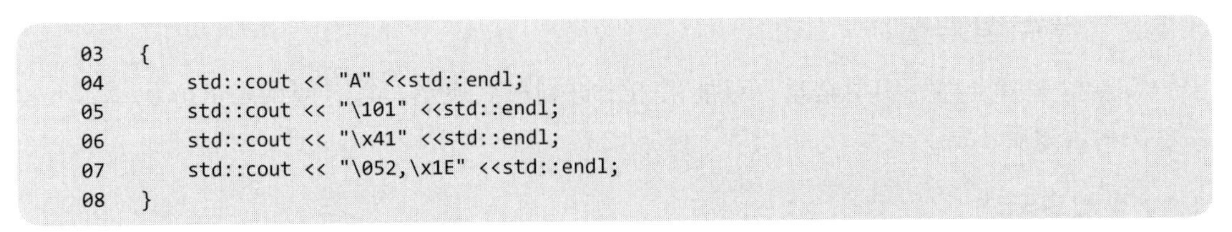

```
03    {
04        std::cout << "A" <<std::endl;
05        std::cout << "\101" <<std::endl;
06        std::cout << "\x41" <<std::endl;
07        std::cout << "\052,\x1E" <<std::endl;
08    }
```

程序运行结果如图 3.1 所示。

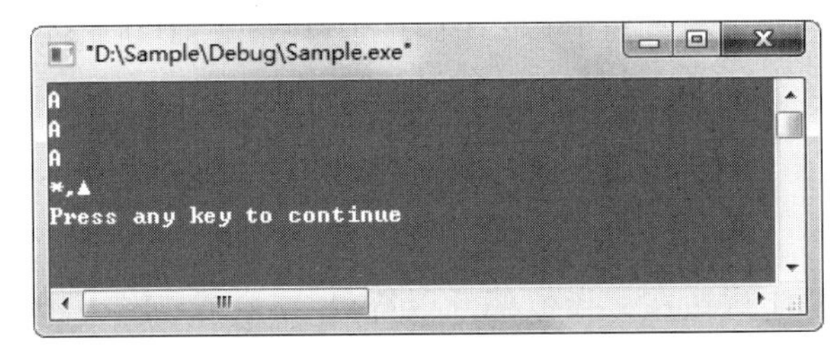

图 3.1　实例 3.1 的程序运行结果

转义字符是特殊的字符常量，使用时以字符“\”代表开始转义，和后面不同的字符一起表示转义后的字符。转义字符说明如表 3.1 所示。

表 3.1　转义字符说明

转义字符	意义	ASCII 代码
\0	空字符	0
\n	换行	10
\t	水平制表	9
\b	退格	8
\r	回车	13
\f	换页	12
\\	反斜杠	93
\'	单引号字符	39
\"	双引号字符	34
\a	响铃	7

3.1.4　字符串常量

字符串常量是由一对双引号括起来的零个或多个字符序列，例如“hello everyone”“welcome to MR”。“”可以表示一个空字符串。

同样，‘’可以表示空字符，而 NULL 是一种特殊的数据类型，表示空的意思。有的编译器把空字符编译成零，有的则编译成其他值。

字符串常量实际上是一个字符数组，可以将字符串分解成若干个字符，字符的数量是字符串的长度。字符串常量一般都是用来给字符数组变量赋值或是直接作为实参传递。为告知编译器字符串已经结束，一般在给字符串数组赋初值时在字符串的末尾加上字符‘\0’，表示字符串结束；如果不加字符结束标志，有可能会出现意想不到的错误。

字符常量‘A’与字符串常量“A”是不同的，字符串常量“A”是由‘A’和‘\0’两个字符组成的，长度是 2；字符常量 'A' 只是一个字符，占一个字节。

3.1.5 其他常量

前面讲到的都是普通的常量，常量还包括布尔常量、枚举常量、宏定义常量等。

- 布尔（bool）常量：布尔常量只有两个，一个是 true，表示真，一个是 false，表示假。
- 枚举常量：枚举型数据中定义的成员也都是常量，将在后文介绍。
- 宏定义常量：通过 #define 宏定义的一些值也是常量。例如：

```
#define PI  3.1415
```

其中 PI 就是常量。

3.2 变量

常量的值是不可改变的，所以称为常量，那么值可以改变的量是否称为变量呢？答案是肯定的，本节将介绍变量的相关知识。

3.2.1 标识符

标识符（identifier）是用来对 C++ 程序中的常量、变量、语句标号以及用户自定义函数的名称进行标识的符号。

（1）标识符命名规则

- 由字母、数字及下划线组成，且不能以数字开头。
- 大写字母和小写字母代表不同意义。
- 不能与关键字同名。
- 尽量“见名知义”，应该受一定规范的约束。

（2）不合法的标识符

- 6A（不能以数字开头）。
- ABC*（不能使用 *）。
- case（是保留关键字）。

C++ 有许多保留关键字，如表 3.2 所示。

表 3.2 C++ 中的保留关键字

asm	auto	break	case	catch	char	class	const	continue
default	delete	do	double	else	enum	extern	float	for
friend	goto	if	inline	int	long	new	operator	overload
private	protected	public	register	return	short	signed	sizeof	static
struct	switch	this	template	throw	try	typedef	union	unsigned
virtual	void	volatile	while					

3.2.2 变量与变量说明

变量是指程序在运行时其值可改变的量。每个变量都由一个变量名标识，每个变量又具有一个特定的数据类型。

变量使用之前一定要定义或说明，变量声明的一般形式为：

```
[ 修饰符 ] 类型 变量名标识符 ;
```

类型是变量类型的说明符，说明变量的数据类型。修饰符是任选的，可以没有。

多个同一类型的变量可以在一行中声明，不同变量名用逗号运算符隔开。例如：

```
int i,j,k;
```

与

```
01    int i;
02    int j;
03    int k;
```

两者等价。

3.2.3 整型变量

整型变量可以分为短整型、整型和长整型，变量类型说明符分别是 short、int、long。根据是否有符号还可分为以下 6 种。

```
整型          [signed] int
无符号整型     unsigned [int]
有符号短整型   [signed] short [int]
无符号短整型   unsigned short [int]
有符号长整型   [signed] long [int]
无符号长整型   unsigned long [int]
```

方括号中的关键字可以省略，例如 [signed] int 可以写成 int。

短整型 short 在内存中占用两个字节的空间，可以表示数值的范围是 −32768 ～ 32767，无符号短整型 unsigned short 表示数值的范围是 0 ～ 65535。整型 int 占用 4 个字节的空间，有符号整型表示数值的范围是 −2147483648 ～ 2147483647，无符号整型 unsigned int 表示数值的范围是 0 ～ 4294967295。长整型与整型占用字节数相同，表示数值的范围也相同，具体如表 3.3 所示。

表 3.3 整型变量范围

关键字	类型	数值的范围	字节数
short	短整型	-32768 ～ 32767（即 -2^{15} ～ $2^{15}-1$）	2
unsigned short	无符号短整型	0 ～ 65535（即 0 ～ $2^{16}-1$）	2
int	整型	−2147483648 ～ 2147483647（即 -2^{31} ～ $2^{31}-1$）	4
unsigned int	无符号整型	0 ～ 4294967295（即 0 ～ $2^{32}-1$）	4
long int	长整型	−2147483648 ～ 2147483647（即 -2^{31} ～ $2^{31}-1$）	4
unsigned long	无符号长整型	0 ～ 4294967295（即 0 ～ $2^{32}-1$）	4

3.2.4 浮点型变量

浮点型变量又可称为实型变量，变量可分为单精度（float）、双精度（double）和长双精度（long double）三种。

Visual C++ 6.0 中，对 float 提供 6 位有效数字，对 double 提供 15 位有效数字，并且 float 和 double 的数值范围不同。对 float 分配 4 个字节，对 double 和 long double 分配 8 个字节。

（1）单精度

类型说明符为 float，该浮点型数据在内存中占 4 个字节，表示的数值范围是 -3.4e38 ～ 3.4e38。例如：

```
float a;
```

（2）双精度

类型说明符为 double，该浮点型数据在内存中占 8 个字节，表示的数值范围是 -1.7e308 ～ 1.7e308。例如：

```
double b;
```

（3）长双精度

类型说明符为 long double，该浮点型数据在内存中占 8 个字节，表示的数值范围是 -1.1e4932 ～ 1.1e4932。例如：

```
long double c;
```

3.2.5 变量赋值

变量值是动态改变的，每次改变都需要进行赋值运算。变量赋值的形式为：

```
变量名标识符 = 表达式
```

变量名标识符就是声明变量时定义的，表达式将在后面的章节中讲到。例如：

```
01    int i;                                        // 声明变量
02    i=110;                                        // 给变量赋值
```

声明 i 是一个整型变量，110 是一个常量。

```
01    int i,j;                                      // 声明变量
02    i=110;                                        // 给变量赋值
03    j=i;                                          // 将一个变量的值赋给另一个变量
```

3.2.6 变量赋初值

可以在声明变量时把数值赋给变量，这个过程称为变量赋初值。赋初值的情况有以下几种。

（1）int x=51;

表示定义 x 为有符号的基本整型变量，赋初值为 51。

（2）int x，y，z=62;

表示定义 x、y、z 为有符号的基本整型变量，z 赋初值为 62。

（3）int x=33，y=33，z=33;

表示定义 x、y、z 为有符号的基本整型变量，且赋予的初值均为 33。

注意：
定义变量并赋初值时可以写成“int x=33，y=33，z=33；”，但不可写成“int x=y=z=33；”这种形式。

3.2.7 字符变量

字符变量的类型说明符为 char，一个字符变量占用 1 个字节的内存单元。例如：

```
01    char ch1;                             // 定义一个字符变量 ch1
02    ch1= 't';                             // 给字符变量赋值
```

字符变量在内存中存储的是字符的 ASCII 码，即一个无符号整数，其形式与整型变量的存储形式一样，字符型数据与整型数据之间通用。

① 一个字符型数据，既可以字符形式输出，也可以整数形式输出。

[实例 3.2]（源码位置：资源包 \Code\03\02）

字符型数据与整型数据间运算

```
01    #include <iostream>                        // 包含头文件
02    using namespace std;                       // 引入命名空间
03    void main()
04    {
05        char c1, c2;                           // 定义两个 char 类型的变量
06        c1 = 'a';                              // 将变量 ch1 赋值为 'a'
07        c2 = 'b';                              // 将变量 ch2 赋值为 'b'
08        printf("%c,%d\n%c,%d", c1, c1, c2, c2);  // 分别以字符型和整型格式输出变量
09    }
```

程序运行结果如图 3.2 所示。

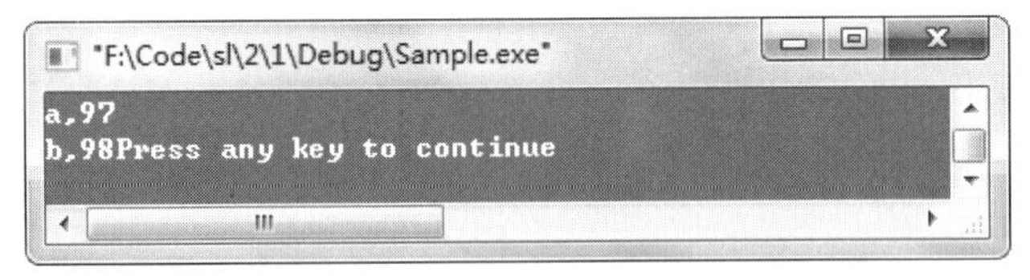

图 3.2　实例 3.2 的程序运行结果

② 允许对字符型数据进行算术运算，此时就是对它们的 ASCII 码值进行算术运算。

[实例 3.3]（源码位置：资源包 \Code\03\03）

字符型数据进行算术运算

```
01    #include<iostream>
02    using namespace std;
03    void main()
```

```
04  {
05      char ch1,ch2;                              // 定义两个变量
06      ch1='a';                                   // 赋值为 'a'
07      ch2='B';                                   // 赋值为 'B'
08      printf("ch1=%c,ch2=%c\n",ch1-32,ch2+32);   // 用字符形式输出 ch1-32, ch2+32
09      printf("ch1+10=%d\n", ch1+10);             // 以整型格式输出变量 ch1+10
10      printf("ch1+10=%c\n", ch1+10);             // 以字符型格式输出变量 ch1+10
11      printf("ch2+10=%d\n", ch2+10);             // 以整型格式输出变量 ch2+10
12      printf("ch2+10=%c\n", ch2+10);             // 以字符型格式输出变量 ch2+10
13  }
```

程序运行结果如图 3.3 所示。

图 3.3　实例 3.3 的程序运行结果

3.3　常用数据类型

计算机能够运行高低电平组成的二进制数据，开发人员编写的程序代码需要经过编译器转换成二进制数据，才能被计算机识别并执行。这种由编译器将代码转换成计算机能识别的二进制数据的过程称为编译过程。

能被计算机识别的二进制数据被称为机器码，汇编语言是最接近机器码的一种低级语言。汇编语言的编译器是将汇编代码直接解释成机器码，所谓解释就是一种对应关系，一条语句代表一个机器码。通过汇编代码可以很清楚地了解程序在 CPU 中的执行过程。

计算机的运算是通过 CPU 完成的。执行运算过程时首先需要将数据存放到 CPU 的寄存器中，然后 CPU 根据机器码指令执行运算。存放到 CPU 寄存器中的数据都是从内存中读取的，内存是存储数据的地方。程序运行时，被编译器编译后的二进制数据会被读取到计算机内存中，然后由 CPU 执行。

数据类型决定了用多大的内存来存储用户的数据。汇编语言中没有数据类型这个概念，汇编语言中除了直接操作用户数据外，都是通过地址值来操作用户数据。在高级语言中通过地址查找用户数据的任务都由编译器来完成，开发人员不用亲自管理地址空间，不用思考哪些数据应该存储在哪块内存地址下。

C++ 是数据类型非常丰富的语言，常用数据类型如图 3.4 所示。

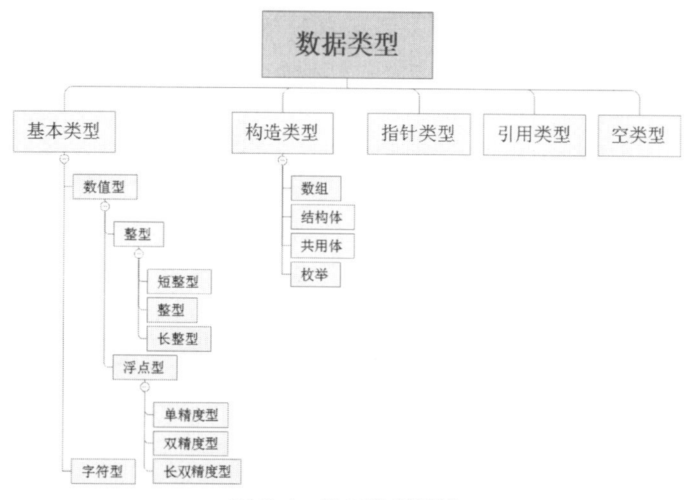

图 3.4　常用数据类型

掌握 C++ 的数据类型和运算符是学习 C++ 的基础，本节将详细介绍这些数据类型。

3.3.1 定义数据类型

C++ 中数据基本类型主要分为整型和浮点型（实型）两大类。其中，整型按符号划分，可以分为有符号和无符号两大类；按长度划分，可以分为普通整型、短整型和长整型三类。如表 3.4 所示。

表 3.4 整数类型

类型	名称	字节数	范围
[signed] short	短整型	2	−32768 ～ 32767（即 -2^{15} ～ $2^{15}-1$）
unsigned short	无符号短整型	2	0 ～ 65535（即 0 ～ $2^{16}-1$）
int	整型	4	−2147483648 ～ 2147483647（即 -2^{31} ～ $2^{31}-1$）
unsigned int	无符号整型	4	0 ～ 4294967295（即 0 ～ $2^{32}-1$）
long int	长整型	4	−2147483648 ～ 2147483647（即 -2^{31} ～ $2^{31}-1$）
unsigned long	无符号长整型	4	0 ～ 4294967295（即 0 ～ $2^{32}-1$）

浮点型主要包括单精度型、双精度型和长双精度型，如表 3.5 所示。

表 3.5 浮点数类型

类型	名称	字节数	范围
float	单精度型	4	−3.4e−38 ～ 3.4e38
double	双精度型	8	−1.7e−308 ～ 1.7e308
long double	长双精度型	8	−1.1e−308 ～ 1.1e308

在程序中使用浮点型数据时需要注意以下几点。

（1）浮点数的相加

浮点型数据的有效数字是有限制的，如单精度 float 的有效数字是 6 ～ 7 位，如果将数字 86041238.78 赋值给 float 类型，显示的数字可能是 86041240.00，个位数 8 被四舍五入，小数位被忽略。如果将 86041238.78 与 5 相加，输出的结果为 86041245.00，而不是 86041243.78。

（2）浮点数与零的比较

在开发程序的过程中，经常会进行两个浮点数的比较，此时尽量不要使用“==”或“!=”运算符，而应使用“>=”或“<=”之类的运算符，许多程序开发人员在此经常犯错。例如：

```
float fvar = 0.00001;                    // 定义一个浮点型变量
if (fvar == 0.0)                         // 判断是否为 0
…
```

上述代码并不是高质量的代码，如果程序要求的精度非常高，可能会产生未知的结果。

通常在比较实数时需要定义实数的精度。

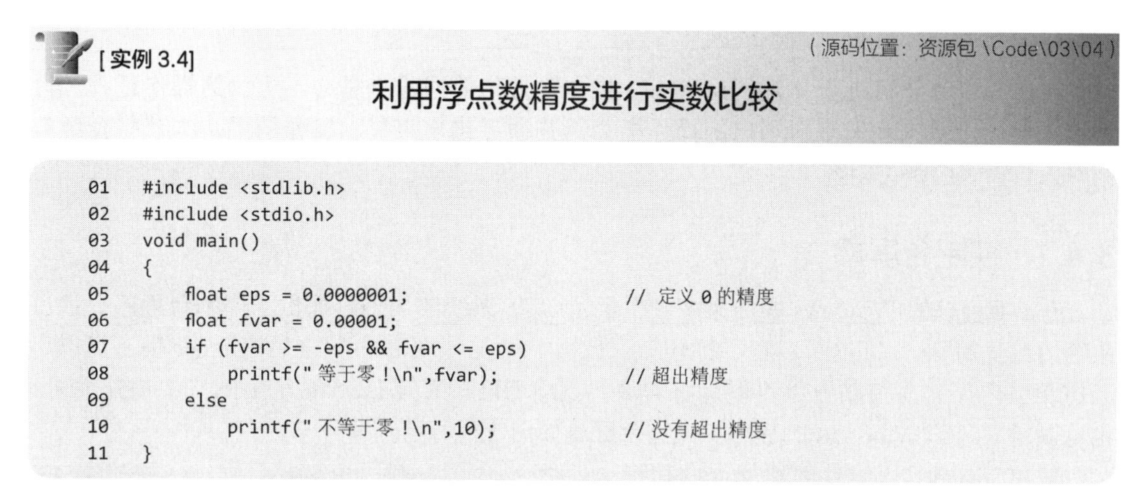

[实例 3.4] （源码位置：资源包 \Code\03\04）

利用浮点数精度进行实数比较

```
01    #include <stdlib.h>
02    #include <stdio.h>
03    void main()
04    {
05        float eps = 0.0000001;                    // 定义 0 的精度
06        float fvar = 0.00001;
07        if (fvar >= -eps && fvar <= eps)
08            printf(" 等于零 !\n",fvar);           // 超出精度
09        else
10            printf(" 不等于零 !\n",10);           // 没有超出精度
11    }
```

程序运行结果如图 3.5 所示。

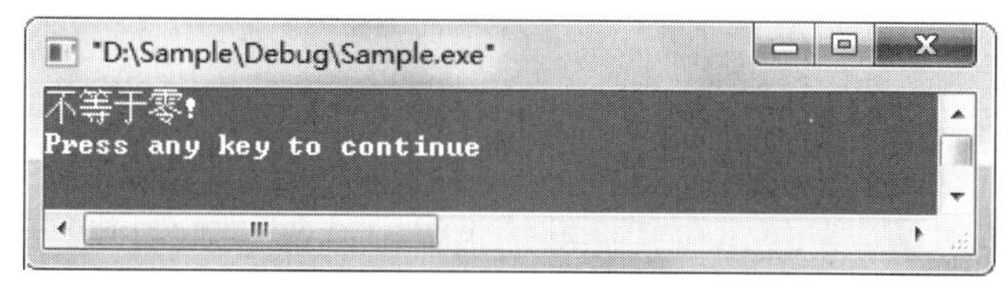

图 3.5　实例 3.4 的程序运行结果

3.3.2　字符类型

在 C++ 中，字符数据使用 “''” 来表示，如 'A'、'B'、'C' 等。定义字符变量可以使用 char 关键字。例如：

```
01    char c  = 'a';                            // 定义一个字符型变量
02    char ch = 'b';                            // 定义一个字符型变量
```

在计算机中字符是以 ASCII 码的形式存储的，因此可以直接将整数赋值给字符变量。例如：

```
01    char ch = 97;          // 定义一个字符型变量，同时将变量赋值为 97(a 的 ASCII 码 )
02    printf("%c\n",ch);     // 输出该变量的值
```

输出结果为 “a”，因为 97 对应的 ASCII 码为 “a”。

3.3.3　布尔类型

在逻辑判断中，结果通常只有真和假两个值。C++ 中提供了布尔类型 bool 来描述真和假。bool 类型共有两个取值，分别为 true 和 false。顾名思义，true 表示真，false 表示假。在程序中，bool 类型被作为整数类型对待，false 表示 0，true 表示 1。将 bool 类型赋值给整型是合法的，反之，将整型赋值给 bool 类型也是合法的。例如：

```
01    bool ret;                                 // 定义布尔型变量
02    int  var = 3;                             // 定义整型变量，并赋值为 3
03    ret = var;                                // 将整型值赋值给布尔型变量
04    var = ret;                                // 将布尔型值赋值给整型变量
```

3.4 数据输入与输出

在用户与计算机进行交互的过程中，数据输入和数据输出是必不可少的操作过程。计算机需要通过输入获取来自用户的操作指令，并通过输出来显示操作结果。本节将介绍数据输入与输出的相关内容。

3.4.1 控制台屏幕

在 NT 内核的 Windows 操作系统中为保留 DOS 系统的风格，提供了控制台程序。通过系统的“开始”→“运行”，在“打开”编辑框中输入“cmd.exe”之后按 Enter 键，可以启动控制台程序。在控制台中可以运行 DIR、CD、DELETE 等 DOS 系统中的文件操作命令，也可以用来启动 Windows 的程序。控制台屏幕如图 3.6 所示。

使用 Visual C++ 6.0 创建的程序都将运算结果输出到控制台屏幕上，它是程序显示输出结果的地方。

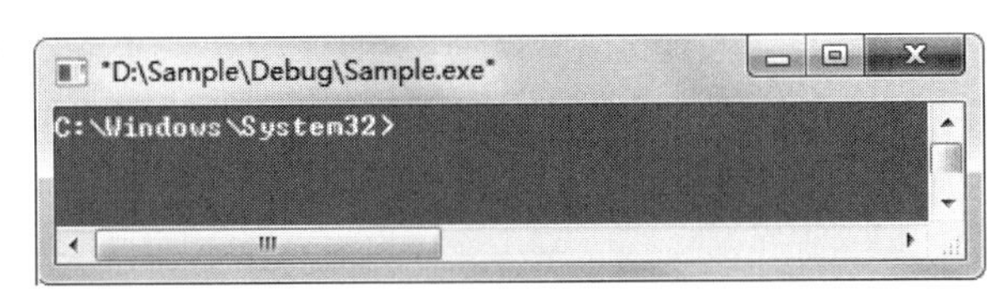

图 3.6 控制台屏幕

3.4.2 C++ 中的流

在 C++ 中，数据的输入和输出包括标准输入输出设备（键盘、显示器）、外部存储介质（磁盘）上的文件和内存的存储空间 3 个方面的输入 / 输出。对标准输入设备和标准输出设备的输入 / 输出简称为标准 I/O，对在外存磁盘上文件的输入 / 输出简称文件 I/O，对内存中指定的字符串存储空间的输入 / 输出简称为串 I/O。

C++ 中把数据之间的传输操作称为流。C++ 中的流既可以表示数据从内存传送到某个载体或设备中（即输出流），也可以表示数据从某个载体或设备传送到内存缓冲区变量中（即输入流）。C++ 中所有流都是相同的，但文件可以不同（文件流会在后面讲到）。使用流以后，程序用流统一对各种计算机设备和文件进行操作，使程序与设备、文件无关，从而提高了程序设计的通用性和灵活性。

C++ 定义了 I/O 类库供用户使用，标准 I/O 操作有 4 个类对象，它们分别是 cin、cout、cerr 和 clog。其中 cin 代表标准输入设备键盘，也称为 cin 流或标准输入流。cout 代表标准输出显示器，也称为 cout 流或标准输出流。当进行键盘输入操作时使用 cin 流，当进行显示器输出操作时使用 cout 流，当进行错误信息输出操作时使用 cerr 或 clog。

C++ 的流通过重载运算符“<<”和“>>”执行输入和输出操作。输出操作是向流中插入一个字符序列，因此在流操作中，将左移运算符“<<”称为插入操作符。输入操作是从流中提取一个字符序列，因此在流操作中，将右移运算符“>>”称为提取运算符。

（1）cout 语句的一般格式

```
cout<< 表达式 1<< 表达式 2<<…<< 表达式 n;
```

cout 代表显示器，执行 cout << x 操作就相当于把 x 的值输出到显示器。

先把 x 的值输出到显示器屏幕上，在当前屏幕光标位置显示出来，然后 cout 流恢复到等待输出的状态，以便继续通过插入操作符输出下一个值。当使用插入操作符向一个流输出一个值后，再输出下一个值时将被紧接着放在上一个值的后面，所以为了让流中前后两个值分开，可以在输出一个值后接着输出一个空格，或一个换行符，或是其他所需要的字符或字符串。

一个 cout 语句可以分写成若干行。例如：

```
cout<< "Hello World!" <<endl;
```

可以写成：

```
cout<< "Hello"                              // 注意行末尾无分号
<<" "
<<"World!"
<<endl;                                      // 语句最后有分号
```

也可以写成多个 cout 语句：

```
cout<< "Hello";                             // 语句末尾有分号
cout <<" ";
cout <<"World!";
cout<<endl;
```

以上 3 种情况的输出均为正确。

（2）cin 语句的一般格式

```
cin>> 变量 1>> 变量 2>>…>> 变量 n;
```

cin 代表键盘，执行 cin>>x 操作就相当于把键盘输入的数据赋值给变量。

当从键盘上输入数据时，只有当输入完数据并按下 Enter 键后，系统才把该行数据存入到键盘缓冲区，供 cin 流顺序读取给变量。另外，从键盘上输入的每个数据之间必须用空格或回车符分开，因为 cin 为一个变量读入数据时是以空格或回车符作为其结束标志的。

当 cin>>x 操作中的 x 为字符指针类型时，则要求从键盘的输入中读取一个字符串，并把它赋值给 x 所指向的存储空间，若 x 没有事先指向一个允许写入信息的存储空间，则无法完成输入操作。另外，从键盘上输入的字符串，其两边不能带有双引号定界符，若有则只作为双引号字符看待。对于输入的字符也是如此，不能带有单引号定界符。

cin 函数相当于 C 库函数的 scanf，将用户的输入赋值给变量。

[实例 3.5]　（源码位置：资源包 \Code\03\05）

简单输出字符

```
01    #include <iostream.h>
02    void main()
03    {
04        int i=0;                               // 定义 int 型变量 i 并赋值为 0
05        cout << i<< endl;                      // 输出变量 i 的值，并输出一个换行
06        cout << "HelloWorld" <<endl;           // 输出 "HelloWorld"，并输出一个换行
07    }
```

程序运行将向控制台屏幕输出变量 i 值和 HelloWorld 字符串，其运行结果如图 3.7 所示。

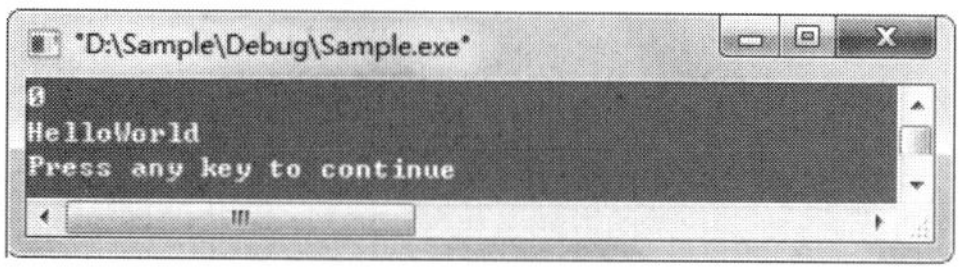

endl 是向流的末尾部位加入换行符。i 是一个整型变量，在输出流中自动将整型变量转换成字符串输出。

图 3.7　实例 3.5 的程序运行结果

3.4.3 流操作的控制

（1）cout

在头文件 iomanip.h 中定义了一些控制流输出格式的函数，默认情况下整型数按十进制形式输出，也可以通过 hex 将其设置为十六进制输出。控制流操作的具体函数如下。

① setf(long f);。根据参数 f 设置相应的格式化标志，返回此前的设置。参数 f 所对应的实参为无名枚举类型中的枚举常量（又称格式化常量），可以同时使用一个或多个常量，每两个常量之间要用按位或操作符连接。如需要左对齐输出，并使数值中的字母大写时，则调用该函数的实参为 ios::left|ios::uppercase。

② unsetf(long f);。根据参数 f 清除相应的格式化标志，返回此前的设置。如果要清除此前的左对齐输出设置，恢复默认的右对齐输出设置，则调用该函数的实参为 ios::left。

③ int width();。返回当前的输出域宽。若返回数值为 0，则表明未为刚才输出的数值设置输出域宽。输出域宽是指输出的值在流中所占的字节数。

④ int width(int w);。设置下一个数据的输出域宽为 w，返回为输出上一个数据所规定的域宽，若无规定则返回 0。注意，此设置不是一直有效，而只是对下一个输出数据有效。

⑤ setiosflags(long f);。设置 f 所对应的格式化标志，功能与 setf(long f) 成员函数相同，当然，在输出该操作符后返回的是一个输出流。如果采用标准输出流 cout 输出它，则返回 cout。输出每个操作符后都是如此，即返回输出它的流，以便向流中继续插入下一个数据。

⑥ resetiosflags(long f);。清除 f 所对应的格式化标志，功能与 unsetf(long f) 成员函数相同。输出后返回一个流。

⑦ setfill(int c);。设置填充字符的 ASCII 码为 c 的字符。

⑧ setprecision(int n);。设置浮点数的输出精度为 n。

⑨ setw(int w);。设置下一个数据的输出域宽为 w。

数据输入 / 输出的格式控制还有更简便的形式，就是使用头文件 iomanip.h 中提供的操作符。使用这些操作符不需要调用成员函数，只要把它们作为插入操作符 "" 的输出对象即可。

- dec：转换为按十进制输出整数，是默认的输出格式。
- oct：转换为按八进制输出整数。
- hex：转换为按十六进制输出整数。
- ws：从输出流中读取空白字符。
- endl：输出换行符 \n 并刷新流。刷新流是指把流缓冲区内容立即写入到对应的物理设备上。
- ends：输出一个空字符 \0。
- flush：只刷新一个输出流。

（源码位置：资源包 \Code\03\06）

控制打印格式程序

```
01    #include <iostream>
02    #include <iomanip>
```

```
03  using namespace std;
04  void main()
05  {
06      double adouble=123.456789012345;                // 定义 double 类型的变量 adouble
07      cout << adouble << endl;                        // 输出变量 adouble 的值，并输出换行
08      cout << setprecision(9) << adouble << endl;     // 设置浮点数的输出精度为 9
09      cout << setprecision(6);                        // 恢复默认格式 ( 精度为 6)
10      cout << setiosflags(ios::fixed);                // 设置格式化标志
11      // 设置格式标志和精度，并输出 adouble 和回车
12      cout << setiosflags(ios::fixed) << setprecision(8) << adouble << endl;
13      // 设置格式标志，并输出 adouble 和回车
14      cout << setiosflags(ios::scientific) << adouble << endl;
15      // 设置格式标志和精度，并输出 adouble 和回车
16      cout << setiosflags(ios::scientific) << setprecision(4) << adouble << endl;
17      // 整数输出
18      int aint=123456;                                        // 对 aint 赋初值
19      cout << aint << endl;                                   // 输出：123456
20      cout << hex << aint << endl;                            // 输出：1e240
21      cout << setiosflags(ios::uppercase) << aint << endl;    // 输出：1E240
22      cout << dec << setw(10) << aint <<','<< aint << endl;   // 输出：    123456，123456
23      cout << setfill('*') << setw(10) << aint << endl;       // 输出：**** 123456
24      cout << setiosflags(ios::showpos) << aint << endl;      // 输出：+123456
25      int aint_i=0x2F,aint_j=255;                             // 定义变量
26      cout << aint_i << endl;                                 // 输出十进制整数
27      cout << hex << aint_i << endl;                          // 输出十六进制整数
28      cout << hex << aint_j << endl;                          // 输出十六进制整数
29      cout << hex << setiosflags(ios::uppercase) << aint_j << endl; // 输出大写的十六进制整数
30      int aint_x=123;                                         // 定义整型变量并赋值
31      double adouble_y=-3.1415;                               // 定义双精度浮点型变量并赋值
32      cout << "aint_x=";                                      // 输出字符串
33      cout.width(10);                                         // 设置宽度为 10
34      cout << aint_x;                 // 输出 aint_x 变量的值：'       123'，前面有 7 个空格
35      cout << "adouble_y=";           // 输出字符串
36      cout.width(10);                 // 设置宽度为 10
37      cout << adouble_y <<endl;       // 输出 adouble_y 变量的值：'   -3.1415'，前面有 3 个空格
38      cout.setf(ios::left);           // 设置为左对齐
39      cout << "aint_x=";              // 输出字符串
40      cout.width(10);                 // 设置宽度为 10
41      cout << aint_x;                 // 输出 aint_x 变量的值：'123       '，后面有 7 个空格
42      cout << "adouble_y=";           // 输出字符串
43      cout << adouble_y <<endl;       // 输出 adouble_y 变量的值：'-3.1415   '，后面有 3 个空格
44      cout.fill('*');                 // 设置填充的字符为 *
45      cout.precision(4);              // 设置精度为 4 位
46      cout.setf(ios::showpos);        // 设置输出时显示符号
47      cout << "aint_x=";              // 输出字符串
48      cout.width(10);                 // 设置宽度为 10
49      cout << aint_x;                 // 输出 aint_x 变量的值：'+123******'
50      cout << "adouble_y=";           // 输出字符串
51      cout.width(10);                 // 设置宽度为 10
52      cout << adouble_y <<endl;       // 输出 adouble_y 变量的值：'-3.142****'
53      float afloat_x=20,afloat_y=-400.00; // 流输出小数控制
54      cout << afloat_x <<' '<< afloat_y << endl;
55      cout.setf(ios::showpoint);      // 强制显示小数点和无效 0
56      cout << afloat_x <<' '<< afloat_y << endl;
57      cout.unsetf(ios::showpoint);
58      cout.setf(ios::scientific);     // 设置按科学记数法输出
59      cout << afloat_x <<' '<< afloat_y << endl;
60      cout.setf(ios::fixed);          // 设置按定点表示法输出
61      cout << afloat_x <<' '<< afloat_y << endl;
62  }
```

程序运行结果如图 3.8 所示。

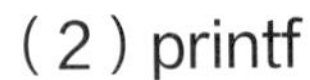

（2）printf

C++ 中还保留着 C 语言中的屏幕输出函数 printf。使用 printf 可以将任意数量和类型的数据输入到屏幕。printf 函数的声明形式为：

```
printf("[ 控制格式 ]... [ 控制格式 ]...", 数值列表 );
```

函数 printf 是变参函数，数值列表中可以有多个数值，数值的个数不是确定的，每个数值之间用逗号运算符隔开；控制格式表示数值以哪种格式输出，控制格式的数量要与数值的个数一致，否则程序运行时会产生错误。

控制格式是由 %+ 特定字符构成的，其形式为：

```
%[*][ 域宽 ][ 长度 ] 类型
```

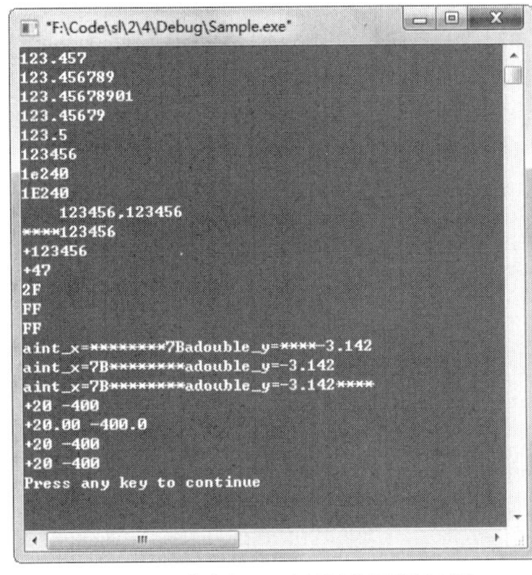

图 3.8　实例 3.6 的程序运行结果

* 代表可以使用占位符，域宽表示输出的长度。如果输出的内容没有域宽长，用占位符占位；如果比域宽长，就按实际内容输出，以适应域宽。长度决定输出内容的长度，例如 %d 代表以整型数据格式输出。输出类型如表 3.6 所示。

表 3.6　输出类型

格式符	格式意义
d	以十进制形式输出带符号整数（正数不输出符号）
o	以八进制形式输出无符号整数（不输出前缀 o）
x	以十六进制形式输出无符号整数（不输出前缀 x）
u	以十进制形式输出无符号整数
c	输出单个字符
s	输出字符串
f	以小数形式输出单、双精度浮点数
e	以指数形式输出单、双精度浮点数
g	以 %f%e 中较短的输出宽度输出单、双精度浮点数

① d 格式符，以十进制形式输出整数。它有以下几种用法。

- %d，按整型数据的实际长度输出。
- %*md，m 为指定的输出字段的宽度。如果数据的位数小于 m，用 * 所指定的字符占位，如果 * 未指定用空格占位，若大于 m，则按实际位数输出。
- %ld，输出长整型数据。

② o 格式符，以八进制形式输出整数。它有以下几种用法。

- %o，按整型数据的实际长度输出。
- %*mo，m 为指定的输出字段的宽度。如果数据的位数小于 m，用 * 所指定的字符占位，如果 * 未指定用空格占位，若大于 m，则按实际位数输出。
- %lo，输出长整型数据。

③ x 格式符，以十六进制形式输出整数。它有以下几种用法。

- %x，按整型数据的实际长度输出。
- %*mx，m 为指定的输出字段的宽度。如果数据的位数小于 m，用 * 所指定的字符占位，如果 * 未指定用空格占位，若大于 m，则按实际位数输出。
- %lx，输出长整型数据。

④ s 格式符，用来输出一个字符串。它有以下几种用法。

- %s，将字符串按实际长度输出。
- %*ms，输出的字符串占 m 列，如字符串本身长度大于 m，则突破 m 的限制，用 * 所指定的字符占位，如果 * 未指定用空格占位，若字符串长度小于 m，则左补空格。
- %-ms，如果字符串长度小于 m，则在 m 列范围内，字符串向左靠，右补空格。
- %m.ns，输出占 m 列，但只取字符串中左端 n 个字符。这 n 个字符输出在 m 列的右侧，左补空格。
- %-m.ns，输出长整型数据。输出占 m 列，但只取字符串中左端 n 个字符。这 n 个字符输出在 m 列的左侧，右补空格。

⑤ f 格式符，以小数形式输出浮点型数据。它有以下几种用法。

- %f，不指定字段宽度，整数部分全部输出，小数部分输出 6 位。
- %m.nf，输出的数据占 m 列，其中有 n 位小数。如果数值长度小于 m，则左端补空格。
- %-m.nf，输出的数据占 m 列，其中有 n 位小数。如果数值长度小于 m，则右端补空格。

⑥ e 格式符，以指数形式输出浮点型数据。它有以下几种用法。

- %e，不指定输出数据所占的宽度和小数位数。
- %m.ne，输出的数据占 m 位，其中有 n 位小数。如果数值长度小于 m，则左端补空格。
- %-m.ne，输出的数据占 m 位，其中有 n 位小数。如果数值长度小于 m，则右端补空格。

[实例 3.7]　（源码位置：资源包 \Code\03\07）

使用 printf 进行输出

```
01  #include <iostream>
02  void main()
03  {
04      printf("%4d\n",1);                                          // 用空格作占位符
05      printf("%04d\n",1);                                         // 用 0 来作占位符
06      int aint_a=10,aint_b=20;
07      printf("%d%d\n",aint_a,aint_b);                             // 相当于字符连接
08      char *str="helloworld";
09      printf("%s\n%10.5s\n%-10.2s\n%.3s",str,str,str,str);        // 控制字符串输出格式
10      float afloat=2998.453257845;                                // 浮点数输出格式
11      double adouble=2998.453257845;
12     // 以指定的格式输出 afloat 和 adouble
13      printf("%f\n%15.2f\n%-10.3f\n%f",afloat,afloat,afloat,adouble);
14      printf("%e\n%15.2e\n%-10.3e\n%e",afloat,afloat,afloat,adouble);  // 科学记数法输出
15  }
```

程序运行结果如图 3.9 所示。

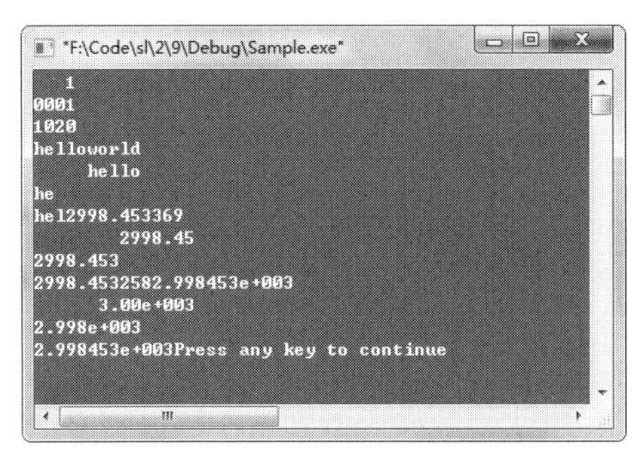

图 3.9　实例 3.7 的程序运行结果

本章知识思维导图

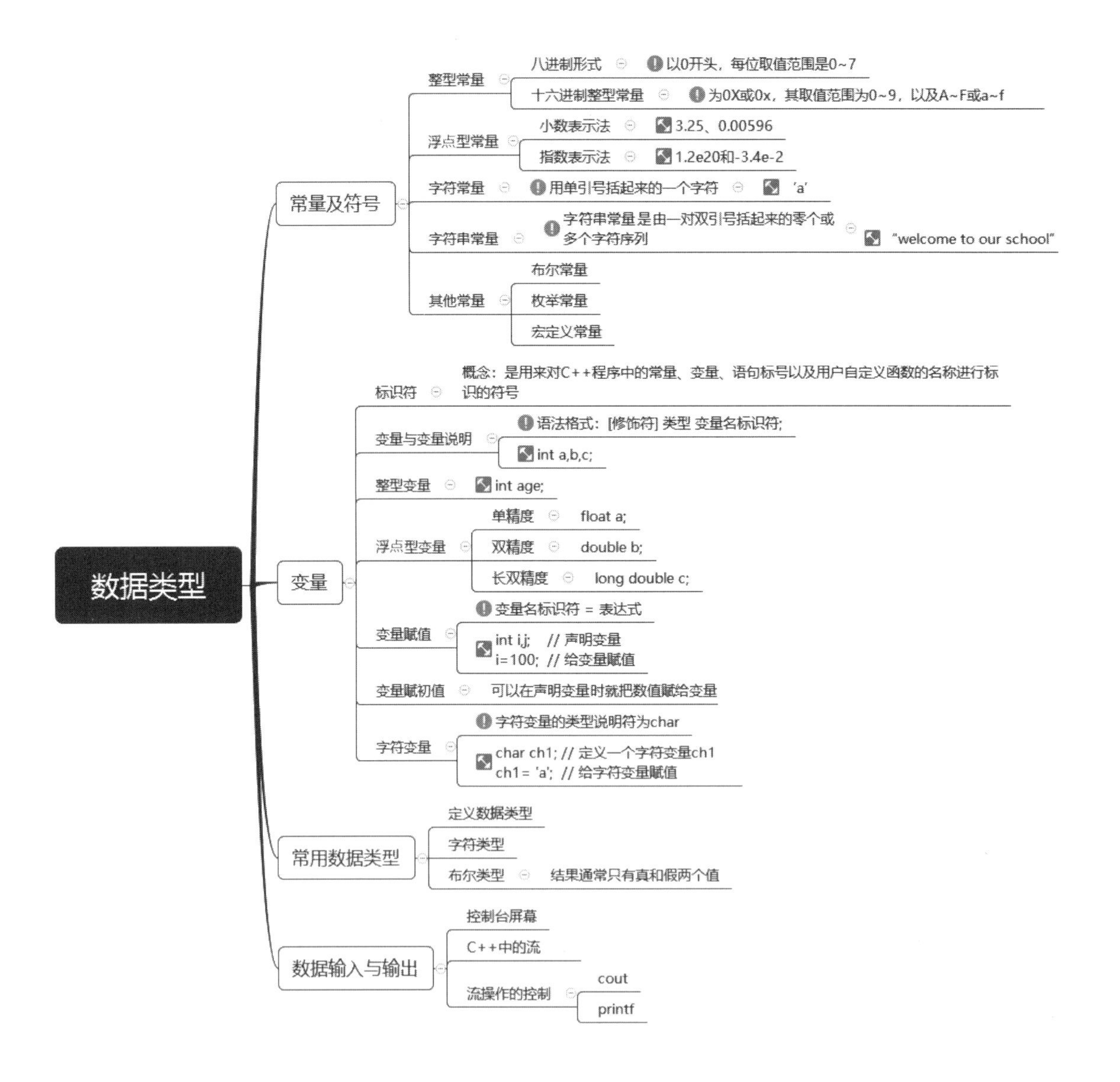

第 4 章

运算符与表达式

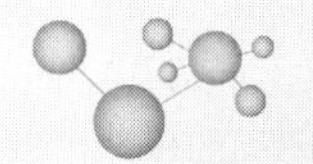

本章学习目标

- 掌握常用的运算符。
- 掌握运算符之间的优先级和结合性。
- 了解表达式。
- 了解判断的左值与右值。

4.1 运算符

运算符就是具有运算功能的符号。C++ 中有丰富的运算符，其中有很多运算符都是从 C 语言继承下来的，它新增的运算符有 :: 作用域运算符、-> 成员指针运算符。

C++ 和 C 语言一样，根据使用运算符的对象个数，将运算符分为单目运算符、双目运算符和三目运算符；根据使用运算符的对象之间的关系，将运算符分为算术运算符、关系运算符、逻辑运算符、赋值运算符和逗号运算符等。

4.1.1 算术运算符

算术运算主要指常用的加（+）、减（−）、乘 (*)、除（/）四则运算，算术运算符中有单目运算符和双目运算符。算术运算符如表 4.1 所示。

表 4.1 算术运算符

操作符	功能	目数	用法
+	加法运算符	双目	expr1 + expr2
-	减法运算符	双目	expr1 – expr2
*	乘法运算符	双目	expr1 * expr2
/	除法运算符	双目	expr1 / expr2
%	模运算符	双目	expr1 % expr2
++	自加运算符	单目	++expr 或 expr++
--	自减运算符	单目	−−expr 或 expr−−

说明：

expr 表示使用运算符的对象，可以是表达式、变量和常量。

① + 是加法运算符，可以进行两个对象的加法运算。例如：

```
1+1：两个常量相加。
i+1：变量和常量相加。
x+y：两个变量相加。
+100：有符号的常量，强调常量是正数。
```

② − 是减法运算符，可以进行两个对象的减法运算。例如：

```
1-1：两个常量相减。
j-1：变量和常量相减。
x-y：两个变量相减。
-100：有符号的常量，强调常量是负数。
```

③ * 是乘法运算符，可以进行两个对象的乘法运算。例如：

```
2*3：两个常量相乘。
```

④ / 是除法运算符，可以进行两个对象的除法运算。例如：

```
2/3：两个常量相除。/ 运算符左侧的是被除数，也称分子；/ 运算符右侧的是除数，也称为分母。
```

在进行除法运算时，除数或分母不可以为0，为0会产生溢出，处理器抛出异常。例如：

```
2/0：不合法运算。
0/2：合法运算，计算结果是 0。
```

两个整型数值进行除法运算时返回的结果可能是一个小数，小数点后的数值会被舍去。

⑤ % 是模运算符，求两个整型的数值或变量在进行除法运算后的余数。例如：

```
5%2：两个常量进行求模运算，计算结果是 1。
```

⑥ ++ 是自加运算符，属于单目运算符。有 ++expr 和 expr++ 两种形式：++expr 表示 expr 自身加 1 后再进行其他运算；expr++ 表示 expr 参与其他运算后再进行自身加 1；expr 只能是变量。例如：

```
i++ : i 参与运算后，i 的值再自增。
++i :  i 自增 1 后再参与其他运算。
1++ :  不合法运算。
```

⑦ -- 是自减运算符，属于单目运算符。有 --expr 和 expr-- 两种形式：--expr 表示 expr 自身减 1 后再进行其他运算；expr-- 表示 expr 参与其他运算后再进行自身减 1，expr 只能是变量。例如：

```
i-- : i 参与运算后，i 的值再自减。
--i : i 自减 1 后再参与其他运算。
1-- :  不合法运算。
```

4.1.2 关系运算符

关系运算主要是对两个对象进行比较，运算结果是逻辑常量真或假。关系运算符如表 4.2 所示。

表 4.2 关系运算符

操作符	功能	目数	用法
<	小于	双目	expr1 < expr2
>	大于	双目	expr1 > expr2
>=	大于或等于	双目	expr1 >= expr2
<=	小于或等于	双目	expr1 <= expr2
==	恒等	双目	expr1 == expr2
!=	不等	双目	expr1 != expr2

① < 是比较两个对象的大小，前者小于后者，运算结果为真。例如：

```
a<b :  两个变量进行比较，如果变量 a 的值小于变量 b 的值，运算结果为真。
2<1：运算结果为假。
```

② > 是比较两个对象的大小，前者大于后者，运算结果为真。例如：

```
a>b :  两个变量进行比较，如果变量 a 的值大于变量 b 的值，运算结果为真。
2>1：运算结果为真。
```

③ >= 是比较两个对象的大小，前者大于或等于后者，运算结果为真。例如：

```
3>=2: 运算结果为真。
2>=2: 运算结果为真。
```

④ <= 是比较两个对象的大小，前者小于或等于后者，运算结果为真。例如:

```
1<=2: 运算结果为真。
```

⑤ == 是对两个对象进行判断，前者恒等于后者，运算结果为真。例如:

```
a==b : 两个变量进行比较，如果变量 a 的值恒等于变量 b 的值，运算结果为真。
```

⑥ != 是对两个对象进行判断，前者不等于后者，运算结果为真。例如:

```
a!=b : 两个变量进行比较，如果变量 a 的值不等于变量 b 的值，运算结果为真。
```

关系运算符都是双目运算符，其结合性均为左结合。关系运算符的优先级低于算术运算符，高于赋值运算符。在 6 个关系运算符中，<、<=、>、>= 的优先级相同，高于 == 和 !=，== 和 != 的优先级相同。

4.1.3 逻辑运算符

逻辑运算是对真和假两种逻辑值进行运算，运算后的结果仍是一个逻辑值。逻辑运算符如表 4.3 所示。

表 4.3 逻辑运算符

操作符	功能	目数	用法
&&	逻辑与	双目	expr1 && expr2
||	逻辑或	双目	expr1 || expr2
!	逻辑非	单目	!expr

① && 是对两个对象进行与运算，当两个对象都为真时，运算结果为真；有一个对象为假或两个对象都为假时，运算结果为假。例如:

```
真 && 假: 运算结果为假。
真 && 真: 运算结果为真。
假 && 假: 运算结果为假。
```

② || 是对两个对象进行或运算，当两个对象都为假时，运算结果为假，有一个对象为真或两个对象都为真时，运算结果为真。例如:

```
真 || 假: 运算结果为真。
真 || 真: 运算结果为真。
假 || 假: 运算结果为假。
```

③ ! 是对一个对象进行取反运算，当对象为真时，运算结果为假；当对象为假时，运算结果为真。例如:

```
! 真: 运算结果为假。
! 假: 运算结果为真。
```

变量 a 和 b 的逻辑运算结果如表 4.4 所示。

表 4.4　变量 a 和 b 的逻辑运算结果

a	b	a&&b	a||b	!a	!b
0	0	0	0	1	1
0	非0	0	1	1	0
非0	0	0	1	0	1
非0	非0	1	1	0	0

说明：
用 1 代表真，用 0 代表假。

逻辑运算中的表达式仍可以是逻辑表达式，从而组成了嵌套的情形，例如 (a||b)&&c（根据逻辑运算符的左结合性）。

[实例 4.1]　（源码位置：资源包 \Code\04\01）

求逻辑表达式的值

```
01    #include<iostream>
02    using namespace std;
03    void main()
04    {
05        int i=5,j=8,k=12,l=4,x1,x2;
06        x1=i>j&&k>l;               // 先进行“大于”运算，再进行“与”运算，最后进行赋值运算
07        x2=!(i>j)&&k>l;            // 运算顺序 :i>j,!,k>l,&&
08        printf("%d,%d\n",x1,x2);
09    }
```

程序运行结果如图 4.1 所示。

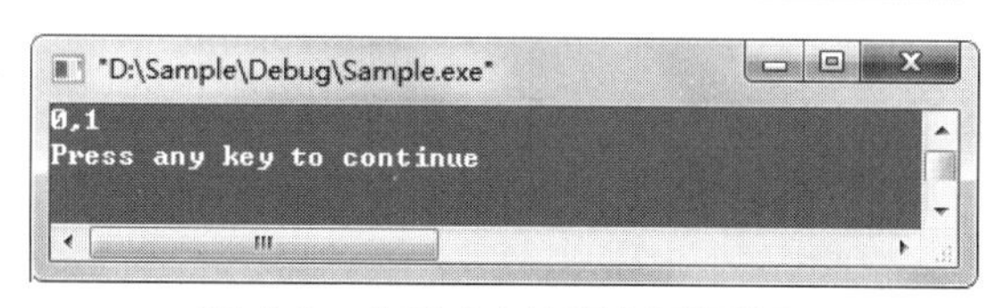

图 4.1　实例 4.1 的程序运行结果

4.1.4　赋值运算符

赋值运算符分为简单赋值运算符和复合赋值运算符，复合赋值运算符又称为带有运算的赋值运算符，简单赋值运算符就是给变量赋值的运算符。例如：

```
变量 = 表达式
```

等号“=”为简单赋值运算符。

C++ 提供了很多复合赋值运算符，如表 4.5 所示。

表 4.5　复合赋值运算符

操作符	功能	目数	用法
+=	加法赋值	双目	expr1 += expr2
−=	减法赋值	双目	expr1 −= expr2
*=	乘法赋值	双目	expr1 *= expr2
/=	除法赋值	双目	expr1 /= expr2
%=	模运算赋值	双目	expr1 % = expr2

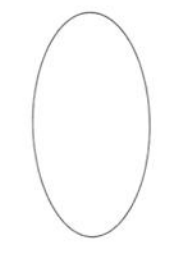

续表

操作符	功能	目数	用法
<<=	左移赋值	双目	expr1 <<= expr2
>>=	右移赋值	双目	expr1 >>= expr2
&=	按位与运算并赋值	双目	expr1 &= expr2
|=	按位或运算并赋值	双目	expr1 |= expr2
^=	按位异或运算并赋值	双目	expr1 ^= expr2

复合赋值运算符就是简单赋值运算符“=”和其他基本运算的缩写形式，例如:

```
a+=b  等价于 a=a+b
a-=b  等价于 a=a-b
a*=b  等价于 a=a*b
a/=b  等价于 a=a/b
a%=b  等价于 a=a%b
a<<=b 等价于 a=a<<b
a>>=b 等价于 a=a>>b
a&=b  等价于 a=a&b
a^=b  等价于 a=a^b
a|=b  等价于 a=a|b
```

复合赋值运算符都是双目运算符，C++ 采用这种运算符可以更高效地进行运算，编译器在生成目标代码时能够直接优化，可以使程序代码占用空间更小。这种书写形式也非常简洁，使得代码更紧凑。

复合赋值运算符将运算结果返回，作为表达式的值，同时把操作数对应的变量设为运算结果值。例如:

```
int a=9;
a*=4;
```

运算结果是: a= 36。a*=4 等价于 a=a*4，a*4 的运算结果赋给了变量 a。

4.1.5 位运算符

位运算符有位逻辑与运算符、位逻辑或运算符、位逻辑异或运算符和按位取反运算符，其中位逻辑与运算符、位逻辑或运算符、位逻辑异或运算符为双目运算符，取反运算符为单目运算符。位运算符如表 4.6 所示。

表 4.6　位运算符

操作符	功能	目数	用法
&	位逻辑与	双目	expr1 & expr2
|	位逻辑或	双目	expr1 | expr2
^	位逻辑异或	双目	expr1 ^ expr2
～	按位取反	单目	～ expr

在双目运算符中，位逻辑与运算符优先级最高，位逻辑或运算符次之，位逻辑异或运算符最低。

① 位逻辑与运算符实际上是将操作数转换成二进制表示方式，然后将两个二进制操作

数对象从低位（最右边）到高位对齐，每位求与。若两个操作数对象同一位都为 1，则结果中对应位为 1，否则结果中对应位为 0。例如，12 和 8 经过位逻辑与运算后得到的结果是 8。

```
   0000 0000 0000 1100          （十进制 12 原码表示）
&  0000 0000 0000 1000          （十进制 8 原码表示）
   0000 0000 0000 1000          （十进制 8 原码表示）
```

说明：

十进制在用二进制表示时有原码、反码、补码多种表示方式。

② 位逻辑或运算符实际上是将操作数转换成二进制表示方式，然后将两个二进制操作数对象从低位（最右边）到高位对齐，每位求或。若两个操作数对象同一位都为 0，则结果中对应位为 0，否则结果中对应位为 1。例如，4 和 8 经过位逻辑或运算后的结果是 12。

```
   0000 0000 0000 0100          （十进制 4 原码表示）
|  0000 0000 0000 1000          （十进制 8 原码表示）
   0000 0000 0000 1100          （十进制 12 原码表示）
```

③ 位逻辑异或运算符实际上是将操作数转换成二进制表示方式，然后将两个二进制操作数对象从低位（最右边）到高位对齐，每位求异或。若两个操作数对象同一位不同时为 1，则结果中对应位为 1，否则结果中对应位为 0。例如，31 和 22 经过位逻辑异或运算后得到的结果是 9。

```
   0000 0000 0001 1111          （十进制 31 原码表示）
^  0000 0000 0001 0110          （十进制 22 原码表示）
   0000 0000 0000 1001          （十进制 9 原码表示）
```

④ 按位取反运算符实际上是将操作数转换成二进制表示方式，然后将各位二进制位由 1 变为 0，由 0 变为 1。例如，41883 取反运算后得到的结果是 23652。

```
~  1010 0011 1001 1011          （十进制 41883 原码表示）
   0101 1100 0110 0100          （十进制 23652 原码表示）
```

位运算符实际上是算术运算符，用该运算符组成的表达式的值是算术值。

[实例 4.2] （源码位置：资源包 \Code\04\02）

位运算符应用

```
01  #include <iostream>
02  using namespace std;
03  void main()
04  {
05      int x = 123456;
06      printf("12 与 8 的结果: %d\n", (12 & 8));          // 位逻辑与计算整数的结果
07      printf("4 或 8 的结果: %d\n", (4 | 8));            // 位逻辑或计算整数的结果
08      printf("31 异或 22 的结果: %d\n", (31 ^ 22));      // 位逻辑异或计算整数的结果
09      printf("123456 取反的结果: %d\n", ~x);             // 位逻辑取反计算整数的结果
10      // 位逻辑与计算布尔值的结果
11      printf("2>3 与 4!=7 的与结果: %d\n", (2 > 3 & 4 != 7));
12      // 位逻辑或计算布尔值的结果
13      printf("2>3 与 4!=7 的或结果: %d\n", (2 > 3 | 4 != 7));
14      // 位逻辑异或计算布尔值的结果
15      printf("2<3 与 4!=7 的异或结果: %d\n", (2 < 3 ^ 4 != 7));
16  }
```

程序运行结果如图 4.2 所示。

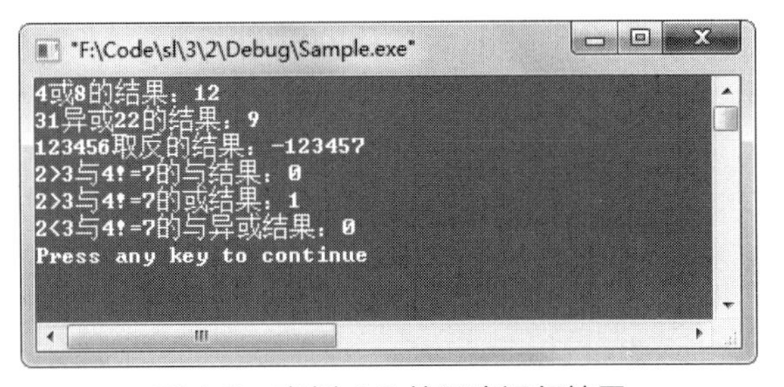

图 4.2　实例 4.2 的程序运行结果

4.1.6　移位运算符

移位运算符有两个，分别是左移位运算符 << 和右移位运算符 >>，这两个运算符都是双目运算符。

① 左移位运算是将一个二进制操作数对象按指定的移动位数向左移，左边（高位端）溢出的位被丢弃，右边（低位端）的空位用 0 补充。左移位运算相当于乘以 2 的幂，如图 4.3 所示。

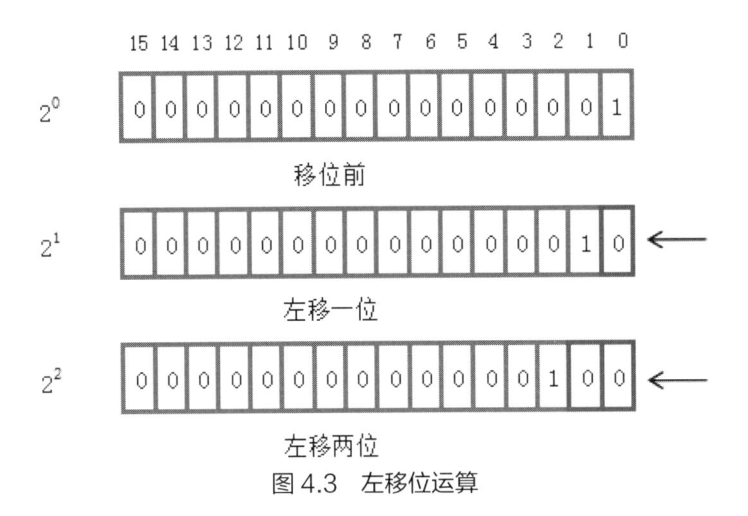

图 4.3　左移位运算

例如操作数 41883 的二进制是 1010 0011 1001 1011，左移一位变成 18230，左移两位变成 36460，左移位运算过程如图 4.4 所示（假设该操作数为 16 位操作数）。

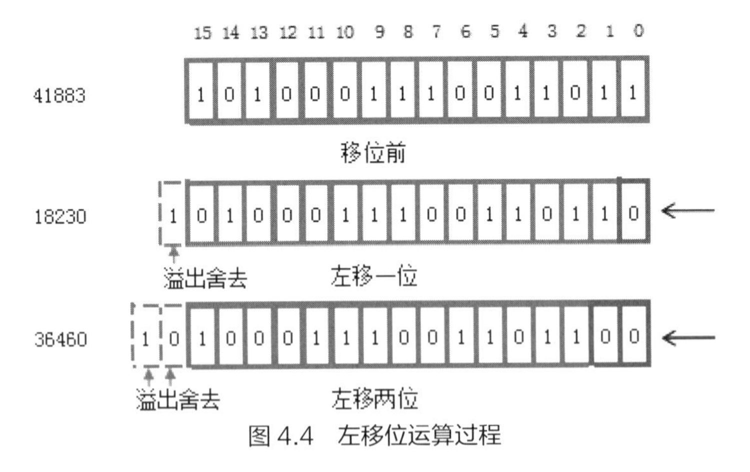

图 4.4　左移位运算过程

② 右移位运算是将一个二进制操作数对象按指定的位数向右移，右边（低位端）溢出的位被丢弃，左边（高位端）的空位或者一律用 0 填充，或者用被移位操作数的符号位填充，运算结果和编译器有关（在使用补码的机器中，正数的符号位为 0，负数的符号位为 1）。右移位运算相当于除以 2 的幂，如图 4.5 所示。

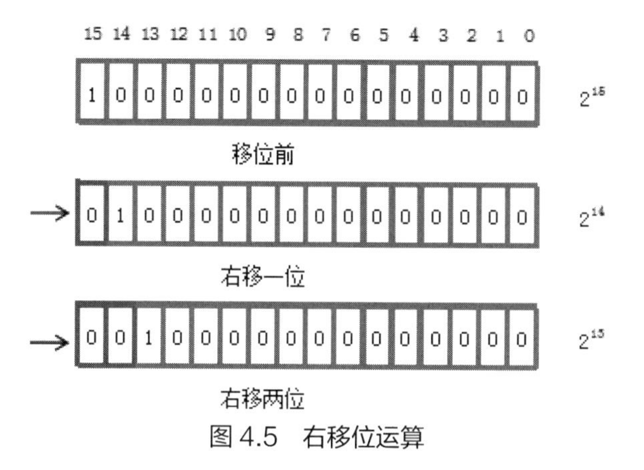

图 4.5　右移位运算

例如操作数 41883 的二进制是 1010 0011 1001 1011，右移一位变成 20941，右移两位变成 10470，右移位运算过程如图 4.6 所示（假设该操作数为 16 位操作数）。

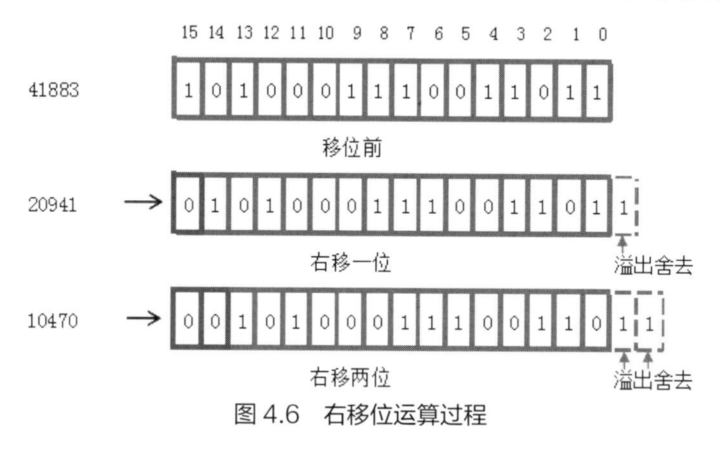

图 4.6　右移位运算过程

由于移位运算的速度很快，在程序中遇到表达式乘以或除以 2 的幂的情况，一般采用移位运算来代替。

4.1.7　sizeof 运算符

sizeof 运算符是一个很像函数的运算符，也是唯一一个用到字母的运算符。该运算符有两种形式：

```
sizeof( 类型说明符 )
sizeof( 表达式 )
```

其功能是返回指定的数据类型或表达式值的数据类型在内存中占用的字节数。

说明：

由于 CPU 寄存器的位数不同，同种数据类型占用的内存字节数就可能不同。

例如：

```
sizeof (char)
```

返回 1，说明 char 类型占用 1 个字节。

```
sizeof (void *)
```

返回 4，说明 void 类型的指针占用 4 个字节。

```
sizeof (66)
```

返回 4，说明数字 66 占用 4 个字节。

4.1.8 条件运算符

条件运算符是 C++ 中仅有的一个三目运算符。该运算符需要 3 个运算对象，形式为：

```
< 表达式 1> ? < 表达式 2>  : < 表达式 3>
```

表示式 1 是一个逻辑值，可以为真或假。若表达式 1 为真，则运算结果是表达式 2；若表达式 1 为假，则运算结果是表达式 3。这个运算相当于一个 if 语句。

4.1.9 逗号运算符

C++ 中逗号“,”也是一种运算符，称为逗号运算符。逗号运算符的优先级别最低，结合方向自左至右，其功能是把两个表达式连接起来组成一个表达式。逗号运算符是一个多目运算符，并且操作数的个数不限定，可以将任意多个表达式组成一个表达式。例如：

```
x,y,z
a=1,b=2
```

4.2 结合性和优先级

运算符优先级决定了在表达式中各个运算符执行的先后顺序。高优先级运算符要先于低优先级运算符进行运算。例如根据先乘除后加减的原则，表达式“a+b*c”会先计算 b*c，得到结果再与 a 相加。在优先级相同的情况下，则按从左到右的顺序进行计算。

当表达式中出现了括号时，会改变优先级。先计算括号中的子表达式值，再计算整个表达式的值。

运算符的结合方式有两种，即左结合和右结合。左结合表示运算符优先与其左边的标识符结合进行运算，例如加法运算；右结合表示运算符优先与其右边的标识符结合进行运算，例如单目运算符 +、−。

同一优先级的运算符优先级别相同，运算次序由结合方向决定。例如 1*2/3，* 和 / 的优先级别相同，其结合方向自左向右，则等价于 (1*2)/3。

运算符的优先级如表 4.7 所示。

表 4.7 运算符的优先级

操作符	名称	优先级	结合性
() [] -> .	圆括号 下标 取类或结构分量 取类或结构成员	1（最高）	→

续表

操作符	名称	优先级	结合性
! ~ ++ -- - & * (类型) sizeof	逻辑非 按位取反 自增1 自减1 取负 取地址 取内容 强制类型转换 长度计算	2	←
* / %	乘 除 整数取模	3	→
+ -	加 减	4	→
<< >>	左移 右移	5	→
< <= > >=	小于 小于或等于 大于 大于或等于	6	→
== !=	恒等 不等于	7	→
&	按位与	8	→
^	按位异或	9	→
|	按位或	10	→
&&	逻辑与	11	→
||	逻辑或	12	→
? :	条件	13	←
= /= %= *= -= >>= <<= &= ^= |=	赋值 /运算并赋值 %运算并赋值 *运算并赋值 -运算并赋值 >>运算并赋值 <<运算并赋值 &运算并赋值 ^运算并赋值 |运算并赋值	14	←
,	逗号（顺序求值）	15（最低）	→

4.3 表达式

表达式由运算符、括号、数值对象或变量等几个元素构成。一个数值对象是最简单的表达式，一个表达式可以看作一个数学函数，带有运算符的表达式通过计算将返回一个数值。下面举几个表达式的例子：

```
01    1 + 1
02    4.1415926
03    i + 1
04    x > y
05    100 >> 2
06    j * 3
```

当表达式有两个或多个运算符时，表达式称为复杂表达式，运算符执行的先后顺序由它们的优先级和结合性决定。例如：

```
01    (X+Y)*Z     先计算 (X+Y)
02    a*x+b*y+z   先计算乘法 (*) 运算
```

一个表达式的值的数据类型由运算符的种类和操作数的数据类型决定。

带运算符的表达式根据运算符的不同，可以分成算术表达式、关系表达式、条件表达式、赋值表达式、逻辑表达式和逗号表达式。

4.3.1 算术表达式

算术表达式的一般形式为：

```
表达式  算术运算符  表达式
```

算术表达式由算术运算符把表达式连接而成，其值的计算很简单，其值的数据类型按下述规定确定：若所有运算的操作数的数据类型相同，则表达式运算结果的数据类型和操作数的数据类型相同；若操作数的数据类型不同，就需要转换，表达式运算结果的数据类型取表达式中最高级精度的数据类型。

4.3.2 关系表达式

关系表达式的一般形式为：

```
表达式  关系运算符  表达式
```

关系表达式一般只出现在条件、条件语句和循环语句的判断条件中。关系表达式的运算结果都是逻辑型，只能取真或假。数值 0 表示假，非 0 表示真。

4.3.3 条件表达式

条件表达式的一般形式为：

```
关系表达式  ?  表达式  :  表达式
```

条件表达式的值和数据类型取决于?号前表达式的真假，若为真，则整个表达式的运算结果和数据类型和冒号前的操作数相同；若为假，则整个表达式的运算结果和数据类型与冒号后的操作数相同。

4.3.4 赋值表达式

赋值表达式的一般形式为：

```
表达式  赋值运算符  表达式
```

赋值表达式的结果是最左边的赋值运算符左边的变量（或者表达式）的值。

由于赋值运算符的结合性是从右至左，因此可以出现连续赋值的表达式。

4.3.5 逻辑表达式

逻辑表达式的一般形式为：

```
表达式 逻辑运算符 表达式
```

逻辑表达式用逻辑运算符将表达式连接起来。逻辑表达式的值也是逻辑型，只能取真或假。

其中的表达式又可以是逻辑表达式，从而组成嵌套的情形，例如 (a||b)&&c，根据逻辑运算符的左结合性，也可写为 a||b&&c。逻辑表达式的值是式中各种逻辑运算的最终值，以 1 和 0 分别代表真和假。

逻辑表达式注意事项如下。

① 逻辑运算符两侧的操作数，除了可以是 0 和非 0 的整数外，也可以是其他任何类型的数据，如浮点型、字符型等。

② 在计算逻辑表达式时，只有在必须执行下一个表达式才能求解时，才求解该表达式，也就是说并不是所有的表达式都被求解。

- 对于逻辑与运算，如果第一个操作数被判定为假，系统不再判定或求解第二操作数。
- 对于逻辑或运算，如果第一个操作数被判定为真，系统不再判定或求解第二操作数。

4.3.6 逗号表达式

C++ 中逗号“,”也是一种运算符，称为逗号运算符。逗号运算符的优先级别最低，结合方向自左至右，其功能是把两个表达式连接起来组成一个表达式，称为逗号表达式。逗号表达式的一般形式为：

```
表达式 1, 表达式 2
```

其求值过程是先求解表达式 1，再求解表达式 2，并以表达式 2 的值作为整个逗号表达式的值。

逗号表达式的一般形式可以扩展为：

```
表达式 1, 表达式 2, 表达式 3, …, 表达式 n
```

该逗号表达式的值为表达式 n 的值。

整个逗号表达式的值和类型由最后一个表达式决定。计算一个逗号表达式的值时，从左至右依次计算各个表达式的值，最后计算的表达式的值和类型便是整个逗号表达式的值和类型。

逗号表达式仅用于解决只能出现一个表达式的地方却要出现多个表达式的问题。

[实例 4.3]　（源码位置：资源包 \Code\04\03）

逗号运算符应用

```
01    #include<iostream>
02    using namespace std;
```

```
03    void main()
04    {
05        int a=4,b=6,c=8,res1,res2;                        // 定义变量
06        res1=a,res2=b+c;                                   // 计算 res1 和 res2 的值
07        for(int i=0,j=0; i<2; i++)                         // 循环 2 次
08        {
09            printf("y=%d,x=%d\n",res1,res2);               // 输出 res1 和 res2 的值
10        }
11    }
```

程序运行结果如图 4.7 所示。

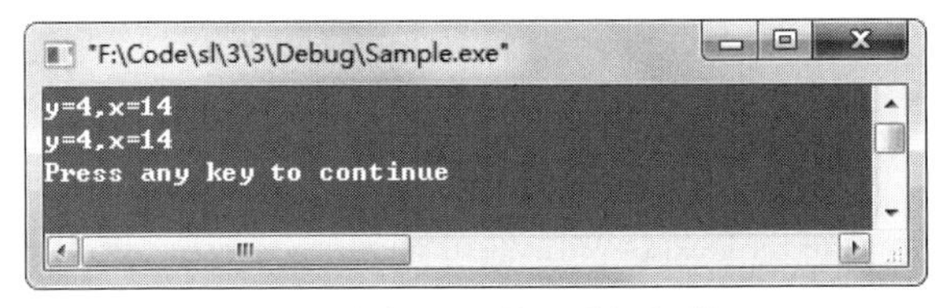

图 4.7　实例 4.3 的程序运行结果

实例 4.3 中多处用到了逗号表达式：变量赋初值时、for 循环语句中、printf 打印语句中。其中 res1=a,res2=b+c; 比较难理解，res2 等于整个逗号表达式的值，也就是表达式 2 的值，res1 是第一个表达式的值。

逗号表达式的注意事项如下。

① 逗号表达式可以嵌套。

```
表达式 1，（表达式 2，表达式 3）
```

嵌套的逗号表达式可以转换成扩展形式，扩展形式为：

```
表达式 1，表达式 2，…，表达式 n
```

整个逗号表达式的值等于表达式 n 的值。

② 程序中使用逗号表达式，通常是要分别求逗号表达式内各表达式的值，并不一定要求整个逗号表达式的值。

③ 并不是在所有出现逗号的地方都组成逗号表达式，如在变量说明、函数参数表中逗号只是用作各变量之间的间隔符。

4.3.7　表达式中的类型转换

变量的数据类型转换方法有两种：一种是隐式转换，另一种是强制转换。

（1）隐式转换

隐式转换发生在不同数据类型的量混合运算时，由编译系统自动完成。

隐式转换遵循以下规则。

① 若参与运算的量的类型不同，则先转换成同一类型，然后进行运算。赋值时会把赋值类型和被赋值类型转换成同一类型，一般赋值号右边量的类型将转换为左边量的类型。如果右边量的数据类型长度比左边量长，将丢失一部分数据，这样会降低精度，丢失的部分按四舍五入向前舍入。

② 数据按由低级到高级顺序转换，以保证精度不降低。

int 型和 long 型运算时，先把 int 型转成 long 型后再进行运算。

所有的浮点运算都是以双精度进行的，即使仅含 float 单精度量运算的表达式，也要先转换成 double 型，再做运算。

char 型和 short 型参与运算时，必须先转换成 int 型。

数据类型转换的顺序如图 4.8 所示。

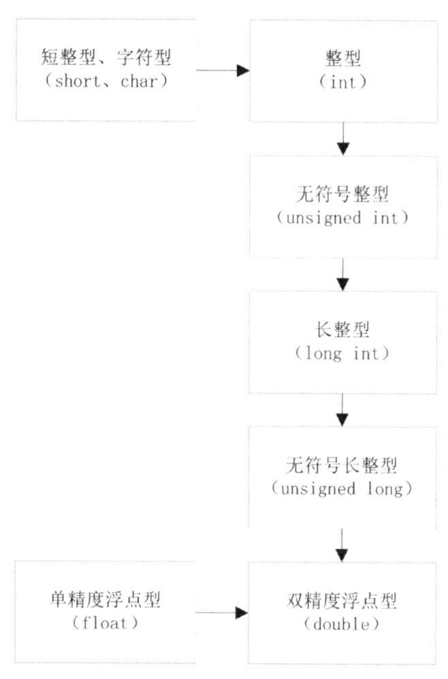

图 4.8　数据类型转换的顺序

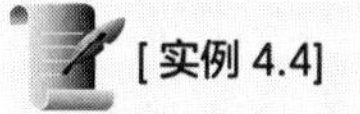

[实例 4.4]　（源码位置：资源包 \Code\04\04）

隐式类型转换

```
01    #include<iostream>
02    using namespace std;
03    void main()
04    {
05        double result;
06        char a='k';
07        int b=10;
08        float e=1.515;
09        result=(a+b)-e;                        // 字符型加整型减单精度浮点型
10        printf("%f\n",result);                 // 输出结果
11    }
```

程序运行结果如图 4.9 所示。

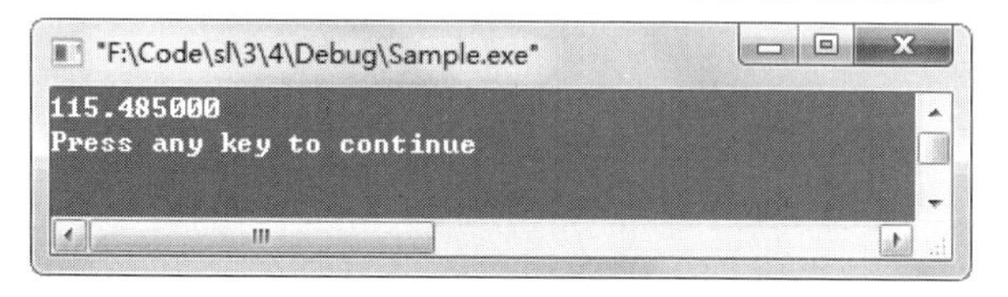

图 4.9　实例 4.4 的程序运行结果

（2）强制类型转换

强制类型转换是通过类型转换运算来实现的，其一般形式为：

```
类型说明符 ( 表达式 )
```

或

```
( 类型说明符 ) 表达式
```

其功能是把表达式的运算结果强制转换成类型说明符所表示的类型。例如：

```
(float) x ;
```

表示把 x 转换为单精度型。

```
(int)(x+y) ;
```

表示把 x+y 的结果转换为整型。

```
int(1.3)
```

表示一个整数。

强制类型转换后不改变数据声明时对该变量定义的类型。例如:

```
double x;
(int)x ;
```

x 仍为双精度类型。

使用强制类型转换的优点是编译器不必自动进行两次转换，而由程序员负责保证类型转换的正确性。

[实例 4.5]

(源码位置：资源包 \Code\04\05)

强制类型转换应用

```
01    #include<iostream>
02    using namespace std;
03    void main()
04    {
05        float i,j;
06        int k;
07        i=60.25;
08        j=20.5;
09        k=(int)i+(int)j;                    // 强制转换 i 和 j 为整型，并求和
10        cout << k << endl;                  // 输出 k 的值
11    }
```

程序运行结果:

```
80
```

4.4 判断左值与右值

C++ 中的每个语句、表达式的结果分为左值与右值两类。左值指的是内存中持续存储的数据，而右值是临时存储的结果。

例如在程序中声明过的独立的变量:

```
01    int k;
02    short p;
03    char a;
```

它们都是左值。又如:

```
01    int a = 0;
02    int b = 2;
03    int c = 3;
04    a = c-b;
05    b = a++;
06    c = ++a;
07    c--;
```

c－b 是一个存储表达式结果的临时数据，它的结果将被复制到 a 中，它是一个右值。a++ 自增的过程实质上是一个临时变量执行了表达式，而 a 的值已经自增了。++a 恰好相反，它是自增之后的 a，是一个左值。由此可见，c-- 是一个右值。

左值都出现在表达式等号的左边，所以称为左值。若表达式的结果不是一个左值，那么表达式的值一定是一个右值。

本章知识思维导图

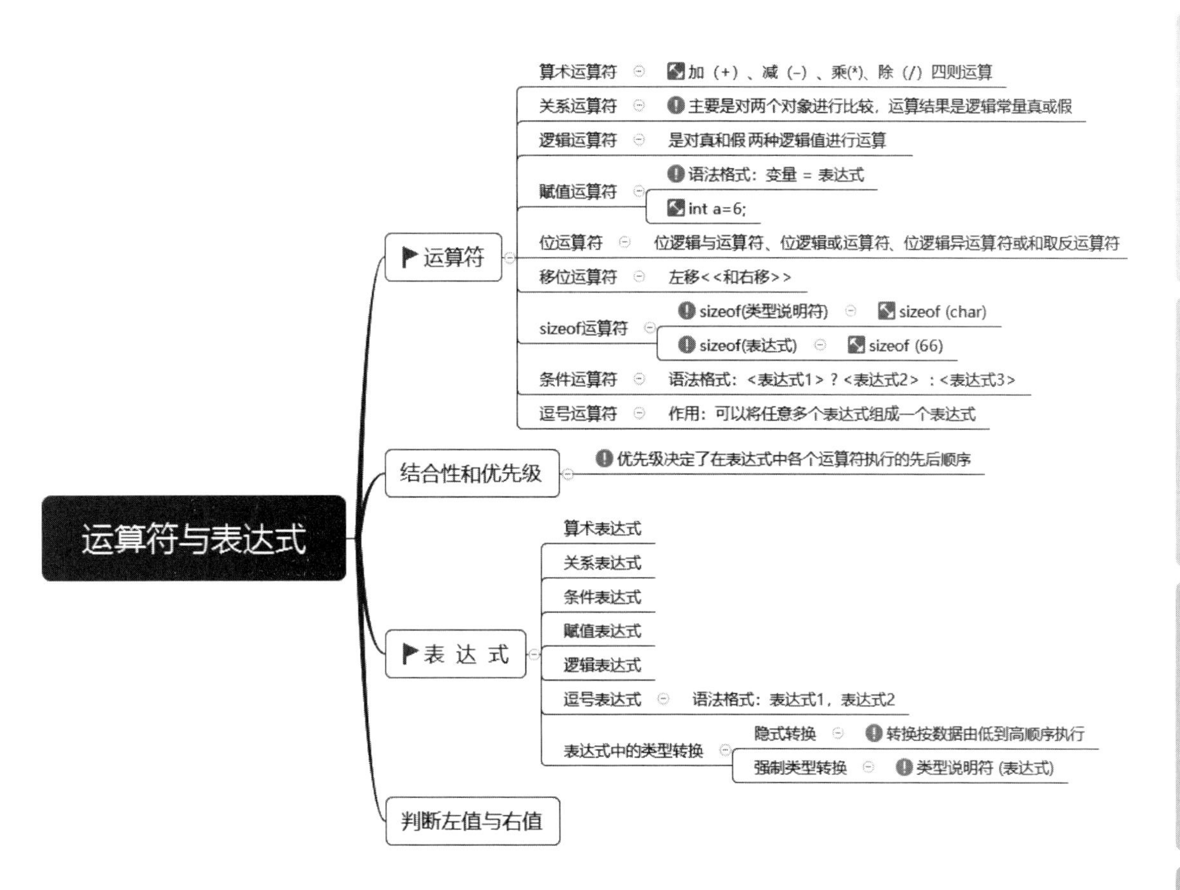

第 5 章

条件判断语句

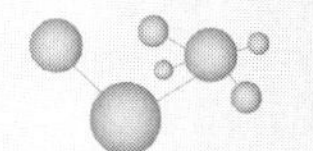

本章学习目标

- 了解决策分支。
- 掌握各种判断语句。
- 熟悉使用条件运算符进行判断。
- 掌握 switch 语句。
- 掌握判断语句之间的嵌套。

5.1 决策分支

计算机的主要功能是提供计算功能，但在计算的过程中会遇到各种各样的情况，针对不同的情况会有不同的处理方法，这就要求程序开发语言要有决策的能力。汇编语言使用判断指令和跳转指令实现决策，高级语言使用选择判断语句实现决策。

一个决策系统就是一个分支结构，这种分支结构就像一个树形结构，每到一个节点都需要做决定，就像人走到十字路口，是向前走还是向左走或是向右走，都需要做决定。不同的分支代表不同的决定。例如十字路口的分支结构，如图 5.1 所示。

为描述决策系统的流通，设计人员开发了流程图。流程图使用图形方式描述系统不同状态的不同处理方法。开发人员使用流程图表现程序的结构。

主要的流程图符号如图 5.2 所示。

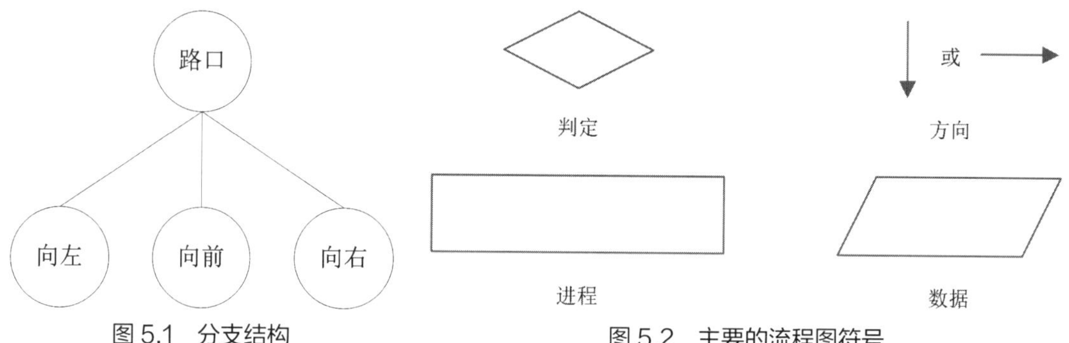

图 5.1 分支结构

图 5.2 主要的流程图符号

使用流程图描述十字路口转向的决策，利用方位做决定，判断是否是南方，如果是南方则向前行，如果不是南方则寻找南方，如图 5.3 所示。

程序中使用选择判断语句来做决策，选择判断语句是编程语言的基础语句，在 C++ 中有 3 种形式的选择判断语句，同时提供了 switch 语句，简化多分支决策的处理。下面对选择判断语句进行介绍。

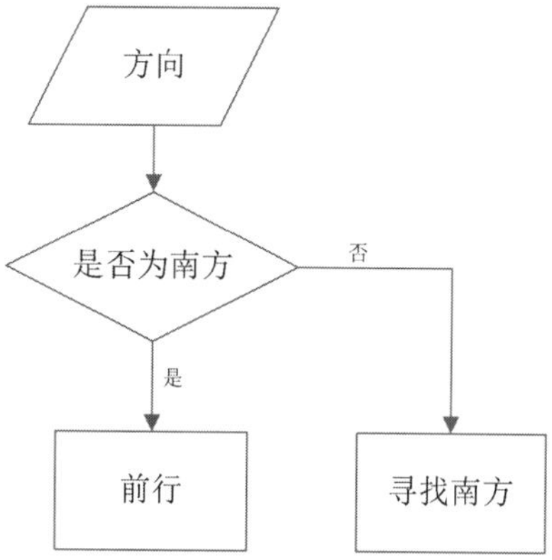

方向
是否为南方
否
是
前行
寻找南方

图 5.3 流程图的应用

> 说明：
> 选择判断语句可以简称为判断语句，有的书中也称其为分支语句。

5.2 判断语句

5.2.1 第一种形式的判断语句

C++ 中使用 if 关键字来组成判断语句，第一种判断语句的形式为：

```
if( 表达式 )
    语句 ;
```

表达式一般为关系表达式，表达式的运算结果应该是真或假（true 或 false）。如果表达式的值为真，执行语句，如果表达式的值为假就跳过，执行下一个语句。用流程图表示第一种判断语句如图 5.4 所示。

[实例 5.1]

（源码位置：资源包 \Code\05\01）

判断输入数是否为奇数

```
01  #include <iostream>
02  using namespace std;
03  void main()
04  {
05      int iInput;
06      cout << "Input a value:" << endl;
07      cin >> iInput; // 输入一整型数
08      if(iInput%2!=0)
09          cout << "The value is odd number" << endl;
10  }
```

用流程图来描述第一种判断语句的执行过程，如图 5.5 所示。

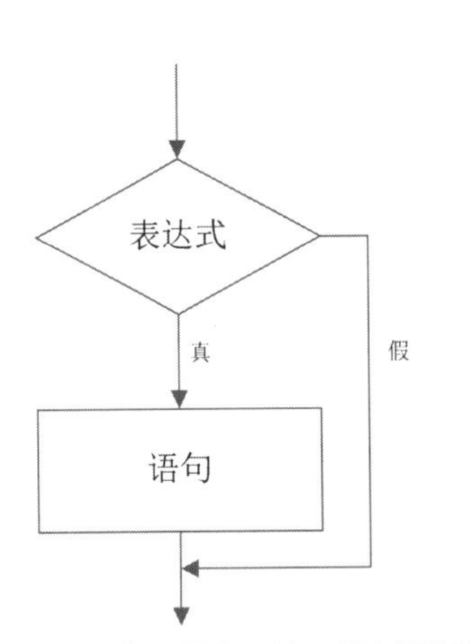

图 5.4　用流程图表示第一种判断语句

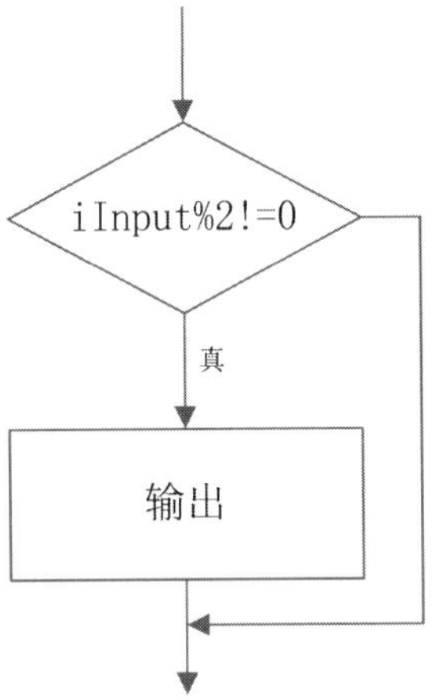

图 5.5　用流程图描述第一种判断语句的执行过程

程序分以下两步执行。

① 定义一个整型变量 iInput，然后使用 cin 获得用户输入的整型数据。

② 对变量 iInput 的值与 2 进行 % 运算，如果运算结果不为 0，表示用户输入的是奇数，是奇数就输出字符串 "The value is odd number"；如果运算结果为 0，则不进行任何输出，程序执行完毕。

说明：

整数与 2 进行 % 运算，结果只有 0 或 1 两种情况。

需要注意第一种判断语句的书写格式。

判断语句

```
if(a>b)
    max=a;
```

可以写成：

```
if(a>b)    max=a;
```

但不建议使用“if(a>b) max=a;”这种书写方式，不便于阅读。

判断形式中的语句可以是复合语句，也就是说可以用大括号括起多个简单语句。例如:

```
01    if(a>b)
02    {
03        tmp=a;
04        b=a;
05        a=tmp;
06    }
```

5.2.2 第二种形式的判断语句

第二种形式的判断语句使用了 else 关键字，形式为:

```
if( 表达式 )
    语句 1;
else
    语句 2;
```

表达式是一个关系表达式，表达式的运算结果应该是真或假（true 或 false），如果表达式的值为真，执行语句 1，为假则执行语句 2。

第二种形式的判断语句相当于汉语里的“如果……那么……”，用流程图表示第二种判断语句如图 5.6 所示。

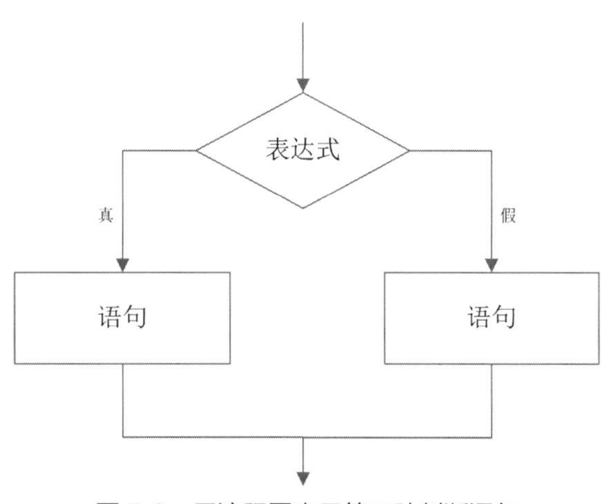

图 5.6 用流程图表示第二种判断语句

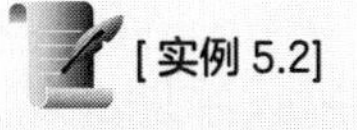
[实例 5.2]

（源码位置：资源包 \Code\05\02）

根据分数判断是否优秀

```
01    #include <iostream>
02    using namespace std;
03    void main()
04    {
05        int iInput;
06        cin >> iInput;
07        if(iInput>90)
08            cout << "It is Good" << endl;
09        else
10            cout << "It is not Good" << endl;
11    }
```

用流程图来描述第二种判断语句的执行过程，如图 5.7 所示。

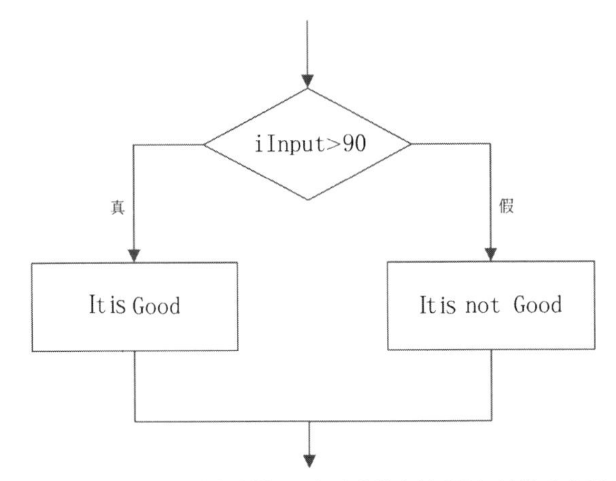

图 5.7　用流程图描述第二种形式的判断语句的执行过程

程序需要和用户交互，用户输入一个数值，将该数值赋值给 iInput 变量，然后判断用户输入的数值是否大于 90，如果大于 90，输出字符串 "It is Good"，否则输出字符串 "It is not Good"。

[实例 5.3]　（源码位置：资源包 \Code\05\03）

改进的奇偶性判别

```
01    #include <iostream>
02    using namespace std;
03    void main()
04    {
05        int iInput;
06        cout << "Input a value:" << endl;
07        cin >> iInput;    // 输入一整型数
08        if(iInput%2!=0)
09            cout << "The value is odd number" << endl;
10        else
11            cout << "The value is even number" << endl;
12    }
```

程序分以下两步执行。

① 定义一个整型变量 iInput，然后使用 cin 获得用户输入的整型数据。

② 对变量 iInput 的值与 2 进行 % 运算，如果运算结果不为 0，表示用户输入的是奇数，是奇数就输出字符串 "The value is odd number"；如果运算结果为 0，表示用户输入的是偶数，是偶数就输出字符串 "The value is even number"。然后程序执行完毕。

else 使用时的注意事项如下。

- else 不能单独使用，必须和关键字 if 一起出现。
- else (a>b) max=a；是不合法的。
- else 后面跟的语句可以是复合语句。

5.2.3　第三种形式的判断语句

第三种形式的判断语句是可以进行多次判断的语句，每判断一次就缩小一定的检查范

围。第三种判断语句的形式为:

```
if( 表达式 1)
    语句 1;
else if( 表达式 2)
    语句 2;
else if( 表达式 3)
    语句 3;
    …
else if( 表达式 m)
    语句 m;
else
    语句 m+1;
```

表达式一般为关系表达式，表达式的运算结果应该是真或假（true 或 false）。如果表达式的值为真，执行语句，如果表达式的值为假就跳过，执行下一个语句。用流程图表示第三种判断语句如图 5.8 所示。

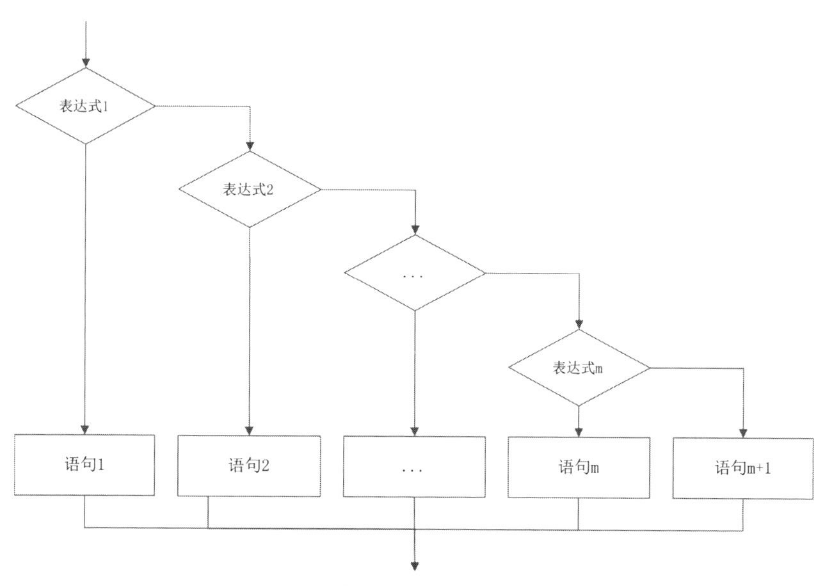

图 5.8　用流程图表示第三种判断语句

[实例 5.4]（源码位置：资源包 \Code\05\04）

根据成绩划分等级

```
01    #include <iostream>
02    using namespace std;
03    void main()
04    {
05        int iInput;
06        cin >> iInput;
07        if(iInput>=90)
08        {
09            cout << "very good" <<endl;
10        }
11        else if(iInput>=80 && iInput<90)
12        {
13            cout << "good" <<endl;
14        }
```

```
15        else if(iInput>=70 && iInput <80)
16        {
17            cout << "good" <<endl;
18        }
19        else if(iInput>=60 && iInput <70)
20        {
21            cout << "normal" <<endl;
22        }
23        else if(iInput<60)
24        {
25            cout << "failure" <<endl;
26        }
27    }
```

程序需要用户输入整型数值，然后判断数值是否大于 90，如果大于 90，输出 "very good" 字符串，否则继续判断是否小于 90 大于 80，如果小于 90 大于 80，输出 "good" 字符串，否则继续判断，以此类推，最后判断是否小于 60，如果小于 60，输出 "failure" 字符串。最后没有使用 else 再进行判断。

5.3 使用条件运算符进行判断

条件运算符是一个三目运算符，它能像判断语句一样完成判断。例如：

```
max=(iA > iB) ? iA : iB;
```

首先比较 iA 和 iB 的大小，如果 iA 大于 iB 就取 iA 的值，否则取 iB 的值。

可以将条件运算符改为判断语句。例如：

```
01    if(iA > iB)
02        max= iA;
03    else
04        max= iB;
```

（源码位置：资源包 \Code\05\05）

用条件运算符完成判断数的奇偶性

```
01    #include<iostream>
02    using namespace std;
03    void main()
04    {
05        int iInput;
06        cout << "Input number" << endl;
07        cin >> iInput;     //从键盘中输入一整型数
08        (iInput%2!=0) ? cout << "The value is odd number" : cout << "The value is even number" ;
09        cout << endl;
10    }
```

该程序使用条件运算符完成判断数的奇偶性，比使用判断语句时的代码要简洁。程序同样完成由用户输入整型数，然后和 2 进行 % 运算，如果运算结果不为 0，是奇数，否则是偶数。

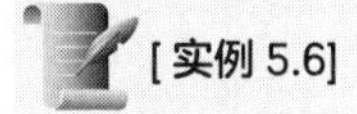
[实例 5.6]　（源码位置：资源包 \Code\05\06）

条件表达式判断一个数是否是 3 和 5 的整倍数（1）

```
01  #include<iostream>
02  using namespace std;
03  void main()
04  {
05      int iInput;
06      cout << "Input number" << endl;
07      cin >> iInput;    //从键盘中输入一整型数
08      (iInput%3==0 && iInput%5==0)?cout << "yes" : cout<<"no";
09      cout << endl;
10  }
```

程序需要用户输入一个整型数，然后用 % 运算判断能否被 3 整除，以及能否被 5 整除。如果同时能被 3 和 5 整除，说明输入的整型数是 3 和 5 的整倍数。

条件运算符可以嵌套，例如：

```
表达式 1?（表达式 a? 表达式 b: 表达式 c;）: 表达式 d;
```

[实例 5.7]　（源码位置：资源包 \Code\05\07）

条件表达式判断一个数是否是 3 和 5 的整倍数（2）

```
01  #include<iostream>
02  using namespace std;
03  void main()
04  {
05      int iInput;
06      cout << "Input number" << endl;
07      cin >> iInput;    //从键盘中输入一整型数
08      (iInput%3==0)?
09          ((iInput%5==0) ? cout << "yes" : cout << "no" )
10          : cout << "no";
11      cout << endl;
12  }
```

实例 5.7 和实例 5.6 完成同一个目标，都是通过 % 运算来判断输入的整型数是否是 3 和 5 的整倍数。但实例 5.7 中使用了条件运算符的嵌套。由于条件运算符嵌套后的代码不容易阅读，一般不建议使用。

5.4 switch 语句

C++ 提供了一种用于多分支选择的 switch 语句。可以使用 if 判断语句编写多分支结构程序，但当分支比较多时，if 判断语句容易造成代码混乱，可读性也很差，如果使用不当，会产生表达式上的错误。所以建议在仅有两个分支或分支数少时使用 if 判断语句，而在分支比较多时使用 switch 语句。

switch 语句的一般形式为：

```
switch( 表达式 )
{
case 常量表达式 1:
    语句 1;
    break ;
case 常量表达式 2:
    语句 2;
    break ;
    …
case 常量表达式 n :
    语句 n ;
    break ;
default :
    语句 n+1;
}
```

表达式是一个算术表达式，需要计算出表达式的值，该值应该是一个整型数或是一个字符。如果该值是浮点数，可能会因为精度的不精确而产生错误。

switch 是分支的入口，判断是在 case 分语句中，用表达式的值逐一和 case 分语句中的值进行比较。如果有匹配成功的，就使用 “break;” 跳出 switch 语句；如果没有匹配成功的，就执行 default 分句。

default 分句是可以不写的，如果不写 default 分句，与 case 分语句中没有匹配成功，就不进行任何操作。

[实例 5.8]

（源码位置：资源包 \Code\05\08）

根据输入的字符输出字符串（1）

```
01    #include <iostream>
02    #include <iomanip>
03    using namespace std;
04    void main()
05    {
06        char iInput;
07        cin >> iInput;
08        switch (iInput)
09        {
10        case 'A':
11        cout << "very good" << endl;
12        break;
13        case 'B':
14        cout << "good" << endl;
15        break;
16        case 'C':
17        cout << "normal" << endl;
18        break;
19        case 'D':
20        cout << "failure" << endl;
21        break;
22        default:
23            cout << "input error" << endl;
24        }
25    }
```

程序需要用户输入一个字符，当用户输入字符 'A' 时，向屏幕输出 "very good" 字符串；输入字符 'B' 时，向屏幕输出 "good" 字符串；输入字符 'C' 时，向屏幕输出 "normal" 字符串；

输入字符 'D' 时，向屏幕输出 "failure" 字符串；输入其他字符时，向屏幕输出 "input error" 字符串。

可以将 switch 的判断结构改为第一种形式的判断语句。

[实例 5.9]（源码位置：资源包 \Code\05\09）

根据输入的字符输出字符串（2）

```
01  #include <iostream>
02  using namespace std;
03  void main()
04  {
05      char iInput;
06      cin >> iInput;
07      if(iInput == 'A')
08      {
09          cout << "very good" <<endl;
10          return ;
11      }
12      if(iInput == 'B')
13      {
14          cout << "good" <<endl;
15          return ;
16      }
17      if(iInput == 'C')
18      {
19          cout << "normal" <<endl;
20          return ;
21      }
22      if(iInput == 'D')
23      {
24          cout << "failure" <<endl;
25          return ;
26      }
27      cout << "input error" << endl;
28  }
```

实例 5.9 和实例 5.8 完成的功能基本相同。当用户输入字符 'A' 后，输出字符串 "very good"，所不同的是，输出完字符串后，使用 return 语句跳出主函数，并结束程序，不执行下面的语句。同样，输入字符 'B'、'C' 和 'D' 后，输出对应的字符串后跳出主函数并结束程序。

也可以将 switch 的判断结构改为第三种形式的判断语句。

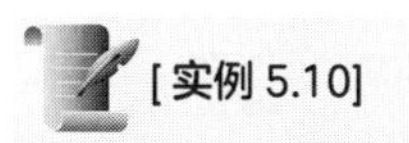

[实例 5.10]（源码位置：资源包 \Code\05\10）

根据输入的字符输出字符串（3）

```
01  #include <iostream>
02  using namespace std;
03  void main()
04  {
05      char iInput;
06      cin >> iInput;
07      if(iInput == 'A')
08      {
09          cout << "very good" <<endl;
10          return ;
11      }
```

```
12      else if(iInput == 'B')
13      {
14          cout << "good" <<endl;
15          return ;
16      }
17      else if(iInput == 'C')
18      {
19          cout << "normal" <<endl;
20          return ;
21      }
22      else if(iInput == 'D')
23      {
24          cout << "failure" <<endl;
25          return ;
26      }
27      else
28          cout << "input error" << endl;
29  }
```

同样，本程序根据输入不同的字符而输出不同的字符串。

switch 语句中每个 case 语句都使用“break;”语句跳出，该语句可以省略。由于程序默认执行程序是顺序执行，当语句匹配成功后，其后面的每条 case 语句都会被执行，而不进行判断。例如：

```
01  #include <iostream>
02  using namespace std;
03  void main()
04  {
05      int iInput;
06      cin >> iInput;
07      switch(iInput)
08      {
09      case 1:
10          cout << "Monday" << endl;
11      case 2:
12          cout << "Tuesday" << endl;
13      case 3:
14          cout << "Wednesday" << endl;
15      case 4:
16          cout << "Thursday" << endl;
17      case 5:
18          cout << "Friday" << endl;
19      case 6:
20          cout << "Saturday" << endl;
21      case 7:
22          cout << "Sunday" << endl;
23      default:
24          cout << "Input error" << endl;
25      }
26  }
```

当输入 1 时，程序运行结果如图 5.9 所示。

当输入 7 时，程序运行结果如图 5.10 所示。

程序想要实现输入 1 ～ 7 中任意整型数，然后输出整型数对应的英文星期名称，但由于 switch 语句中的各 case 分句没有及时使用“break;”语句跳出，导致意想不到的输出结果。

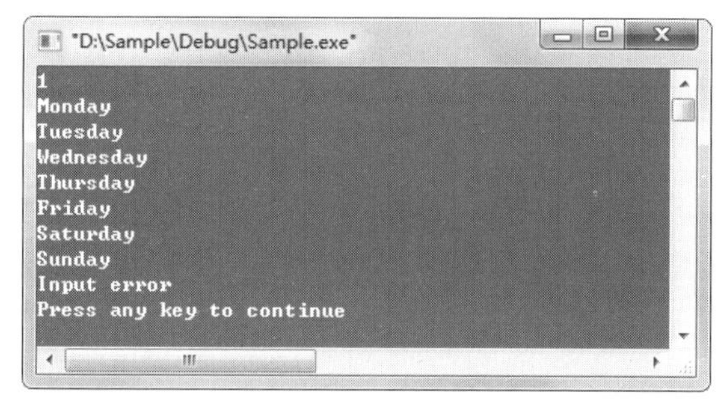

图 5.9　程序运行结果 1

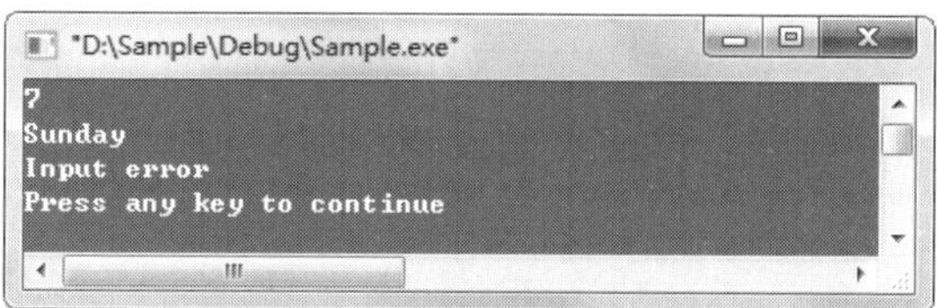

图 5.10　程序运行结果 2

5.5　判断语句的嵌套

三种形式的判断语句都可以嵌套判断语句。例如，在第一种形式的判断语句中嵌套第二种形式的判断语句。形式如下：

```
if( 表达式 1)
{
    if( 表达式 2)
        语句 1;
    else
        语句 2;
}
```

在第二种形式的判断语句中嵌套第二种形式的判断语句。形式如下：

```
if( 表达式 1)
{
    if( 表达式 2)
        语句 1;
    else
        语句 2;
}
else
{
    if( 表达式 2)
        语句 1;
    else
        语句 2;
}
```

判断语句可以有多种嵌套方式，可以根据具体需要进行设计，但一定要注意逻辑关系的正确处理。

[实例 5.11]　（源码位置：资源包 \Code\05\11）

判断是否是闰年（1）

```
01    #include <iostream>
02    using namespace std;
03    void main()
04    {
05        int iYear;
```

```
06      cout << "please input number" << endl;
07      cin >> iYear;
08      if(iYear%4==0)
09      {
10          if(iYear%100==0)
11          {
12              if(iYear%400==0)
13                  cout << "It is a leap year" << endl;
14              else
15                  cout << "It is not a leap year" << endl;
16          }
17          else
18              cout << "It is a leap year" << endl;
19      }
20      else
21          cout << "It is not a leap year" << endl;
22  }
```

判断闰年的方法是看该年份能被 4 整除且不能被 100 整除或能被 400 整除。程序使用判断语句对这 3 个条件逐一判断，先判断年份能否被 4 整除 iYear%4==0，如果不能整除，则输出字符串 "It is not a leap year"，如果能整除，继续判断能否被 100 整除 iYear%100==0，如果不能整除，则输出字符串 "It is a leap year"，如果能整除，继续判断能否被 400 整除 iYear%400==0，如果能整除，则输出字符串 "It is a leap year"，如果不能整除，则输出字符串 "It is not a leap year"。

可以简化判断是否是闰年的实例代码，用一条判断语句来完成。

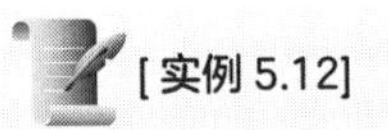

（源码位置：资源包 \Code\05\12）

[实例 5.12] 判断是否是闰年（2）

```
01  #include <iostream>
02  using namespace std;
03  void main()
04  {
05      int iYear;
06      cout << "please input number" << endl;
07      cin >> iYear;
08      if(iYear%4==0 && iYear%100!=0 || iYear%400==0)
09          cout << "It is a leap year" << endl;
10      else
11          cout << "It is not a leap year" << endl;
12  }
```

程序中将能被 4 整除、不能被 100 整除、能被 400 整除这 3 个条件用一个表达式来完成。表达式是一个复合表达式，进行了 3 次算术运算和两次逻辑运算，算术运算判断能否被整除，逻辑运算判断是否满足上述 3 个条件。

使用判断语句嵌套时需注意 else 关键字要和 if 关键字成对出现，并且遵守临近原则，即 else 关键字和最近的 if 语句构成一对。另外，判断语句应尽量使用复合语句，以免产生二义性，导致书写格式的运行结果和设计时的不一致。

本章知识思维导图

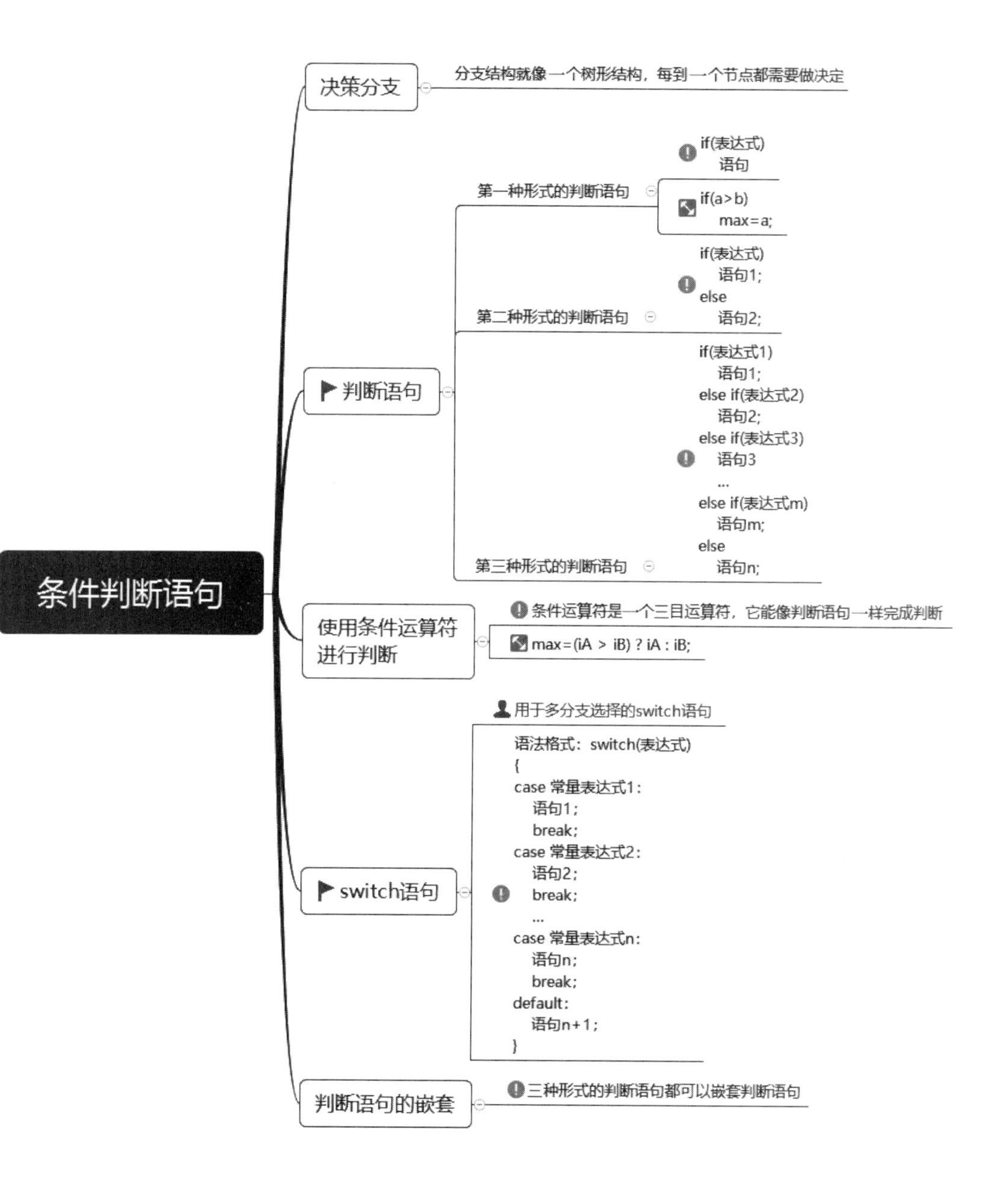
条件判断语句
决策分支
分支结构就像一个树形结构，每到一个节点都需要做决定
判断语句
第一种形式的判断语句
if(表达式)
语句
if(a>b)
max=a;
第二种形式的判断语句
if(表达式)
语句1;
else
语句2;
第三种形式的判断语句
if(表达式1)
语句1;
else if(表达式2)
语句2;
else if(表达式3)
语句3
...
else if(表达式m)
语句m;
else
语句n;
使用条件运算符进行判断
条件运算符是一个三目运算符，它能像判断语句一样完成判断
max=(iA > iB) ? iA : iB;
switch语句
用于多分支选择的switch语句
语法格式：switch(表达式)
{
case 常量表达式1:
语句1;
break;
case 常量表达式2:
语句2;
break;
...
case 常量表达式n:
语句n;
break;
default:
语句n+1;
}
判断语句的嵌套
三种形式的判断语句都可以嵌套判断语句

第 6 章

循环语句

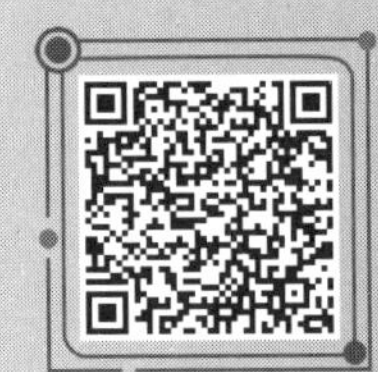

扫码领取

➤ 配套视频
➤ 配套素材
➤ 学习指导
➤ 交流社群

本章学习目标

- 掌握 while 循环语句。
- 掌握 do…while 循环语句。
- 掌握 for 循环语句。
- 熟悉循环控制。
- 掌握循环嵌套。

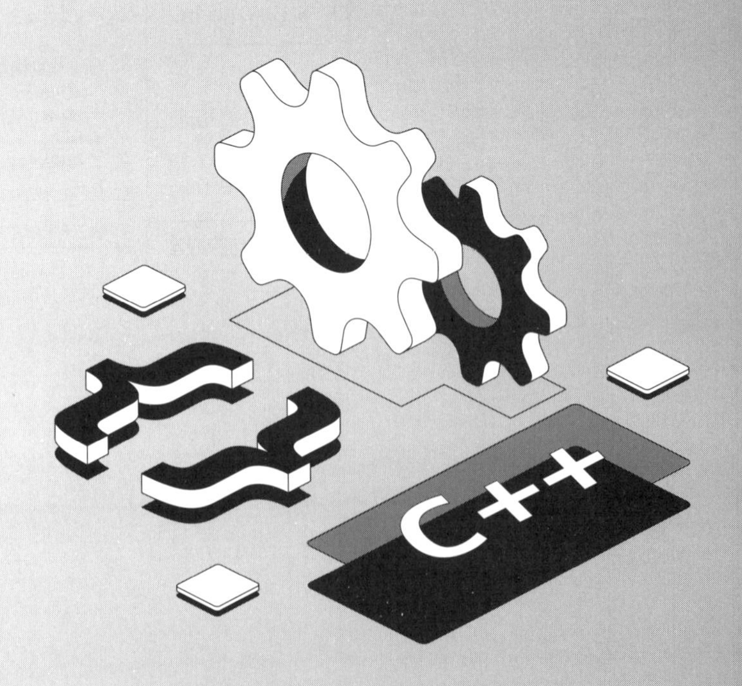

6.1 while 循环语句

while 循环语句的一般形式为:

```
while( 表达式 ) 语句 ;
```

表达式一般是一个关系表达式或一个逻辑表达式，表达式的值应该是一个逻辑值真或假（true 或 false），当表达式的值为真时开始循环执行语句，当表达式的值为假时退出循环，执行循环外的下一个语句。循环每次都是执行完语句后回到表达式处重新开始判断，重新计算表达式的值，一旦表达式的值为假时就退出循环，为真时就继续执行语句。while 循环语句可以用流程图来演示执行过程，如图 6.1 所示。

语句可以是复合语句，也就是用大括号括起多个简单语句。大括号及其所包括的语句被称为循环体，循环主要指循环执行循环体的内容。

[实例 6.1]（源码位置：资源包 \Code\06\01）

使用 while 循环语句计算从 1 到 10 的累加

1 到 10 的累加就是计算 1+2+…+10，需要有一个变量从 1 变化到 10，将该变量命名为 i，还需要另外一个临时变量不断和该变量进行加法运算，并记录运算结果。将临时变量命名为 sum，变量 i 每增加 1 时，就和变量 sum 进行一次加法运算，变量 sum 记录的是累加的结果。程序需要使用循环语句，使用 while 循环语句需要将循环语句的结束条件设置为 i<=10，循环流程如图 6.2 所示。

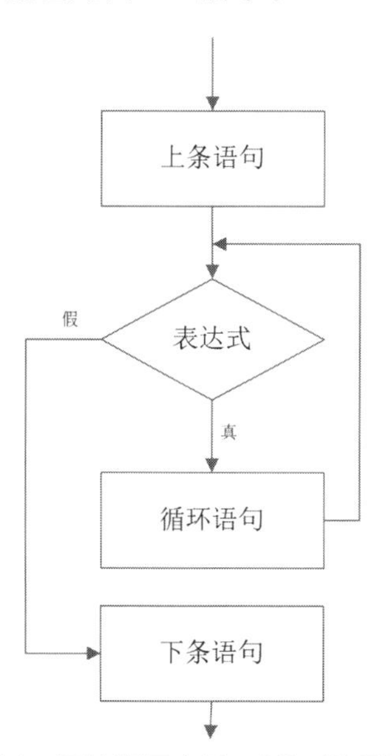

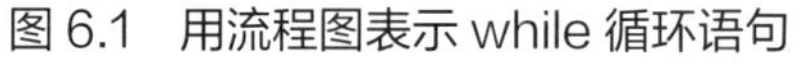

图 6.1　用流程图表示 while 循环语句

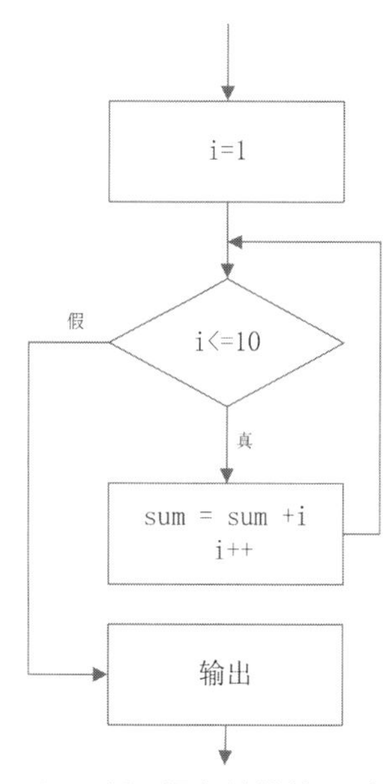

图 6.2　while 循环语句计算从 1 到 10 的累加

程序代码如下:

```
01    #include <iostream>
02    using namespace std;
03    void main()
04    {
```

```
05        int sum=0,i=1;
06        while(i<=10)
07        {
08            sum=sum+i;
09            i++;
10        }
11        cout << "the result :" << sum << endl;
12    }
```

程序运行结果如图 6.3 所示。

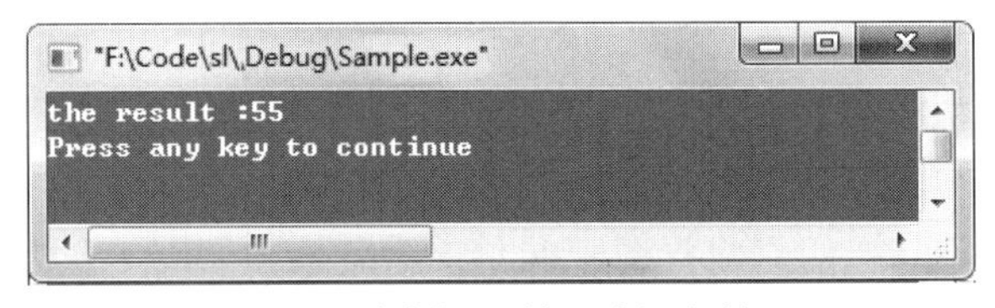

图 6.3 实例 6.1 的程序运行结果

程序先对变量 sum 和 i 进行初始化，while 循环语句的表示式是 i<=10，所要执行的循环体是一个复合语句，是由"sum=sum+i;"和"i++;"两个简单语句完成的，语句"sum=sum+i;"完成累加，语句"i++;"完成由 1 到 10 的递增变化。

使用 while 循环语句的注意事项如下。

① 表达式不可以为空，表达式为空不合法。

② 表达式可以用非 0 代表逻辑值真（true），用 0 代表逻辑值假（false）。

③ 循环体中必须有改变条件表达式值的语句，否则将成为死循环。

例如：

```
while(1)
{
…
}
```

是一个无限循环语句。例如：

```
while(0)
{
…
}
```

是一个不会进行循环的语句。

6.2 do…while 循环语句

do…while 循环语句的一般形式为：

```
do
{
    语句 ;
} while( 表达式 );
```

do 为关键字，必须与 while 配对使用。do 与 while 之间的语句称为循环体，该语句同样是用大括号 {} 括起来的复合语句。循环语句中的表达式与 while 语句中的相同，也多为关系表达式或逻辑表达式。但特别值得注意的是 do…while 语句后要有分号"；"。do…while 循环语句可以用流程图来演示执行过程，如图 6.4 所示。

do…while 循环语句的执行顺序是先执行循环体的内容，然后判断表达式的值，如果表达式的值为真，就跳到循环体处继续执行循环体，一直循环到表达式的值为假；如果表达式的值为假则跳出循环，执行下一个语句。

[实例 6.2]　（源码位置：资源包 \Code\06\02）

使用 do…while 循环语句计算 1 到 10 的累加

1 到 10 的累加就是计算 1+2+…+10，实例 6.1 使用 while 循环语句实现了 1 到 10 的累加，do…while 循环语句和 while 循环语句实现累加的循环体语句相同，只是执行循环体的先后顺序不同，程序执行顺序如图 6.5 所示。

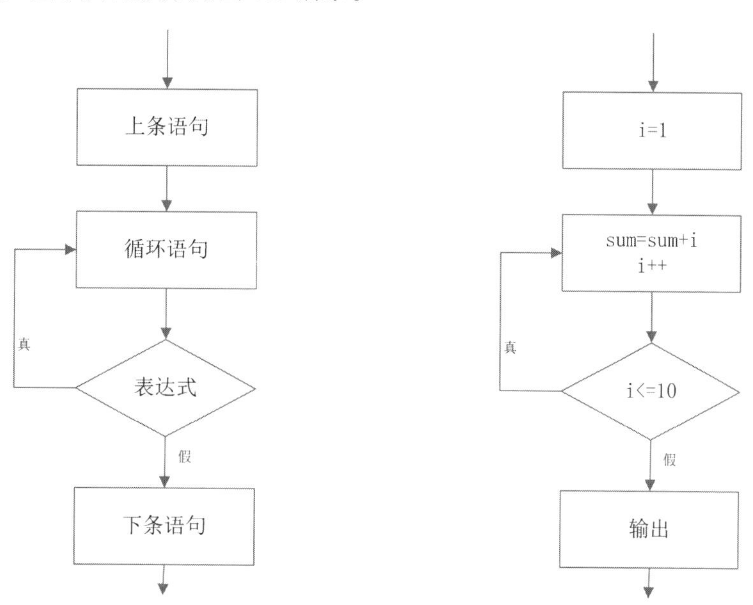

图 6.4　用流程图表示 do…while 循环语句　图 6.5　do…while 循环语句计算从 1 到 10 的累加

程序代码如下：

```
01	#include <iostream>
02	using namespace std;
03	void main()
04	{
05		int sum=0,i=1;
06		do
07		{
08			sum=sum+i;
09			i++;
10		}while(i<=10);
11		cout << "the result :" << sum << endl;
12	}
```

程序运行结果如图 6.6 所示。

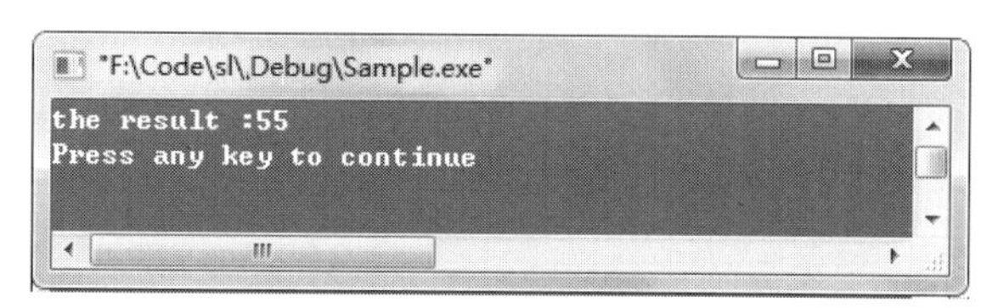

图 6.6　实例 6.2 的程序运行结果

程序使用变量 sum 作为记录累加的结果，变量 i 完成由 1 到 10 的变化。程序先将变量 sum 初始化为 0，将变量 i 初始化为 1，先执行循环体变量 sum 和变量 i 的加法运算，并将运算结果保存到变量 sum，然后变量 i 进行自加运算，接着判断循环条件，看变量 i 的值是否已经大于 10，如果变量 i

大于 10 就跳出循环，变量 i 小于或等于 10 就继续执行循环体语句。

使用 do…while 循环语句的注意事项如下。

① 循环先执行循环体，如果循环条件不成立，循环体已经执行一次了，使用时注意变量变化。

② 表达式不可以为空，表达式为空不合法。

③ 表达式可以用非 0 代表逻辑值真（true），用 0 代表逻辑值假（false）。

④ 循环体中必须有改变条件表达式值的语句，否则将成为死循环。

⑤ 注意循环语句后要有分号“;”。

6.3 for 循环语句

for 循环语句的一般格式为：

```
for(表达式 1;表达式 2;表达式 3) 语句;
```

- 表达式 1：该表达式通常是一个赋值表达式，负责设置循环的起始值，也就是给控制循环的变量赋初值。
- 表达式 2：该表达式通常是一个关系表达式，用控制循环的变量和循环变量允许的范围值进行比较。
- 表达式 3：该表达式通常是一个赋值表达式，对控制循环的变量进行增大或减小。
- 语句：语句仍然是复合语句。

for 循环语句的执行过程如下。

① 先求解表达式 1。

② 求解表达式 2，若其值为真，则执行 for 语句中指定的内嵌语句，然后执行③。若表达式 2 值为 0，则结束循环，转到⑤。

③ 求解表达式 3。

④ 返回②继续执行。

⑤ 循环结束，执行 for 语句下面的一个语句。

上面的 5 个步骤也可以用图 6.7 表示。

（源码位置：资源包\Code\06\03）

[实例 6.3]

用 for 循环语句计算从 1 到 10 的累加

for 循环语句不同于 while 循环语句和 do…while 循环语句，它有 3 个表达式，需要正确设置这 3 个表达式。计算累加需要一个能由 1 到 10 递增变化的变量 i 和一个记录累加和的变量 sum。for 循环语句的表达式中可以对变量进行初始化，以及实现变量由 1 到 10 的递增变化。循环执行顺序如图 6.8 所示。

程序代码如下：

```
01    #include <iostream>
02    using namespace std;
03    void main()
04    {
05        int sum=0;
```

```
06        int i;
07        for(i=1;i<=10;i++)      //for 循环语句
08            sum+=i;
09        cout << "the result :" << sum << endl;
10    }
```

程序运行结果如图 6.9 所示。

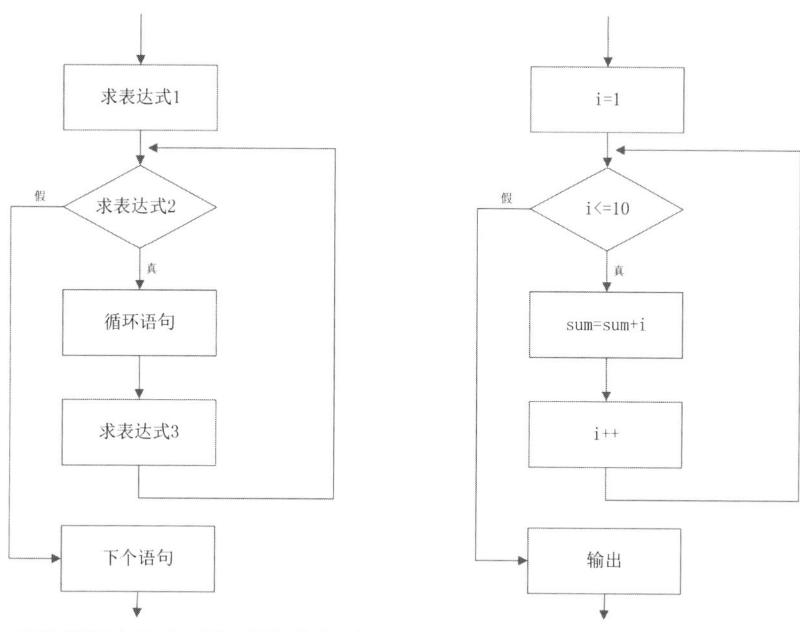

图 6.7　用流程图表示 for 循环语句执行过程　　图 6.8　for 循环语句执行顺序

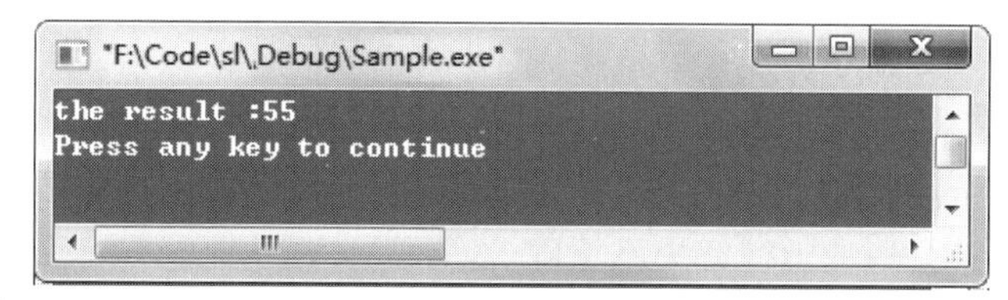

图 6.9　实例 6.3 的程序运行结果

程序中“for(i=1;i<=10;i++) sum+=i;”是一个循环语句，其中 i 就是控制循环的变量，“i=1”是表达式 1，“i<=10”是表达式 2，“i++”是表达式 3，“sum+=i;”是语句。表达式 1 将循环控制变量 i 赋初始值为 1，表达式 2 中 10 是循环变量允许的范围（也就是说 i 不能大于 10，大于 10 时将不执行“sum+=i;”语句）。“sum +=i;”是使用了带运算的赋值语句，它等同于语句“sum = sum+i;”。“sum+=i;”语句一共执行了 10 次，i 的值从 1 到 10 变化。

使用 for 循环语句的注意事项如下。

① for 循环语句可以在表达式内外声明变量。

- 在表达式外声明变量。例如：

```
01    void main()
02    {
03        int sum=0,i;                   // 在表达式外声明变量
04        for(i=0;i<=10;i++)
05            sum+=i;
06        cout <<sum << endl;
07    }
```

- 在表达式内声明变量。例如：

```
01   void main()
02   {
03       for(int i=0,sum=0;i<=10;i++)            //在表达式内声明变量
04           sum+=i;
05       cout <<sum << endl;
06   }
```

在循环语句中声明变量，也相当于在函数内声明了变量，如果在表达式 1 中声明两个相同变量，编译器将报错。例如：

```
01   void main()
02   {
03       for(int i=0,sum=0;i<=10;i++)            //在表达式 1 中声明变量
04           sum+=i;
05       for(int i=0,sum=0;i<=10;i++)            //不合法，编译器报错
06           sum+=i;
07       cout <<sum << endl;
08   }
```

② for 循环语句中的表达式 1、表达式 2、表达式 3 都可以省略。

● 省略表达式 1。如果省略表达式 1，且控制变量在循环外声明了并赋初值，程序能编译通过并且正确运行。例如：

```
01   void main()
02   {
03       int sum=0;
04       int i=0;                                //将循环控制变量放到循环语句外声明并赋初值
05       for(;i<=10;i++)
06           sum+=i;
07       cout <<sum << endl;
08   }
```

程序仍是计算从 1 到 10 的累加的。

如果控制变量在循环外声明了但没有赋初值，程序能编译通过，但运行结果不是用户所期待的。因为编译器会为变量赋一个默认的初值，该初值一般为一个比较大的负数，所以会造成运行结果不正确。

● 省略表达式 2。省略了表达 2 也就是省略了循环判断语句，没有循环的终止条件，循环变成无限循环。

● 省略表达式 3。省略表达式 3 后循环也是无限循环，因为控制循环的变量永远都是初始值，永远符合循环条件。

● 省略表达式 1 和表达式 3。for 循环语句如果省略表达式 1 和表达式 3，就和 while 循环语句一样了。例如：

```
01   void main()
02   {
03       int sum=0;
04       int i=0;
05       for(;i<=10;)
06       {
07           sum=sum+i;
08           i++;
09       }
10       cout << "the result :" << sum << endl;
11   }
```

- 3个表达式同时省略。for循环语句如果省略3个表达式，就会变成无限循环。无限循环就是死循环，它会使程序进入瘫痪状态。使用循环时，建议使用计数控制，也就是说循环执行到指定次数，就跳出循环。例如：

```
01  void main()
02  {
03      int iCount=0;                          //声明用于计数的变量
04      for(;;)
05      {
06          …
07          iCount++;                          //每循环一次，计数器加一
08          if(iCount>200000)                  //如果循环次数大于200000，则跳出循环
09              return;
10      }
11      cout << "the loop end" << endl;
12  }
```

6.4 循环控制

循环控制包含两方面的内容：一方面是控制循环变量的变化方式，另一方面是控制循环的跳转。控制循环的跳转需要用到break和continue两个关键字，这两个关键字形成的跳转语句的跳转效果不同，break是中断循环，continue是跳出本次循环体的执行。

6.4.1 控制循环的变量

无论是for循环语句还是while、do…while循环语句，都需要一个控制循环的变量。while、do…while循环语句的控制变量的变化可以是显式的，也可以是隐式的。例如在读取文件时，在while循环语句中循环读取文件内容，但程序中没有出现控制变量。代码如下：

```
01  #include <iostream>
02  #include <fstream>
03  using namespace std;
04  void main()
05  {
06      ifstream ifile("test.dat",std::ios::binary);
07      if(!ifile.fail())
08      {
09          while(!ifile.eof())                //判断文件是否结束
10          {
11              char ch;
12              ifile.get(ch);                 //获取文件内容
13              if(!ifile.eof())               //如果是文件结束，就不进行最后输出
14                  std::cout << ch;
15          }
16      }
17  }
```

程序中while循环语句中的表达式是判断文件指针是否指向文件末尾，如果文件指针指向文件末尾，就跳出循环。起始程序中控制循环的变量是文件的指针，文件的指针在读取文件时不断变化。

for循环语句的循环控制变量的变化方式有两种：一种是递增方式，另一种是递减方式。使用递增方式还是递减方式与变量的初值和范围值的比较有关。

如果初值大于限定范围的值，表达式 2 是大于关系判定的不等式，使用递减方式；如果初值小于限定范围值，表达式 2 是小于关系判定的不等式，使用递增方式。

前文 for 循环语句计算 1 到 10 累计和使用的是递增方式，也可以使用递减方式计算 1 到 10 累计和。主要代码如下：

```
01  void main()
02  {
03      int sum=0;                          // 定义存储累加和变量
04      for(int i=10;i>=1;i--)
05          sum+=i;                         // 进行累加
06      cout << "the result :"<<sum << endl;
07  }
```

程序中 for 循环语句的表达式 1 中声明变量并赋初值 10，表达式 2 中限定范围的值是 1，不等式是循环控制变量 i 是否大于等于 1，如果小于 1 就停止循环，表达式 3 是循环控制变量由 10 到 1 递减变化。程序输出结果仍是 "the result :55"。

6.4.2 break 语句

使用 break 语句可以跳出 switch 结构。在循环结构中，同样也可用 break 语句跳出当前循环体，从而中断当前循环。

在 3 种循环语句中使用 break 语句的形式如图 6.10 所示。

```
while(...)          do                for
{                   {                 {
    ...                 ...               ...
    break;              break;            break;
    ...                 ...               ...
}                   }while(...);      }
```

图 6.10 break 语句的使用形式

[实例 6.4] （源码位置：资源包 \Code\06\04）

使用 break 语句跳出循环

```
01  #include <iostream>
02  using namespace std;
03  void main()
04  {
05      int i,n,sum;
06      sum=0;
07      cout<< "input 10 number" << endl;
08      for(i=1;i<=10;i++)
09      {
10          cout<< i<< ":";
11              cin >> n;
12          if(n<0)                         // 判断输入是否为负数
13              break;
14          sum+=n;                         // 对输入的数进行累加
15      }
16      cout << "The Result :" << sum << endl;
17  }
```

程序中需要用户输入 10 个数，然后计算 10 个数的和。当输入数为负数时，就停止循环不再进行累加，输出前面的累加结果。例如输入 4 次数字 3、9、8、7，第 5 次输入数字 −1，程序运行结果如图 6.11 所示。

注意：

如果遇到循环嵌套的情况，break 语句将只会使程序流程跳出包含它的最内层的循环结构，即只跳出一层循环。

```
"F:\Code\sl\5\4\Debug\Sample.exe"
input 10 number
1:3
2:9
3:8
4:7
5:-1
The Result :27
Press any key to continue
```

图 6.11 实例 6.4 的程序运行结果

6.4.3 continue 语句

continue 语句是针对 break 语句的补充。continue 不是立即跳出循环体，而是跳过本次循环结束前的语句，回到循环的条件测试部分，重新开始执行循环。在 for 循环语句中遇到 continue 语句后，首先执行循环的增量部分，然后进行条件测试。在 while 和 do…while 循环语句中，continue 语句使控制直接回到条件测试部分。

在 3 种循环语句中使用 continue 语句的形式如图 6.12 所示。

```
while(...)        do                for(...)
{                 {                 {
    ...               ...               ...
    continue;         continue;         continue;
    ...               ...               ...
}                 }while(...);      }
```

图 6.12 continue 语句的使用形式

[实例 6.5]　（源码位置：资源包 \Code\06\05）

使用 continue 语句跳出循环

```
01  #include <iostream>
02  using namespace std;
03  void main()
04  {
05      int i,n,sum;
06      sum=0;
07      cout<< "input 10 number" << endl;
08      for(i=1;i<=10;i++)
09      {
10          cout<< i<< ":" << ";
11              cin >> n;
12          if(n<0)                              // 判断输入是否为负数
13              continue;
14          sum+=n;                              // 对输入的数进行累加
15      }
16      cout << "The Result :"<< sum << endl;
17  }
```

程序中需要用户输入 10 个数，然后计算 10 个数的和。当输入数为负数时，不执行“sum+=n;”语句，也就是不对负数进行累加。例如输入 10 个数全为 1，输出结果为 10。

6.5 循环嵌套

循环有 for、while、do…while 3 种方式，这 3 种循环可以相互嵌套。例如，在 for 循环语句中套用 for 循环语句。

```
for(…)
{
    for(…)
    {
        …
    }
}
```

在 while 循环语句中套用 while 循环语句。

```
while(…)
{
    while(…)
    {
        …
    }
}
```

在 while 循环语句中套用 for 循环语句。

```
while(…)
{
    for(…)
    {
        …
    }
}
```

[实例 6.6]　（源码位置：资源包 \Code\06\06）

输出乘法口诀表

使用嵌套的 for 循环语句输出乘法口诀表。

```
01    #include <iostream>
02    #include <iomanip>
03    using namespace std;
04    void main(void)
05    {
06        int i,j;
07        i=1;
08        j=1;
09        for(i=1;i<10;i++)
10        {
11            for(j=1;j<i+1;j++)
12                cout  << setw(2) << i << "*" << j << "=" << setw(2) << i*j ;
13            cout << endl;
14        }
15    }
```

程序使用了两层 for 循环，第一个循环由 1 到 9 变化，第二个循环则是控制随着行数的增加，列数也增加，最后形成的第 9 行有 9 列。程序运行结果如图 6.13 所示。

```
"F:\Code\sl\5\8\Debug\Sample.exe"
 1*1= 1
 2*1= 2 2*2= 4
 3*1= 3 3*2= 6 3*3= 9
 4*1= 4 4*2= 8 4*3=12 4*4=16
 5*1= 5 5*2=10 5*3=15 5*4=20 5*5=25
 6*1= 6 6*2=12 6*3=18 6*4=24 6*5=30 6*6=36
 7*1= 7 7*2=14 7*3=21 7*4=28 7*5=35 7*6=42 7*7=49
 8*1= 8 8*2=16 8*3=24 8*4=32 8*5=40 8*6=48 8*7=56 8*8=64
 9*1= 9 9*2=18 9*3=27 9*4=36 9*5=45 9*6=54 9*7=63 9*8=72 9*9=81
Press any key to continue
```

图 6.13　实例 6.6 的程序运行结果

本章知识思维导图

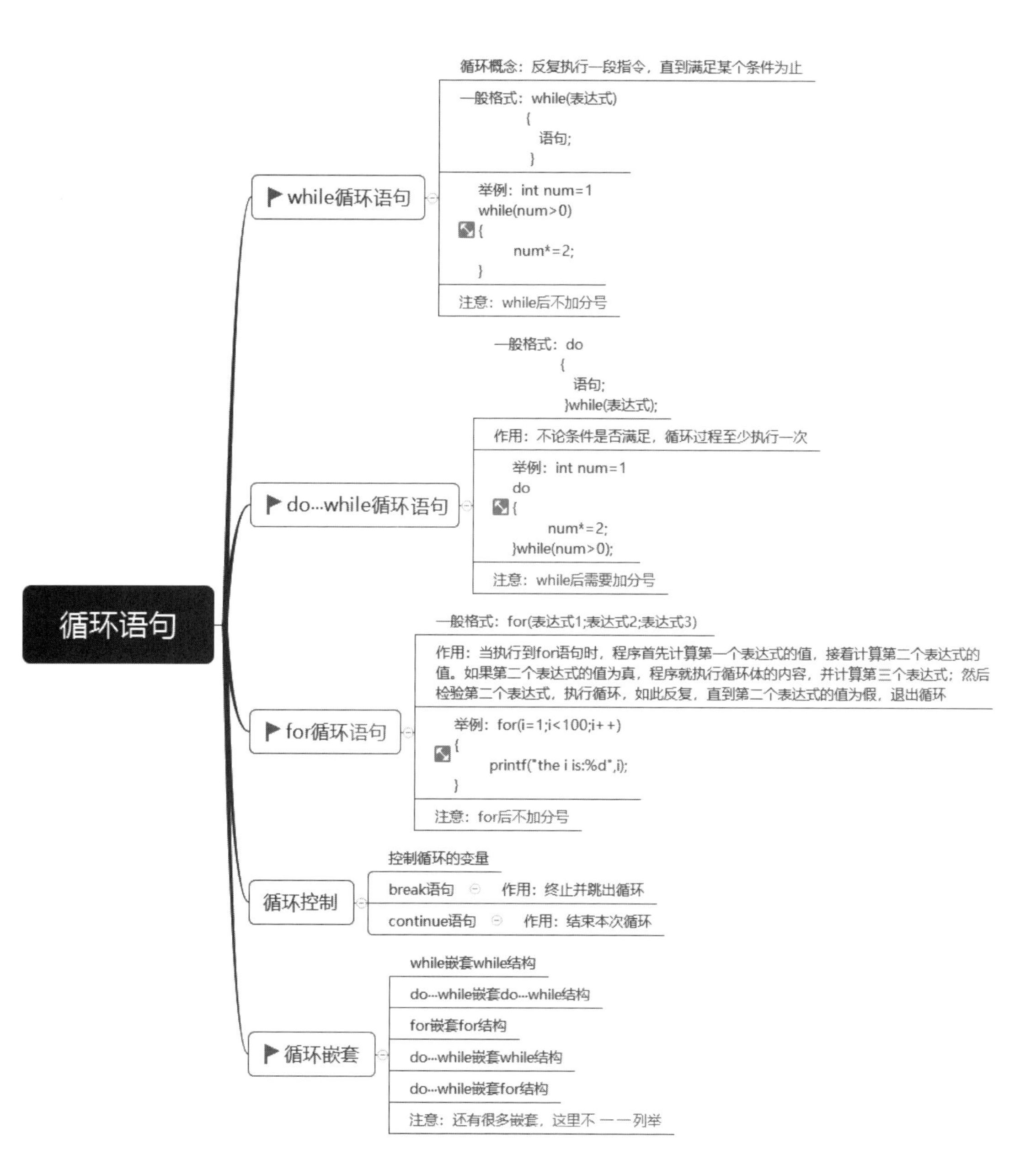
循环语句
while循环语句
循环概念：反复执行一段指令，直到满足某个条件为止
一般格式：while(表达式)
{
语句;
}
举例：int num=1
while(num>0)
{
num*=2;
}
注意：while后不加分号
do...while循环语句
一般格式：do
{
语句;
}while(表达式);
作用：不论条件是否满足，循环过程至少执行一次
举例：int num=1
do
{
num*=2;
}while(num>0);
注意：while后需要加分号
for循环语句
一般格式：for(表达式1;表达式2;表达式3)
作用：当执行到for语句时，程序首先计算第一个表达式的值，接着计算第二个表达式的值。如果第二个表达式的值为真，程序就执行循环体的内容，并计算第三个表达式；然后检验第二个表达式，执行循环，如此反复，直到第二个表达式的值为假，退出循环
举例：for(i=1;i<100;i++)
{
printf("the i is:%d",i);
}
注意：for后不加分号
循环控制
控制循环的变量
break语句
作用：终止并跳出循环
continue语句
作用：结束本次循环
循环嵌套
while嵌套while结构
do...while嵌套do...while结构
for嵌套for结构
do...while嵌套while结构
do...while嵌套for结构
注意：还有很多嵌套，这里不一一列举

C++

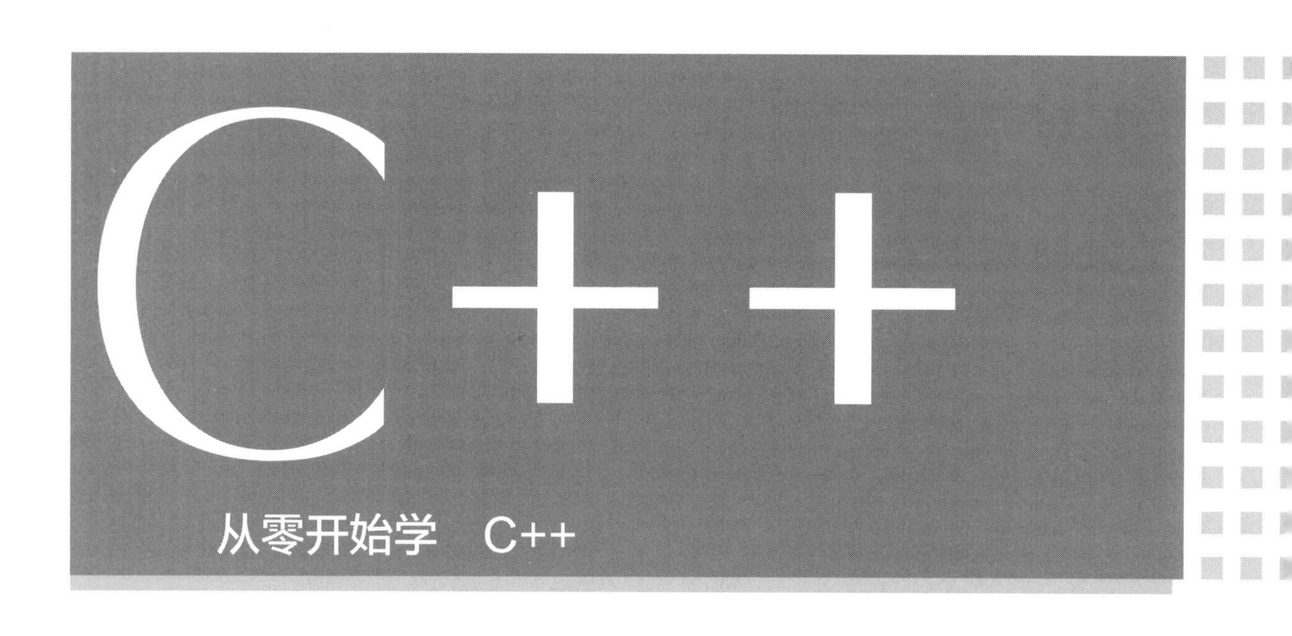

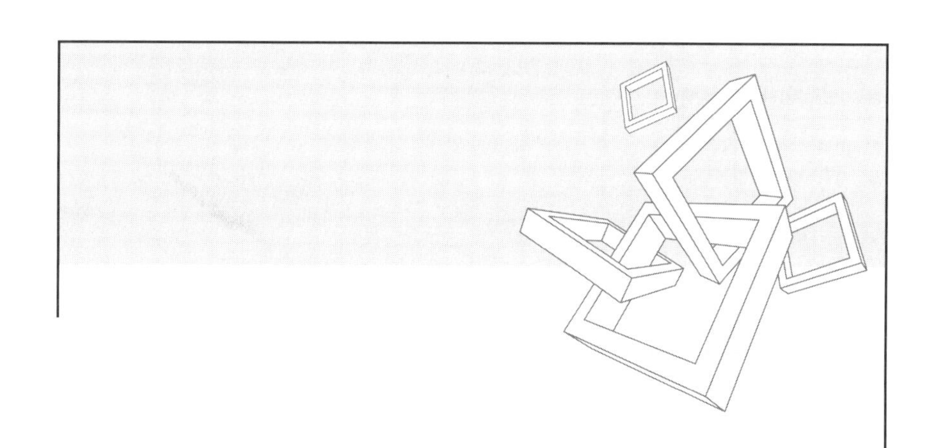

第2篇 高级技术篇

第 7 章

函数

本章学习目标

- 了解函数概念。
- 掌握函数参数及返回值。
- 掌握函数调用。
- 熟悉变量作用域。
- 熟悉重载函数。
- 了解内联函数。
- 了解变量存储类别。

7.1 函数概述

函数就是能够实现特定功能的程序模块，它可以是只有一个语句的简单函数，也可以是包含许多子函数的复杂函数。函数有别人写好的存放在库里的库函数，也有开发人员自己写的自定义函数。函数根据功能可以分为字符函数、日期函数、数学函数、图形函数、内存函数等。一个程序可以只有一个主函数，但不可以没有函数。

7.1.1 函数的定义

函数定义的一般形式为：

```
类型标识符 函数名(形式参数列表)
{
    变量的声明;
    语句;
}
```

● 类型标识符：用来标识函数的返回值类型，可以根据函数的返回值判断函数的执行情况，通过返回值也可以获取想要的数据。类型标识符可以是整型、字符型、指针型、对象等数据类型。

● 形式参数列表：由各种类型变量组成的列表，各参数之间用逗号间隔。在进行函数调用时，主调函数对变量赋值。

关于函数定义的说明如下。

① 形式参数列表可以为空，这样就定义了不需要参数的函数。例如：

```
01  int Show()
02  {
03      int i=0;
04      cout << i << endl;
05      return 0;
06  }
```

函数 Show 通过 cout 流输出变量 i 的值。

② 函数后面的大括号表示函数体，在函数体内进行变量的声明和添加实现语句。

7.1.2 函数的声明

调用一个函数前必须先声明函数的返回值类型和参数类型。例如：

```
int SetIndex(int i);
```

函数的声明被称为函数原型，函数声明时可以省略变量名。例如：

```
int SetIndex(int );
```

下面通过实例来介绍如何在程序中声明、定义和使用函数。

[实例 7.1]　（源码位置：资源包 \Code\07\01）

声明、定义和使用函数

```
01  #include <iostream>
02  using namespace std;
```

```
03    void ShowMessage();                       //函数声明语句
04    void ShowAge();                           //函数声明语句
05    void ShowIndex();                         //函数声明语句
06    void main()
07    {
08        ShowMessage();                        //函数调用语句
09        ShowAge();                            //函数调用语句
10        ShowIndex();                          //函数调用语句
11    }
12    void ShowMessage()
13    {
14        cout << "HelloWorld!" << endl;
15    }
16    void ShowAge()
17    {
18        int iAge=23;
19        cout << "age is :" << iAge << endl;
20    }
21    void ShowIndex()
22    {
23        int iIndex=10;
24        cout << "Index is :" << iIndex << endl;
25    }
```

程序运行结果如图 7.1 所示。

程序定义和声明了 ShowMessage、ShowAge、ShowIndex，并进行了调用，通过函数中的输出语句进行输出。

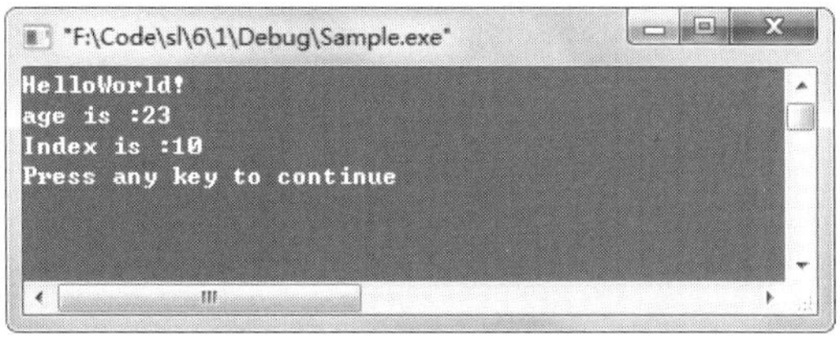

图 7.1　实例 7.1 的程序运行结果

7.2　函数参数及返回值

7.2.1　返回值

函数的返回值是指函数被调用之后，执行函数体中的程序段所取得的并返回给主调函数的值。函数的返回值通过 return 语句返回给主调函数。return 语句一般形式为：

```
return ( 表达式 );
```

return 语句将表达式的值返回给主调函数。

关于返回值的说明如下。

① 函数返回值的类型和函数定义中函数的类型标识符应保持一致。如果两者不一致，则以函数类型为准，自动进行类型转换。

② 如函数值为整型，在函数定义时可以省去类型标识符。

③ 在函数中允许有多个 return 语句，但每次调用只能有一个 return 语句被执行，因此只能返回一个函数值。

④ 不返回函数值的函数，可以明确定义为“空类型”，类型标识符为“void”。例如：

```
01    void Index()
02    {
03        int iIndex=10;
04        cout << "Index is :" << iIndex << endl;
05    }
```

⑤ 类型标识符为 void 的函数不能进行赋值运算及值传递。例如:

```
i= Index();                                    // 不能进行赋值
Index(i);                                      // 不能进行值传递
```

说明:

为了降低程序出错的概率，凡不要求返回值的函数都应定义为 void 类型。

7.2.2 空函数

没有参数和返回值，函数的作用域也为空的函数就是空函数。例如:

```
void setWorkSpace(){ }
```

调用此函数时，程序什么工作也不做，没有任何实际意义。在主函数 main 中调用 setWorkSpace 函数时，这个函数没有起到任何作用。例如:

```
01    void setWorkSpace(){ }
02    void main()
03    {
04        setWorkSpace();
05    }
```

空函数存在的意义是：在程序设计中有时根据需求需要若干模块，这时需要用一些函数来占位，而这些函数就可以使用空函数。在第一阶段只设计最基本的模块，其他一些次要功能或锦上添花的功能则在以后需要时陆续补上。在编写程序的开始阶段，可以在将来准备扩充功能的地方写上一个空函数。这些函数没有开发完成，先占一个位置，以后用一个编好的函数代替它。这样做，程序的结构清楚，可读性好，以后扩充新功能方便，对程序结构影响不大。

7.2.3 形参与实参

函数定义时如果参数列表为空，说明函数是无参函数；如果参数列表不为空，就称为带参数函数。带参数函数中的参数在函数声明和定义时被称为“形式参数”，简称形参；在函数被调用时被赋予具体值，具体的值被称为“实际参数”，简称实参。形参与实参如图 7.2 所示。

```
//                  形参      形参
int function(int a, int b);

void main()
{
    //          实参       实参
    function(3,          4);
}
int function(int a, int b)
{
    return a + b;
}
```

图 7.2　形参与实参

实参与形参的个数应相等，类型应一致。实参与形参按顺序对应，函数被调用时会一一传递数据。

形参与实参的异同如下。

① 在定义函数中指定的形参，在未出现函数调用时，它们并不占用内存中的存储单元。只有在发生函数调用时，函数的形参才被分配内存单元。在调用结束后，形参所占的内存单元也被释放。

② 实参应该是确定的值。在调用时将实参的值赋值给形参，如果形参是指针类型，就将地址值传递给形参。

③ 实参与形参的类型应相同。

④ 实参与形参之间是单向传递，只能由实参传递给形参，而不能由形参传回来给实参。

实参与形参之间存在一个分配空间和参数值传递的过程，这个过程是在函数调用时发生的。C++ 支持引用型变量，引用型变量没有值传递的过程，这将在后文讲到。

7.2.4 默认参数

在调用带参数函数时，如果经常需要传递同一个值到调用函数，在定义函数时，可以为参数设置一个默认值，这样在调用函数时可以省略一些参数，此时程序将采用默认值作为函数的实参。下面的代码定义了一个具有默认值参数的函数。

```
01  void OutputInfo(const char* pchData = "One world,one dream!")
02  {
03      cout << pchData << endl;                          // 输出信息
04  }
```

[实例 7.2]　　（源码位置：资源包 \Code\07\02）

调用默认参数的函数

实例输出两行字符串：一行是函数默认参数，另一行是直接传递字符串的实参。程序代码如下：

```
01  #include <iostream>
02  using namespace std;
03  void OutputInfo(const char* pchData = "One world,one dream!")
04  {
05      cout << pchData << endl;                          // 输出信息
06  }
07  void main()
08  {
09      OutputInfo();                                     // 利用默认值作为函数实际参数
10      OutputInfo("Beijing 2008 Olympic Games!");        // 直接传递实际参数
11  }
```

程序运行结果如图 7.3 所示。

图 7.3　实例 7.2 的程序运行结果

在定义函数默认参数时，如果函数具有多个参数，应保证默认参数出现在参数列表的右方，非默认参数出现在参数列表的左方，即默认参数不能出现在非默认参数的左方。例如，下面的函数定义是非法的。

```
01  int Max(int x,int y=20 ,int z)           // 非法的函数定义，默认参数 y 出现在参数 z 的左方
02  {
03      if (x < y)                            //x 与 y 进行比较
04          x = y;                            // 赋值
05      if (x < z)                            //x 与 z 进行比较
06          x = z;                            // 赋值
07      return x;                             // 返回 x
08  }
```

程序中默认参数 y 出现在非默认参数 z 的左方，导致了编译错误。正确的做法是：将默认参数放置在参数列表的右方。例如：

```
01    int Max(int x,int y ,int z=20)          // 定义默认参数
02    {
03        if (x < y)                          //x 与 y 进行比较
04            x = y;                          // 赋值
05        if (x < z)                          //x 与 z 进行比较
06            x = z;                          // 赋值
07        return x;                           // 返回 x
08    }
```

7.2.5 可变参数

库函数 printf 的参数就是一个可变参数，它的参数列表会显示“…”省略号。printf 函数原型格式为:

```
_CRTIMP int_cdecl printf(const char *, …);
```

省略号参数代表的含义是函数的参数是不固定的，可以传递一个或多个参数。对于 printf 函数来说，可以输出一项信息，也可以同时输出多项信息。例如:

```
printf("%d\n",2022);                                  // 输出一项信息
printf("%s-%s-%s\n","Beijing","2022"," 冬奥会 ");       // 输出多项信息
```

声明可变参数的函数和声明普通函数一样，只是参数列表中有一个“…”省略号。例如:

```
void OutputInfo(int num,…)                            // 定义可变参数的函数
```

对于可变参数的函数，在定义函数时需要一一读取用户传递的实参。可以使用 va_list 类型和 va_start、va_arg、va_end 3 个宏读取传递到函数中的参数值。使用可变参数需要引用 STDARG.H 头文件。下面以一个具体的示例介绍可变参数的函数的定义及使用。

[实例 7.3]

（源码位置：资源包 \Code\07\03）

定义省略号形式的函数参数

```
01    #include <iostream>
02    #include <STDARG.H>                                      // 需要包含该头文件
03    using namespace std;
04    void OutputInfo(int num,…)                               // 定义一个可变参数的函数
05    {
06        va_list arguments;                                   // 定义 va_list 类型变量
07        va_start(arguments,num);
08        while(num--)                                         // 读取所有参数的数据
09        {
10            char* pchData = va_arg(arguments,char*);         // 获取字符串数据
11            int iData = va_arg(arguments,int);               // 获取整型数据
12            cout<< pchData << endl;                          // 输出字符串
13            cout << iData << endl;                           // 输出整数
14        }
15        va_end(arguments);
16    }
17    void main()
18    {
19        OutputInfo(2,"Beijing",2008,"Olympic Games",2008);   // 调用 OutputInfo 函数
20    }
```

程序运行结果如图 7.4 所示。

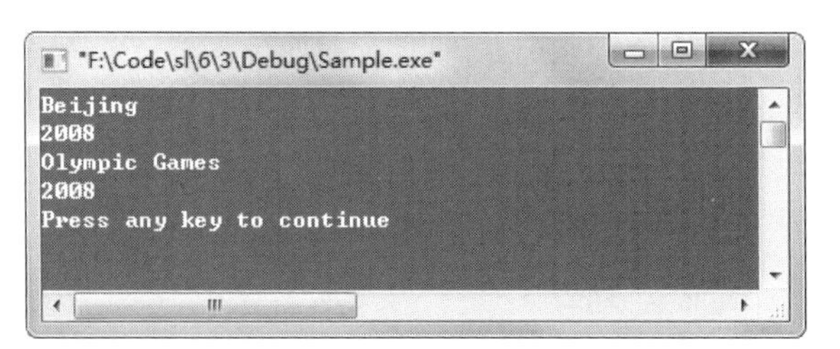

图 7.4 实例 7.3 的程序运行结果

7.3 函数调用

声明完函数后就需要在源代码中调用该函数。整个函数的调用过程被称为函数调用。标准 C++ 是一种强制类型检查的语言，在调用函数前，必须把函数的参数类型和返回值类型告知编译器。

函数调用的说明如下。

① 首先被调用的函数必须是已经存在的函数（是库函数或用户自定义的函数）。

② 如果使用库函数，还需要将库函数对应的头文件引入，这需要使用预编译指令 #include。

③ 如果使用用户自定义函数，一般还应该在调用该函数之前对被调用的函数做声明。

7.3.1 传值调用

主调函数和被调用函数之间有数据传递关系，换句话说，主调函数将实参数值复制给被调用函数的形参，这种调用方式称为传值调用。如果传递的实参是结构体对象，值传递方式的效率是低下的，可以通过指针传地址或使用变量的引用来替换传值调用。传值调用是函数调用的基本方式。

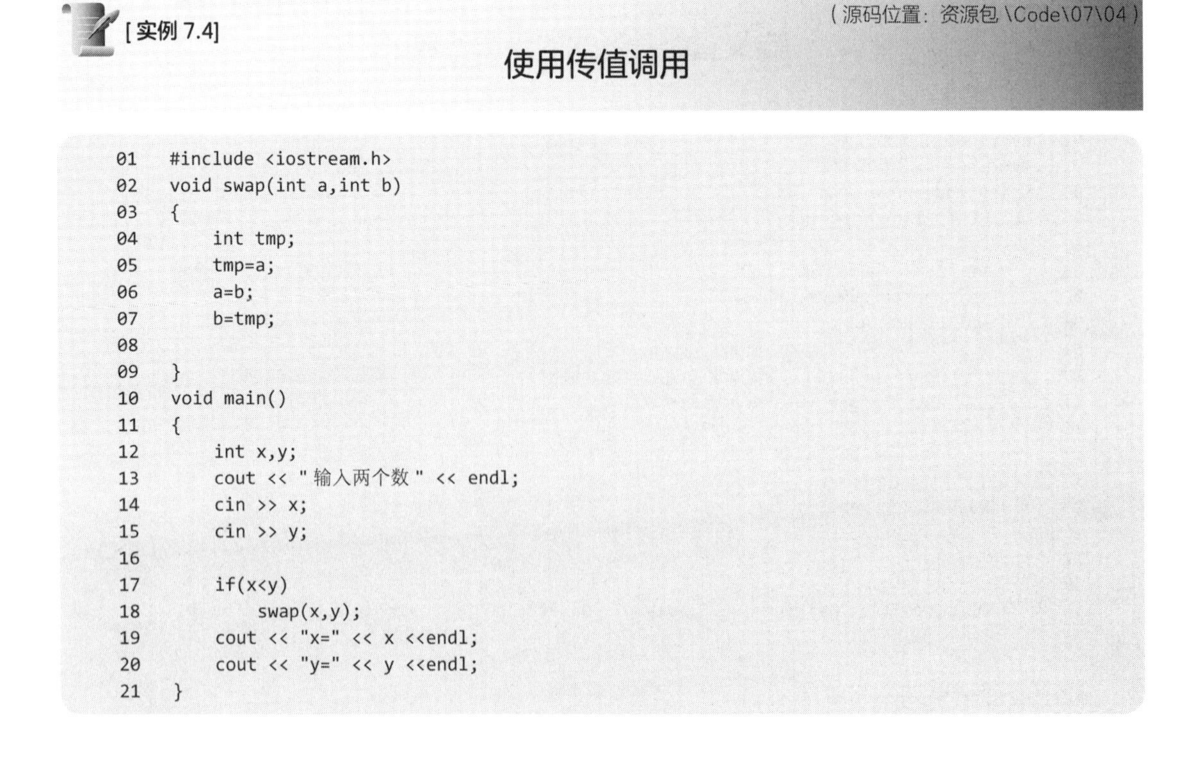

[实例 7.4] （源码位置：资源包 \Code\07\04）

使用传值调用

```
01  #include <iostream.h>
02  void swap(int a,int b)
03  {
04      int tmp;
05      tmp=a;
06      a=b;
07      b=tmp;
08
09  }
10  void main()
11  {
12      int x,y;
13      cout << " 输入两个数 " << endl;
14      cin >> x;
15      cin >> y;
16
17      if(x<y)
18          swap(x,y);
19      cout << "x=" << x <<endl;
20      cout << "y=" << y <<endl;
21  }
```

程序运行结果如图 7.5 所示。

程序本意是想实现当 x 小于 y 时交换 x 和 y 的值，但结果并没有实现，主要原因是调用 swap 函数时复制了变量 x 和 y 的值，而并非变量本身。如果将 swap 函数在调用处展开，程序本意就可以实现。例如代码修改如下：

```
01  #include <iostream>
02  using namespace std;
03  void main()
04  {
05      int x,y;
06      cout << " 输入两个数 " << endl;
07      cin >> x;
08      cin >> y;
09      int tmp;
10      if(x<y)
11      {
12          tmp=x;
13          x=y;
14          y=tmp;
15      }
16      cout << "x=" << x <<endl;
17      cout << "y=" << y <<endl;
18  }
```

程序运行结果如图 7.6 所示。

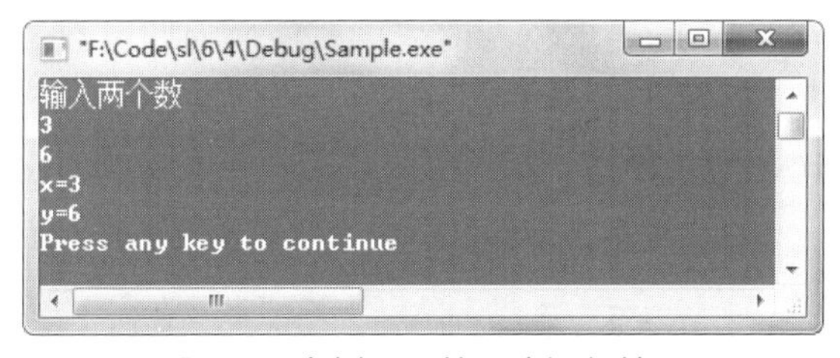

图 7.5　实例 7.4 的程序运行结果

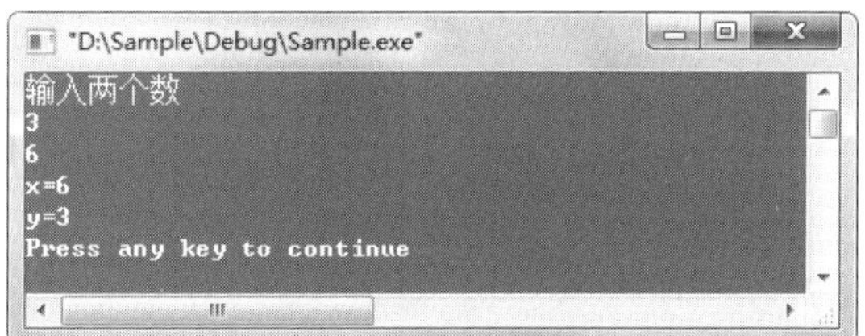

图 7.6　展开函数调用的程序运行结果

程序代码是开发人员模拟函数调用时展开 swap 函数的代码。函数的调用就是由编译器来完成代码的展开工作，但不是真的展开，而是移动至 swap 函数处执行，执行过程类似于展开。使用函数调用时需要注意函数调用时有值传递过程。通过函数调用的方式实现交换变量的值，可以通过使用指针传地址和变量引用的方式实现，这在后面的章节会讲到。

函数调用中发生的数据传递是单向的，只能把实参的值传递给形参。在函数调用过程中，形参的值发生改变，实参的值不会发生变化。

7.3.2　嵌套调用

在自定义函数中调用其他自定义函数，这种调用方式称为嵌套调用。例如：

```
01  #include <iostream>
02  using namespace std;
03  void  Show()                          /* 定义函数 */
04  {
05      cout <<"The Show function" << endl;
06  }
07  void  Display()
08  {
09      Show();                          /* 嵌套调用 */
```

```
10  }
11  void main()
12  {
13      Display();
14  }
```

在函数嵌套调用时需要注意，不要在函数体内定义函数。例如以下代码是错误的：

```
01  int main()
02  {
03      void  Display()                         /* 错误，不能在函数体内定义函数 */
04      {
05          cout << "I want to show the Nesting function" << endl;
06      }
07      return 0;
08  }
```

嵌套调用对调用的层数是没有要求的，但个别的编译器可能会有一些限制，使用时应注意。

7.3.3 递归调用

直接或间接调用自己的函数被称为递归函数（recursive function）。

使用递归方法解决问题的特点是：问题描述清楚、代码可读性强、结构清晰、代码量比使用非递归方法少。缺点是递归函数的运行效率比较低，无论是从时间角度还是从空间角度，都比非递归函数差。对于时间复杂度和空间复杂度要求较高的程序，使用递归函数调用要慎重。

递归函数必须定义一个停止条件，否则函数会永远递归下去。

[实例 7.5]　（源码位置：资源包 \Code\07\05）

汉诺（Hanoi）塔问题

有 3 个立柱垂直矗立在地面，给这 3 个立柱分别命名为 A、B、C。开始的时候，立柱 A 上有 4 个圆盘，这 4 个圆盘大小不一，并且按从小到大的顺序依次摆放在立柱 A 上，如图 7.7 所示。现在的问题是要将立柱 A 上的 4 个圆盘移到立柱 C 上，并且每次只允许移动一个圆盘，在移动过程中始终保持大盘在下，小盘在上。

分析程序：

先假设移动 4 个圆盘，立柱 A 上的圆盘按由上到下的顺序分别命名为 a、b、c、d，如图 7.7 所示。

先考虑将 a 和 b 移动到立柱 C 上。移动顺序是 a->B、b->C、a->C，移动结果如图 7.8 所示。

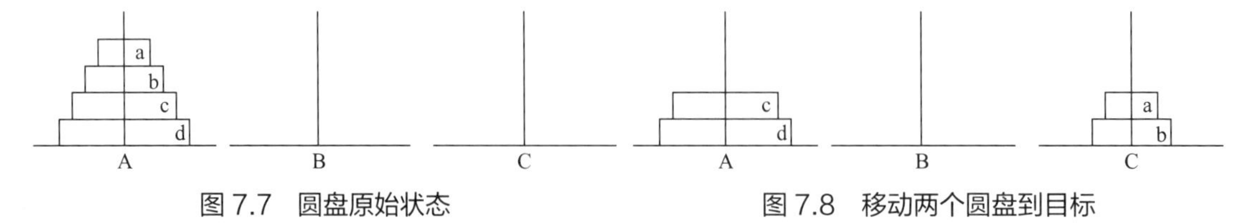

图 7.7　圆盘原始状态　　图 7.8　移动两个圆盘到目标

如果要将 c 也移动到 C 上，就要暂时将 c 移动到 B，然后再移动 a 和 b。移动顺序是 c->B、a->A、b->B、a->B、d->C，移动结果如图 7.9 所示。

最后是完成 4 个圆盘的移动，移动顺序是 a->C、b->A、a->A、c->C、a->B、b->C、a->C。

总结：

① 要将4个圆盘移动到指定立柱总共需要移动15次。

② 在移动过程中将两个圆盘移动到指定立柱需要移动3次，分别是a->B、b->C、a->C。

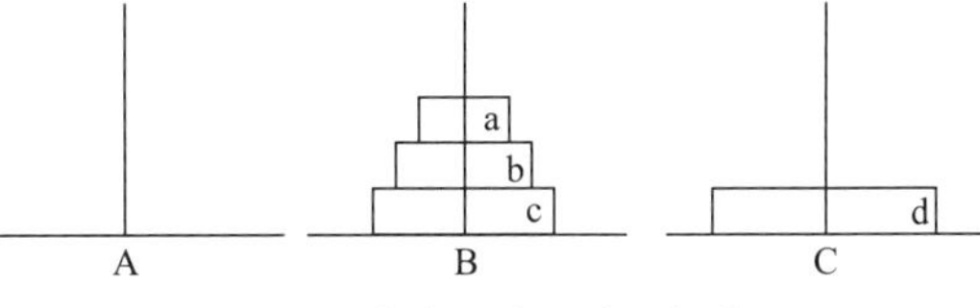

图7.9　移动3个圆盘到目标

③ 在移动过程中将3个圆盘移动到指定立柱需要移动7次，分别是a->B、b->C、a->C、c->B、a->A、b->B、a->B。

移动次数可以总结为是2^n-1次。

在移动过程中可以将a、b、c 3个圆盘看成是一个圆盘，移动4个圆盘的过程就像是在移动两个圆盘。还可以将a、b、c 3个圆盘中的a、b两个圆盘看成是一个圆盘，移动3个圆盘也像是在移动两个圆盘。可以使用递归的思路来移动n个圆盘。

移动n个圆盘可以分成以下3个步骤。

① 把A上的n-1个圆盘移到B上。

② 把A上的一个圆盘移到C上。

③ 把B上的n-1个圆盘移到C上。

程序代码如下：

```
01   #include <iostream>
02   #include <iomanip>
03   using namespace std;
04   long lCount;
05   void move(int n,char x,char y,char z)        //将n个圆盘从x立柱借助y立柱移到z立柱上
06   {
07       if(n==1)
08           cout << "Times:" << setw(2) << ++lCount << " " << x << "->" << z << endl;
09       else
10       {
11           move(n-1,x,z,y);
12           cout << "Times:" << setw(2) << ++lCount << " " << x << "->" << z <<endl;
13           move(n-1,y,x,z);
14       }
15   }
16   void main()
17   {
18       int n ;
19       lCount=0;
20       cout << "please input a number" << endl;
21       cin >> n ;
22       move(n,'a','b','c');
23   }
```

程序运行结果如图7.10所示。

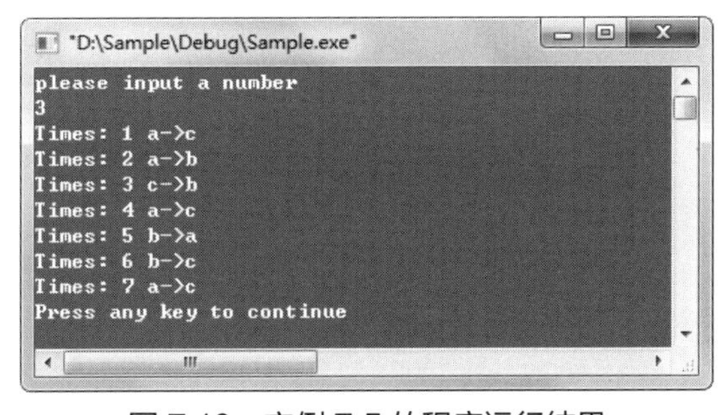

图7.10　实例7.5的程序运行结果

输入数字 3，表示移动 3 个圆盘，程序打印出移动 3 个圆盘的步骤。

[实例 7.6]　　（源码位置：资源包 \Code\07\06）

利用循环求 n 的阶乘

```
01  #include <iostream>
02  using namespace std;
03  typedef unsigned int UINT;                  // 自定义类型
04  long Fac(const UINT n)                      // 定义函数
05  {
06      long ret = 1;                           // 定义结果变量
07      for(int i=1; i<=n; i++)                 // 累计乘积
08      {
09          ret *= i;
10      }
11      return ret;                             // 返回结果
12  }
13  void main()
14  {
15      int n ;
16      long f;
17      cout << "please input a number" << endl;
18        cin >> n ;
19      f=Fac(n);
20      cout << "Result :" << f << endl;
21  }
```

程序运行结果如图 7.11 所示。

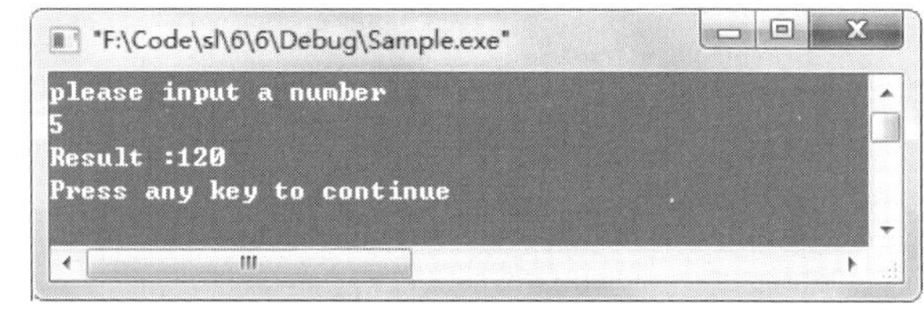

图 7.11　实例 7.6 的程序运行结果

7.4　变量作用域

根据变量声明的位置可以将变量分为局部变量及全局变量，在函数体内定义的变量称为局部变量，在函数体外定义的变量称为全局变量。例如：

```
01  #include <iostream>
02  using namespace std;
03  int iTotalCount;                            // 全局变量
04  int GetCount();
05  void main()
06  {
07      int iTotalCount=100;                    // 局部变量（全局变量不起作用）
08      cout << iTotalCount << endl;
09      cout << GetCount() << endl;
10  }
11  int GetCount()
12  {
13      iTotalCount=200;                        // 给全局变量赋值
14      return iTotalCount;
15  }
```

程序运行结果如图 7.12 所示。

变量都有它的生命期，全局变量在程序开始时创建并分配空间，在程序结束时释放内存并销毁；局部变量是在函数调用时创建，并在栈中分配内存，在函数调用结束后销毁并释放。

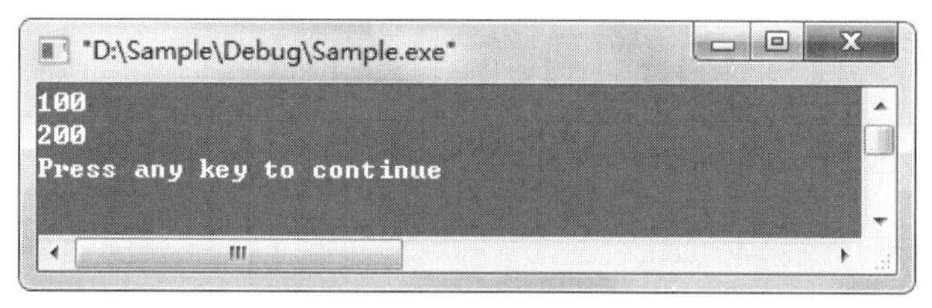

图 7.12　局部变量与全局变量的程序运行结果

7.5　重载函数

定义同名的变量，程序会编译出错，定义同名的函数也会带来冲突的问题，但 C++ 中使用了名字重组的技术，通过函数的参数类型来识别函数。所谓重载函数就是指多个函数具有相同的函数标识名，而参数类型或参数个数不同。函数调用时，编译器以参数的类型及个数来区分调用哪个函数。下面实例定义了重载函数。

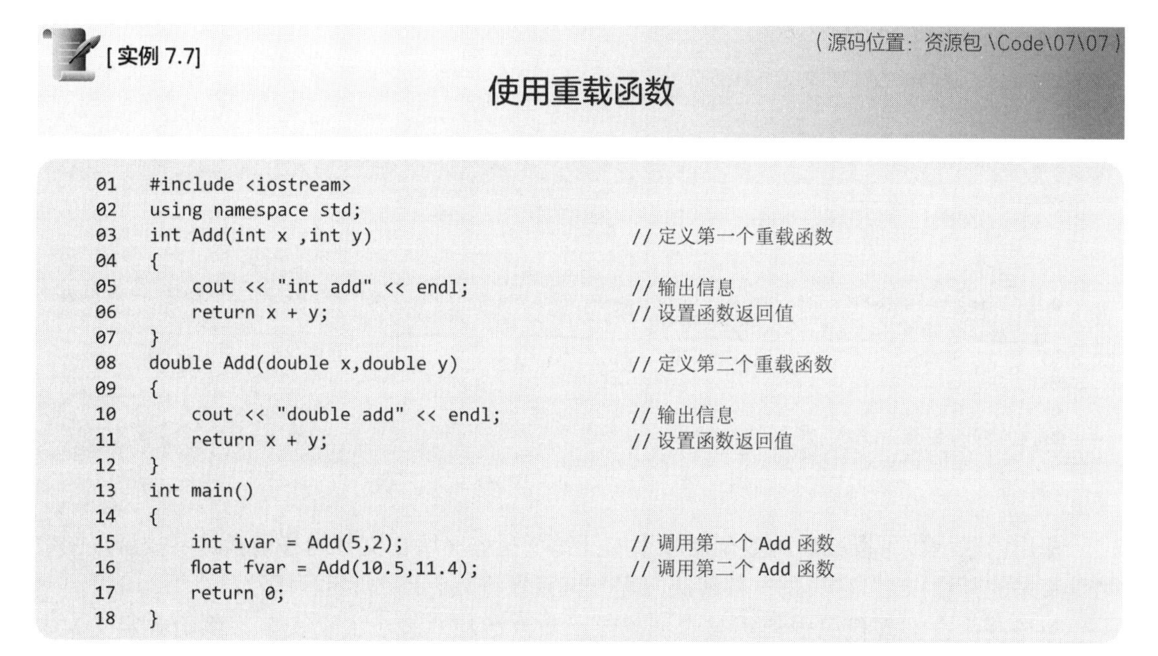

[实例 7.7]　（源码位置：资源包 \Code\07\07）

使用重载函数

```
01  #include <iostream>
02  using namespace std;
03  int Add(int x ,int y)                    // 定义第一个重载函数
04  {
05      cout << "int add" << endl;           // 输出信息
06      return x + y;                        // 设置函数返回值
07  }
08  double Add(double x,double y)            // 定义第二个重载函数
09  {
10      cout << "double add" << endl;        // 输出信息
11      return x + y;                        // 设置函数返回值
12  }
13  int main()
14  {
15      int ivar = Add(5,2);                 // 调用第一个 Add 函数
16      float fvar = Add(10.5,11.4);         // 调用第二个 Add 函数
17      return 0;
18  }
```

程序运行结果如图 7.13 所示。

```
"F:\Code\sl\6\7\Debug\Sample.exe"
int add
double add
Press any key to continue
```

图 7.13　实例 7.7 的程序运行结果

程序中定义了两个相同函数标识名的函数，函数名都为 Add。在 main 调用 Add 函数时实参类型不同，语句“int ivar = Add(5,2);”的实参类型是整型，语句“float fvar = Add(10.5,11.4);”的实参类型是双精度。编译器可以区分这两个函数，会正确调用相应的函数。

在定义重载函数时应注意，函数的返回值类型不作为区分重载函数的一部分。下面的函数重载是非法的。

```
01  int Add(int x ,int y)                    // 定义一个重载函数
02  {
03      return x + y;
04  }
05  double Add(int x,int y)                  // 定义一个重载函数
06  {
07      return x + y;
08  }
```

7.6 内联函数

通过 inline 关键字可以把函数定义为内联函数，编译器会在每个调用该函数的地方展开一个函数的副本。

在下面的程序中创建了一个 Add 函数，并进行了调用。

```
01    #include <iostream>
02    using namespace std;
03    inline int Add(int x,int y);
04    void main()
05    {
06        int a;
07        int b;
08        int iresult=Add(a,b);
09    }
10    int Add(int x,int y)
11    {
12        return x+y;
13    }
```

Add 函数被定义为内联函数，其执行代码如下:

```
01    #include <iostream>
02    using namespace std;
03    inline int Add(int x,int y);
04    void main()
05    {
06        int a;
07        int b;
08        int iresult= a+b;
09    }
```

使用内联函数可以减少函数调用带来的开销（在程序所在文件内移动指针寻找调用函数地址带来的开销），但它只是一种解决方案，编译器可以忽略内联的声明。

应该在函数实现代码很简短或者调用该函数次数相对较少的情况下，将函数定义为内联函数。一个递归函数不能在调用点完全展开，一个 1000 行代码的函数也不大可能在调用点展开，内联函数只能在优化程序时使用。在抽象数据类设计中，它对支持信息隐藏起着主要作用。

如果某个内联函数要作为外部全局函数（即它将被多个源代码文件使用），那么就把它定义在头文件里，在每个调用该内联函数的源文件中包含该头文件。这种方法保证对每个内联函数只有一个定义，防止在程序的生命期中引起无意义的不匹配。

7.7 变量的存储类别

存储类别是变量的属性之一，C++ 中定义了 4 种变量的存储类别，分别是 auto 变量、static 变量、register 变量和 extern 变量。变量存储方式不同会使变量的生存期不同，生存期表示了变量存在的时间。生存期和变量作用域是从时间和空间两个不同的角度来描述变量的特性。

静态存储变量通常是在变量定义时就分配固定的存储单元并一直保持不变，直至整个程序结束。前面讲过的全局变量即属于此类存储方式，它们存放在静态存储区中。动态存储变量是在程序执行过程中使用它时才分配存储单元，使用完毕立即将该存储单元释放。前面讲过的函数形参属于此类存储方式，在函数定义时不分配存储单元，只是在函数被调用时才予以分配，调用函数完毕立即释放，此类变量存放在动态存储区中。从以上分析可知，静态存储变量是一直存在的，而动态存储变量则时而存在时而消失。

7.7.1 auto 变量

这种存储类型是C ++ 程序中默认的存储类型。函数内未加存储类型说明的变量均视为自动变量，也就是说自动变量可省去关键字 auto。例如：

```
int i,j,k;
```

等价于：

```
auto int i,j,k;
```

自动变量具有以下特点。

① 自动变量的作用域仅限于定义该变量的个体内。在函数中定义的自动变量，只在该函数内有效。在复合语句中定义的自动变量只在该复合语句中有效。

② 自动变量属于动态存储方式，变量分配的内存是在栈中，当函数调用结束后，自动变量的值会被释放。同样，在复合语句中定义的自动变量，在退出复合语句后也不能再使用，否则将引起错误。

③ 由于自动变量的作用域和生存期都局限于定义它的个体内（函数或复合语句内），因此在不同的个体内允许使用同名的变量而不会混淆。即使在函数内定义的自动变量，也可与该函数内部的复合语句中定义的自动变量同名。

[实例 7.8]

（源码位置：资源包 \Code\07\08）

输出不同生命期的变量值

```
01  #include<iostream>
02  using namespace std;
03  void main()
04  {
05      auto int i,j,k;
06      cout <<"input the number:" << endl;
07      cin >> i >> j;
08      k=i+j;
09      if( i!=0 && j!=0 )
10      {
11          auto int k;
12          k=i-j;
13          cout << "k :" << k << endl;          // 输出变量 k 的值
14      }
15      cout << "k :" <<k << endl;               // 输出变量 k 的值
16  }
```

程序运行结果如图 7.14 所示。

程序两次输出的变量k为自动变量。第一次输出的是i-j的值，第二次输出的是i+j的值。虽然变量名都为 k，但其实是两个不同的变量。

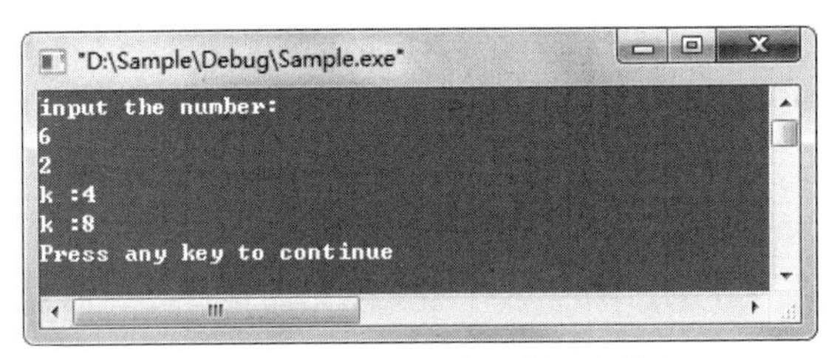

图 7.14　实例 7.8 的程序运行结果

7.7.2 static 变量

在声明变量前加关键字 static，可以将变量声明成静态变量。静态局部变量的值在函数调用结束后不消失，静态全局变量只能在本源文件中使用。例如声明变量为静态变量：

```
01    static int a,b;
02    static float x,y ;
03    static int a[3]={0,1,2};
```

静态变量属于静态存储方式，它具有以下特点。

① 静态变量在函数内定义，在程序退出时释放，在程序整个运行期间都不释放。也就是说，它的生存期为整个源程序。

② 静态变量的作用域与自动变量相同，在函数内定义就在函数内使用，调用结束后，尽管该变量还继续存在，但不能使用它。如再次调用定义它的函数，它又可继续使用。

③ 编译器会为静态局部变量赋予 0 值。

下面通过实例介绍 static 变量的用法。

[实例 7.9]　　（源码位置：资源包 \Code\07\09）

使用 static 变量实现累加

```
01    #include<iostream>
02    using namespace std;
03    int add(int x)
04    {
05        static int n=0;
06        n=n+x;
07        return n;
08    }
09    void main()
10    {
11        int i,j,sum;
12        cout << " input the number:" << endl;
13        cin >> i;
14        cout << "the result is:" << endl;
15        for(j=1;j<=i;j++)
16        {
17            sum=add(j);
18            cout << j << ":" <<sum << endl;
19        }
20    }
```

程序运行结果如图 7.15 所示。

程序中 n 是静态局部变量，每次调用函数 add 时，静态局部变量 n 都保存了前次被调用后留下的值。所以当输入循环次数 3 时，变量 sum 累加的结果是 6，而不是 3。

如果去除 static 关键字，则运行结果如图 7.16 所示。

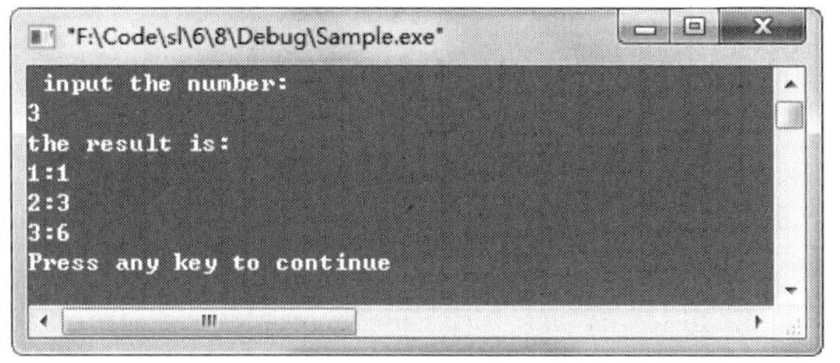

图 7.15　实例 7.9 的程序运行结果

```
"F:\Code\sl\6\8\Debug\Sample.exe"
input the number:
3
the result is:
1:1
2:2
3:3
Press any key to continue
```

图 7.16　实例 7.9 去除 static 关键字的程序运行结果

当输入循环次数 3 时，变量 sum 累加的结果是 3。变量 n 不再使用静态存储区空间，每次调用后变量 n 的值都被释放，再次调用时 n 的值为初始值 0。

7.7.3　register 变量

通常变量的值存放在内存中，当对一个变量频繁读写时，需要反复访问内存储器，则花费大量的存取时间。为了提高效率，C ++ 可以将变量声明为寄存器变量，这种变量将局部变量的值存放在 CPU 的寄存器中，使用时不需要访问内存，而直接从寄存器中读写。寄存器变量的说明符是 register。

对寄存器变量的说明如下。

① 寄存器变量属于动态存储方式。凡需要采用静态存储方式的量不能定义为寄存器变量。

② 编译程序会自动决定哪个变量使用寄存器存储。register 起到程序优化的作用。

7.7.4　extern 变量

在一个源文件中定义的变量和函数只能被本文件中的函数调用，一个 C++ 程序中会有许多源文件，如果使用非本源文件的全局变量呢？ C++ 提供了 extern 关键字来解决这个问题。在使用其他源文件的全局变量时，只需要在本源文件使用 extern 关键字来声明这个变量即可。

在 Sample1.cpp 源文件中定义全局变量 i、j、k，代码如下：

```
01  int i,j;                                          /* 外部变量定义 */
02  char k;                                           /* 外部变量定义 */
03  void main()
04  {
05      cout << i << endl;
06      cout << j << endl;
07      cout << k << endl;
08  }
```

在 Sample2.cpp 源文件中使用 Sample1.cpp 源文件中全局变量 i、j、k，代码如下：

```
01  extern int i,j;                                   /* 外部变量说明 */
02  extern char k;                                    /* 外部变量说明 */
03  func (int x,y)
04  {
05      cout << i << endl;
06      cout << j << endl;
07      cout << k << endl;
08  }
```

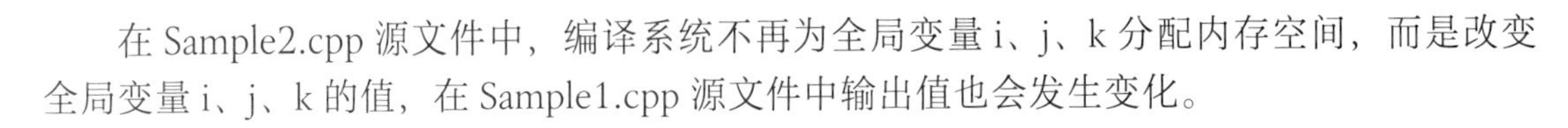

在 Sample2.cpp 源文件中，编译系统不再为全局变量 i、j、k 分配内存空间，而是改变全局变量 i、j、k 的值，在 Sample1.cpp 源文件中输出值也会发生变化。

本章知识思维导图

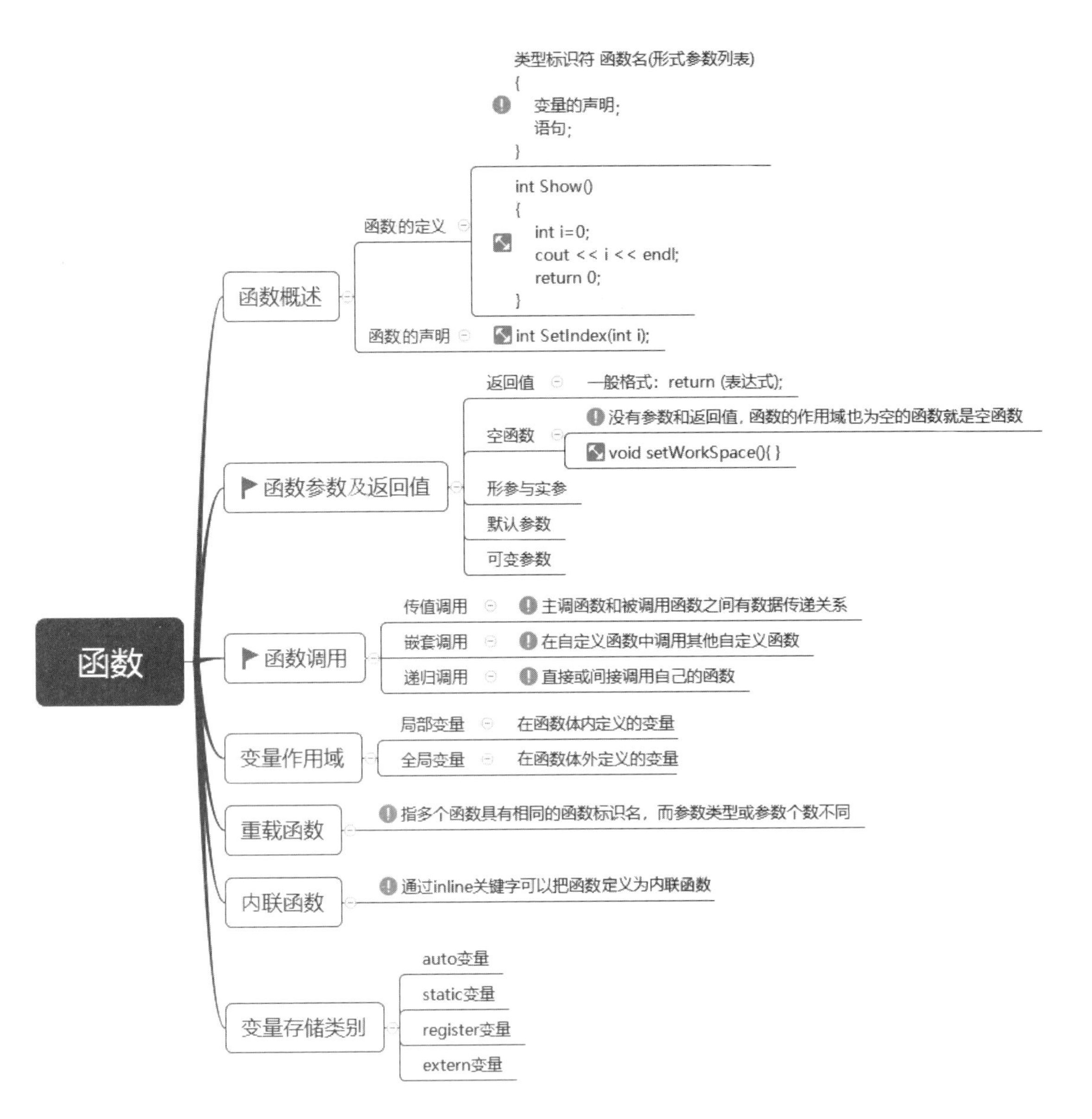

第 8 章
数组

本章学习目标

- 掌握一维数组。
- 掌握二维数组。
- 掌握字符数组。
- 掌握字符串处理函数。

8.1 一维数组

8.1.1 一维数组的声明

在程序设计中，将同一数据类型的数据按一定形式有序地组织起来，这些有序数据的集合就称为数组。一个数组有一个统一的数组名，可以通过数组名和下标来唯一确定数组中的元素。

一维数组的声明形式为：

```
数据类型 数组名 [ 常量表达式 ];
```

例如：

```
01  int a[15];                    // 声明一个整型数组，数组有 15 个元素
02  char name[208];               // 声明一个字符数组，数组有 208 个元素
03  float price[10];              // 声明一个浮点数组，数组有 10 个元素
```

使用一维数组的说明如下。

① 数组名的定名规则和变量名相同。

② 数组名后面的括号是方括号，方括号内是常量表达式。

③ 常量表达式表示元素的个数，即数组的长度。

④ 定义数组的常量表达式不能是变量，因为数组的大小不能动态定义。例如：

```
int a[i];                         // 不合法
```

8.1.2 一维数组的引用

一维数组引用的一般形式为：

```
数组名 [ 下标 ];
```

例如：

```
int a[9];                         // 引用数组
```

a[0]、a[1]、a[2]、a[3]、a[4]、a[5]、a[6]、a[7]、a[8]、a[9]，是对数组 a 中 10 个元素的引用。

一维数组引用的说明如下。

① 数组元素的下标起始值为 0 而不是 1。

② a[10] 是不存在的数组元素，引用 a[10] 非法。

注意：

a[10] 属于下标越界，下标越界容易造成程序瘫痪。

8.1.3 一维数组的初始化

数组元素初始化的方法有两种：一种是对单个元素逐一赋值，另一种是使用聚合方法赋值。

(1)单一数组元素赋值

a[0]=0 就是对单一数组元素赋值，也可以通过变量控制下标的方式进行赋值。例如:

```
01    #include <iostream>
02    using namespace std;
03    void main()
04    {
05        char a[3];
06        a[0]='a';
07        a[2]='c';
08        int i=0;
09        cout << a[i] << endl;
10    }
```

程序运行结果如图 8.1 所示。

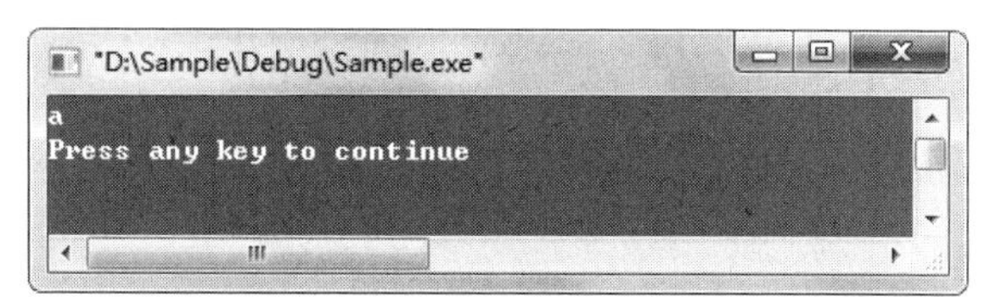

图 8.1　单一数组元素赋值的程序运行结果

(2)聚合方法赋值

数组不仅可以逐一对元素赋值，还可以通过大括号进行多个元素的赋值。例如:

```
int a[12]={1,2,3,4,5,6,7,8,9,10,11,12};
```

或

```
int a[]={1,2,3,4,5,6,7,8,9,10,11,12};            // 编译器能够获得数组元素个数
```

或

```
int a[12]={1,2,3,4,5,6,7};                       // 前 7 个元素被赋值，后面 5 个元素的值为 0
```

下面通过实例来看一下如何为一维数组的数组元素赋值。

[实例 8.1]　　（源码位置：资源包 \Code\08\01）

一维数组赋值

```
01    #include <iostream>
02    using namespace std;
03    void main()
04    {
05        int i,a[10];
06
07        for(i=0;i<10;i++)                       // 利用循环，分别为 10 个元素赋值
08            a[i]=i;
09
10        for(i=0;i<10;i++)
11            cout << a[i] << endl;               // 将数组中的 10 个元素输出到显示设备
12    }
```

程序运行结果如图 8.2 所示。

程序实现通过 for 循环将 int a[10] 定义的数组中的每个元素赋值，然后再循环通过 cout 函数将数组中的元素值输出到显示设备。

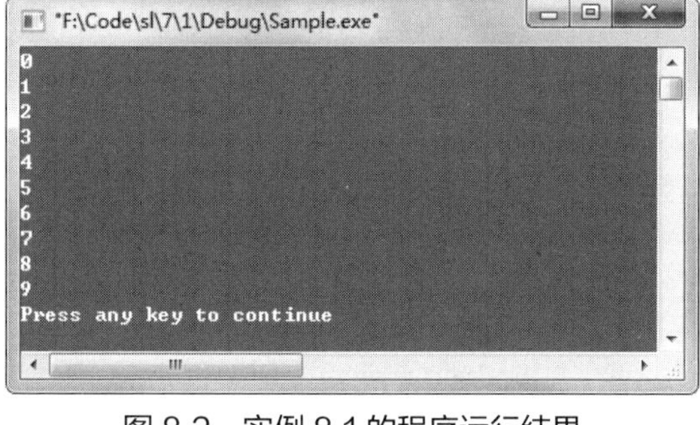

图 8.2　实例 8.1 的程序运行结果

8.2　二维数组

8.2.1　二维数组的声明

二维数组声明的一般形式为:

```
数据类型 数组名 [ 常量表达式 1][ 常量表达式 2];
```

例如:

```
int a[4][5];                                    // 声明具有 4 行 5 列元素的整型数组
float myArray[6][7];                            // 声明具有 6 行 7 列元素的浮点数组
```

一个一维数组描述的是一个线性序列，二维数组则描述的是一个矩阵。常量表达式 1 代表行的数量，常量表达式 2 代表列的数量。

二维数组可以看作是一种特殊的一维数组，如图 8.3 所示，虚线左侧为三个一维数组的首元素，二维数组由 A[0]、A[1]、A[2] 这 3 个一维数组组成，每个一维数组都包含 4 个元素。

一维数组首元素

A[0]	A[0][0]	A[0][1]	A[0][2]	A[0][3]
A[1]	A[1][0]	A[1][1]	A[1][2]	A[1][3]
A[2]	A[2][0]	A[2][1]	A[2][2]	A[2][3]

图 8.3　二维数组

使用二维数组的说明如下。

① 数组名的定名规则和变量名相同。

② 二维数组有两个下标，所以要有两个中括号。例如:

```
int a[5,6];                                     // 不合法
int a[5:6];                                     // 不合法
```

③ 下标中的常量表达式代表数组每一行或列的长度，它们必须是正整数，其乘权确定了整个数组的长度。例如:

```
int a[5][6];
```

其长度就是5×6=30。

④ 定义数组的常量表达式不能是变量，因为数组的大小不能动态定义。例如:

```
int a[i][j];                                    // 不合法
```

8.2.2　二维数组元素的引用

二维数组元素的引用形式为:

```
数组名 [ 下标 ][ 下标 ];
```

二维数组元素的引用和一维数组基本相同。例如:

```
01    a[2-1][2*2-1];                                    // 合法
02    a[2,3],a[2-1,2*2-1];                              // 不合法
```

8.2.3 二维数组的初始化

二维数组元素初始化的方式和一维数组相同，也分为单个元素逐一赋值和使用聚合方法赋值。

例如：

```
01    myArray[0][1]=12;                                 // 单个元素初始化
02    int a[3][4]={1,2,3,4,5,6,7,8,9,10,11,12};         // 使用聚合方法赋值
```

使用聚合方法给数组赋值等同于分别对数组中的每个元素进行赋值。例如：

```
int a[3][4]={1,2,3,4,5,6,7,8,9,10,11,12};
```

等同于执行如下语句：

```
01    a[0][0]=1;a[0][1]=2;a[0][2]=3;a[0][3]=4;
02    a[1][0]=5;a[1][1]=6;a[1][2]=7;a[1][3]=8;
03    a[2][0]=9;a[2][1]=10;a[2][2]=11;a[2][3]=12;
```

二维数组中元素排列的顺序是按行存放，即在内存中先顺序存放第一行的元素，再存放第二行的元素。例如“int a[3][4]={1,2,3,4,5,6,7,8,9,10,11,12};”的赋值顺序是：

首先给第一行元素赋值，即 a[0][0]->a[0][1]->a[0][2]->a[0][3]；然后给第二行元素赋值，即 a[1][0]->a[1][1]->a[1][2]->a[1][3]；最后给第三行元素赋值，即 a[2][0]->a[2][1]->a[2][2]->a[2][3]。

数组元素的位置以及对应数值如图 8.4 所示。

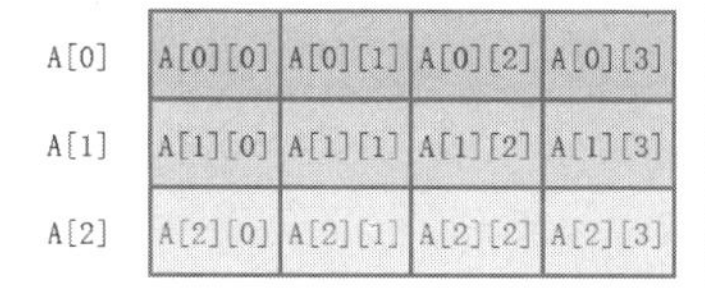

图 8.4　数组元素位置的位置以及对应数值

使用聚合方法赋值，还可以按行进行赋值。例如：

```
int a[3][4]={{1,2,3,4},{5,6,7,8},{9,10,11,12}};
```

二维数组可以只对前几个元素赋值。例如：

```
a[3][4]={1,2,3,4};  // 相当于给第一行赋值，其余数组元素全为 0
```

数组元素是左值，可以出现在表达式中，也可以对数组元素进行计算。例如：

```
b[1][2]=a[2][3]/2;
```

下面通过实例来熟悉一下二维数组的操作，实现将二维数组中行数据和列数据相互置换的功能。

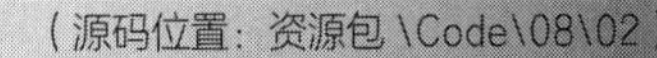

[实例 8.2]　　（源码位置：资源包 \Code\08\02）

将二维数组行列对换

```
01  #include <iostream>
02  #include <iomanip>
03  using namespace std;
04  int fun(int array[3][3])
05  {
06      int i,j,t;
07      for(i=0;i<3;i++)
08          for(j=0;j<i;j++)
09          {
10              t=array[i][j];
11              array[i][j]=array[j][i];
12              array[j][i]=t;
13          }
14          return 0;
15  }
16  void main()
17  {
18      int i,j;
19      int array[3][3]={{1,2,3},{4,5,6},{7,8,9}};
20      cout << "Converted Front" <<endl;
21      for(i=0;i<3;i++)
22      {
23          for(j=0;j<3;j++)
24              cout << setw(7) << array[i][j] ;
25          cout<< endl;
26      }
27      fun(array);
28      cout << "Converted result" <<endl;
29      for(i=0;i<3;i++)
30      {
31          for(j=0;j<3;j++)
32              cout << setw(7) << array[i][j] ;
33          cout<< endl;
34      }
35  }
```

程序运行结果如图 8.5 所示。

程序首先输出二维数组 array 中的元素，然后调用自定义函数 fun 将数组中的行元素转换为列元素，最后输出转换后的结果。

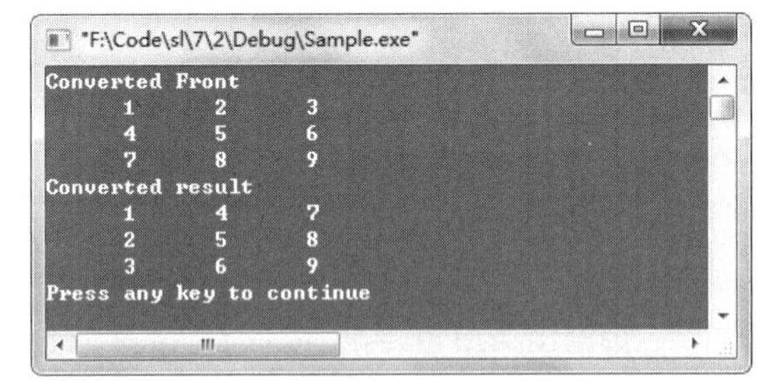

图 8.5　实例 8.2 的程序运行结果

8.3　字符数组

用来存放字符型数据的数组是字符数组，字符数组中的一个元素存放一个字符。字符数组具有数组的共同属性。由于字符串应用广泛，C 语言和 C++ 专门为它提供了许多方便的用法和函数。

（1）字符数组的定义

```
char pWord[11];
```

（2）字符数组赋值方法

① 数组元素逐一赋值。例如:

```
01    pWord[0]='H' pWord[1]='E' pWord[2]='L' pWord[3]='L'
02    pWord[4]='O' pWord[5]=' ' pWord[6]='W' pWord[7]='O'
03    pWord[8]='R' pWord[9]='L' pWord[10]='D'
```

② 使用聚合方法赋值。例如:

```
char pWord[]={'H','E','L','L','O',' ','W','O','R','L','D'};
```

如果大括号中提供的初值个数大于数组长度，则按语法错误处理。如果初值个数小于数组长度，则只将这些字符赋给数组中前面那些元素，其余的元素自动定义为空字符。如果提供的初值个数与预定的数组长度相同，在定义时可以省略数组长度，系统会自动根据初值个数确定数组长度。

（3）字符数组的说明

① 聚合方法只能在数组声明时使用。例如:

```
01    char pWord[5];
02    pWord={'H','E','L','L','O'};                    //错误
```

② 字符数组不能给字符数组赋值。例如:

```
01    char a[5]= {'H','E','L','L','O'};
02    char b[5];
03    a=b;                                            //错误
04    a[0]=b[0];                                      //正确
```

（4）字符串和字符串结束标志

字符数组常作字符串使用，作为字符串要有字符串结束符 '\0'。

可以使用字符串为字符数组赋值。例如:

```
char a[]= "HELLO WORLD";
```

等同于

```
char a[]= "HELLO WORLD\0";
```

字符串结束符 '\0' 主要告知字符串处理函数字符串已经结束了，不需要再输出了。

下面通过实例来说明使用字符串结束符 '\0' 和不使用字符串结束符 '\0' 的区别。

[实例 8.3]　（源码位置：资源包 \Code\08\03）

使用字符串结束符 '\0' 防止出现非法字符

未使用字符串结束符 '\0' 的程序，代码如下:

```
01    #include<iostream>
02    using namespace std;
03    void main()
04    {
05        int i;
```

```
06      char array[12];
07      array[0]='a';
08      array[1]='b';
09      printf("%s\n",array);
10  }
```

程序运行结果如图 8.6 所示。

使用字符串结束符 '\0' 的程序，代码如下：

```
01  #include<iostream>
02  using namespace std;
03  void main()
04  {
05      int i;
06      char array[12];
07      array[0]='a';
08      array[1]='b';
09      array[2]='\0';
10      printf("%s\n",array);
11  }
```

程序运行结果如图 8.7 所示。

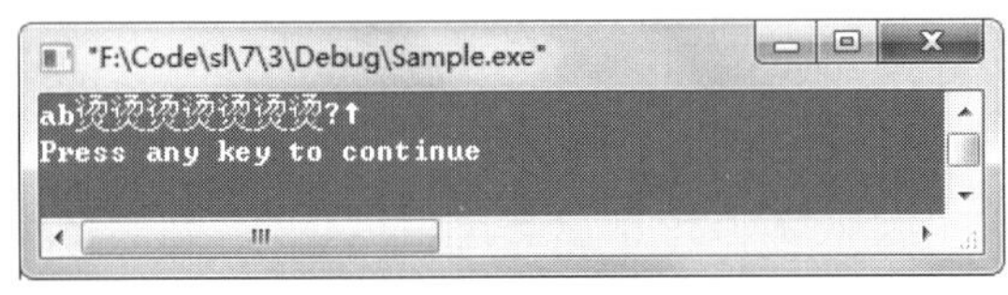

图 8.6　未使用字符串结束符 '\0' 的程序运行结果

图 8.7　使用字符串结束符 '\0' 的程序运行结果

printf 函数使用 %s 格式可以输出字符串，如果字符串中没有结束符，函数会按整个字符数组输出。array 字符数组中只有前两个字符初始化了，所以未使用字符串结束符 '\0' 的程序会出现乱码。

下面通过实例来熟悉在程序中对字符数组的操作。

[实例 8.4]　　（源码位置：资源包 \Code\08\04）

输出字符数组中内容

```
01  #include<iostream>
02  using namespace std;
03  void main()
04  {
05      int i;
06      char array[12]={'H','E','L','L','O',' ','W','O','R','L','D'};
07      for(i=0;i<12;i++)
08          cout<<array[i];
09      cout << endl;
10  }
```

程序运行结果如图 8.8 所示。

图 8.8　实例 8.4 的程序运行结果

8.4 字符串处理函数

8.4.1 strcat 函数

字符串连接函数 strcat 格式为：

```
strcat( 字符数组 1, 字符数组 2);
```

把“字符数组 2”中的字符串连接到“字符数组 1”中字符串的后面，并删去“字符数组 1”的字符串后的字符串结束标志 '\0'。

下面通过实例使用 strcat 函数将两个字符串连接在一起。

[实例 8.5]　（源码位置：资源包 \Code\08\05）

连接字符串

```
01  #include<iostream>
02  #include<string>
03  using namespace std;
04  void main()
05  {
06      char str1[30],str2[20];
07      cout<<"please input string1:"<< endl;
08      gets(str1);
09      cout<<"please input string2:"<<endl;
10      gets(str2);
11      strcat(str1,str2);
12      cout <<"Now the string1 is:"<<endl;
13      puts(str1);
14  }
```

程序运行结果如图 8.9 所示。

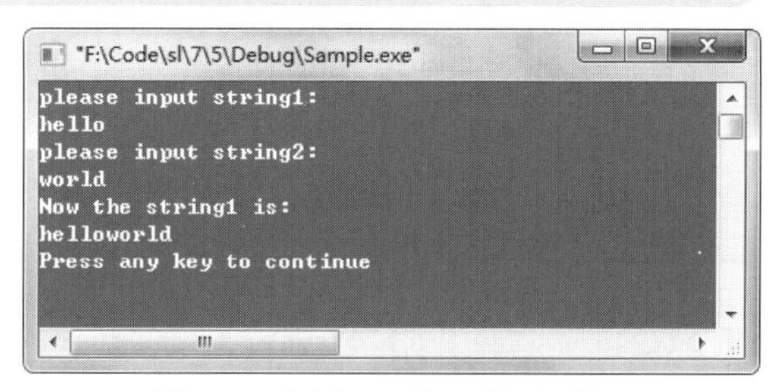

图 8.9　实例 8.5 的程序运行结果

说明：

在使用 strcat 函数时需要注意，“字符数组 1”的长度要足够大，否则可能装不下连接后的字符串。

连接两个字符串时，可以不使用 strcat 函数。下面通过实例来实现不使用 strcat 函数连接两个字符串的功能。

[实例 8.6]　（源码位置：资源包 \Code\08\06）

不使用 strcat 函数连接两个字符串

```
01  #include<iostream>
02  using namespace std;
03  void main()
04  {
05      int i=0,j=0;                          // 定义整型变量
06      char a[100],b[50];                    // 定义字符型数组
07      cout <<"please input string1:" << endl;
08      cin >> a;                             // 输入字符串存于数组 a 中
```

```
09      cout  << "please input string2:" << endl;
10      cin >> b;                //输入字符串存于数组 b 中
11      while(a[i]!='\0')        //逐个遍历数组 a 中的元素，直到遇到字符串结束标志
12          i++;
13      while(b[j]!='\0')        //逐个遍历数组 b 中的元素，直到遇到字符串结束标志
14          a[i++]=b[j++];       //将数组 b 中的元素存入数组 a 中并从数组 a 原来存放 '\0' 的位置开始覆盖
15          a[i]='\0';           //在合并后的两个字符串的最后加 '\0'
16      cout << a << endl;       //输出合并后的字符串
17  }
```

本实例的关键是在将后一个字符串连接到前一个字符串时，要先判断前一个字符串的结束标志位置，只有找到了前一个字符串的结束标志才能连接后一个字符串。

8.4.2　strcpy 函数

字符串复制函数 strcpy 格式为:

```
strcpy(字符数组1，字符数组2);
```

把“字符数组 2”中的字符串复制到“字符数组 1”中，字符串结束标志 '\0' 也一同复制。

说明:

① 要求“字符数组”应有足够的长度，否则不能全部装入所复制的字符串。

②“字符数组 1”必须写成数组名形式，而“字符数组 2”可以是字符数组名，也可以是一个字符串常量，这时相当于把一个字符串赋予一个字符数组。

为了使读者更好地了解 strcpy 函数，下面通过实例使用 strcpy 函数来实现字符串复制的功能。

[实例 8.7]　　（源码位置：资源包 \Code\08\07）

字符串复制

```
01  #include<iostream>
02  #include<string>
03  using namespace std;
04  void main()
05  {
06      char str1[30],str2[20];
07      cout<<"please input string1:"<< endl;
08      gets(str1);
09      cout<<"please input string2:"<<endl;
10      gets(str2);
11      strcpy(str1,str2);
12      cout<<"Now the string1 is:\n"<<endl;
13      puts(str1);
14  }
```

程序运行结果如图 8.10 所示。

说明:

strcpy 函数实质上是用“字符数组 2”中的字符串覆盖“字符数组 1”中的内容，而 strcat 函数则不存在覆盖问题，只是单纯地将“字符数组 2”中的字符串连接到“字符数组 1”中的字符串后面。

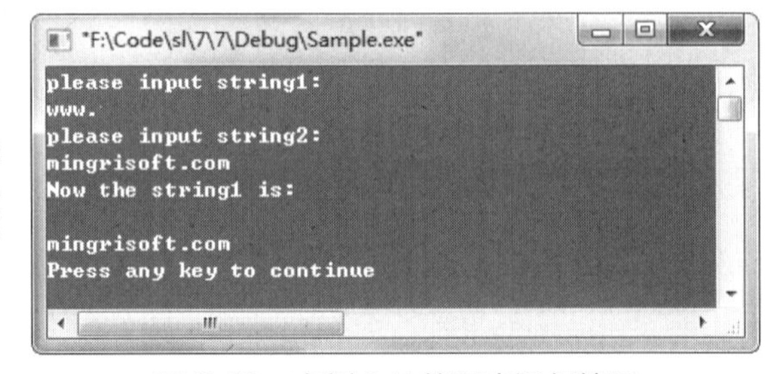

图 8.10　实例 8.7 的程序运行结果

8.4.3 strcmp 函数

字符串比较函数 strcmp 格式为:

```
strcmp( 字符数组 1, 字符数组 2);
```

① 按照 ASCII 码顺序比较两个数组中的字符串，并由函数返回值返回比较结果。

- 字符串 1= 字符串 2，返回值为 0。
- 字符串 1> 字符串 2，返回值为一正数。
- 字符串 1< 字符串 2，返回值为一负数。

② 可用于比较两个字符串常量，或比较数组和字符串常量。

- 两个数组进行比较。例如:

```
strcmp(str1,str2);
```

- 一个数组与一个字符串进行比较。例如:

```
strcmp(str1,"hello");
```

- 两个字符串进行比较。例如:

```
strcmp("hello","how");
```

说明:

比较时若出现不同的字符，则以第一个不同的字符的比较结果作为整个比较的结果。

下面通过实例来说明如何使用 strcmp 函数对字符串进行比较。

[实例 8.8] （源码位置：资源包 \Code\08\08）

字符串比较

```
01  #include<iostream>
02  #include <string>
03  using namespace std;
04  #include<string>
05  void main()
06  {
07      char str1[30],str2[20];
08      int i=0;
09      cout<<"please input string1:"<< endl;
10      gets(str1);
11      cout<<"please input string2:"<<endl;
12      gets(str2);
13      i=strcmp(str1,str2);
14      if(i>0)
15      cout <<"str1>str2"<<endl;
16      else
17      if(i<0)
18      cout <<"str1<str2"<<endl;
19      else
20      cout <<"str1=str2"<<endl;
21  }
```

程序运行结果如图 8.11 所示。

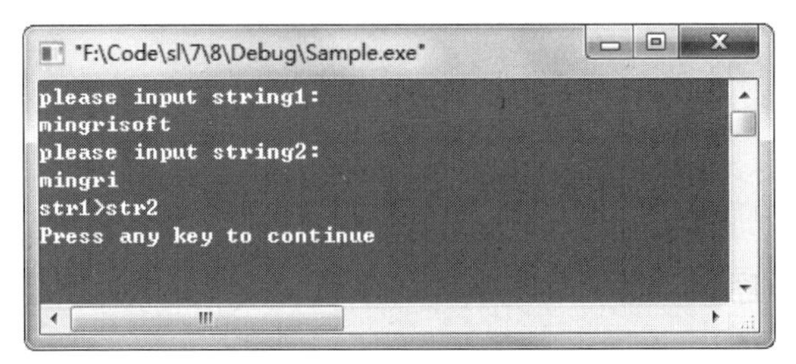

图 8.11　实例 8.8 的程序运行结果

8.4.4　strlen 函数

测字符串长度函数 strlen 的格式为:

```
strlen( 字符数组名 );
```

测字符串的实际长度（不含字符串结束标志 '\0'），函数返回值为字符串的实际长度。下面通过实例调用 strlen 函数来实现获取字符串长度的功能。

（源码位置：资源包 \Code\08\09）

获取字符串长度

```
01  #include<iostream>
02  #include <string>
03  using namespace std;
04  void main()
05  {
06      char str1[30],str2[20];
07      int len1,len2;
08      cout<<"please input string1:"<< endl;
09      gets(str1);
10      cout<<"please input string2:"<<endl;
11      gets(str2);
12      len1=strlen(str1);
13      len2=strlen(str2);
14      cout <<"the length of string1 is:"<< len1 <<endl;
15      cout <<"the length of string2 is:"<< len2 <<endl;
16  }
```

程序运行结果如图 8.12 所示。

```
"F:\Code\sl\7\9\Debug\Sample.exe"
please input string1:
mingrisoft
please input string2:
mingri
the length of string1 is:10
the length of string2 is:6
Press any key to continue
```

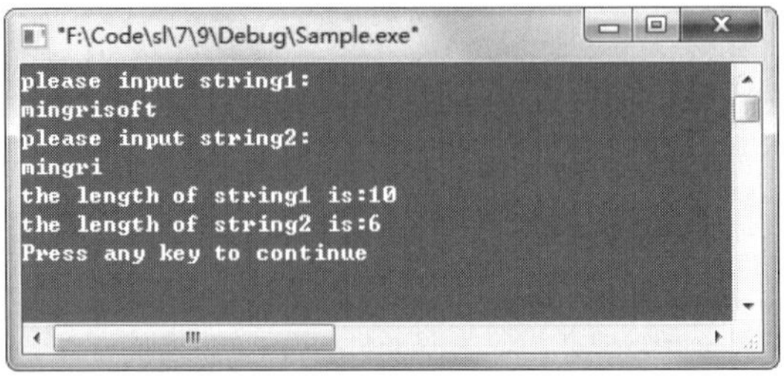

图 8.12　实例 8.9 的程序运行结果

本章知识思维导图

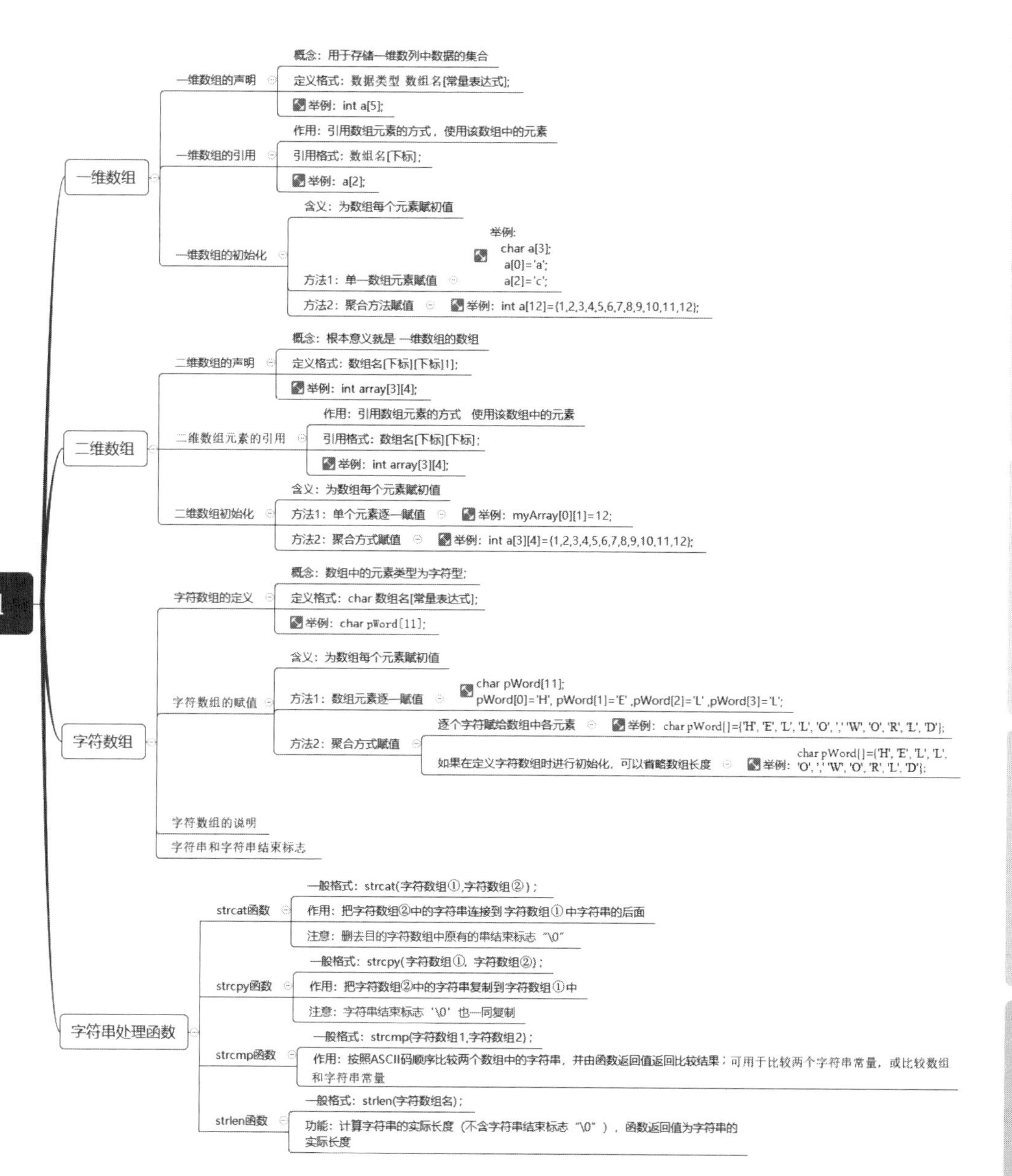
数组
一维数组
一维数组的声明
概念：用于存储一维数列中数据的集合
定义格式：数据类型 数组名[常量表达式];
举例：int a[5];
一维数组的引用
作用：引用数组元素的方式，使用该数组中的元素
引用格式：数组名[下标];
举例：a[2];
一维数组的初始化
含义：为数组每个元素赋初值
方法1：单一数组元素赋值
举例:
char a[3];
a[0]='a';
a[2]='c';
方法2：聚合方法赋值
举例：int a[12]={1,2,3,4,5,6,7,8,9,10,11,12};
二维数组
二维数组的声明
概念：根本意义就是一维数组的数组
定义格式：数组名[下标][下标1];
举例：int array[3][4];
二维数组元素的引用
作用：引用数组元素的方式 使用该数组中的元素
引用格式：数组名[下标][下标];
举例：int array[3][4];
二维数组初始化
含义：为数组每个元素赋初值
方法1：单个元素逐一赋值
举例：myArray[0][1]=12;
方法2：聚合方式赋值
举例：int a[3][4]={1,2,3,4,5,6,7,8,9,10,11,12};
字符数组
字符数组的定义
概念：数组中的元素类型为字符型;
定义格式：char 数组名[常量表达式];
举例：char pWord[11];
字符数组的赋值
含义：为数组每个元素赋初值
方法1：数组元素逐一赋值
char pWord[11];
pWord[0]='H', pWord[1]='E' ,pWord[2]='L' ,pWord[3]='L';
方法2：聚合方式赋值
逐个字符赋给数组中各元素
举例：char pWord[]={'H', 'E', 'L', 'L', 'O', ' ', 'W', 'O', 'R', 'L', 'D'};
如果在定义字符数组时进行初始化，可以省略数组长度
举例：char pWord[]={'H', 'E', 'L', 'L', 'O', ' ', 'W', 'O', 'R', 'L', 'D'};
字符数组的说明
字符串和字符串结束标志
字符串处理函数
strcat函数
一般格式：strcat(字符数组①,字符数组②)；
作用：把字符数组②中的字符串连接到字符数组①中字符串的后面
注意：删去目的字符数组中原有的串结束标志“\0”
strcpy函数
一般格式：strcpy(字符数组①, 字符数组②)；
作用：把字符数组②中的字符串复制到字符数组①中
注意：字符串结束标志‘\0’也一同复制
strcmp函数
一般格式：strcmp(字符数组1,字符数组2)；
作用：按照ASCII码顺序比较两个数组中的字符串，并由函数返回值返回比较结果；可用于比较两个字符串常量，或比较数组和字符串常量
strlen函数
一般格式：strlen(字符数组名)；
功能：计算字符串的实际长度（不含字符串结束标志“\0”），函数返回值为字符串的实际长度

第 9 章

指针与引用

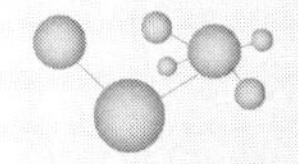

本章学习目标

- 掌握指针的相关知识。
- 掌握指针与数组。
- 掌握指针在函数中的应用。
- 掌握指针数组。
- 熟悉如何安全使用指针。
- 熟悉引用。

9.1 指针

9.1.1 变量与指针

系统的内存就像是带有编号的小房间，如果想使用内存就需要得到房间号。如图 9.1 所示，定义一个整型变量 i，它需要 4 个字节，所以编译器为变量 i 分配了编号从 4001 到 4004 的房间，每个房间代表一个字节。

各个变量连续地存储在系统的内存中。如图 9.2 所示，两个整型变量 i 和 j 存储在内存中。

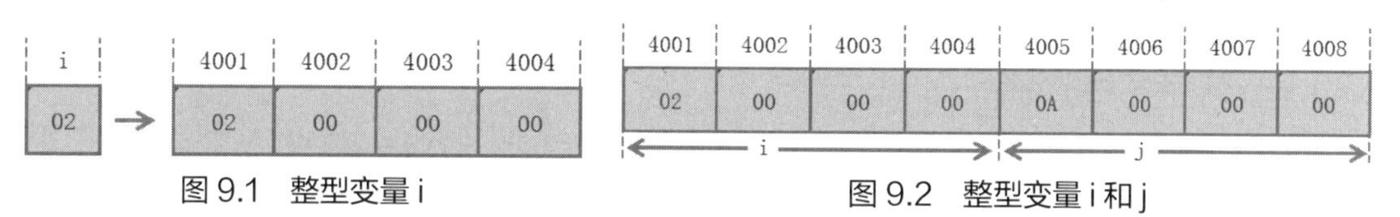

图 9.1 整型变量 i　　图 9.2 整型变量 i 和 j

在程序代码中通过变量名来对内存单元进行存取操作，但是代码经过编译后已经将变量名转换为该变量在内存的存放地址，对变量值的存取都是通过地址进行的。例如语句“i+j;”的执行过程是根据变量名与地址的对应关系，先找到变量 i 的地址 4001，然后从 4001 开始读取 4 个字节的数据放到 CPU 寄存器中，再找到变量 j 的地址 4005，从 4005 开始读取 4 个字节的数据放到 CPU 另一个寄存器中，通过 CPU 的加法中断计算出结果。

在低级的汇编语言中都是直接通过地址来访问内存单元的，在高级语言中才使用变量名访问内存单元。C 语言作为高级语言却提供了通过地址来访问内存单元的方法，C++ 也继承了这一特性。

由于通过地址能访问指定的内存单元，可以说地址“指向”该内存单元，例如房间号 4001 指向系统内存中的一个字节。地址可以形象地称为指针，意思是通过指针能找到内存单元。一个变量的地址称为该变量的指针。如果有一个变量专门用来存放另一个变量的地址，它就是指针变量。在 C++ 中有专门用来存放内存单元地址的变量类型，就是指针类型。

指针是一种数据类型。通常所说的指针就是指针变量，它是一个专门用来存放地址的变量，而变量的指针主要指变量在内存中的地址。变量的地址在编写代码时无法获取，只有在程序运行时才可以得到。

(1) 指针的声明

声明指针的一般形式为：

```
数据类型标识符 *指针变量名;
```

例如：

```
int *p_iPoint;                        //声明一个整型指针
float *a,*b;                          //声明两个浮点指针
```

(2) 指针的赋值

指针可以在声明时赋值，也可以在后期赋值。

① 在声明时赋值，例如：

```
int i=110;
int *p_iPoint=&i;
```

② 在后期赋值，例如：

```
int i=110;
p_iPoint =&i;
```

说明：

通过变量名访问一个变量是直接的，而通过指针访问一个变量是间接的。

(3) 关于指针使用的说明

① 指针变量名是 p，而不是 *p。p=&i 的意思是取变量 i 的地址赋给指针变量 p。

下面的实例可以获取变量的地址，并将获取的地址输出。

[实例 9.1]　（源码位置：资源包 \Code\09\01）

输出变量的地址值

```
01    #include <iostream>
02    using namespace std;
03    void main()
04    {
05        int a=100;                          // 定义一个变量 a
06        int *p=&a;                          // 定义一个指针变量 p 并初始化
07        printf("%d\n",p);                   // 按十进制输出 a 的地址
08    }
```

程序运行结果如图 9.3 所示。

实例 9.1 可以通过 printf 函数直接将地址值输出。由于变量由系统分配空间，所以变量的地址不是固定不变的。

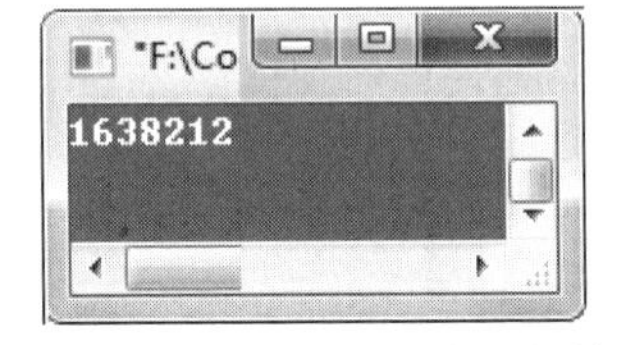

图 9.3　实例 9.1 的程序运行结果

注意：

在定义一个指针之后，一般要使指针有明确的指向。与常规的变量未赋值相同，没有明确指向的指针不会引起编译器出错，但是可能导致无法预料的或者隐藏的灾难性后果，所以指针一定要赋值。

② 指针变量不可以直接赋值。例如：

```
01    int a=100;
02    int *p;
03    p=100;
```

编译不能通过，有 “error C2440: '=' : cannot convert from 'const int' to 'int *'” 错误提示。

③ 如果强行赋值，使用指针运算符 * 提取指针所指变量时会出错。例如：

```
01    int a=100;
02    int *p;
03    p=(int*)100;                            // 通过强制转换将 100 赋值给指针变量
04    printf("%d",p);                         // 输出地址
05    printf("%d",*p);                        // 输出指针指向的值，出错语句
```

④ 不能将 *p 当变量使用。例如:

```
01    int a=100;
02    int *p;
03    *p=100;                                  //指针没有获得地址
04    printf("%d",p);                          //输出地址，出错语句
05    printf("%d",*p);                         //输出指针指向的值，出错语句
```

上面代码可以编译通过，但运行时会弹出错误对话框，如图 9.4 所示。

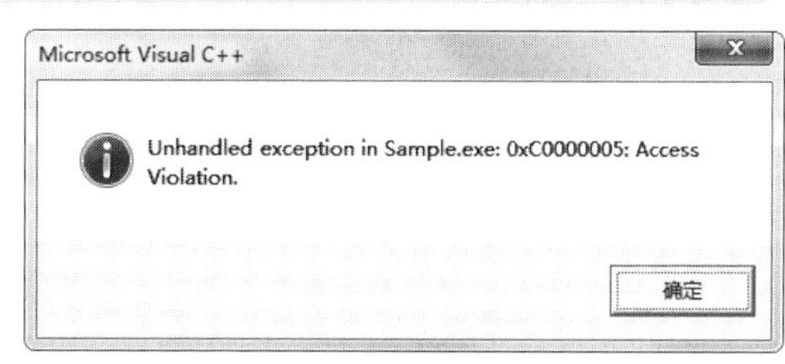

图 9.4　错误提示

9.1.2　指针运算符和取地址运算符

(1) 指针运算符和取地址运算符简介

* 和 & 是两个运算符，* 是指针运算符，& 是取地址运算符。

如图 9.5 所示，变量 i 的值为 100H，存储在内存地址为 4009 的地方，取地址运算符 & 使指针变量 p 得到地址 4009。

如图 9.6 所示，指针变量存储的是地址编号 4009，指针通过指针运算符可以得到此地址处的内容。

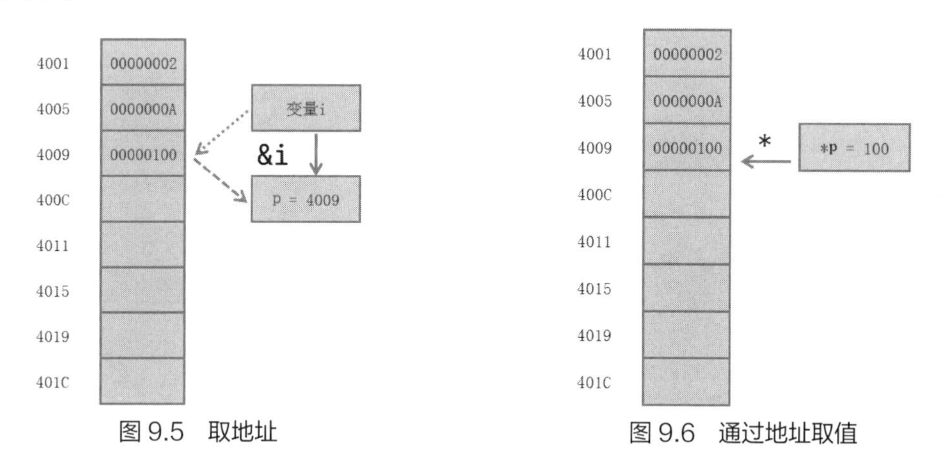

图 9.5　取地址　　　　图 9.6　通过地址取值

下面的实例通过指针实现输出指针对应数值的功能。

[实例 9.2]　（源码位置：资源包 \Code\09\02）

输出指针对应的数值

```
01    #include <iostream>
02    using namespace std;
03    void main()
04    {
05        int a=100;
06        int *p=&a;
07        cout << " a=" << a <<endl;
08        cout << "*p=" << *p <<endl;
09    }
```

程序运行结果如图 9.7 所示。

（2）指针运算符和取地址运算符的说明

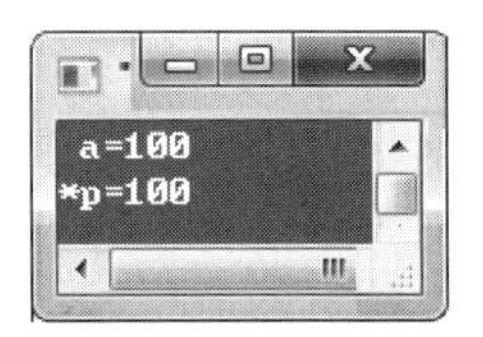

图 9.7　实例 9.2 的程序运行结果

声明并初始化指针变量时同时用到了 * 和 & 两个运算符。例如：

```
int *p=&a;
```

该语句等同于如下语句：

```
01  int *p;
02  p = &a;
```

（3）&*p 和 *&a 的区别

& 和 * 的运算符优先级相同，按自右而左的方向结合。因此，&*p 是先进行 * 运算，*p 相当于变量 a；再进行 & 运算，&*p 就相当于取变量 a 的地址。*&a 是先计算 & 运算，&a 就是取变量 a 的地址；再计算 * 运算，*&a 就相当于取变量 a 所在地址的值，实际就是变量 a。

9.1.3　指针运算

指针变量存储的是地址值，对指针做运算就等于对地址做运算。下面通过实例使读者了解指针的运算。

[实例 9.3]　（源码位置：资源包 \Code\09\03）

输出指针运算后地址值

```
01  #include <iostream>
02  using namespace std;
03  void main()
04  {
05      int a=100;
06      int *p=&a;
07      printf("address:%d\n",p);
08      p++;
09      printf("address:%d\n",p);
10      p--;
11      printf("address:%d\n",p);
12      p--;
13      printf("address:%d\n",p);
14  }
```

程序运行结果如图 9.8 所示。

程序首先输出的是指向变量 a 的指针地址值“1638212”，然后对指针分别进行自加运算、自减运算、自减运算，输出的结果分别是 1638216、1638212、1638208。

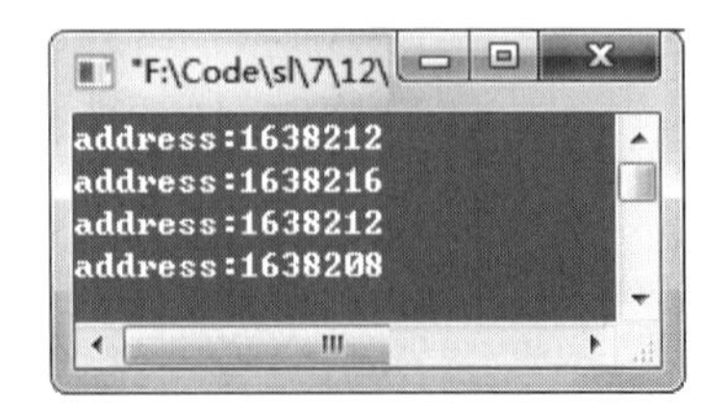

图 9.8　实例 9.3 的程序运行结果

注意：
在不同的机器上运行，这段程序中变量 a 的地址可能是不相同的。

指针进行一次加 1 运算，其地址值并没有加 1，而是增加了 4，这和声明指针的类型有关。p++ 是对指针做自加运算，相当于语句 p=p+1，地址是按字节存放数据，但指针加 1 并不代表地址值加 1 个字节，而是加上“指针数据类型”所占的字节宽度，要获取字节宽度需要使用 sizeof 关键字。例如，整型的字节宽度是 sizeof(int)，sizeof(int) 的值为 4；双精度整型的字节宽度是 sizeof(double)，其值为 8。将实例 9.3 中的 int 指针类型改为 double，代码如下：

```
01  #include <iostream>
02  using namespace std;
03  void main()
04  {
05      double a=100;
06      double *p=&a;
07      printf("address:%d\n",p);
08      p++;
09      printf("address:%d\n",p);
10      p--;
11      printf("address:%d\n",p);
12      p--;
13      printf("address:%d\n",p);
14  }
```

程序运行结果如图 9.9 所示。

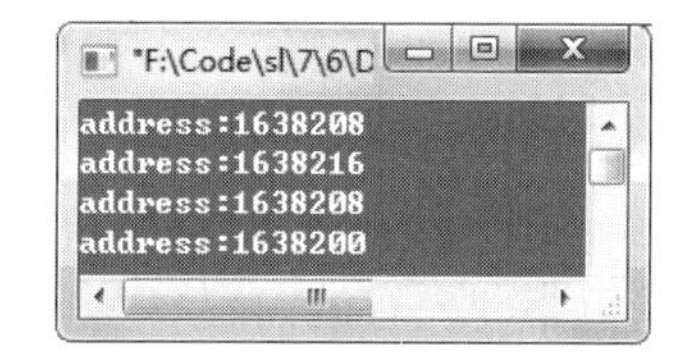

图 9.9　实例 9.3 中 int 指针类型修改后的程序运行结果

说明：

定义指针变量时必须指定一个数据类型。指针变量的数据类型用来指定该指针变量所指向数据的类型。

9.1.4　指向空的指针与空类型指针

指针可以指向任何数据类型的数据，包括空类型 (void)。例如：

```
void *p;                                     // 定义一个指向空类型的指针变量
```

空类型指针可以接受任何类型的数据，当使用它时，可以将其强制转化为所对应的数据类型。

[实例 9.4]　（源码位置：资源包 \Code\09\04）

空类型指针的使用

```
01  #include <iostream>
02  using namespace std;
03  int main()
04  {
05      int *pI = NULL;
06      int i = 4;
07      pI = &i;
08      float f = 3.333f;
09      bool b =true;
10      void *pV = NULL;
11      cout<<" 依次赋值给空指针 "<<endl;
12      pV = pI;
13      cout<<"pV = pI --------"<<*(int*)pV<<endl;
14      cout<<"pV = pI --------- 转为 float 类型指针 "<<*(float*)pV<<endl;
15      pV = &f;
16      cout<<"pV = &f --------"<<*(float*)pV<<endl;
17      cout<<"pV = &f -------- 转为 int 类型指针 "<<*(int*)pV<<endl;
18      return 0;
19  }
```

程序运行结果如图 9.10 所示。

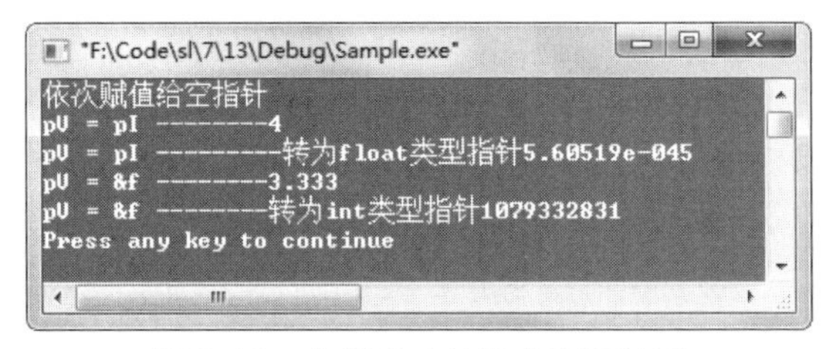

图 9.10　实例 9.4 的程序运行结果

从上述代码可以看到空指针赋值后，转化为对应类型的指针才能得到所期望的结果。若将它转换为其他类型的指针，得到的结果将不可预知，非空类型指针同样具有这样的特性。在本实例中，出现了一个符号 NULL，它表示空值。空值无法用输出语句表示，而且赋空值的指针无法被使用，直到它被赋予其他的值。

9.1.5　指向常量的指针与指针常量

同其他数据类型一样，指针也有常量，使用 const 关键字，形式为：

```
01    int i =9;
02    int * const p = &i;
03    *p = 3;
```

将关键字 const 放在标识符前，表示这个数据本身是常量，而数据类型是 int*（即整型指针）。与其他常量一样，指针常量必须初始化。虽然无法改变它的内存指向，但是可以改变它指向内存的内容。

若将关键字 const 放到指针类型的前方，形式为：

```
01    int i =9;
02    int cosnt* p = &i;
```

这是指向常量的指针，虽然它指向的数据可以通过赋值语句进行修改，但是通过该指针修改内存内容的操作是不被允许的。

当 const 以如下形式使用时：

```
01    int i =9;
02    int cosnt* const p = &i;
```

该指针是一个指向常量的指针常量，既不可以改变它的内存指向，也不可以通过它修改指向内存的内容。

[实例 9.5]　　（源码位置：资源包 \Code\09\05）

指针与 const

```
01    #include <iostream>
02    using std::cout;
03    using std::endl;
04    int main()
05    {
06        int i = 5;
07        const int c = 99;
08        const int* pR = &i;           // 这个指针只能用来“读”内存数据，但可以改变自己的地址
09        int* const pC = &i;           // 这个指针本身是常量，不能改变指向，但它能够改变内存的内容
10        const int* const pCR = &i;    // 这个指针只能用来“读”内存数据，并且不能改变指向
11        cout<<"三个指针都指向了同一个变量 i，同一块内存"<<endl;
12        cout<<"指向常量的指针 pR 操作:"<<endl;
13        cout<<"通过赋值语句修改 i:"<<endl;
```

```
14        i = 100;
15        cout<<"i:"<<i<<endl;
16        cout<<" 将 pR 的地址变成常量 c 的地址 :"<<endl;
17        pR = &c;
18        cout<<"*pR:"<<*pR<<endl;
19        cout<<" 指向常量的指针 pC 操作 :"<<endl;
20        cout<<" 通过 pC 改变 i 值 :"<<endl;
21        *pC = 6;
22        cout<<"i:"<<i<<endl;
23        cout<<" 指向常量的指针常量 pCR 操作 :"<<endl;
24        cout<<" 通过 pCR 无法改变任何东西，真正做到了只读 "<<endl;
25        return 0;
26    }
```

程序运行结果如图 9.11 所示。

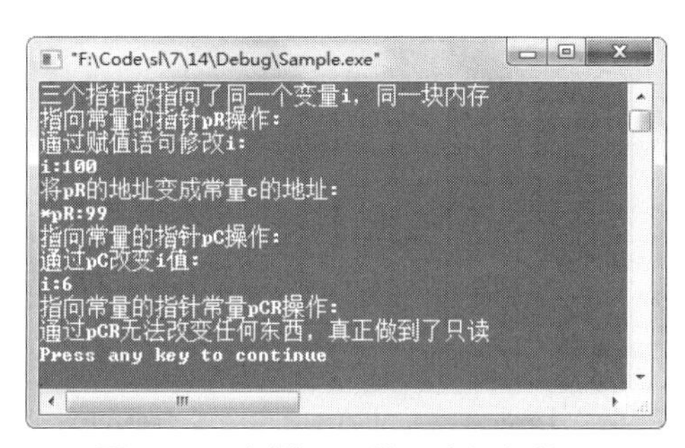

图 9.11　实例 9.5 的程序运行结果

9.2　指针与数组

9.2.1　数组的存储

数组，作为同名、同类型元素的有序集合，被顺序存放在一块连续的内存中，而且每个元素存储空间的大小相同。数组第一个元素的存储地址就是整个数组的存储首地址，该地址放在数组名中。

对于一维数组而言，其结构是线性的，所以数组元素按下标值由小到大的顺序依次存放在一块连续的内存中。在内存中存储一维数组如图 9.12 所示。

对于二维数组而言，用矩阵方式存储元素，在内存中仍然是线性结构。

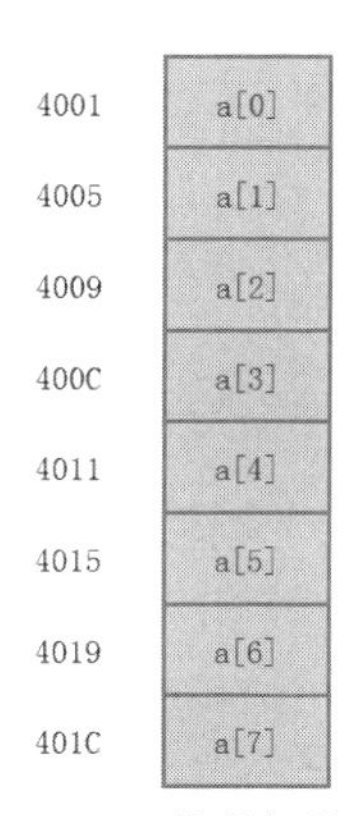

图 9.12　一维数组的存储

9.2.2　指针与一维数组

系统需要提供一定量连续的内存来存储数组中的各元素，内存都有地址。指针变量就是存放地址的变量，如果把数组的地址赋给指针变量，就可以通过指针变量来引用数组。引用数组元素有两种方法：下标法和指针法。

通过指针引用数组，需要先声明一个数组，再声明一个指针。例如：

```
01    int a[10];
02    int * p;
```

然后通过 & 运算符获取数组中元素的地址，再将地址值赋给指针变量。例如:

```
p=&a[0];
```

把 a[0] 元素的地址赋给指针变量 p，即 p 指向数组 a 的第 0 号元素，如图 9.13 所示。

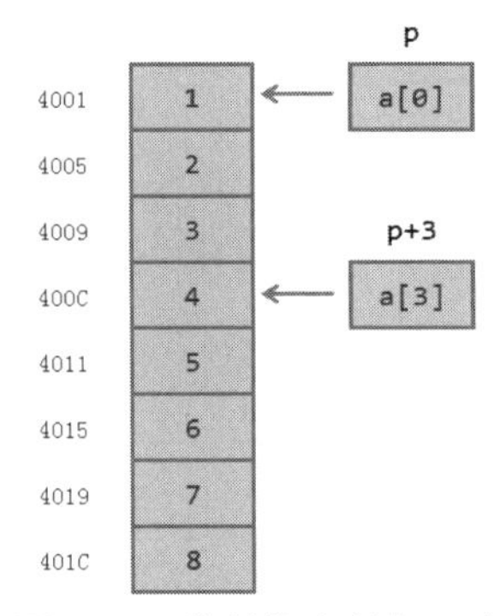

图 9.13　指针指向数组元素

下面通过实例使读者了解指针和数组间的操作，实现通过指针变量获取数组中元素的功能。

[实例 9.6]（源码位置：资源包 \Code\09\06）

通过指针变量获取数组中元素

```
01  #include <iostream>
02  using namespace std;
03  void main()
04  {
05      int i,a[10];
06      int *p;
07      // 利用循环，分别为 10 个元素赋值
08      for(i=0;i<10;i++)
09          a[i]=i;
10      // 将数组中的 10 个元素输出到显示设备
11      p=&a[0];
12      for(i=0;i<10;i++,p++)
13          cout << *p << endl;
14  }
```

如果指针变量 p 已指向数组中的一个元素，则 p+1 指向同一数组中的下一个元素。

p+i 和 a+i 是 a[i] 的地址。a 代表数组首元素的地址，a+i 代表数组元素 a[i] 的地址。

*(p+i) 或 *(a+i) 是 p+i 或 a+i 所指向的数组元素，即 a[i]。

程序中使用指针获取数组首元素的地址，也可以将数组名赋值给指针，然后通过指针访问数组。实现代码如下:

```
01  #include <iostream>
02  using namespace std;
03  void main()
04  {
05      int i,a[10];
06      int *p;
07      for(i=0;i<10;i++)                      // 利用循环，分别为 10 个元素赋值
08          a[i]=i;
09      p=a;                                   // 让 p 指向数组 a 的首地址
```

```
10      for(i=0;i<10;i++,p++)                    // 将数组中的 10 个元素输出到显示设备
11          cout << *p << endl;
12  }
```

程序运行结果如图 9.14 所示。

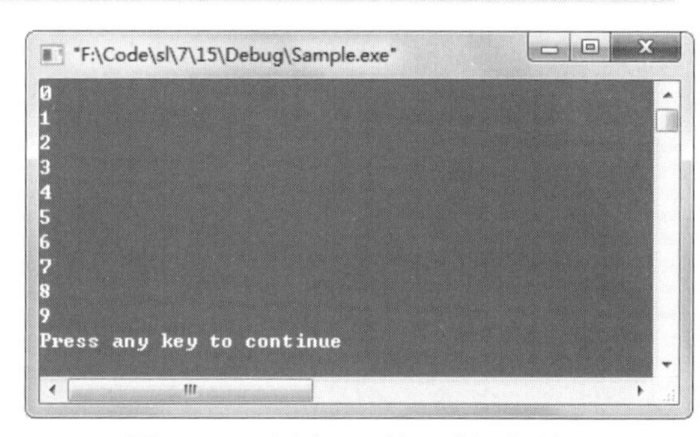

图 9.14　实例 9.6 的程序运行结果

说明：

在处理字符串函数的章节中，数组名为何能作为函数参数呢？原因如同看到的一样，它其实是一个指针常量。在数组声明之后，C++ 分配给了数组一个指针常量，始终指向数组的第一个元素。字符串处理函数接受数组名的参数列表，也接受字符指针。关于字符串数组和指针的详细问题，在后边的章节会予以介绍。

程序中使用数组地址来进行计算，a+i 表示数组 a 中的第 i 个元素，然后通过指针运算符就可以获得数组元素的值。主要代码如下：

```
01  void main()
02  {
03      int i,a[10];
04      int *p;
05      for(i=0;i<10;i++)                        // 利用循环，分别为 10 个元素赋值
06          a[i]=i;
07      // 将数组中的 10 个元素输出到显示设备
08      p=a;                                     //p 指向数组 a 的首地址
09      for(i=0;i<10;i++)
10          cout << *(a+i) << endl;              // 指针向后移动 i 个单位，取出其中的值并输出
11  }
```

指针操作数组的说明如下。

① *p-- 相当于 a[i--]，先对 p 进行 * 运算，再使 p 自减。

② *++p 相当于 a[++i]，先使 p 自加，再做 * 运算。

③ *--p 相当于 a[--i]，先使 p 自减，再做 * 运算。

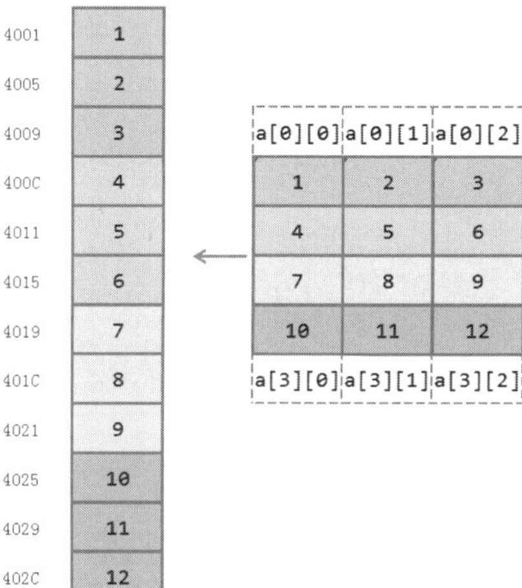

图 9.15　二维数组各元素的地址

9.2.3　指针与二维数组

可以将一维数组的地址赋给指针变量，同样也可以将二维数组的地址赋给指针变量，因为一维数组的内存地址是连续的，二维数组的内存地址也是连续的，可以将二维数组看成是一维数组。二维数组各元素的地址如图 9.15 所示。

因为多维数组可以看成是一维数组，下面通过实例来实现将多维数组转换成一维数组的功能。

[实例 9.7]　（源码位置：资源包 \Code\09\07）

将多维数组转换成一维数组

```
01  #include <iostream>
02  using namespace std;
```

```
03  void main()
04  {
05      int array1[3][4]={{1,2,3,4},                    // 定义 3 行 4 列整型数组并初始化
06      {5,6,7,8},
07      {9,10,11,12}};
08      int array2[12]={0};
09      int row,col,i;
10      for(row=0;row<3;row++)                          // 将 3 行合并成 1 行
11      {
12          for(col=0;col<4;col++)
13          {
14              i=col+row*4;
15              array2[i]=array1[row][col];
16          }
17      }
18      for(i=0;i<12;i++)                               // 输出合并之后的数组
19          cout << array2[i] << endl;
20  }
```

程序运行结果如图 9.16 所示。

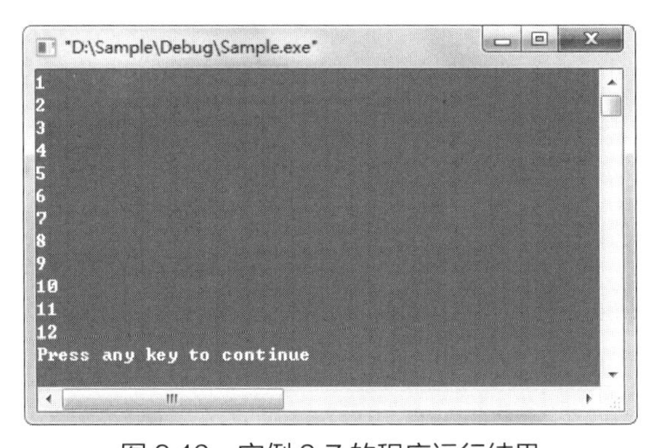

图 9.16　实例 9.7 的程序运行结果

使用指针引用二维数组和引用一维数组相同。首先声明一个二维数组和一个指针变量，例如：

```
01  int a[4][3];
02  int * p;
```

a[0] 是二维数组的第一个元素的地址，可以将该地址值直接赋给指针变量。

```
p=a[0];
```

此时使用指针 p 就可以引用二维数组中的元素了。

为了更好地操作二维数组，下面通过实例来实现使用指针变量遍历二维数组的功能。

（源码位置：资源包 \Code\09\08）

使用指针变量遍历二维数组

```
01  #include <iostream>
02  #include <iomanip>
03  using namespace std;
04  void main()
05  {
```

```
06      int a[4][3]={1,2,3,4,5,6,7,8,9,10,11,12};
07      int *p;
08      p=a[0];
09      for(int i=0;i<sizeof(a)/sizeof(int);i++)        //i<48/4，循环 12 次
10      {
11          cout << "address:";
12          cout << a[i] ;
13          cout << " is " ;
14          cout << *p++ << endl;
15      }
16  }
```

程序运行结果如图 9.17 所示。

程序中通过 *p 对二维数组中的所有元素都进行了引用，如果想对二维数组中某一行中的某一列元素进行引用，就需要将二维数组不同行的首元素地址赋给指针变量。如图 9.18 所示，可以将 4 个行首元素地址赋给变量 p。

a 代表二维数组的地址，通过指针运算符可以获取数组中的元素。

① a+n 表示第 n 行的首地址。

② &a[0][0] 既可以看作数组 0 行 0 列的地址，同样还可以看作是二维数组的首地址。&a[m][n] 就是第 m 行 n 列元素的地址。

③ &a[0] 是第 0 行的首地址，当然 &a[n] 就是第 n 行的首地址。

④ a[0]+n 表示第 0 行第 n 个元素的地址。

⑤ *(*(a+n)+m) 表示第 n 行第 m 列的元素。

⑥ *(a[n]+m) 表示第 n 行第 m 列的元素。

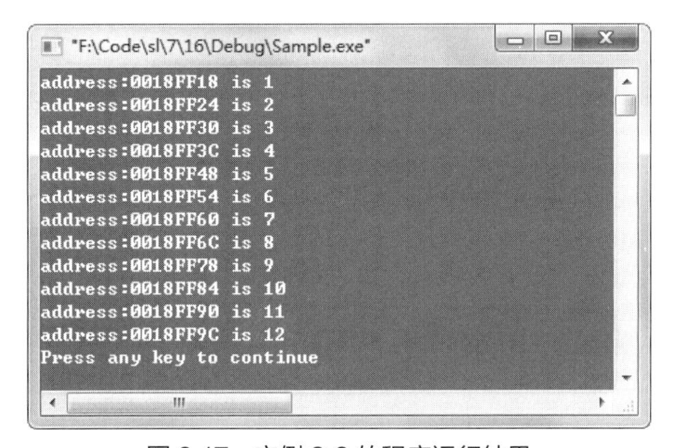

图 9.17　实例 9.8 的程序运行结果

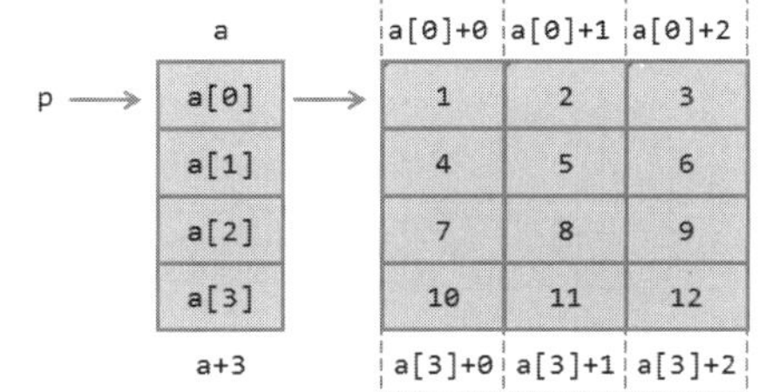

图 9.18　指针指向二维数组

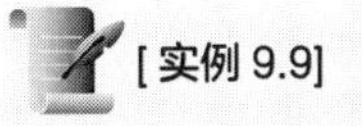

[实例 9.9]　（源码位置：资源包 \Code\09\09）

使用数组地址将二维数组输出

```
01  #include<iostream>
02  using namespace std;
03  void main()
04  {
05      int i,j;
06      int a[4][3]={{1,2,3},{4,5,6},{7,8,9},{10,11,12}};
07      cout << "the array is: " << endl;
08      for(i=0;i<4;i++)                          //4 行
```

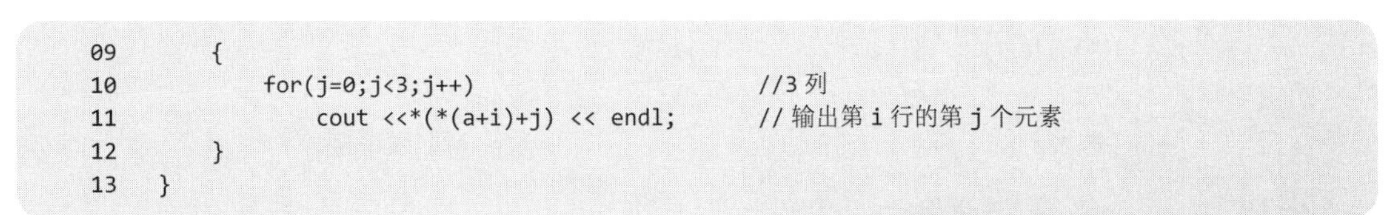

```
09      {
10          for(j=0;j<3;j++)                        //3 列
11              cout <<*(*(a+i)+j) << endl;         // 输出第 i 行的第 j 个元素
12      }
13  }
```

程序运行结果如图 9.19 所示。

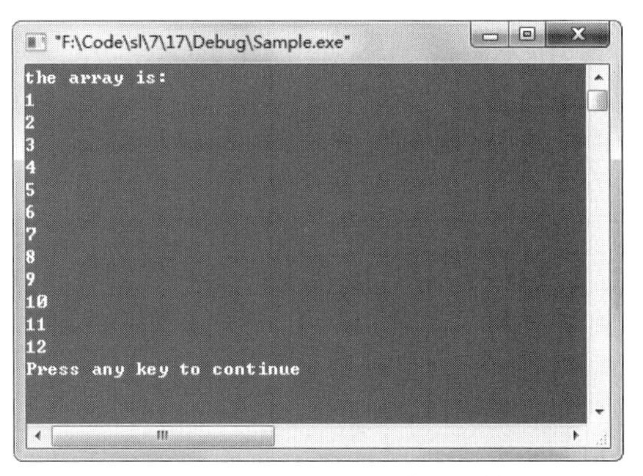

图 9.19　实例 9.9 的程序运行结果

为什么指向二维数组的指针要以如此的形式表示出来？数组名 a 是一个指向数组的指针。直接依照 a 偏移 a+n 所得到的是行数组 a[n] 的地址 &a[n]，也就是行地址。a[n] 是一个指针，它也是第 n 行的一维数组的名字。获得具体元素加上偏移求值，得到 *(a[n]+m)，也就是 *(*(a+n)+m)。

下面通过一个例子，使读者更好地理解二维数组的原理。

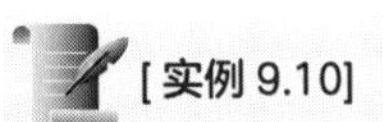

[实例 9.10]　（源码位置：资源包 \Code\09\10）

数组指针与指针数组

```
01  #include<iostream>
02  using namespace std;
03  void main()
04  {
05      int a[3][4];
06      int (*b)[4];                        // 定义一个数组指针，可以指向一个含有 4 个整型变量的数组
07      int *c[4];                          // 定义一个指针数组，储存指针的数组最多只能储存 4 个指针
08      int *p;
09      p = a[0];                           // 让 p 指向数组 a 的第 0 行的行地址
10      b = a;                              // 让 b 指向数组 a
11      cout<<" 利用连续内存的特点，使用 int 指针将二维 int 数组初始化 "<<endl;
12      {
13          for(int i = 0;i<12;i++)                 // 初始化二维数组
14          {
15              *(p+i) = i + 1;                     // 给第 i 行首元素赋值
16              cout<<a[i/4][i%4]<<",";
17              if((i+1)%4 == 0)                    // 每 4 列换行
18              {
19                  cout<<endl;
20              }
21          }
22      }
23      cout<<" 使用指向数组的指针，二维数组的值改变 "<<endl;
24      {
25          for(int i = 0;i<3;i++)
26          {
27              for(int j = 0;j<4;j++)
28              {
29                  *(*(b+i)+j) += 10;              // 通过数组指针修改二维数组内容
30              }
31          }
32
33      }
34      cout<<" 使用指针数组，再次输出二维数组 "<<endl;
35      {
```

```
36          for(int i= 0;i<3;i++)
37          {
38              for(int j = 0;j<4;j++)
39              {
40                  c[j] = &a[i][j];            // 用指针数组里的指针指向 a[i][j]
41                  cout<<*(c[j])<<",";
42                  if((j+1)%4 == 0)            // 每 4 列换行
43                  {
44                      cout<<endl;
45                  }
46              }
47          }
48      }
49  }
```

程序运行结果如图 9.20 所示。

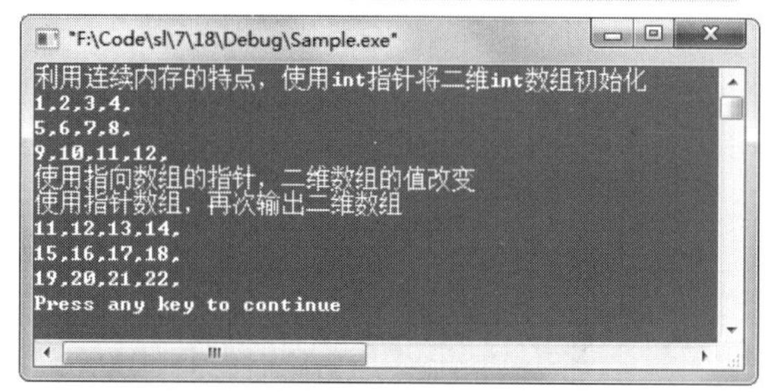

"F:\Code\sl\7\18\Debug\Sample.exe"
利用连续内存的特点，使用int指针将二维int数组初始化
1,2,3,4,
5,6,7,8,
9,10,11,12,
使用指向数组的指针，二维数组的值改变
使用指针数组，再次输出二维数组
11,12,13,14,
15,16,17,18,
19,20,21,22,
Press any key to continue

图 9.20　实例 9.10 的程序运行结果

9.2.4　指针与字符数组

字符数组是一个一维数组，使用指针同样也可以引用字符数组。引用字符数组的指针为字符指针，字符指针就是指向字符型内存空间的指针变量，其一般的定义语句为：

```
char *p;
```

字符数组就是一个字符串，通过字符指针可以指向一个字符串。

语句：

```
char *string="www.mingri.book";
```

等价于下面两个语句：

```
01  char *string;
02  string="www.mingri.book";
```

为了使读者更好地了解指针与字符数组间的操作，通过下面的实例来实现连接两个字符数组的功能。

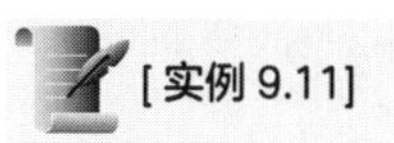

[实例 9.11]　（源码位置：资源包 \Code\09\11）

通过指针偏移连接两个字符串

```
01  #include<iostream>
02  using namespace std;
03  void main()
04  {
05      char str1[50],str2[30],*p1,*p2;
06      p1=str1;                                // 让两个指针分别指向两个数组
07      p2=str2;
08      cout << "please input string1:"<< endl;
09      gets(str1);                             // 给 str1 赋值
10      cout << "please input string2:"<< endl;
11      gets(str2);                             // 给 str2 赋值
12      while(*p1!='\0')
13      p1++;                                   // 把 p1 移动到 str1 的末尾
```

```
14        while(*p2!='\0')
15        *p1++=*p2++;              // 取 p2 指向的值赋给 p1 指向的地址 (str1 的末尾)，即连接 str1 和 str2
16        *p1='\0';
17        cout << "the new string is:"<< endl;
18        puts(str1);               // 输出新的 str1
19    }
```

程序运行结果如图 9.21 所示。

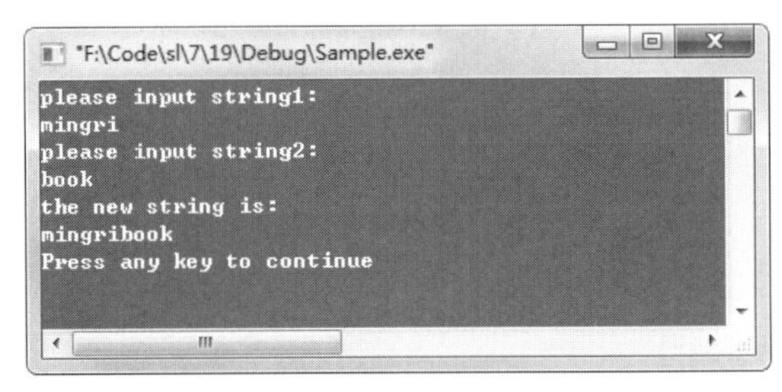

图 9.21　实例 9.11 的程序运行结果

9.3　指针在函数中的应用

9.3.1　传递地址

前面接触到的函数都是按值传递参数，也就是说实参传递进函数体内后，生成的是实参的副本。在函数内改变副本的值并不影响实参。而指针传递参数时，指针变量产生了副本，但副本与原变量所指向的内存区域是同一个。对指针副本指向的变量进行改变，就是改变原指针变量所指向的变量。

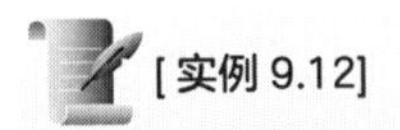

（源码位置：资源包 \Code\09\12）

调用自定义函数交换两变量值

```
01    #include <iostream>
02    using namespace std;
03    void swap(int *a,int *b)                  // 交换 a、b 指向的两个地址的值 (指针传递)
04    {
05        int tmp;                              // 定义一个临时变量
06        tmp=*a;                               // 把 a 指向的值赋给 tmp
07        *a=*b;                                // 把 b 指向的值赋给 a 指向的位置
08        *b=tmp;                               // 把 tmp 赋给 b 指向的位置
09    }
10    void swap(int a,int b)                    // 交换 a、b 的值 (值传递)
11    {
12        int tmp;
13        tmp=a;
14        a=b;
15        b=tmp;
16    }
17    void main()
18    {
19        int x,y;
20        int *p_x,*p_y;                        // 定义两个整型指针
```

```
21        cout << " input two number " << endl;
22        cin >> x;                                  // 给 x、y 赋值
23        cin >> y;
24        p_x=&x;p_y=&y;                             // 两个指针分别指向 x、y 的地址
25        cout<<" 按指针传递参数交换 "<<endl;
26        swap(p_x,p_y);                             // 执行的是参数列表都为指针的 swap 函数
27        cout << "x=" << x <<endl;
28        cout << "y=" << y <<endl;
29        cout<<" 按值传递参数交换 "<<endl;
30        swap(x,y);                                 // 执行的是参数列表为整型变量的 swap 函数
31        cout << "x=" << x <<endl;
32        cout << "y=" << y <<endl;
33    }
```

程序运行结果如图 9.22 所示。

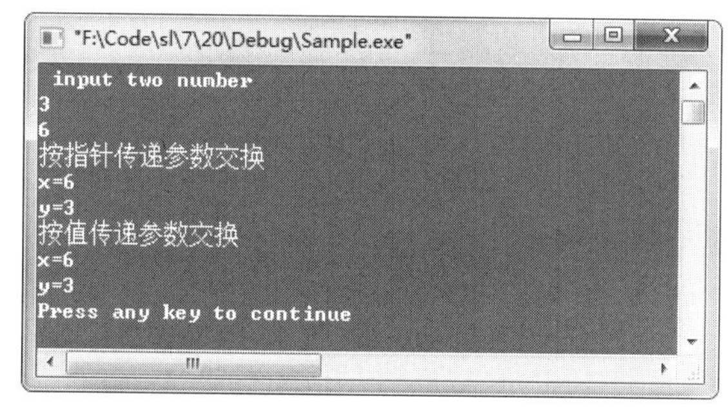

图 9.22　实例 9.12 的程序运行结果

从图 9.22 中结果可以看出，使用指针传递参数的函数真正地实现了 x 与 y 的交换，而按值传递函数只是交换了 x 与 y 的副本。

swap 函数是用户自定义的重载函数，在 main 函数中调用该函数交换变量 a 和 b 的值。按指针传递的 swap 函数的两个形参被传入了两个地址值，也就是传入了两个指针变量。在 swap 函数的函数体内使用整型变量 tmp 作为中转变量，将两个指针变量所指向的数值进行交换。在 main 函数内首先获取输入的两个数值，分别传递给变量 x 和 y，将 x 和 y 的地址值传递给 swap 函数。在按指针传递的 swap 函数内，两个指针变量的副本 a 和 b 所指向的变量正是 x 与 y。而按值传递的 swap 函数并没有实现交换 x 与 y 的功能。

9.3.2　指向函数的指针

指针变量也可以指向一个函数。一个函数在编译时被分配了一个入口地址，这个函数入口地址被称为函数的指针。可以用一个指针变量指向函数，然后通过该指针变量调用此函数。

一个函数可以返回一个整型值、字符值、浮点型值等，也可以返回指针型的数据，即地址。其概念与以前类似，只是返回值的类型是指针类型而已。返回指针值的函数简称为指针函数。

定义指针函数的一般形式为：

```
类型名 * 函数名 ( 参数表列 );
```

例如定义一个具有两个参数和一个返回值的指针函数：

```
01   int sum(int x,int y)                     // 定义一个函数
02   int *a(int ,int );                       // 定义一个函数指针
03   a = sum;                                 // 让函数指针 a 指向函数 sum
```

函数指针能指向返回值与参数列表的函数，当使用函数指针时形式为：

```
01   int c,d;                                 // 定义两个整型变量
02   (*a)(c ,d );                             // 调用指针 a 指向的函数，并传参
```

下面通过实例实现使用指针函数进行平均值计算的功能。

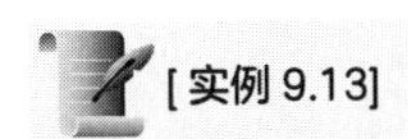

[实例 9.13]

（源码位置：资源包 \Code\09\13）

使用指针函数进行平均值计算

在未使用指针函数计算平均值时，可以通过自定义函数 avg 来进行平均值计算。计算两个整型数的平均值时，直接将两个整型数传递给 avg 函数，avg 函数完成计算后将计算结果传出，实现代码如下：

```
01  #include <iostream>
02  #include <iomanip>
03  using namespace std;
04  int avg(int a,int b);
05  void main()
06  {
07      int i,j,iResult;
08      i=10;
09      j=30;
10      iResult=avg(i,j);
11      cout << iResult <<endl;
12  }
13
14  int avg(int a,int b)
15  {
16      return (a+b)/2;
17  }
18
```

avg 函数是一个具有两个参数和一个返回值的函数，可以定义一个指针函数指向该函数。指针函数必须是具有两个整型参数和一个整型返回值的形式。使用指针函数进行平均值计算的代码如下：

```
01  #include <iostream>
02  #include <iomanip>
03  using namespace std;
04  int avg(int a,int b);
05  void main()
06  {
07      int iWidth,iLenght,iResult;
08      iWidth=10;
09      iLenght=30;
10      int (*pFun)(int,int);  //定义函数指针
11      pFun=avg;
12
13      iResult=(*pFun)(iWidth,iLenght);
14      cout << iResult <<endl;
15  }
16  int avg(int a,int b)
17  {
18      return (a+b)/2;
19  }
```

pFun 是指向 avg 函数的函数指针，调用 pFun 函数指针，就和调用函数 avg 一样。

9.3.3 从函数中返回指针

定义一个返回值是指针类型的函数的形式为：

```
int* function( 参数列表 )
{
    …          // 执行过程
    return  p;
}
```

p 是一个指针变量，也可以是形式如 &value 的地址值。当函数返回一个指针变量时，得到的是地址值。值得注意的是，返回指针的内存内容并不随返回的地址一样经过复制成为临时变量。如果操作不当，后果将难以预料。

[实例 9.14]　（源码位置：资源包 \Code\09\14）

指针作返回值

```
01  #include <iostream>
02  using std::cout;
03  using std::endl;
04  int* pointerGet(int* p)
05  {
06      int i = 9;
07      cout<<" 函数体中 i 的地址 "<<&i<<endl;
08      cout<<" 函数体中 i 的值 :"<<i<<endl;
09      p = &i;
10      return p;
11  }
12  int main()
13  {
14      int* k = NULL;
15      cout<<"k 的地址 :"<<k<<endl;                 // 输出 k 的初始地址
16      cout<<" 执行函数，将 k 赋予函数返回值 "<<endl;
17      k = pointerGet(k);                           // 调用函数获得一个指向变量 i 的地址的指针
18      cout<<"k 的地址 :"<<k<<endl;                 // 输出 k 的新地址 (i 的地址 )
19      cout<<"k 所指向内存的内容 :"<<*k<<endl;      // 输出一个随机数
20  }
```

程序运行结果如图 9.23 所示。

可以看到，函数返回的是函数中定义的 i 的地址。函数执行后，i 的内存被销毁，值变成了一个不可预知的数。

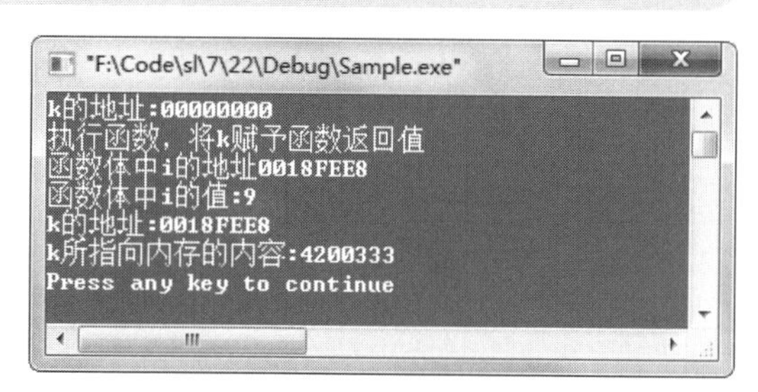

图 9.23　实例 9.14 的程序运行结果

注意：

值为 NULL 的指针地址为 0，但并不意味着这块内存可以使用。将指针赋值为 NULL 也是基于安全考虑的，以后的章节还将详细讨论内存的安全问题。

9.4 指针数组

数组中的元素均为指针变量的数组称为指针数组，一维指针数组的定义形式为：

```
类型名 * 数组名 [ 数组长度 ];
```

例如：

```
int *p[4];
```

指针数组中的数组名也是一个指针变量，该指针变量为指向指针的指针。

例如：

```
01   int *p[4];
02   int a=1;
03   *p[0]=&a;
```

p 是一个指针数组，它的每一个元素是一个指针型数据（其值为地址）。指针数组 p 的第一个值是变量 a 的地址。指针数组中的元素可以使用指向指针的指针来引用。例如：

```
int *(*p);
```

* 运算符表示 p 是一个指针变量，*(*p) 表示指向指针的指针，* 运算符的结合性是从右到左，因此“int *(*p);”可写成“int **p;”。

指向指针的指针获取指针数组中的元素和利用指针获取一维数组中的元素方法相同，如图 9.24 所示。

第一次指针 * 运算获取到的是一个地址值，再进行一次指针 * 运算，就可以获取到具体值。

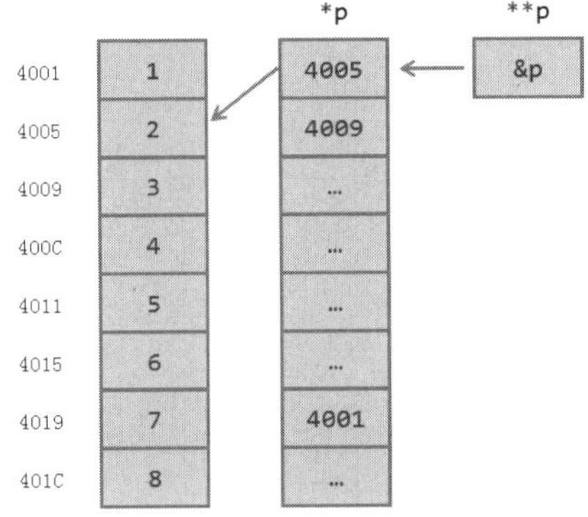

图 9.24　指向指针的指针

（源码位置：资源包 \Code\09\15）

[实例 9.15]

用指针数组中各个元素分别指向若干个字符串

```
01   #include <iostream>
02   using namespace std;
03   void sort(char *name[],int n)                         //对字符串进行排序
04   {
05       char *temp;
06       int i,j,k;
07       for(i=0;i<n-1;i++)
08       {
09           k=i;
10           for(j=i+1;j<n;j++)
11           if(strcmp(name[k],name[j])>0) k=j;
12           if(k!=i)
13           {
14               temp=name[i];name[i]=name[k];name[k]=temp;
15           }
16       }
17   }
18   void print(char *name[],int n)                        //输出字符串数组中的元素
19   {
20       int i=0;
21       char *p;
22       p=name[0];
23       while(i<n)
24       {
25           p=*(name+i++);
26           cout<<p<<endl;
27       }
28   }
```

```
29  int main( )
30  {
31      char *name[]={"mingri","soft","C++","mr"};            // 定义指针数组
32      int n=4;
33      sort(name,n);
34      print(name,n);
35      return 0;
36  }
```

程序运行结果如图 9.25 所示。

在程序的 print 函数中，数组名 name 代表该指针数组首元素的地址，name+i 是 name[i] 的地址。由于 name[i] 的值是地址（即指针），因此 name+i 就是指向指针型数据的指针。还可以设置一个指针变量 p，它指向指针数组的元素。p 就是指向指针型数据的指针变量，它所指向的字符串如图 9.26 所示。

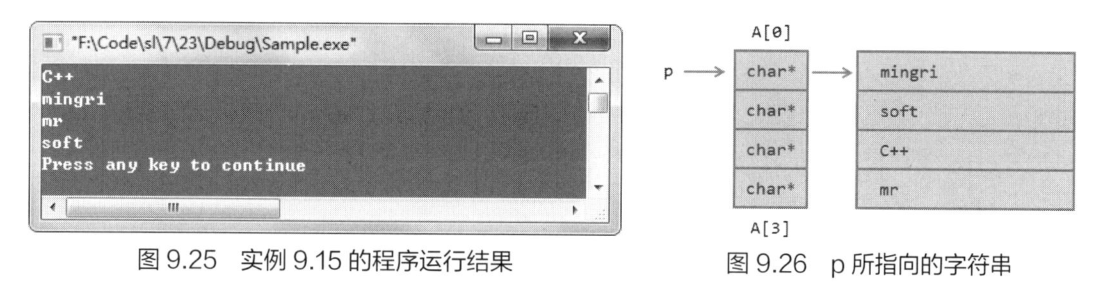

图 9.25　实例 9.15 的程序运行结果　　图 9.26　p 所指向的字符串

利用指针变量访问另一个变量就是间接访问。如果在一个指针变量中存放一个目标变量的地址，这就是单级间址。指向指针的指针用的是“二级间址”方法，还有“三级间址”和“四级间址”，但二级间址应用最为普遍。

9.5　安全使用指针

9.5.1　内存分配

（1）堆与栈

在程序中定义一个变量，它的值会被放入内存当中。如果没有申请动态分配的方式，它的值将放到栈中。在栈中的变量的内存大小是无法被改变的，它们的产生与消亡也与变量定义的位置和存储方式有关。与栈相对应的，堆是一种动态分配方式的内存。当申请使用动态分配方式去存储某个变量时，这个变量会被放入堆中。根据需要，这个变量的内存大小可以改变，内存的申请和销毁的时机则由编程人员来操作。

（2）关键字 new 与 delete

创建变量之前，编译器没有获取到变量的名称，只具有指向该变量的指针。那么，申请变量的堆内存即是申请自身指向堆。new 是 C++ 申请动态内存的关键字，形式为：

```
p1 = new type;
```

其中，p1 表示指针，new 是关键字，type 是类型名。new 返回新分配的内存单元的地址。

这样，p1 指针就指向了新分配的内存单元。以后要使用这段新申请的内存单元，可以使用 p1 指针。

（源码位置：资源包 \Code\09\16）

动态分配空间

```
01  #include <iostream>
02  using namespace std;
03  int main()
04  {
05      int* pI1 = NULL;
06      pI1 = new int;                          // 申请动态分配
07      *pI1 = 111;                             // 动态分配的内存存储的内容变成 111
08      cout<<"pI 内存的内容 "<<*pI1<<",pI 所指向的地址 "<<pI1<<endl;
09      int* pI2;
10      //*pI2 = 222;                           // 直接赋值会导致错误
11      int k ;                                 // 栈中的变量
12      pI2 = &k;                               // 分配栈内存
13      *pI2 = 222;                             // 分配内存后方可赋值
14      cout<<"pI 内存的内容 "<<*pI2<<",pI 所指向的地址 "<<pI2<<endl;
15      return 0;
16  }
```

从以上代码可以看到，指针 pI1 创建后申请了动态分配，程序自动交给了它一块堆内存。而指针 pI2 则获取了栈中的内存地址，属于静态分配。

程序运行结果如图 9.27 所示。

图 9.27　实例 9.16 的程序运行结果

动态分配方式虽然很灵活，但是随之带来了新的问题。申请一块堆内存后，系统不会在程序执行时依据情况自动销毁它。若想释放该内存空间，则需要使用 delete 关键字。

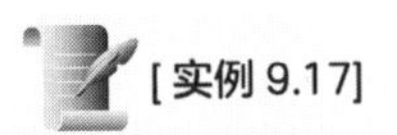

（源码位置：资源包 \Code\09\17）

主动释放内存空间

```
01  #include <iostream>
02  using std::cout;
03  using std::endl;
04  int* newPointerGet(int* p1)
05  {
06      int k1 = 55;
07      p1 =new int;                    // 变为堆内存
08      * p1 = k1;                      //int 型变量赋值操作
09      return p1;
10  }
11  int* PointerGet(int *p2)
12  {
13      int k2 = 55;
14      p2 =&k2;                        // 指向函数中定义变量所在的栈内存，此段内存在函数执行后销毁
15      return p2;
16  }
17
18  int main()
19  {
20      cout<<" 输出函数各自返回指针所指向的内存的值 "<<endl;
```

```
21        int* p =NULL;
22        p = newPointerGet(p);            //p 具有堆内存的地址
23        int* i=NULL;
24        i = PointerGet(i);               //i 具有栈内存地址，内存内容被销毁
25        cout<<"newGet: "<<*p<<" , get: "<<*i<<endl;
26        cout<<"i 所指向的内存没有被立刻销毁，执行一个输出语句后："<<endl;
27                                         //i 仍然为 55，但不代表程序不会对它进行销毁
28        cout<<"newGet: "<<*p<<" , get: "<<*i<<endl;     // 执行其他的语句后，程序销毁了栈空间
29        delete p;                        // 依照 p 销毁堆内存
30        cout<<" 销毁堆内存后："<<endl;
31        cout<<"*p:  "<<*p<<endl;
32        return 0;
33    }
```

程序运行结果如图 9.28 所示。

变量 p 接受了 newPointerGet 返回的指针的堆内存地址，所以内存的内容并没被销毁，而栈内存则由系统控制。程序最后使用 delete 语句释放了堆内存。

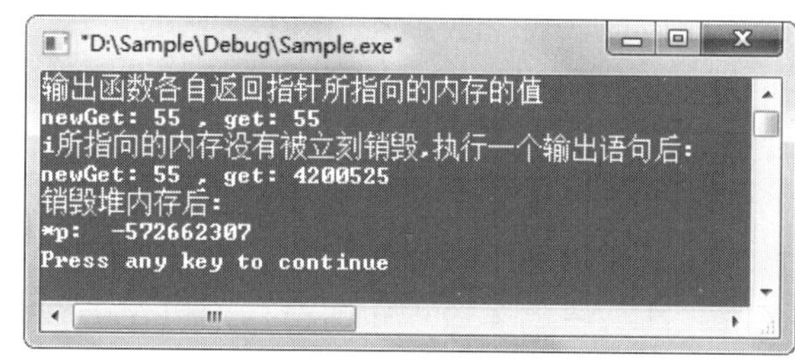

图 9.28　实例 9.17 的程序运行结果

9.5.2　内存安全

指针是 C++ 提供给编程人员的强大而灵活的工具，如何安全地使用其对内存进行安全地操作是编程人员必须要掌握的。在前面的章节中讨论过指针所指向内存销毁的问题，当一块内存被销毁时，该区域不可复用。若有指针指向该区域，则需要将该指针置空值 (NULL) 或者指向未被销毁的内存。

内存销毁实质上是系统判定该内存不是编程人员正常使用的空间，系统也会将它分配给其他任务。若擅自使用被销毁内存的指针更改该内存的数据，很可能会造成意想不到的结果。

[实例 9.18]　　（源码位置：资源包 \Code\09\18）

被销毁的内存

这是一个反例，也许它会造成内存出错。

```
01    #include <iostream>
02    using std::cout;
03    using std::endl;
04    int* sum(int a,int b)
05    {
06        int* pS =NULL;
07        int c = a+b;
08        pS = &c;
09        return pS;
10    }
11    int main()
12    {
13        int* pI = NULL;   // 将指针初始化为空
14        int k1 = 3;
15        int k2 = 5;
16        pI = sum(k1,k2);
17        cout<<"*pI 的值："<<*pI<<endl;
18        cout<<" 也许 *pI 还保留着 i 值，但它已经被程序认定为销毁 "<<endl;
```

```
19        cout<<"*pI 的值 :"<<*pI<<endl;
20        cout<<" 尝试修改 *pI"<<endl;
21        *pI = 3;
22        for(int i= 0;i<3;i++)
23        {
24            cout<<" 修改被销毁的内存后 *pI 的值 :"<<*pI<<endl;
25        }
26    }
```

程序运行结果如图 9.29 所示。

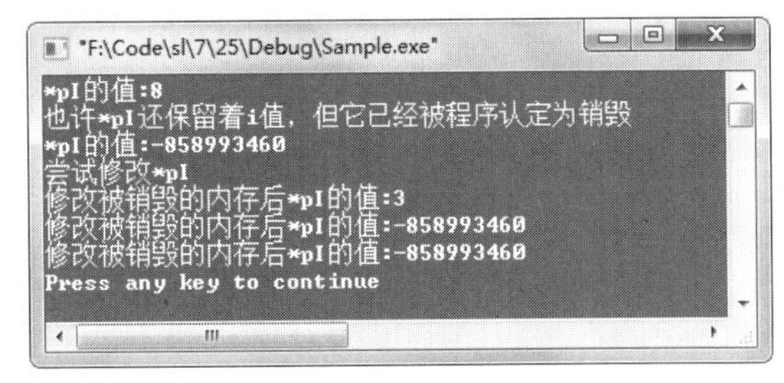

图 9.29　实例 9.18 的程序运行结果

指针 pI 从 sum 函数中得到了一个临时指针，该指针是指针 pS 的临时复制品，操作完成后消失，它所保留的地址交给了 pI。在函数 sum 执行完毕后，该域使用的栈内存会被系统销毁甚至挪用。本程序尝试通过 pI 继续使用、修改它，结果是系统会再次销毁它。在某些场合下，该程序也许会引起内存报错，甚至造成多个程序崩溃。所以对于栈内存的指针一定要明白其何时销毁，不再重复利用它。

另一个安全问题是内存泄漏。如同我们所知道的，在申请动态分配内存后，系统不会主动销毁该堆内存，需要编程人员使用 delete 关键字通知系统销毁。如果不这样做，系统将浪费很多资源，使程序执行时变得臃肿，只需占用数十 MB 内存的程序可能为此占用上百 MB 的内存。可见，回收堆内存空间是很重要的。销毁堆内存时，需要保留指向该堆内存的指针。当没有指针指向一块没被回收的堆内存时，此块堆内存犹如丢失了一般，因此称为内存泄漏。

（源码位置：资源包 \Code\09\19）

[实例 9.19]

丢失的内存

这是一个反例，它会造成内存出错。

```
01    #include <iostream>
02    using namespace std;
03    int main()
04    {
05        float* pF = NULL;
06        pF = new float;          // 动态申请一块内存，用 pF 去指向
07        *pF = 4.321f;
08        float f2 = 5.321f;
09        cout<<"pF 指向的地址 :"<<pF<<endl;
10        cout<<"*pF 的值 :"<<*pF<<endl;
11        pF = &f2;                // 让 pF 指向了另一地址，此时上面申请的内存变为不可用
12        cout<<"pF 指向了 f2 的地址 :"<<pF<<endl;
13        if(*pF>5)
14        {
15            cout<<"*pF 的值 :"<<*pF<<endl;
16        }
17        return 0;
18    }
```

程序运行结果如图 9.30 所示。

程序中动态分配的内存开始由 pF 指向，当 pF 改变指向后，此块内存再也无法回收了。

一般情况下，我们无法通过调试程序发现内存泄漏。所以，使用动态分配时一定要注意形成良好的习惯。

[实例 9.20]　（源码位置：资源包 \Code\09\20）

回收动态内存的一般处理步骤

```
01   #include <iostream>
02   void swap(int* a,int* b)
03   {
04       int temp = *a;
05       *a = *b;
06       *b = temp;
07   }
08   int main()
09   {
10       int* pI =new int;
11       *pI = 3;
12       int k =5;
13       swap(pI,&k);
14    std::cout<<"*pI:"<<*pI<<std::endl;       // 使用 std 命名空间
15    std::cout<<"k:"<<k<<std::endl;
16    delete pI ;                              // 回收动态内存
17    pI = NULL;                               // 将 pI 置空，防止使用已销毁的内存。和上一语句不可颠
                                                   倒，否则将造成内存泄漏
18    return 0;
19}
```

程序运行结果如图 9.31 所示。

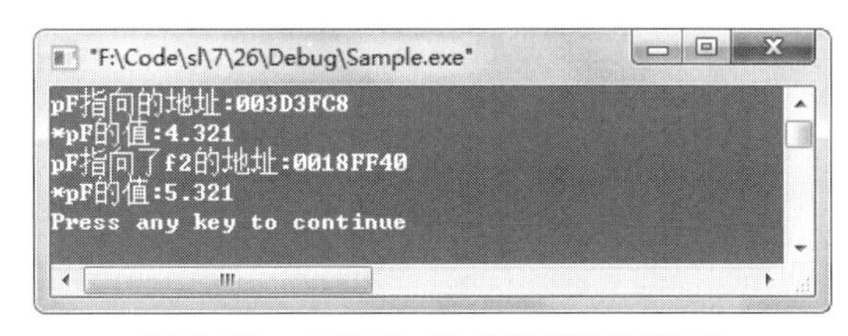

图 9.30　实例 9.19 的程序运行结果

图 9.31　实例 9.20 的程序运行结果

注意：

指针是一种灵活高效的内存访问机制，它可以通过变量在内存中的地址来对变量直接操作。但是指针却不能访问寄存器变量，因为寄存器变量并没有保存在内存中，而是保存在寄存器中（从寄存器中读取数据要比从内存中读取数据的速度快，所以有些要求频繁使用的数据可以放在寄存器中），指针只能访问内存，不能访问寄存器，所以指针访问不到寄存器变量。

9.6　引用

9.6.1　引用概述

在 C++ 11 标准中提出了左值引用的概念，如果不加特殊声明，一般认为引用指的都是左值引用。

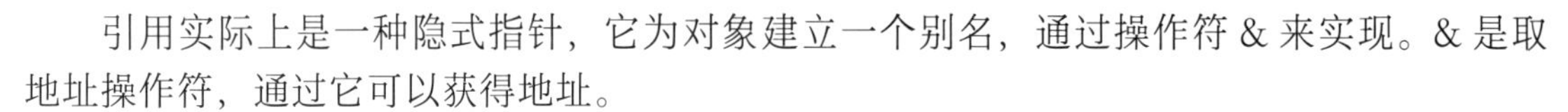

引用实际上是一种隐式指针，它为对象建立一个别名，通过操作符 & 来实现。& 是取地址操作符，通过它可以获得地址。

引用的形式为：

```
数据类型 & 表达式；
```

例如：

```
01  int a=10;
02  int & ia=a;
03  ia=2;
```

定义了一个引用变量 ia，它是变量 a 的别名，对 ia 的操作与对 a 的操作完全一样。ia=2 把 2 赋给 a，&ia 返回 a 的地址。执行 ia=2 和执行 a=2 等价。

使用引用的说明如下。

① 一个 C++ 引用被初始化后，无法使用它再去引用另一个对象，它不能被重新约束。

② 引用变量只是其他对象的别名，对它的操作与对原来对象的操作具有相同作用。

③ 指针变量与引用变量有以下两点主要区别。一是指针是一种数据类型，而引用不是一种数据类型；指针可以转换为它所指向变量的数据类型，以便赋值运算符两边的类型相匹配；而在使用引用时，系统要求引用和变量的数据类型必须相同，不能进行数据类型转换。二是指针变量和引用变量都用来指向其他变量，但指针变量使用的语法要复杂一些；而在定义了引用变量后，其使用方法与普通变量相同。

例如：

```
01  int a;
02  int *pa = & a;
03  int & ia=a;
```

④ 引用应该初始化，否则会报错。例如：

```
01  int a;
02  int b;
03  int &a;
```

编译器会报出“references must be initialized”这样的错误，造成编译不能通过。

下面通过实例使读者更好地了解引用的使用，实现输出引用的功能。

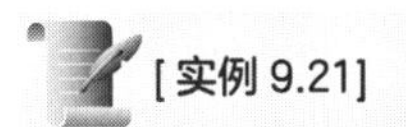

[实例 9.21]　（源码位置：资源包 \Code\09\21）

输出引用

```
01  #include <iostream>
02  using namespace std;
03  void main()
04  {
05      int a;
06      int & ref_a =a;
07      a=100;
08      cout << "a= "<< a <<endl;
09      cout << "ref_a="<< ref_a << endl;
10      a=2;
11      cout << "a= "<< a <<endl;
12      cout << "ref_a="<< ref_a << endl;
```

```
13        int b=20;
14        ref_a=b;
15        cout << "a= "<< a <<endl;
16        cout << "ref_a="<< ref_a << endl;
17        ref_a--;
18        cout << "a= "<< a <<endl;
19        cout << "ref_a="<< ref_a << endl;
20    }
```

程序声明了变量 a 和一个对变量 a 的引用 ref_a，通过不断地改变变量 a 和引用 ref_a 的值使读者了解引用的使用，然后将改变的结果输出。程序运行结果如图 9.32 所示。

图 9.32　实例 9.21 的程序运行结果

9.6.2　使用引用传递参数

在 C++ 中，函数参数的传递方式主要有两种，分别为值传递和引用传递。所谓值传递，是指在函数调用时，将实际参数的值复制一份传递到调用函数中，这样如果在调用函数中修改了参数的值，其改变不会影响到实际参数的值。而引用传递则恰恰相反，如果函数按引用方式传递，在调用函数中修改了参数的值，其改变会影响到实际参数的值。

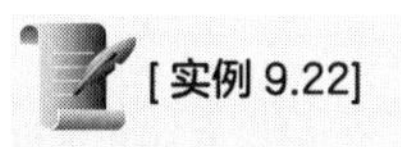

[实例 9.22]　（源码位置：资源包 \Code\09\22）

通过引用交换数值

```
01    #include <iostream>
02    using namespace std;
03    void swap(int & a,int & b)
04    {
05        int tmp;
06        tmp=a;
07        a=b;
08        b=tmp;
09    }
10    void main()
11    {
12        int x,y;
13        cout << " 请输入 x" << endl;
14        cin >> x;
15        cout << " 请输入 y" << endl;
16        cin >> y;
17        cout<<" 通过引用交换 x 和 y"<<endl;
18        swap(x,y);
19        cout << "x=" << x <<endl;
20        cout << "y=" << y <<endl;
21    }
```

程序运行结果如图 9.33 所示。

程序中自定义函数 swap 定义了两个引用参数，用户输入两个值，如果第一次输入的数值比第二次输入的数值小，则调用 swap 函数交换用户输入的数值。如果使用值传递方式，swap 函数就不能实现交换。

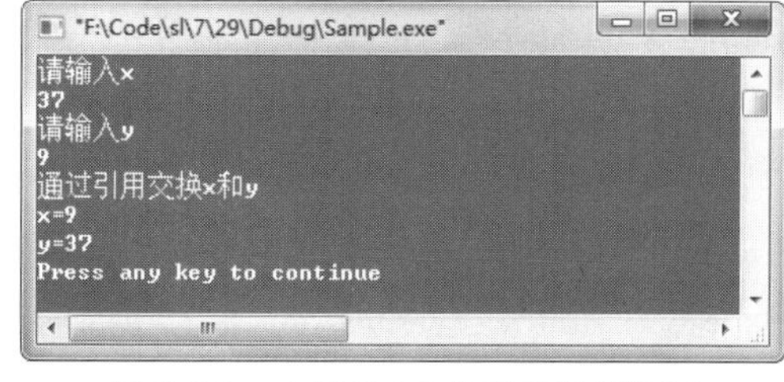

图 9.33　实例 9.22 的程序运行结果

9.6.3 数组作函数参数

在函数调用过程中，有时需要传递多个参数。如果传递的参数都是同一类型，则可以通过数组的方式来传递。作为参数的数组可以是一维数组，也可以是多维数组。使用数组作函数参数最典型的就是 main 函数。带参数的 main 函数形式为：

```
main(int argc,char *argv[])
```

main 函数中的参数可以获取程序运行的命令参数，命令参数就是执行应用程序时后面带的参数。例如在 CMD 控制台执行 dir 命令，可以带上"/w"参数，"dir /w"命令是以多列的形式显示出文件夹内的文件名。main 函数中参数 argc 是获取命令参数的个数，argv 是字符指针数组，可以获取具体的命令参数。

（源码位置：资源包 \Code\09\23）

[实例 9.23] **获取命令参数**

```
01    #include<iostream>
02    using namespace std;
03    void main(int argc,char *argv[])
04    {
05        cout << "the list of parameter:" << endl;
06        while(argc>1)
07        {
08            ++argv;
09            cout << *argv << endl;
10            --argc;
11        }
12    }
```

上面代码在工程 Sample 中将生成 Sample.exe 应用程序，在执行 Sample.exe 时在后面加上参数，程序就会输出命令参数。程序运行结果如图 9.34 所示。

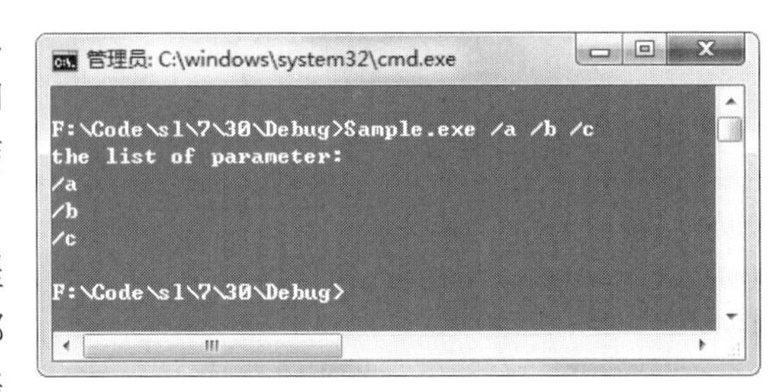

图 9.34　实例 9.23 的程序运行结果

程序执行时输入命令参数"/a /b /c"，程序运行以后将 3 个命令参数输出，每个参数都是以空格隔开，应用程序后有 3 个空格，代表程序有 3 个命令参数，argc 的值就为 3。

二维数组在作为函数参数时，可以将二维数组转换成一个一维的指针数组。main 函数中的 argv 数组可以是一个二维的字符数组。

（源码位置：资源包 \Code\09\24）

[实例 9.24] **输出每行数组中的最小值**

```
01    #include<iostream>
02    using namespace std;
03    #define N 4
04    void mix(int (*a)[N],int m)                    //进行比较和交换的函数
05    {
06        int value,i,j;
```

```
07        for(i=0;i<m;i++)
08        {
09            value=*(*(a+i));
10            for(j=0;j<N;j++)
11            if(*(*(a+i)+j)<value)
12            value=*(*(a+i)+j);
13            cout <<"line " << i ;
14            cout <<":the mix number is " << value << endl;        //输出最小值
15        }
16    }
17    void main()
18    {
19        int a[3][N],i,j;
20        int (*p)[N];
21        p=&a[0];
22        cout << "please input:" << endl;
23        for(i=0;i<3;i++)
24        for(j=0;j<N;j++)
25        cin >> a[i][j];
26        mix(p,3);
27    }
```

程序运行结果如图 9.35 所示。

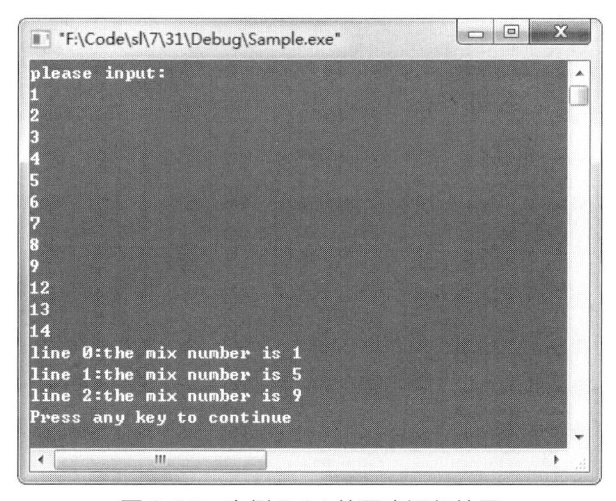

图 9.35　实例 9.24 的程序运行结果

程序需要用户输入 12 个数值来作为一个 3 行 4 列数组的元素，然后按行进行比较，输出每行最小元素。*(a+i) 代表数组每行第一个元素，*(*(a+i)+j) 代表数组指定行中的某个列的元素。函数 mix 对数组每行元素逐一进行比较，将最小值赋给变量 value，然后输出变量 value 的值。

本章知识思维导图

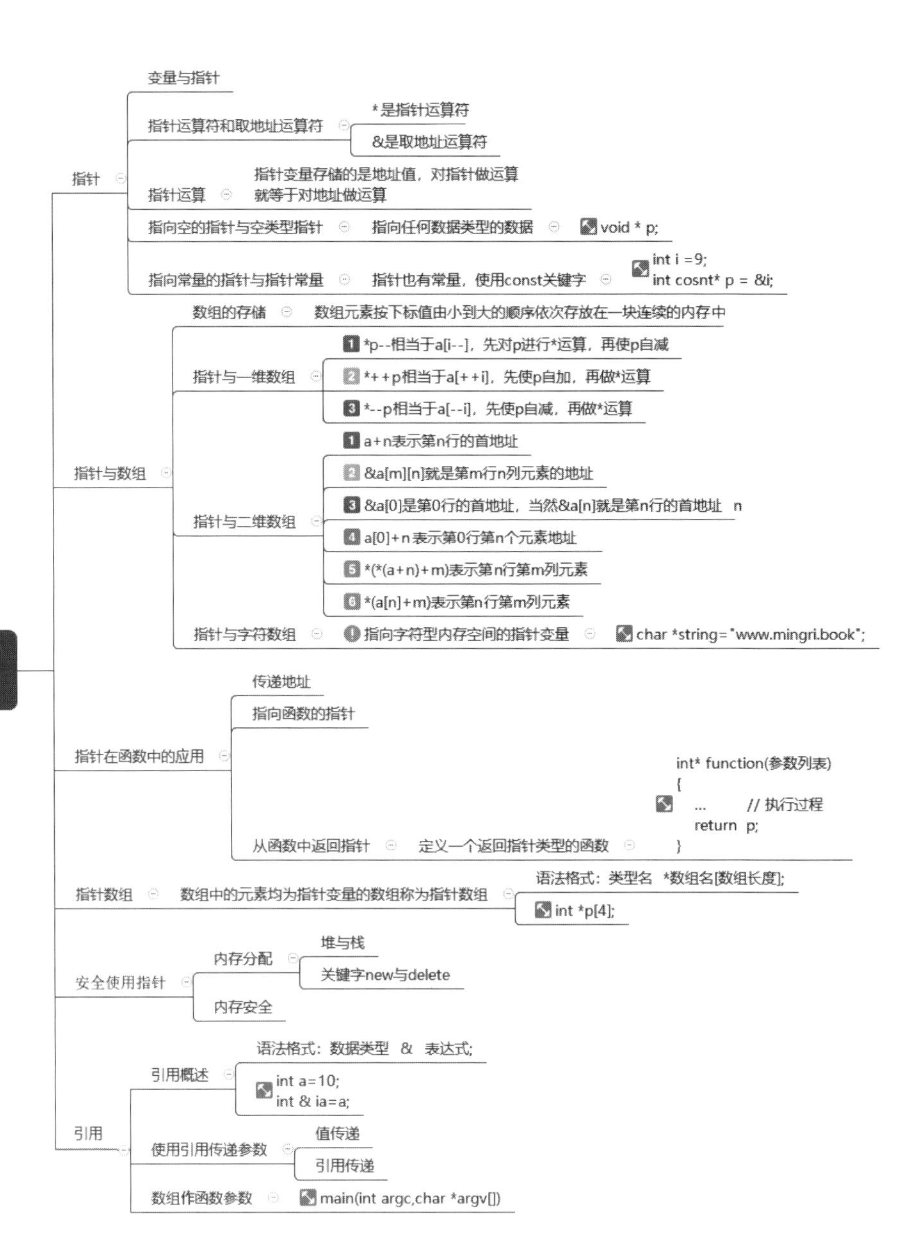

指针和引用
指针
变量与指针
指针运算符和取地址运算符
*是指针运算符
&是取地址运算符
指针运算
指针变量存储的是地址值，对指针做运算
就等于对地址做运算
指向空的指针与空类型指针
指向任何数据类型的数据
void * p;
指向常量的指针与指针常量
指针也有常量，使用const关键字
int i =9;
int cosnt* p = &i;
指针与数组
数组的存储
数组元素按下标值由小到大的顺序依次存放在一块连续的内存中
指针与一维数组
1 *p--相当于a[i--]，先对p进行*运算，再使p自减
2 *++p相当于a[++i]，先使p自加，再做*运算
3 *--p相当于a[--i]，先使p自减，再做*运算
指针与二维数组
1 a+n表示第n行的首地址
2 &a[m][n]就是第m行n列元素的地址
3 &a[0]是第0行的首地址，当然&a[n]就是第n行的首地址 n
4 a[0]+n表示第0行第n个元素地址
5 *(*(a+n)+m)表示第n行第m列元素
6 *(a[n]+m)表示第n行第m列元素
指针与字符数组
指向字符型内存空间的指针变量
char *string="www.mingri.book";
指针在函数中的应用
传递地址
指向函数的指针
从函数中返回指针
定义一个返回指针类型的函数
int* function(参数列表)
{
... // 执行过程
return p;
}
指针数组
数组中的元素均为指针变量的数组称为指针数组
语法格式：类型名 *数组名[数组长度];
int *p[4];
安全使用指针
内存分配
堆与栈
关键字new与delete
内存安全
引用
引用概述
语法格式：数据类型 & 表达式;
int a=10;
int & ia=a;
使用引用传递参数
值传递
引用传递
数组作函数参数
main(int argc,char *argv[])

第 10 章

构造数据类型

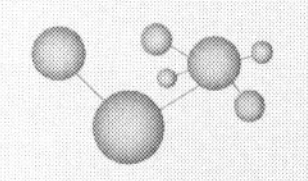

本章学习目标

- 掌握结构体。
- 熟悉重命名数据类型。
- 掌握结构体与数组。
- 掌握结构体与函数。
- 熟悉共用体。
- 了解枚举类型。

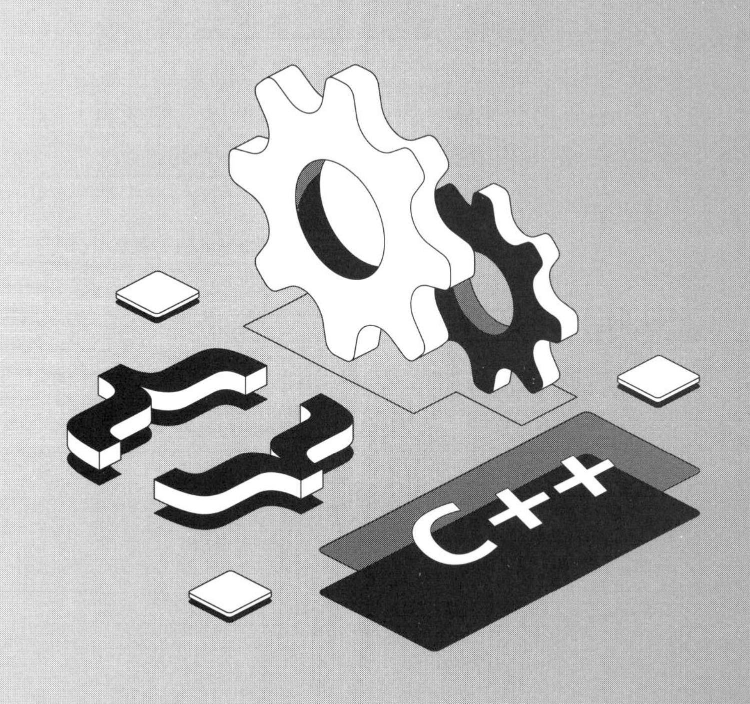

10.1 结构体

10.1.1 结构体定义

整型、长整型、字符型、浮点型数据类型只能记录单一的数据，这些数据类型只能被称作基础数据类型。如果要描述一个人的信息，就需要定义多个变量来记录这些信息，例如身高需要一个变量，体重需要一个变量，姓名需要一个变量，年龄需要一个变量。如果有一个类型可以将这些变量包含在一起，则会大大减少程序代码的离散性，使程序代码阅读更加符合逻辑。结构体则是实现这一功能的类型。

结构体的定义为：

```
struct   结构体类型名
{
    成员类型      成员名；
    …
    成员类型      成员名；
};
```

struct 就是定义结构体的关键字。结构体类型名是一种标识符，该标识符代表一个新的变量。结构体使用大括号将成员括起来，每个成员都有自己的类型。成员类型可以是常规的基础类型，也可以是自定义类型，同时还可以是一个类类型。

例如定义一个简单的员工信息的结构体，代码如下：

```
01   struct PersonInfo
02   {
03       int index;
04       char name[30];
05       short age;
06   };
```

结构体类型名是 PersonInfo，在结构体中定义了 3 个不同类型的变量，这 3 个变量就好像是 3 个球放到了一个盒子里，只要找到这个盒子就能找到这 3 个球。同样，找到名字为 PersonInfo 的结构体，就可以找到结构体下的变量。这 3 个变量的数据类型各不相同，有字符串型、整型和短整型，分别定义了员工的姓名、编号和年龄。

说明：

简单地说，结构体就是由多个不同类型的数据组成的数据集合，而数组是相同类型元素的集合。

10.1.2 结构体变量

结构体是一个构造类型，前面只是定义了结构体，要形成一个新的数据类型，还需要使用该数据类型来定义变量。结构体变量有两种声明形式。

第一种声明形式是在定义结构体后，使用结构体类型名声明。例如：

```
01   struct PersonInfo
02   {
03       int index;
04       char name[30];
05       short age;
06   };
07   PersonInfo pInfo;
```

第二种声明形式是定义结构体时直接声明。例如:

```
01  struct PersonInfo
02  {
03      int index;
04      char name[30];
05      short age;
06  } pInfo;
```

直接声明结构体变量时，可以声明多个变量。例如:

```
01  struct PersonInfo
02  {
03      int index;
04      char name[30];
05      short age;
06  } pInfo1, pInfo2;
```

10.1.3 结构体成员及初始化

引用结构体成员有两种方式：一种是声明结构体变量后，通过成员运算符“.”引用；另一种是声明结构体指针变量，使用指向运算符“->”引用。

① 使用成员运算符“.”引用结构体成员，一般形式为:

```
结构体变量名 . 成员名
```

例如:

```
01  struct PersonInfo
02  {
03      int index;
04      char name[30];
05      short age;
06  } pInfo;
07  pInfo. index
08  pInfo. name
09  pInfo.age
```

引用到结构体成员后，就可以分别对结构体成员赋值。对于每个结构体成员，就和使用普通变量一样。

下面通过实例来说明如何为结构体成员赋值。

[实例 10.1]　（源码位置：资源包 \Code\10\01）

为结构体成员赋值

```
01  #include <iostream>
02  using namespace std;
03  void main()
04  {
05      struct PersonInfo
06      {
07          int index;
08          char name[30];
09          short age;
10      } pInfo;
```

```
11        pInfo.index=0;
12        strcpy(pInfo.name,"张三");
13        pInfo.age=20;
14        cout << pInfo.index << endl;
15        cout << pInfo.name << endl;
16        cout << pInfo.age << endl;
17    }
```

程序运行结果如图 10.1 所示。

图 10.1　实例 10.1 的程序运行结果

程序为引用结构体的每个成员，然后分别赋值，其中为字符数组赋值需要使用字符串复制函数 strcpy。结构体可以在定义时直接对结构体变量赋值。例如：

```
01    struct PersonInfo
02    {
03        int index;
04        char name[30];
05        short age;
06    } pInfo={0,"张三",20};
```

② 在定义结构体时，可以同时声明结构体指针变量。例如：

```
01    struct PersonInfo
02    {
03        int index;
04        char name[30];
05        short age;
06    }*pPersonInfo;
```

如果要引用结构体指针变量的成员，需要使用指向运算符“->”。一般形式为：

```
结构体指针变量 -> 成员名
```

例如：

```
01    pPersonInfo-> index
02    pPersonInfo-> name
03    pPersonInfo-> age
```

注意：

结构体指针变量只有初始化后才可以使用。

下面通过实例来说明如何通过结构体指针变量来引用结构体成员。

（源码位置：资源包 \Code\10\02）

[实例 10.2]

使用结构体指针变量引用结构体成员

```
01    #include <iostream>
02    using namespace std;
03    void main()
04    {
05        struct PersonInfo
06        {
```

```
07            int index;
08            char name[30];
09            short age;
10        }*pPersonInfo, pInfo={0,"张三",20};
11        pPersonInfo=&pInfo;
12        cout << pPersonInfo->index << endl;
13        cout << pPersonInfo->name << endl;
14        cout << pPersonInfo->age << endl;
15    }
```

程序运行结果如图 10.2 所示。

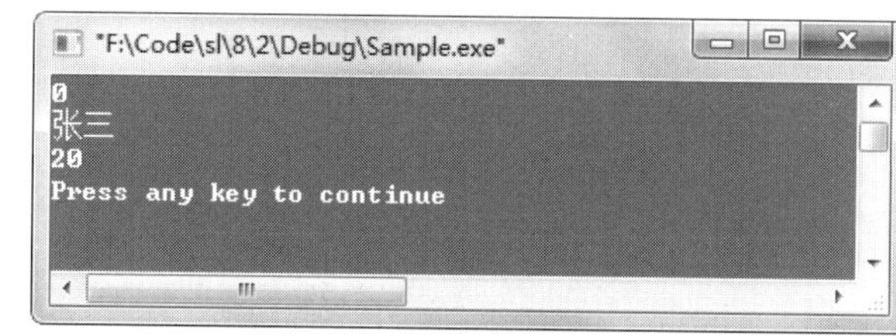

图 10.2　实例 10.2 的程序运行结果

10.1.4　结构体的嵌套

定义完结构体后就形成一个新的数据类型，C++ 可以在定义结构体时定义子结构体，也可以声明其他已定义好的结构体变量。

（1）在结构体中定义子结构体

```
01    struct PersonInfo
02    {
03        int index;
04        char name[30];
05        short age;
06        struct WorkPlace
07        {
08            char Address[150];
09            char PostCode[30];
10            char GateCode[50];
11            char Street[100];
12            char Area[50];
13        };
14    };
```

（2）在定义时声明其他已定义好的结构体变量

```
01    struct WorkPlace
02    {
03        char Address[150];
04        char PostCode[30];
05        char GateCode[50];
06        char Street[100];
07        char Area[50];
08    };
09    struct PersonInfo
10    {
11        int index;
12        char name[30];
13        short age;
14        WorkPlace myWorkPlace;
15    };
```

通过上面的两种形式都可以完成结构体的嵌套，下面通过第一种方式来实现结构体的嵌套。

[实例 10.3]

（源码位置：资源包\Code\10\03）

使用嵌套的结构体

```
01  #include <iostream>
02  using namespace std;
03  void main()
04  {
05      struct PersonInfo
06      {
07          int index;
08          char name[30];
09          short age;
10          struct WorkPlace
11          {
12              char Address[150];
13              char PostCode[30];
14              char GateCode[50];
15              char Street[100];
16              char Area[50];
17          }WP;
18      };
19      PersonInfo pInfo;
20      strcpy(pInfo.WP.Address,"House");
21      strcpy(pInfo.WP.PostCode,"10000");
22      strcpy(pInfo.WP.GateCode,"302");
23      strcpy(pInfo.WP.Street,"Lan Tian");
24      strcpy(pInfo.WP.Area,"china");
25      cout << pInfo.WP.Address << endl;
26      cout << pInfo.WP.PostCode << endl;
27      cout << pInfo.WP.GateCode<< endl;
28      cout << pInfo.WP.Street << endl;
29      cout << pInfo.WP.Area << endl;
30  }
```

程序运行结果如图 10.3 所示。

程序在 PersonInfo 结构体中嵌套了 WorkPlace 结构体，然后分别对 WorkPlace 子结构体中的成员进行赋值，最后将 WorkPlace 子结构体中的成员输出。

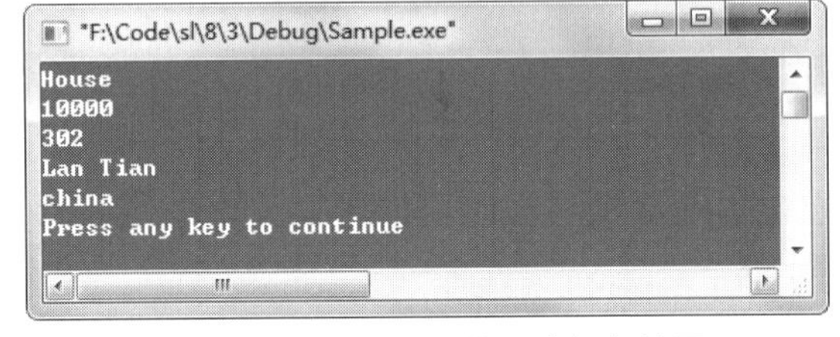

图 10.3　实例 10.3 的程序运行结果

10.1.5　结构体大小

结构体是一种构造的数据类型，数据类型都与占用内存空间有关。在没有字符对齐要求或结构体成员对齐单位为 1 时，结构体变量的大小是定义结构体时各成员大小之和。例如 PersonInfo 结构体：

```
01  struct PersonInfo
02  {
03      int index;
04      char name[30];
05      short age;
06  };
```

PersonInfo 结构体的大小是成员 name、成员 index 和成员 age 大小之和。成员 name 是字符数组，一个字符占用 1 个字节，name 成员占用 30 个字节；成员 index 是整型数据，在

32 位系统中占 4 个字节；age 是短整型，在 32 位系统中占 2 个字节。所以 PersonInfo 结构体的大小是 30+4+2=36（字节）。

可以使用 sizeof 函数获取结构体大小。例如：

```
01    struct PersonInfo
02    {
03        int index;
04        char name[30];
05        short age;
06    }pInfo;
07    cout << sizeof(pInfo) <<endl;
```

程序使用 sizeof 函数输出的结果仍然是 36。

如果更改结构体成员对齐单位，PersonInfo 结构体实际占用的内存空间就不是 36 个字节了。在 Visual C++ 6.0 中可以通过修改工程属性来改变结构体成员对齐单位。通过菜单 Project/Settings 打开“Project Settings”对话框，如图 10.4 所示。然后选择“C/C++”选项卡，在“Category”下拉列表框中选择“Code Generation”这一项，通过“Struct member alignment”下拉列表框改变结构体成员对齐单位。

默认结构体成员对齐单位是 8 个字节。结构体成员对齐单位在使用结构体变量传送数据时能看到其差异。

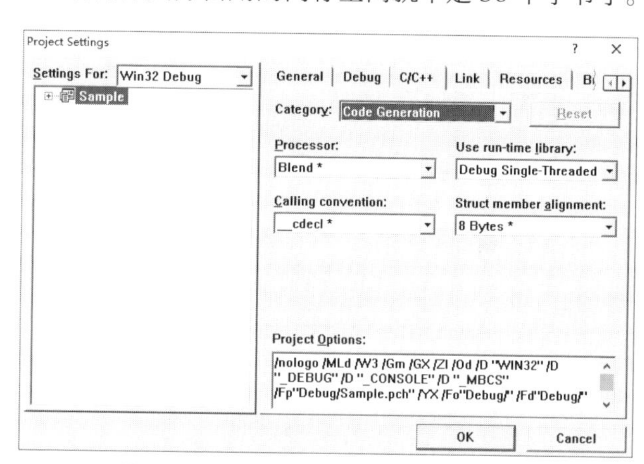

图 10.4 “Project Settings”对话框

10.2 重命名数据类型

C++ 允许使用关键字 typedef 给一个数据类型定义一个别名。例如：

```
typedef int flag;                //给 int 数据类型取一个别名
```

这样，程序中 flag 就可以作为 int 数据类型来使用：

```
flag a;
```

a 实质上是 int 类型的数据，此时 int 类型的别名就是 flag。

类或者结构在声明时使用 typedef：

```
typedef class asdfghj{
    成员列表；
}myClass,ClassA;
```

这样就令声明的类拥有 myClass 和 ClassA 两个别名。

typedef 主要的用途有以下几个。

① 代替很复杂的基本类型名称，例如函数指针 int (*)(int i)。

```
typedef int (*)(int i) pFun;          //用 pFun 代替函数指针 int (*)(int i)
```

② 使用其他人开发的程序时，使程序中的类型名符合自己的代码习惯（规范）。

③ typedef 关键字具有作用域，范围是别名声明所在的区域（包含名称空间）。

（源码位置：资源包 \Code\10\04）

[实例 10.4]

三只小狗

```
01  #include <iostream>
02  #include <string>
03  using namespace std;
04  namespace pet
05  {
06      typedef string kind;
07      typedef string petname;
08      typedef string voice;
09      typedef class dog
10      {
11      private:
12          kind m_kindName;                    // 狗的种类
13      protected:                              // 假如需要子类继承，则不需要使用种类这个属性
14          petname m_dogName;
15          int m_age;
16          voice m_voice;
17          void setVoice(kind name);
18      public:
19      dog(kind name);
20      void sound();
21      void setName(petname name);
22      }Dog,DOG;                               // 声明了别名，用 Dog 和 DOG 代替类 dog
23      void dog::setVoice(kind name)
24      {
25          if(name == " 北京犬 ")
26          {
27              m_voice = " 嗷嗷 ";
28          }
29          else if(name == " 狼犬 ")
30          {
31              m_voice = " 呜嗷 ";
32          }
33          else if(name == " 黄丹犬 ")
34          {
35              m_voice = " 喔嗷 ";
36          }
37      }
38      dog::dog(kind name)
39      {
40          m_kindName = name;
41          m_dogName = name;
42          setVoice(name);
43      }
44      void dog::sound()
45      {
46          cout<<m_dogName<<" 发出 "<<m_voice<<" 的叫声 "<<endl;
47      }
48      void dog::setName(petname name)
49      {
50          m_dogName = name;
51      }
52  }
53  using pet::dog;                             // 使用 pet 空间的宠物犬 dog 类
54  using pet::DOG;
```

```
55  int main()
56  {
57      dog a = dog(" 北京犬 ");                 // 名称空间的类被包含进来后，可以直接使用
58      pet::Dog b = pet::Dog(" 狼犬 ");         // 别名仍需要使用名字空间
59      pet::DOG c = pet::DOG(" 黄丹犬 ");
60      a.setName(" 小白 ");
61      c.setName(" 阿黄 ");
62      a.sound();
63      b.sound();
64      c.sound();
65      return 0;
66  }
```

程序运行结果如图 10.5 所示。

图 10.5　实例 10.4 的程序运行结果

在 pet 名称空间中定义了多种类型别名。这些别名的实际类型不发生改变，在主函数内演示了如何使用名称空间中的类别名。

宠物狗 dog 类中使用 string 类来区分小狗的种类，通过 setVoice 函数设定每种小狗的声音。那么，有没有比使用 string 对象更简便的方法呢？除了建立 3 个子类之外有没有更简便的方法呢？在下一节我们将继续讨论。

10.3　结构体与函数

结构体数据类型在 C++ 中是可以作为函数参数传递的，可以直接使用结构体变量作函数的参数，也可以使用结构体指针变量作函数的参数。

10.3.1　结构体变量作函数参数

可以把结构体变量当普通变量一样作为函数参数，这样可以减少函数参数的个数，使代码看起来更简洁。

下面通过实例来了解如何使用结构体变量作函数参数进行传递。

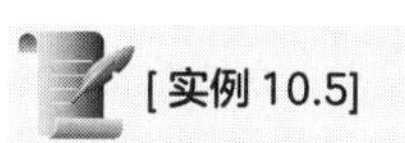

[实例 10.5]　（源码位置：资源包 \Code\10\05）

使用结构体变量作函数参数

```
01  #include <iostream>
02  using namespace std;
03  struct PersonInfo                                   // 定义结构体
04  {
05      int index;
06      char name[30];
07      short age;
08  };
09  void ShowStuctMessage(struct PersonInfo MyInfo)     // 自定义函数，输出结构体变量成员
10  {
11      cout << MyInfo.index << endl;
12      cout << MyInfo.name << endl;
13      cout << MyInfo.age<< endl;
14
```

```
15  }
16  void main()
17  {
18
19      PersonInfo pInfo;                               // 声明结构体
20      pInfo.index=1;
21      strcpy(pInfo.name," 张三 ");
22      pInfo.age=20;
23      ShowStuctMessage(pInfo);                        // 调用自定义函数
24  }
```

程序运行结果如图 10.6 所示。

程序自定义了函数 ShowStuctMessage，使用 PersonInfo 结构体作为参数。如果不使用结构体作为参数，函数需要将 index、name、age 3 个成员分别定义为参数。

图 10.6　实例 10.5 的程序运行结果

10.3.2　结构体指针变量作函数参数

使用结构体指针变量作函数参数时传递的只是地址，减少了时间和空间上的开销，能够提高程序的运行效率。这种方式在实际应用中效果比较好。

下面通过实例来了解如何使用结构体指针变量作函数参数进行传递。

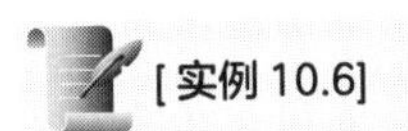
[实例 10.6]　（源码位置：资源包 \Code\10\06）

使用结构体指针变量作函数参数

```
01  #include <iostream>
02  using namespace std;
03  struct PersonInfo
04  {
05      int index;
06      char name[30];
07      short age;
08  };
09  void ShowStuctMessage(struct PersonInfo *pInfo)
10  {
11      cout << pInfo->index << endl;
12      cout << pInfo->name << endl;
13      cout << pInfo->age<< endl;
14
15  }
16  void main()
17  {
18
19      PersonInfo pInfo;
20      pInfo.index=1;
21      strcpy(pInfo.name," 张三 ");
22      pInfo.age=20;
23      ShowStuctMessage(&pInfo);
24  }
```

程序运行结果如图 10.7 所示。

实例 10.6 和实例 10.5 的运行结果相同，但在程序执行效率上，使用结构体指针变量作函数参数方式要高很多。

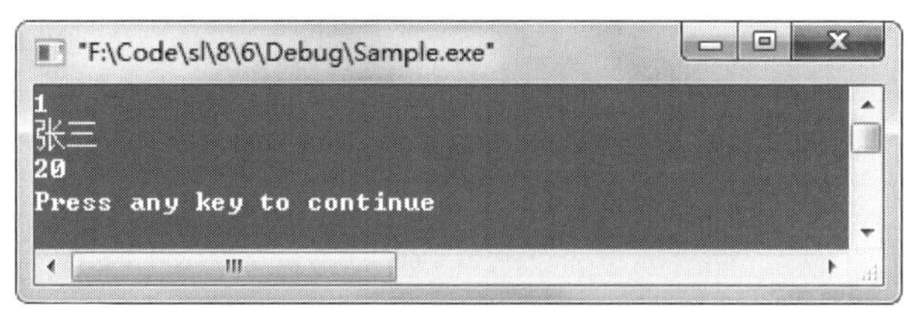

图 10.7　实例 10.6 的程序运行结果

10.4　结构体数组

数组的元素也可以是结构体类型，因此可以构成结构体数组。结构体数组的每一个元素都是具有相同结构体类型的下标结构变量。

10.4.1　结构体数组的声明与引用

结构体数组可以在定义结构体时声明，可以使用结构体变量声明，也可以直接声明结构体数组而无须定义结构体名。

（1）在定义结构体时直接声明

```
01   struct PersonInfo
02   {
03       int index;
04       char name[30];
05       short age;
06   }Person[5];
```

（2）使用结构体变量声明

```
01   struct PersonInfo
02   {
03       int index;
04       char name[30];
05       short age;
06   }pInfo;
07   PersonInfo Person[5]
```

（3）直接声明结构体数组

```
01   struct
02   {
03       int index;
04       char name[30];
05       short age;
06   }Person[5];
```

可以在声明结构体数组时直接对数组进行初始化。例如：

```
01   struct PersonInfo
02   {
03       int index;
04       char name[30];
05       short age;
06   }Person[5]={
07       {1," 张三 ",20},
```

```
08        {2,"李可可",21},
09        {3,"宋桥",22},
10        {4,"元员",22},
11        {5,"王冰冰",22}
12    };
```

说明：

当对全部元素进行初始化赋值时，可以不给出数组长度。

10.4.2 指针访问结构体数组

结构体指针变量可以指向一个结构体数组，这时结构体指针变量的值是整个结构体数组的首地址。结构体指针变量也可以指向结构体数组的一个元素，这时结构体指针变量的值是该结构体数组元素的首地址。

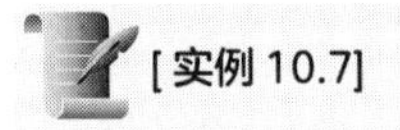

[实例 10.7]（源码位置：资源包 \Code\10\07）

使用指针访问结构体数组

```
01    #include <iostream>
02    using namespace std;
03    void main()
04    {
05        struct PersonInfo
06        {
07            int index;
08            char name[30];
09            short age;
10        }Person[5]={{1,"张三",20},
11                    {2,"李可可",21},
12                    {3,"宋桥",22},
13                    {4,"元员",22},
14                    {5,"王冰冰",22}};
15
16        struct PersonInfo *pPersonInfo;
17        pPersonInfo=Person;
18        for(int i=0;i<5;i++,pPersonInfo++)
19        {
20            cout << pPersonInfo->index << endl;
21            cout << pPersonInfo->name << endl;
22            cout << pPersonInfo->age << endl;
23        }
24    }
```

程序运行结果如图 10.8 所示。

程序的关键在于 pPersonInfo++ 的运算上，pPersonInfo 指针开始指向数组的首元素，结构体指针自加 1，其结果使 pPersonInfo 指针指向了数组的下一个元素。

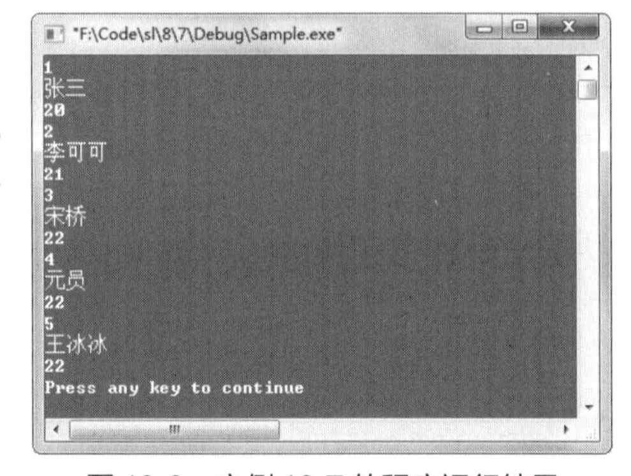

图 10.8 实例 10.7 的程序运行结果

10.5 共用体

所谓共用体数据类型是指将不同的数据项组织

为一个整体。它和结构体有些类似，但共用体的每个成员在内存中占用首地址相同的一段存储单元。因为共用体的关键字为 union，中文意思为联合，所以共用体也称为联合体。

10.5.1 共用体的定义与声明

定义共用体类型的一般形式为：

```
union  共用体类型名
{
    成员类型      共用体成员名 1;
    成员类型      共用体成员名 2;
    …
    成员类型      共用体成员名 n;
};
```

union 是定义共用体数据类型的关键字。共用体类型名是一个标识符，该标识符后就是一个新的数据类型。成员类型是常规的数据类型，用来设置共用体成员存储空间。

声明共用体变量有以下几种方式。

① 先定义共用体，然后声明共用体变量。例如：

```
01  union myUnion
02  {
03      int i;
04      char ch;
05      float f;
06  };
07  myUnion u;                                    // 声明变量
```

② 可以直接在定义时声明共用体变量。例如：

```
01  union myUnion
02  {
03      int i;
04      char ch;
05      float f;
06  }u;                                           // 直接声明变量
```

③ 可以直接声明共用体变量。例如：

```
01  union
02  {
03      int i;
04      char ch;
05      float f;
06  }u;
```

第三种方式省略了共用体类型名，直接声明了变量 u。

引用共用体成员和引用结构体成员的方式相同，也是使用“.”运算符。例如引用共用体 u 的成员：

```
u.i
u.ch
u.f
```

上面是对共用体 u 的 3 个成员的引用，但要注意，不能引用共用体变量，只能引用共用体变量中的成员。例如直接引用 u 是错误的。

10.5.2 共用体的大小

共用体每个成员分别占有自己的内存单元。共用体变量所占的内存长度等于最长的成员的长度。一个共用体变量不能同时存放多个成员的值，某一时刻只能存放其中一个成员的值，这就是最后赋予它的值。

[实例 10.8] （源码位置：资源包 \Code\10\08）

使用共用体变量

```
01  #include<iostream>
02  using namespace std;
03  union myUnion
04  {
05      int iData;
06      char chData;
07      float fData;
08  }uStruct;
09  int main()
10  {
11      uStruct.chData='A';
12      uStruct.fData=0.3;
13      uStruct.iData=100;
14      cout << uStruct.chData << endl;
15      cout << uStruct.fData << endl;
16      cout << uStruct.iData << endl;              // 正确显示
17      uStruct.iData=100;
18      uStruct.fData=0.3;
19      uStruct.chData='A';
20      cout << uStruct.chData << endl;             // 正确显示
21      cout << uStruct.fData << endl;
22      cout << uStruct.iData << endl;
23      uStruct.iData=100;
24      uStruct.chData='A';
25      uStruct.fData=0.3;
26      cout << uStruct.chData << endl;
27      cout << uStruct.fData << endl;              // 正确显示
28      cout << uStruct.iData << endl;
29      return 0;
30  }
```

程序运行结果如图 10.9 所示。

程序中按不同顺序为 uStruct 变量的 3 个成员赋值，结果只有最后赋值的成员能正确显示。

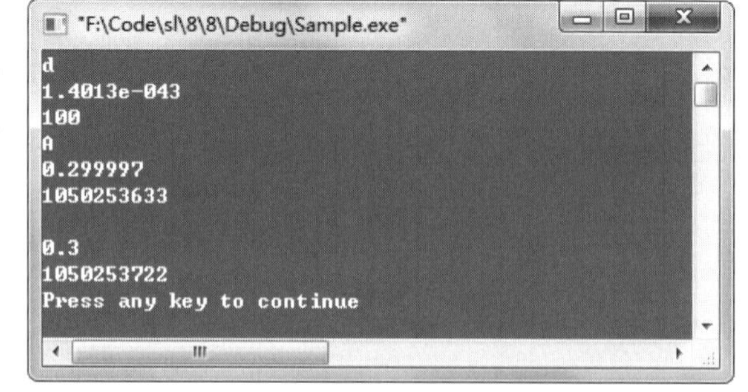

图 10.9 实例 10.8 的程序运行结果

10.5.3 共用体类型的特点

共用体类型有以下几个特点。

① 使用共用体变量的目的是希望用同一个内存段存放几种不同类型的数据，但注意，在每一时刻只能存放其中一种，而不是同时存放几种。

② 能够访问的是共用体变量中最后一次被赋值的成员，在对一个新的成员赋值后原有的成员就失去作用。

③ 共用体变量的地址和它的各成员的地址都是同一地址。

④ 不能对共用体变量名赋值；不能企图引用变量名来得到一个值；不能在定义共用体变量时对它初始化；不能用共用体变量名作为函数参数。

10.6 枚举类型

枚举就是一一列举的意思，在 C++ 中枚举类型是一些标识符的集合，从形式上看枚举类型就是用大括号将不同标识符放在一起。用枚举类型声明的变量的值只能取自括号内的这些标识符。

10.6.1 枚举类型的声明

枚举类型有以下两种声明形式。

（1）枚举类型的一般形式

```
enum  枚举类型名  { 标识符列表 };
```

例如：

```
enum  weekday{Sunday,Monday,Tuesday,Wednesday,Thursday,Friday,Saturday};
```

enum 是定义枚举类型的关键字，weekday 是新定义的类型名，大括号内就是枚举类型变量应取的值。

（2）带赋值的枚举类型声明形式

```
enum  枚举类型名
{
    标识符 [= 整型常数 ],
    标识符 [= 整型常数 ],
    …
    标识符 [= 整型常数 ],
} 枚举变量 ;
```

例如：

```
enum  weekday{Sunday=0,Monday=1,Tuesday=2,Wednesday=3,Thursday=4,Friday=5,Saturday=6};
```

使用枚举类型的说明如下。

① 编译器默认将标识符自动赋上整型常数。例如：

```
enum  weekday{Sunday,Monday,Tuesday,Wednesday,Thursday,Friday,Saturday};
enum  weekday{Sunday=0,Monday=1,Tuesday=2,Wednesday=3,Thursday=4,Friday=5,Saturday=6};
```

② 可以自行修改整型常数的值。例如：

```
enum  weekday{Sunday=2,Monday=3,Tuesday=4,Wednesday=5,Thursday=0,Friday=1,Saturday=6};
```

③ 如果只给前几个标识符赋整型常数，编译器会给后面标识符自动累加赋值。例如：

```
enum  weekday{Sunday=7,Monday=1,Tuesday,Wednesday,Thursday,Friday,Saturday};
```

相当于

```
enum  weekday{Sunday=7,Monday=1,Tuesday=2,Wednesday=3,Thursday=4,Friday=5,Saturday=6};
```

10.6.2 枚举类型变量

在声明了枚举类型之后，可以用它来定义变量。例如:

```
enum  weekday{Sunday,Monday,Tuesday,Wednesday,Thursday,Friday,Saturday};
[enum] weekday myworkday;
```

myworkday 是 weekday 的变量。在 C 语言中枚举类型名包括关键字 enum，在 C++ 中允许不写 enum 关键字。

关于使用枚举类型变量的说明如下。

① 枚举类型变量的值只能是 Sunday 到 Saturday 之一。例如:

```
myworkday = Tuesday;
myworkday = Saturday;
```

② 一个整数不能直接赋给一个枚举类型变量。例如:

```
enum weekday{Sunday=7,Monday=1,Tuesday,Wednesday,Thursday,Friday,Saturday};
enum weekday day;
```

则“day=(enum weekday)3;”等价于“day=Wednesday;”。“day=3;”是错误的。

整型数虽然不能直接为枚举类型变量赋值，但是可以通过强制类型转换，将整型数转换为合适的枚举型数值。

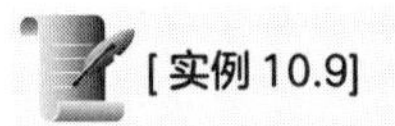
[实例 10.9]　（源码位置：资源包 \Code\10\09）

枚举变量的赋值

```
01  #include <iostream>
02  using namespace std;
03  void main()
04  {
05      enum Weekday {Sunday,Monday,Tuesday,Wednesday,Thursday,Friday,Saturday};
06      int a=2,b=1;
07      Weekday day;
08      day=(Weekday)a;
09      cout << day << endl;
10      day=(Weekday)(a-b);
11      cout << day << endl;
12      day=(Weekday)(Sunday+Wednesday);
13      cout << day << endl;
14      day=(Weekday)5;
15      cout << day << endl;
16  }
```

程序运行结果如图 10.10 所示。

程序中使用了各种形式的赋值，其原理都是一样的，都是通过强制转换为枚举类型变量赋值。

③ 可以直接定义枚举类型变量。

定义枚举类型的同时可以直接定义变量，例如:

图 10.10　实例 10.9 的程序运行结果

```
enum{sun, mon, tue, wed, thu, fri, sat} workday,week_end;
```

10.6.3 枚举类型的运算

枚举值相当于整型变量，可以用枚举值来进行一些运算。例如，利用枚举值作判断比较。枚举值可以和整型变量一起比较，枚举值和枚举值之间也可以比较。

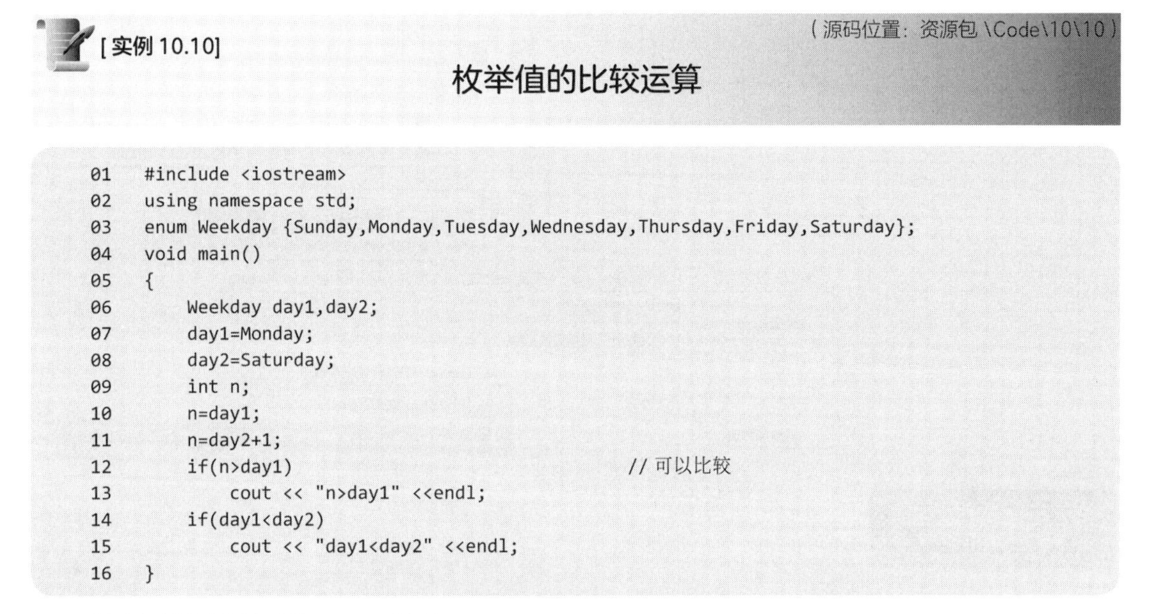

[实例 10.10]　（源码位置：资源包 \Code\10\10）

枚举值的比较运算

```
01  #include <iostream>
02  using namespace std;
03  enum Weekday {Sunday,Monday,Tuesday,Wednesday,Thursday,Friday,Saturday};
04  void main()
05  {
06      Weekday day1,day2;
07      day1=Monday;
08      day2=Saturday;
09      int n;
10      n=day1;
11      n=day2+1;
12      if(n>day1)                                  // 可以比较
13          cout << "n>day1" <<endl;
14      if(day1<day2)
15          cout << "day1<day2" <<endl;
16  }
```

程序运行结果如图 10.11 所示。

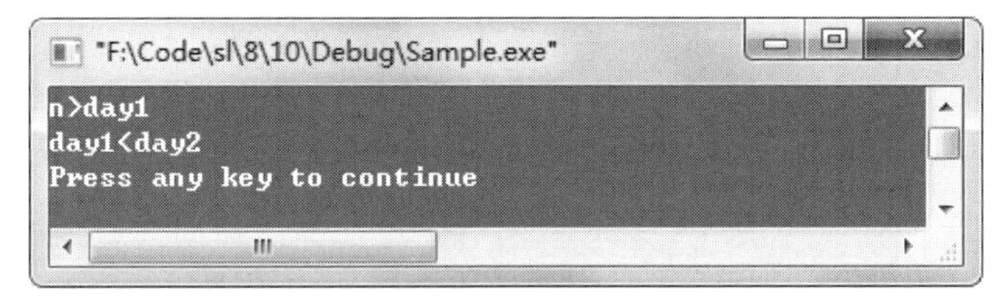

图 10.11　实例 10.10 的程序运行结果

程序进行变量 n 和枚举变量 day1 的比较以及枚举变量 day1 和 day2 的比较。

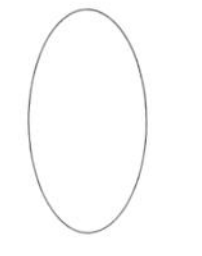

本章知识思维导图

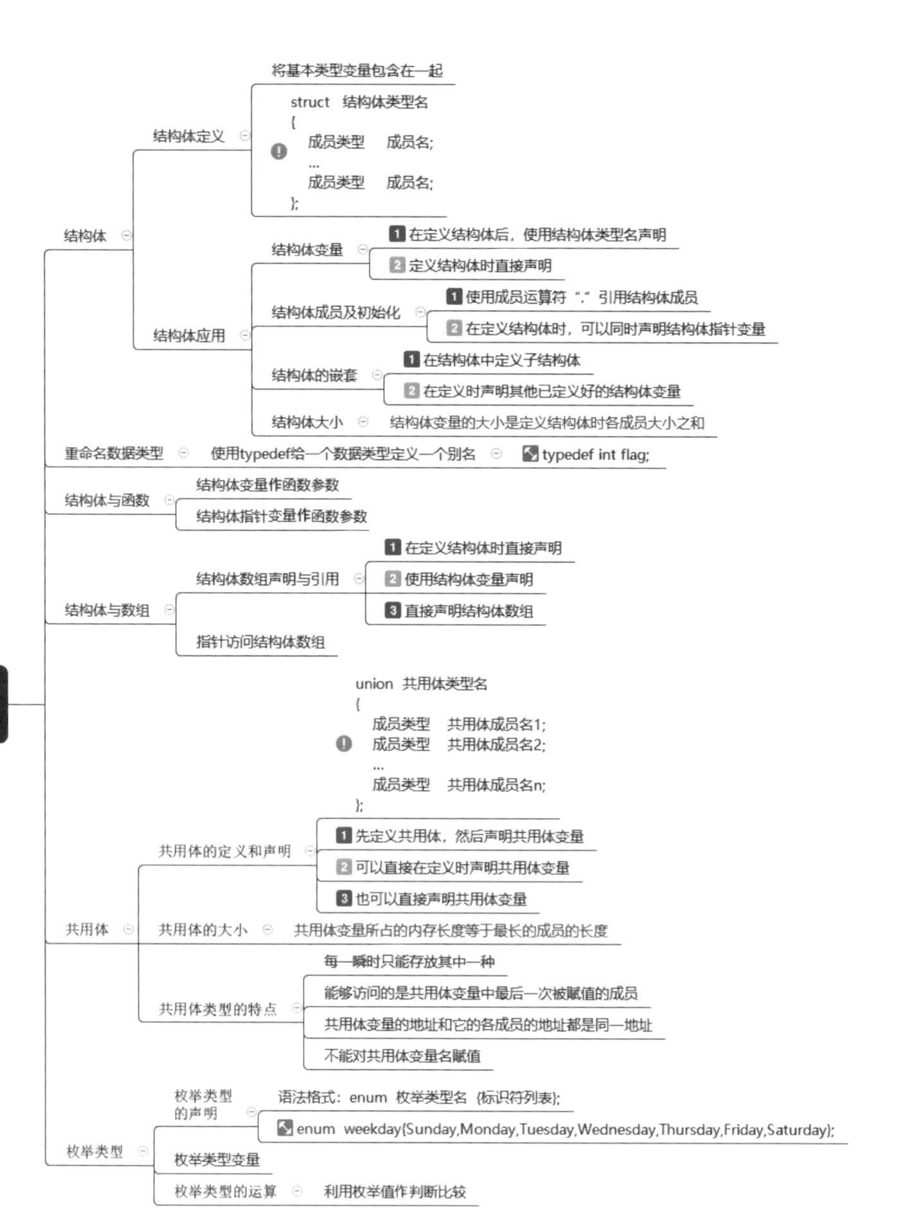
构造数据类型
结构体
结构体定义
将基本类型变量包含在一起
struct 结构体类型名
{
成员类型 成员名;
...
成员类型 成员名;
};
结构体应用
结构体变量
1 在定义结构体后，使用结构体类型名声明
2 定义结构体时直接声明
结构体成员及初始化
1 使用成员运算符“.”引用结构体成员
2 在定义结构体时，可以同时声明结构体指针变量
结构体的嵌套
1 在结构体中定义子结构体
2 在定义时声明其他已定义好的结构体变量
结构体大小
结构体变量的大小是定义结构体时各成员大小之和
重命名数据类型
使用typedef给一个数据类型定义一个别名
typedef int flag;
结构体与函数
结构体变量作函数参数
结构体指针变量作函数参数
结构体与数组
结构体数组声明与引用
1 在定义结构体时直接声明
2 使用结构体变量声明
3 直接声明结构体数组
指针访问结构体数组
共用体
union 共用体类型名
{
成员类型 共用体成员名1;
成员类型 共用体成员名2;
...
成员类型 共用体成员名n;
};
共用体的定义和声明
1 先定义共用体，然后声明共用体变量
2 可以直接在定义时声明共用体变量
3 也可以直接声明共用体变量
共用体的大小
共用体变量所占的内存长度等于最长的成员的长度
共用体类型的特点
每一瞬时只能存放其中一种
能够访问的是共用体变量中最后一次被赋值的成员
共用体变量的地址和它的各成员的地址都是同一地址
不能对共用体变量名赋值
枚举类型
枚举类型的声明
语法格式：enum 枚举类型名 {标识符列表};
enum weekday{Sunday,Monday,Tuesday,Wednesday,Thursday,Friday,Saturday};
枚举类型变量
枚举类型的运算
利用枚举值作判断比较

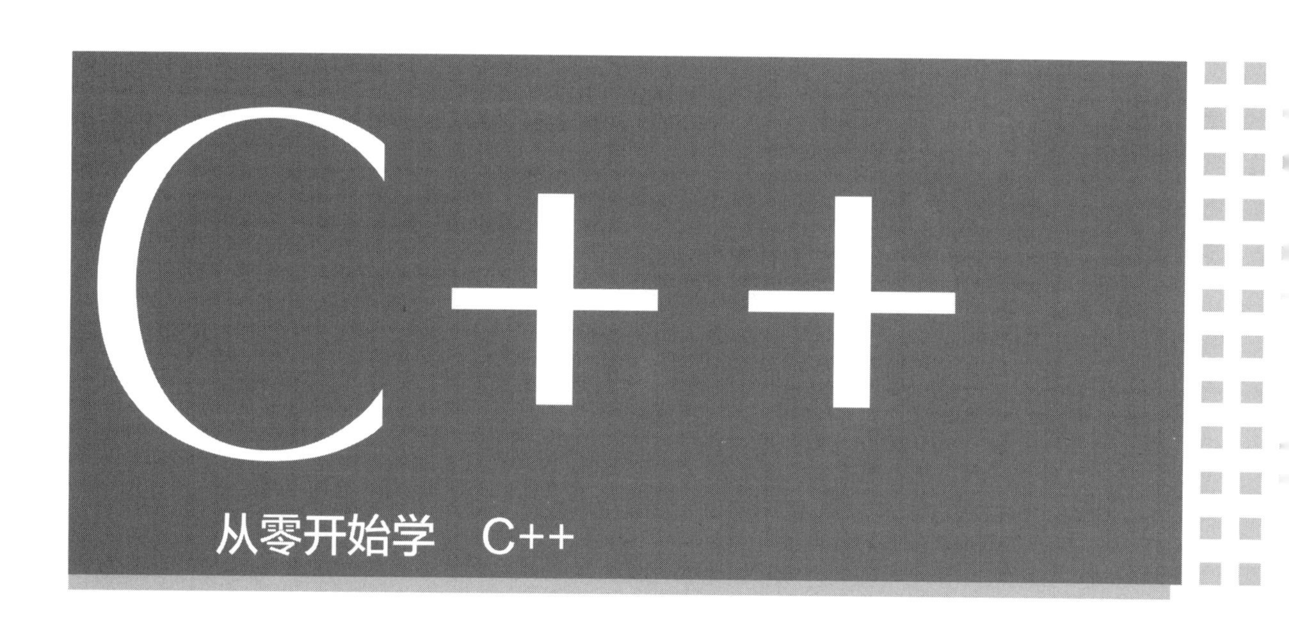

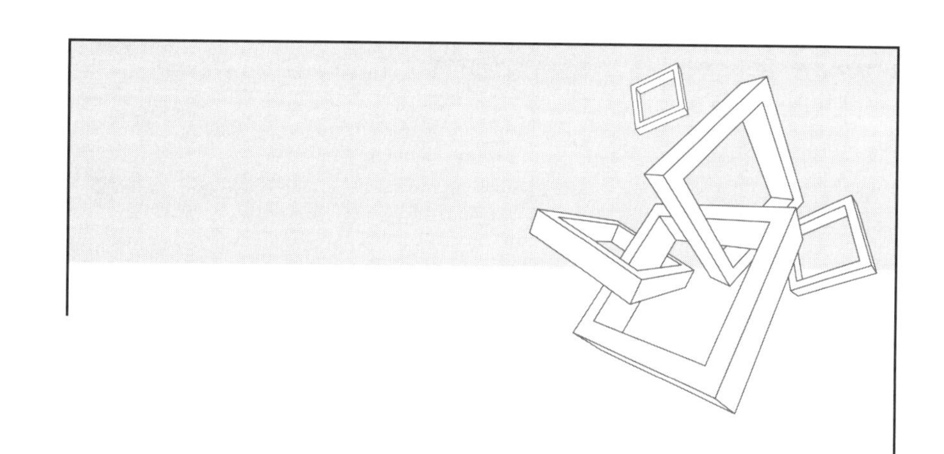

第3篇
面向对象编程篇

第 11 章

面向对象编程

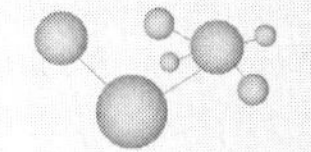

本章学习目标

- 了解面向对象。
- 熟悉面向对象与面向过程的区别。
- 了解统一建模语言。

11.1 面向对象概述

面向对象（Object Oriented，OO）是一种设计思想，现在这种思想已经不单应用在软件设计上，数据库设计、计算机辅助设计（CAD）、网络结构设计、人工智能算法设计等领域都开始应用这种思想。

面向对象中的对象（object），指的是客观世界中存在的对象。这个对象具有唯一性，对象之间各不相同，各有各的特点，每一个对象都有自身的运动规律和内部状态。对象与对象之间又是可以相互联系、相互作用的。概括地讲，面向对象技术是一种从组织结构上模拟客观世界的方法。

针对面向对象思想应用的不同领域，面向对象又可以分为面向对象分析（Object Oriented Analysis，OOA）、面向对象设计（Object Oriented Design，OOD）、面向对象编程（Object Oriented Programming，OOP）、面向对象测试（Object Oriented Test，OOT）和面向对象维护（Object Oriented Soft Maintenance，OOSM）。

客观世界中任何一个事物都可以看成一个对象，每个对象有属性和行为两个要素。属性就是对象的内部状态及自身的特点，行为就是改变自身状态的动作。

面向对象中的对象也可以是一个抽象的事物，可以从类似的事物中抽象出一个对象。例如圆形、正方形、三角形，可以抽象得出的对象是简单图形，简单图形就是一个对象，它有自己的属性和行为，图形中边的条数是它的属性，图形的面积也是它的属性，输出图形的面积就是它的行为。

面向对象有 3 大特点，即封装、继承和多态。

（1）封装

封装有两个作用：一个是将不同的小对象封装成一个大对象，另一个是把一部分内部属性和功能对外界屏蔽。例如，一辆汽车是一个大对象，它由发动机、底盘、车身和轮子等小对象组成。在设计时可以先对这些小对象进行设计，然后小对象之间通过相互联系确定各自大小等方面的属性，最后就可以组装成一辆汽车了。

（2）继承

继承是和类密切相关的概念。继承是子类自动共享父类数据结构和方法的机制，这是类之间的一种关系。在定义和实现一个类的时候，可以在一个已经存在的类的基础之上进行，把这个已经存在的类所定义的内容作为自己的内容，并加入若干新的内容。

在类层次中，子类只继承一个父类的数据结构和方法，称为单重继承；子类继承了多个父类的数据结构和方法，则称为多重继承。

在软件开发中，类的继承使所建立的软件具有开放性、可扩充性，这是信息组织与分类的行之有效的方法，它简化了对象、类的创建工作，增加了代码的可重性。

继承是面向对象程序设计语言不同于其他语言的最重要特点，是其他语言所没有的。采用继承，使公共的特性能够共享，提高了软件的重用性。

（3）多态

多态是指相同的行为可作用于多种类型的对象上并获得不同的结果。不同的对象，收到同一消息可以产生不同的结果，这种现象称为多态。多态允许每个对象以适合自身的方式去响应共同的消息。

11.2 面向过程编程与面向对象编程

11.2.1 面向过程编程

面向过程编程的主要思想是先做什么后做什么，在一个过程中实现特定功能。一个大的实现过程还可以分成各个模块，各个模块可以按功能进行划分，然后组合在一起实现特定功能。在面向过程编程中，程序模块可以是一个函数，也可以是整个源文件。

面向过程编程主要以数据为中心，传统的面向过程的功能分解法属于结构化分析方法。分析者将对象系统的现实世界看作一个大的处理系统，然后将其分解为若干个子处理过程，解决系统的总体控制问题。在分析过程中，用数据描述各子处理过程之间的联系，整理各个子处理过程的执行顺序。

面向过程编程的一般流程为：现实世界→面向过程建模（流程图、变量、函数）→面向过程语言→执行求解。

面向过程编程的稳定性、可维护性和重用性都比较差。

（1）软件重用性差

重用性是指同一事物不经修改或稍加修改就可多次重复使用的性质。软件重用性是软件工程追求的目标之一。处理不同的过程有不同的结构，当过程改变时，结构也需要改变，前期开发的代码无法得到充分的再利用。

（2）软件可维护性差

软件工程强调软件的可维护性，强调文档资料的重要性，规定最终的软件产品应该由完整、一致的配置成分组成。在软件开发过程中，软件的可读性、可修改性和可测试性是重要的质量指标。面向过程编程由于软件的重用性差，造成维护费用和成本很高，而且大量修改的代码可能存在许多未知的漏洞。

（3）开发出的软件不能满足用户需要

大型软件系统一般涉及各种不同领域的知识，面向过程编程往往描述的是软件的最底层，针对不同领域设计不同的结构及处理机制，当用户需求发生变化时，就要修改最底层的结构。当用户需求变化较大时，面向过程编程将无法修改，可能导致软件的重新开发。

11.2.2 面向对象编程

面向过程编程有让人费解的数据结构、复杂的组合逻辑、详细的过程和数据之间的关系、高深的算法，面向过程开发的程序可以描述成算法加数据结构。面向过程开发是分析过程与数据之间的边界，进而解决问题。面向对象则从另一种角度思考，将编程思维设计成符合人的逻辑思维。

面向对象程序设计者的任务包括两个方面：一是设计所需的各种类和对象，即决定把哪些数据和操作封装在一起；二是考虑怎样向有关对象发送消息，以完成所需的任务。这时面向对象的程序如同一个总调度，不断地向各个对象发出消息，让这些对象活动起来（或者说激活这些对象），完成自己职责范围内的工作。

各个对象的操作完成了，整体任务也就完成了。显然，对一个大型任务来说，面向对象程序设计方法是十分有效的，它能大大降低程序设计人员的工作难度，减少出错机会。

面向对象开发的程序可以描述成“对象 + 消息”。面向对象编程的一般流程为：现实世界→面向对象建模（类图、对象、方法）→面向对象语言→执行求解。

11.2.3 面向对象的特点

面向对象技术充分体现了分解、抽象、模块化、信息隐藏等思想，有效提高了软件生产率、缩短了软件开发时间，提高了软件质量，是控制复杂度的有效途径。

面向对象不仅适合普通人员，也适合经理人员。降低维护开销的技术可以释放管理者的资源，将其投入到待处理的应用中。在经理人员看来，面向对象不是纯技术的，它给企业的组织和经理的工作带来变化。

当一个企业采纳了面向对象时，其组织将发生变化。类的重用需要类库和类库管理人员，每个程序员都要加入两个组中的一个：一个是设计和编写新类组，另一个是应用类创建新应用程序组。面向对象不太强调编程，需求分析相对地将变得更加重要。

面向对象编程主要有代码容易修改、代码重用性高、满足用户需求 3 个特点。

① 代码容易修改。面向对象编程的代码都是封装在类里面，如果类的某个属性发生变化，只需要修改类中成员函数的实现即可，其他的程序函数不发生改变。如果类中属性变化较大，则使用继承的方法重新派生新类。

② 代码重用性高。面向对象编程的类都是具有特定功能的封装，需要使用类中特定的功能，只需要声明该类并调用其成员函数即可。如果需要的功能在不同类，还可以进行多重继承，将不同类的成员封装到一个类中。功能的实现可以像搭积木一样随意组合，大大提高了代码的重用性。

③ 满足用户需求。由于面向对象编程的代码重用性高，用户的要求发生变化时，只需要修改发生变化的类。如果用户的要求变化较大，就对类进行重新组装，将变化大的类重新开发，功能没有发生变化的类可以直接使用。面向对象编程可以及时地响应用户需求的变化。

11.3 统一建模语言

11.3.1 统一建模语言概述

模型是用某种工具对同类或其他工具的表达方式，是系统语义的完整抽象。模型可以分解为包的层次结构，最外层的包应用于整个系统。模型的内容是从顶层包到模型元素的包所含关系的闭包。

模型可以用于精确地捕获项目的需求和应用领域中的知识，以使各方面的利益相关者能够相互理解并达成一致。

UML（统一建模语言）是一种直观化、明确化、构建和文档化软件系统产物的通用可视化建模语言。UML 记录了被构建系统的有关决定和理解，可用于对系统的理解、设计、浏览、配置以及信息控制。UML 的应用贯穿在系统开发的需求分析、分析、设计、构造、测试 5 个阶段，它包括概念的语义、表示法和说明，提供静态、动态、系统环境及组织结构的建模。统一建模语言是一种图形化的文档描述性语言，解决的核心问题是沟通障碍的问题。UML 是总结了以往建模技术的经验并吸收当今优秀成果的标准建模方法。

11.3.2 统一建模语言的结构

UML 由图和元模型共同组成，其中图是 UML 的语法，而元模型则是 UML 的语义。UML 的语义定义在一个 4 层抽象级建模概念框架中，这 4 层结构分别是元介质模型层、元模型层、模型层和用户模型层。

（1）元介质模型层

该层描述基本的类型、属性、关系，这些元素都用于定义 UML 元模型。元介质模型层强调用少数功能较强的模型成分来组合表达复杂的语义，每一个方法和技术都应在相对独立的抽象层次上。

（2）元模型层

该层组成了 UML 的基本元素，包括面向对象和面向组件的概念。这一层的每个概念都在元介质模型层的“事物”的实例中。

（3）模型层

该层组成了 UML 的模型，这一层中的每个概念都是在元模型层中概念的一个实例。这一层的模型通常称为类模型或类型模型。

（4）用户模型层

该层中的所有元素都是UML模型的例子。这一层中的每个概念都是模型层的一个实例，也是元模型层的一个实例。这一层的模型通常称为对象模型或实例模型。

UML 使用模型来描述系统的结构或静态特征、行为或动态特征，它通过不同的视图来体现行为或动态特征。常用的视图有以下几种。

① 用例视图。该视图强调以用户的角度所看到的或需要的系统功能为出发点建模。这种视图有时也被称为用户模型视图。

② 逻辑视图。该视图用于展现系统的静态和结构组成及其特征。这种视图也被称为结构模型视图或静态视图。

③ 并发视图。该视图体现了系统的动态或者行为特征。这种视图也被称为行为模型视图、过程视图、写作视图或者动态视图。

④ 组件视图。该视图体现了系统实现的结构和行为特征。这种视图有时也被称为模型实现视图。

⑤ 开发视图。该视图体现了系统实现环境的结构和行为特征。这种视图也被称为物理视图。

UML 的视图都是由一个或多个图共同组成的。一个图体现一个系统架构的某个功能，所有的图一起组成了系统的完整视图。UML 提供了 9 种不同的图，分别是用例图、类图、对象图、组件图、配置图、序列图、写作图、状态图和活动图。

活动图如图 11.1 所示。

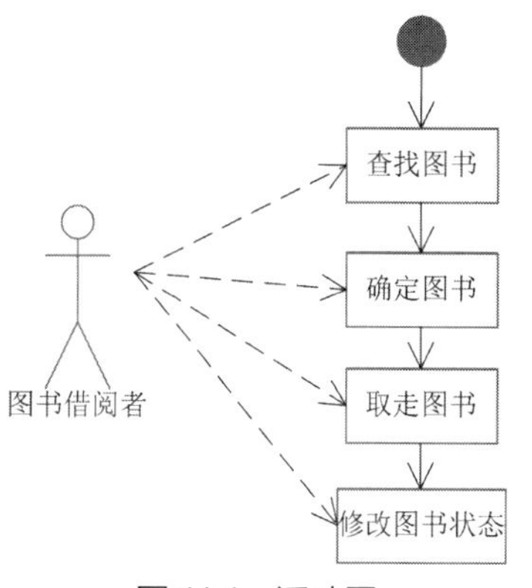

图 11.1　活动图

如图 11.1 所示，一个图书借阅者使用图书管理系统先查找图书，然后确定想要的图书，接着取走图书，最后查询和修改图书在系统中的状态。

UML 除提供了 9 种视图以外，还提供了包图和交互图，如图 11.2、图 11.3 所示。包图描述了类的结构，交互图则描述了类对象的交互步骤。

图书管理系统中的查询模块，包括了查询抽象类包、通过书名查询包、通过作者查询包。通过书名查询包和通过作者查询包都派生于查询抽象类包，并且都调用其他子系统下的数据库包。

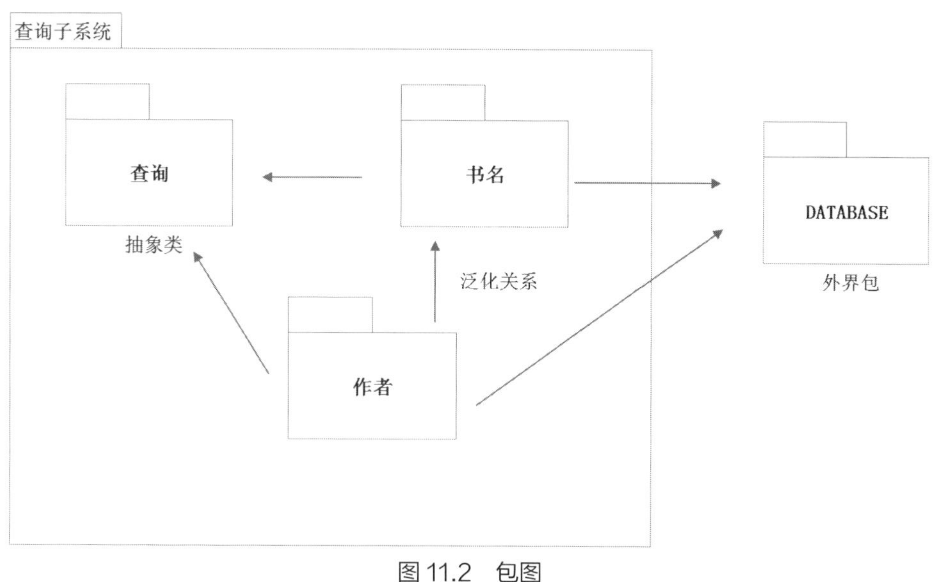

图 11.2　包图

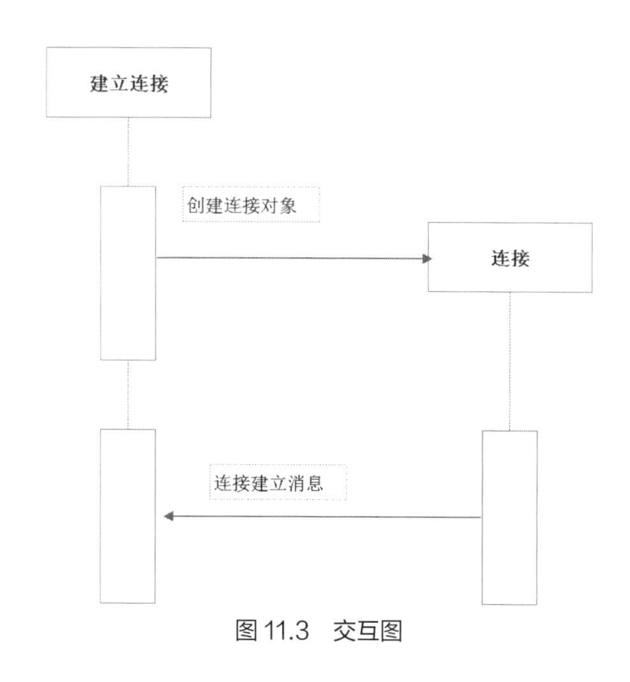

图 11.3　交互图

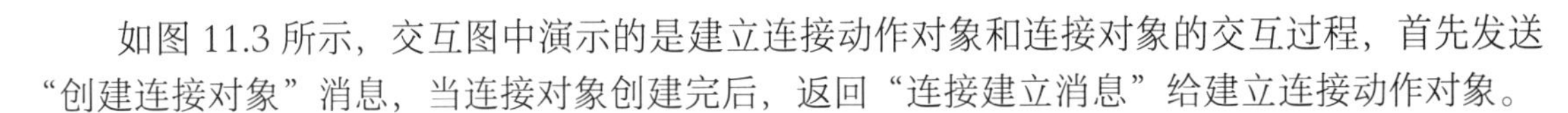

如图 11.3 所示，交互图中演示的是建立连接动作对象和连接对象的交互过程，首先发送“创建连接对象”消息，当连接对象创建完后，返回“连接建立消息”给建立连接动作对象。

11.3.3 面向对象的建模

面向对象的建模是一种新的思维方式，是一种关于计算机和信息结构化的新思维。面向对象的建模，把系统看作相互协作的对象，这些对象是结构和行为的封装，都属于某个类，这些类具有某种层次化的结构。系统的所有功能通过对象之间相互发送消息来获得。面向对象的建模可以视为一个包含以下元素的概念框架：抽象、封装、模块化、层次、分类、并行、稳定、可重用和可扩展。

本章知识思维导图

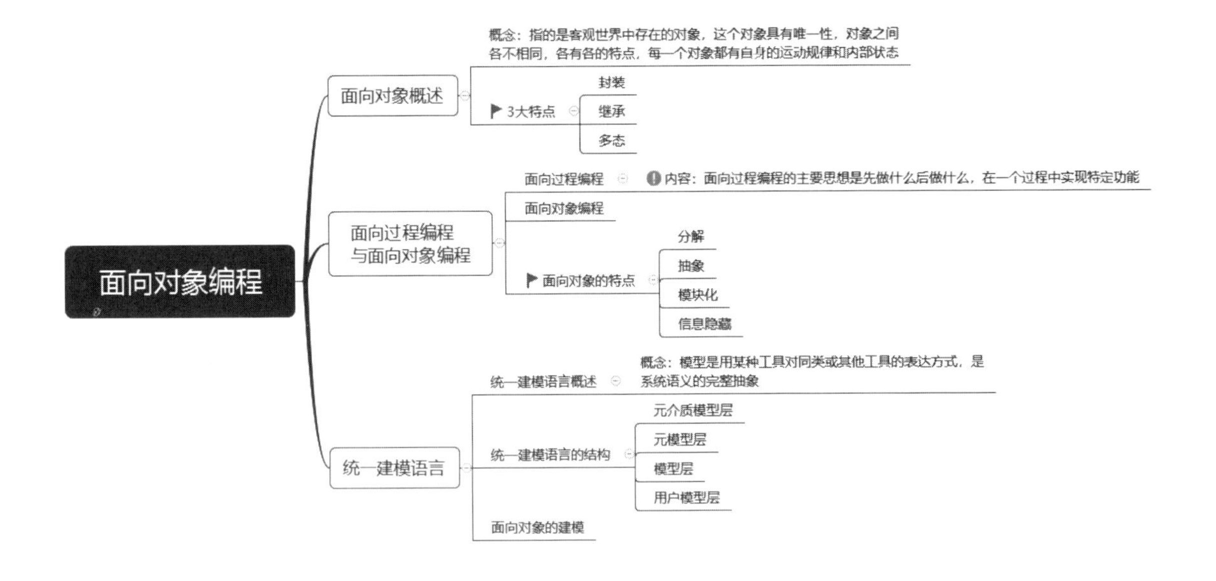

第 12 章

类和对象

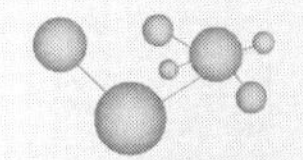

本章学习目标

- 掌握 C++ 类。
- 熟悉构造函数。
- 熟悉析构函数。
- 掌握类成员。
- 熟悉友元函数。
- 熟悉命名空间。

12.1 C++ 类

12.1.1 类概述

面向对象中的对象需要通过定义类来声明。对象一词是一种形象的说法，在编写代码过程中则是通过定义一个类来实现。

C++ 类不同于汉语中的类、分类、类型，它是一个特殊的概念，可以是对同一类型事物进行抽象处理，也可以是一个层次结构中的不同层次节点。例如将客观世界看成一个 Object 类，动物是客观世界中的一小部分，定义为 Animal 类，狗是一种哺乳动物，定义为 Dog 类，鱼也是一种动物，定义为 Fish 类，类的层次关系如图 12.1 所示。

类是一个新的数据类型，它和结构体有些相似，是由不同数据类型组成的集合体，但类比结构体增加了操作数据的行为，这个行为就是函数。

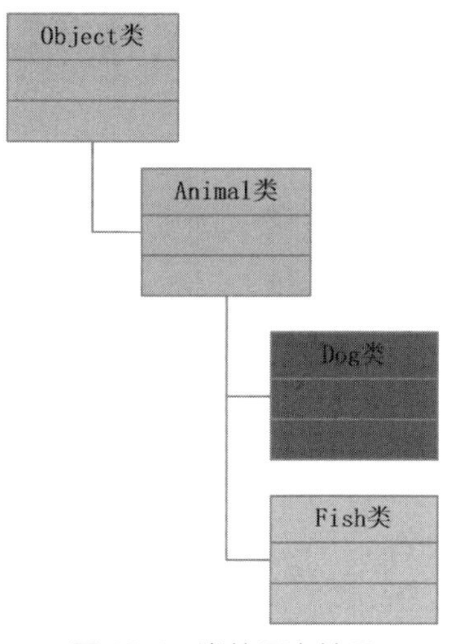

图 12.1　类的层次关系

12.1.2 类的声明与定义

在 12.1.1 节中已经对类的概念进行了说明，可以看出类是用户自己指定的类型。如果程序中要用到类这种类型，就必须自己根据需要进行声明，或者使用别人设计好的类。

类的声明格式为：

```
class 类名标识符
{
[public:]
[ 数据成员的声明 ]
[ 成员函数的声明 ]
[private:]
[ 数据成员的声明 ]
[ 成员函数的声明 ]
[protected:]
[ 数据成员的声明 ]
[ 成员函数的声明 ]
};
```

类的声明格式的说明如下。

- class 是定义类的关键字，大括号内被称为类体或类空间。
- 类名标识符指定的就是类名，类名是一个新的数据类型，通过类名可以声明对象。
- 类的成员有函数和数据两种类型。
- 大括号内是定义和声明类成员的地方，关键字 public、private、protected 是类成员访问的修饰符。

类中的数据成员的类型可以是任意的，包含整型、浮点型、字符型、数组、指针和引用等，也可以是对象。另一个类的对象可以作为该类的成员，但是自身类的对象不可以作为该类的成员，而自身类的指针或引用又是可以作为该类的成员的。

注意：
定义类和定义结构体时大括号后要有分号。

例如给出一个员工信息类声明，代码如下：

```
01  class CPerson
02  {
03      //数据成员
04      int m_iIndex;                           //声明数据成员
05      char m_cName[20];                       //声明数据成员
06      short m_shAge;                          //声明数据成员
07      double m_dSalary;                       //声明数据成员
08      //成员函数
09      short getAge();                         //声明成员函数
10      int setAge(short sAge);                 //声明成员函数
11      int getIndex();                         //声明成员函数
12      int setIndex(int iIndex);               //声明成员函数
13      char* getName();                        //声明成员函数
14      int setName(char cName[20]);            //声明成员函数
15      double getSalary();                     //声明成员函数
16      int setSalary(double dSalary);          //声明成员函数
17  };
```

在代码中，class 关键字是用来定义类这种类型的，CPerson 是定义的员工信息类名称，在大括号中包含了 4 个数据成员（分别表示 CPerson 类的属性）和 8 个成员函数（表示 CPerson 类的行为）。

12.1.3 类的实现

12.1.2 节只是在 CPerson 类中声明了类的成员，然而要使用这个类中的行为，即成员函数，还要对其定义具体的操作。下面来看一下是如何定义类中的行为的。

C++ 可以实现将函数的声明和函数的定义放在不同的文件内，一般在头文件放入函数的声明，在实现文件中放入函数的实现。同样，可以将类的定义放在头文件中，将类成员函数的实现放在实现文件内。存放类的头文件和实现文件最好同类名相同或相似。例如将 CPerson 类的声明部分放在 Person.h 文件内，代码如下：

```
01  #include <stdio.h>
02  #include <stdlib.h>
03  #include <string.h>
04  class CPerson
05  {
06  public:
07      //数据成员
08      int m_iIndex;
09      char m_cName[25];
10      short m_shAge;
11      double m_dSalary;
12      //成员函数
13      short getAge();
14      int setAge(short sAge);
15      int getIndex() ;
16      int setIndex(int iIndex);
17      char* getName() ;
18      int setName(char cName[25]);
19      double getSalary() ;
20      int setSalary(double dSalary);
21  };
```

将 CPerson 类的实现部分放在 Person.cpp 文件内，代码如下：

```
01  #include "Person.h"
02  //类成员函数的实现部分
03  short CPerson::getAge()
04  {
05      return m_shAge;
06  }
07  int CPerson::setAge(short sAge)
08  {
09      m_shAge=sAge;
10      return 0;                                    //执行成功返回 0
11  }
12  int CPerson::getIndex()
13  {
14      return m_iIndex;
15  }
16  int CPerson::setIndex(int iIndex)
17  {
18      m_iIndex=iIndex;
19      return 0;                                    //执行成功返回 0
20  }
21  char* CPerson::getName()
22  {
23      return m_cName;
24  }
25  int CPerson::setName(char cName[25])
26  {
27      strcpy(m_cName,cName);
28      return 0;                                    //执行成功返回 0
29  }
30  double CPerson::getSalary()
31  {
32      return m_dSalary;
33  }
34  int CPerson::setSalary(double dSalary)
35  {
36      m_dSalary=dSalary;
37      return 0;                                    //执行成功返回 0
38  }
```

此时整个工程所有文件如图 12.2 所示。

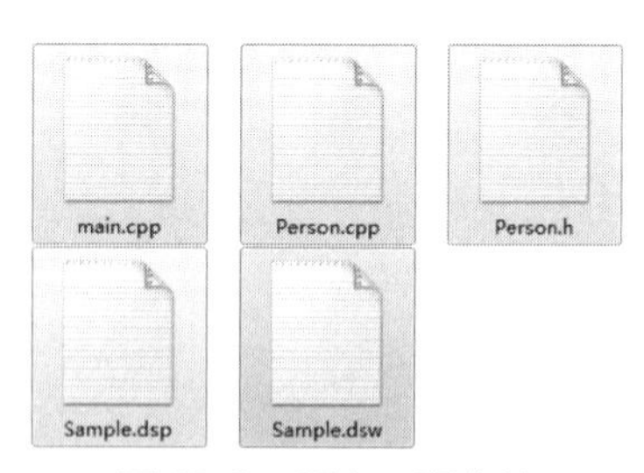

图 12.2　所有工程文件

关于类的实现有以下两点说明。

① 类的数据成员需要初始化，成员函数还要添加实现代码。类的数据成员不可以在类的声明中初始化。例如：

```
01  class CPerson
02  {
03      //数据成员
```

```
04        int m_iIndex=1;                          //错误写法，不应该初始化
05        char m_cName[25]="Mary";                 //错误写法，不应该初始化
06        short m_shAge=22;                        //错误写法，不应该初始化
07        double m_dSalary=1700.00;                //错误写法，不应该初始化
08        //成员函数
09        short getAge();
10        int setAge(short sAge);
11        int getIndex();
12        int setIndex(int iIndex);
13        char* getName();
14        int setName(char cName[25]);
15        double getSalary();
16        int setSalary(double dSalary);
17    };
```

上面代码是不能通过编译的。

② 空类是 C++ 中最简单的类，其声明方式为:

```
class CPerson{ };
```

空类只是起到占位的作用，需要时再定义类成员及实现。

12.1.4 对象的声明

定义一个新类后，就可以通过类名来声明一个对象。声明的形式为:

```
类名 对象名表；
```

类名是定义好的新类的标识符。对象名表中是一个或多个对象的名称，如果声明的是多个对象，就用逗号运算符分隔。

① 声明一个对象，例如:

```
CPerson p;
```

② 声明多个对象，例如:

```
CPerson p1,p2,p3;
```

声明完对象就可以引用对象了。对象的引用有两种方式：一种是成员引用方式，另一种是对象指针方式。

(1) 成员引用方式

成员变量引用的表示形式为:

```
对象名 . 成员名
```

这里“.”是一个运算符，该运算符的功能是表示对象的成员。

成员函数引用的表示形式为:

```
对象名 . 成员名 (参数表)
```

例如:

```
01    CPerson p;
02    p.m_iIndex;
```

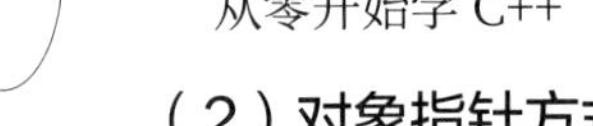

（2）对象指针方式

对象声明形式中的对象名表，除了是用逗号运算符分隔的多个对象名外，还可以是对象名数组、对象名指针和引用形式的对象名。

声明一个对象指针：

```
CPerson *p;
```

要想使用对象的成员，需要“->”运算符，它是表示成员的运算符，与“.”运算符的意义相同。“->”用来表示对象指针所指的成员，对象指针就是指向对象的指针。例如：

```
01   CPerson *p;
02   p->m_iIndex;
```

下面的对象数据成员的两种表示形式是等价的：

```
对象指针名 -> 数据成员
```

与

```
(* 对象指针名 ). 数据成员
```

同样，下面的成员函数的两种表示形式是等价的：

```
对象指针名 -> 成员名（参数表）
```

与

```
(* 对象指针名 ). 成员名（参数表）
```

例如：

```
01   CPerson *p;
02   (*p).m_iIndex;                              // 对类中的成员进行引用
03   p->m_iIndex;                                // 对类中的成员进行引用
```

[实例 12.1]　（源码位置：资源包 \Code\12\01）

对象的引用

在本实例中，利用前文声明的类定义对象，然后使用该对象引用类中的成员。

```
01   #include <iostream.h>
02   #include "Person.h"
03   void main()
04   {
05       int iResult=-1;
06       CPerson p;
07       iResult=p.setAge(25);
08       if(iResult>=0)
09           cout << "m_shAge is:" << p.getAge() << endl;
10       iResult=p.setIndex(0);
11       if(iResult>=0)
12           cout << "m_iIndex is:" << p.getIndex() << endl;
13       char bufTemp[]="Mary";
14       iResult=p.setName(bufTemp);
15       if(iResult>=0)
```

```
16          cout << "m_cName is:" << p.getName() << endl;
17      iResult=p.setSalary(1700.25);
18      if(iResult>=0)
19          cout << "m_dSalary is:" << p.getSalary() << endl;
20  }
```

在实例 12.1 中可以看到，首先使用 CPerson 类定义对象 p，然后使用 p 引用类中的成员函数。

p.setAge(25) 引用类中的 setAge 成员函数，将参数中的数据赋值给数据成员，设置对象的属性。函数的返回值赋给 iResult 变量，通过 iResult 变量值判断函数 setAge 为数据成员赋值是否成功。如果成功，使用 p.getAge() 得到赋值的数据，然后将其输出显示。

之后使用对象 p 依次引用成员函数 setIndex、setName 和 setSalary，然后通过对 iResult 变量值的判断，决定是否输出成员函数 getIndex、getName 和 getSalary。

12.2 构造函数

12.2.1 构造函数概述

在类的实例进入其作用域时，也就是建立一个对象，构造函数就会被调用，那么构造函数的作用是什么呢？当建立一个对象时，常常需要做某些初始化的工作，例如对数据成员进行赋值、设置类的属性，而这些操作刚好放在构造函数中完成。

前文介绍过结构体的相关知识，在对结构体进行初始化时，可以使用下面的方法，例如：

```
01  struct PersonInfo
02  {
03      int index;
04      char name[25];
05      short age;
06  };
07  void InitStruct()
08  {
09      PersonInfo p={1,"MR",22};
10  }
```

但是类不能像结构体一样初始化，其构造方法如下：

```
01  class CPerson
02  {
03      public:
04      CPerson();              // 构造函数
05      int m_iIndex;
06      int getIndex();
07  };
08  // 构造函数
09  CPerson::CPerson()
10  {
11      m_iIndex=10;
12  }
```

CPerson() 是默认构造函数，不显式地写上函数的声明也可以。

构造函数是可以有参数的，通过修改上面的代码，使其带有参数，例如：

```
01  class CPerson
02  {
03      public:
04      CPerson(int iIndex);                               // 构造函数
05      int m_iIndex;
06      int setIndex(int iIndex);
07  };
08  CPerson::CPerson(int iIndex)                           // 构造函数
09  {
10      m_iIndex= iIndex;
11  }
```

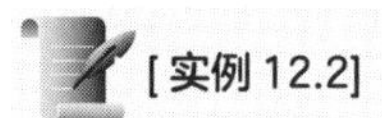

[实例 12.2]（源码位置：资源包 \Code\12\02）

使用构造函数进行初始化操作

```
01  #include <iostream>
02  using namespace std;
03  class CPerson                                          // 定义 CPerson 类
04  {
05  public:
06      CPerson();
07      CPerson(int iIndex,short m_shAge,double m_dSalary);
08      int m_iIndex;
09      short m_shAge;
10      double m_dSalary;
11      int getIndex();
12      short getAge();
13      double getSalary();
14  };
15  CPerson::CPerson()                                     // 在默认构造函数中初始化
16  {
17      m_iIndex=0;
18      m_shAge=10;
19      m_dSalary=1000;
20  }
21  CPerson::CPerson(int iIndex,short m_shAge,double m_dSalary) // 在带参数的构造函数中初始化
22  {
23      m_iIndex=iIndex;
24      m_shAge=m_shAge;
25      m_dSalary=m_dSalary;
26  }
27  int CPerson::getIndex()
28  {
29      return m_iIndex;
30  }
31  void main()                                            // 在 main 函数中输出类的成员值
32  {
33      CPerson p1;
34      cout << "m_iIndex is:" << p1.getIndex() << endl;
35
36      CPerson p2(1,20,1000);
37      cout << "m_iIndex is:" << p2.getIndex() << endl;
38  }
```

程序运行结果如图 12.3 所示。

程序声明了两个对象 p1 和 p2，p1 使用默认构造函数初始化成员变量，p2 使用带参数的构造函数初始化，所以在调用同一个类成员函数 getIndex 时输出结果不同。

图 12.3　实例 12.2 的程序运行结果

12.2.2　复制构造函数

在开发程序时可能需要保存对象的副本，以便在后面执行的过程中恢复对象的状态。那么如何用一个已经初始化的对象来新生成一个一模一样的对象呢？答案是使用复制构造函数来实现。复制构造函数就是函数的参数是一个已经初始化的类对象。

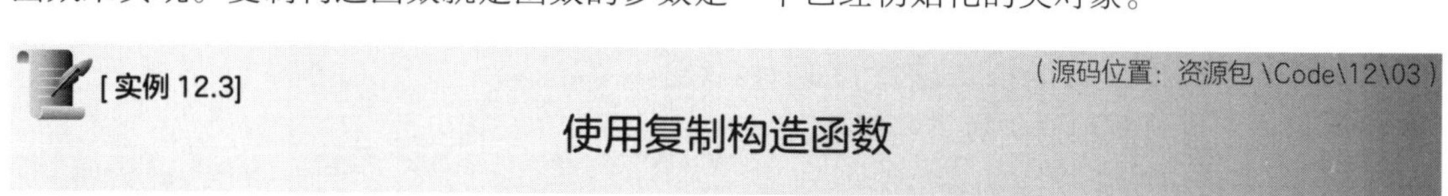

在头文件 Person.h 中声明和定义类，代码如下：

```
01  class CPerson
02  {
03      public:
04      CPerson(int iIndex,short shAge,double dSalary);           // 构造函数
05      CPerson(CPerson & copyPerson);                            // 复制构造函数
06      int m_iIndex;
07      short m_shAge;
08      double m_dSalary;
09      int getIndex();
10      short getAge();
11      double getSalary() ;
12  };
13  CPerson::CPerson(int iIndex,short shAge,double dSalary)     // 构造函数
14  {
15      m_iIndex=iIndex;
16      m_shAge=shAge;
17      m_dSalary=dSalary;
18  }
19  CPerson::CPerson(CPerson & copyPerson)                      // 复制构造函数
20  {
21      m_iIndex=copyPerson.m_iIndex;
22      m_shAge=copyPerson.m_shAge;
23      m_dSalary=copyPerson.m_dSalary;
24  }
25  short CPerson::getAge()
26  {
27      return m_shAge;
28  }
29  int CPerson::getIndex()
30  {
31      return m_iIndex;
32  }
33  double CPerson::getSalary()
34  {
35      return m_dSalary;
36  }
```

在主程序文件中实现类对象的调用，代码如下：

```
01  #include <iostream>
02  #include "Person.h"
```

```
03    using namespace std;
04    void main()
05    {
06        CPerson p1(20,30,100);
07        CPerson p2(p1);
08        cout << "m_iIndex of p1 is:" << p2.getIndex() << endl;
09        cout << "m_shAge of p1 is:" << p2.getAge() << endl;
10        cout << "m_dSalary of p1 is:" << p2.getSalary() << endl;
11        cout << "m_iIndex of p2 is:" << p2.getIndex() << endl;
12        cout << "m_shAge of p2 is:" << p2.getAge() << endl;
13        cout << "m_dSalary of p2 is:" << p2.getSalary() << endl;
14    }
```

程序运行结果如图 12.4 所示。

程序中先用带参数的构造函数声明对象 p1，然后通过复制构造函数声明对象 p2，因为 p1 已经是初始化完成的类对象，可以作为复制构造函数的参数。通过输出结果可以看出，两个对象是相同的。

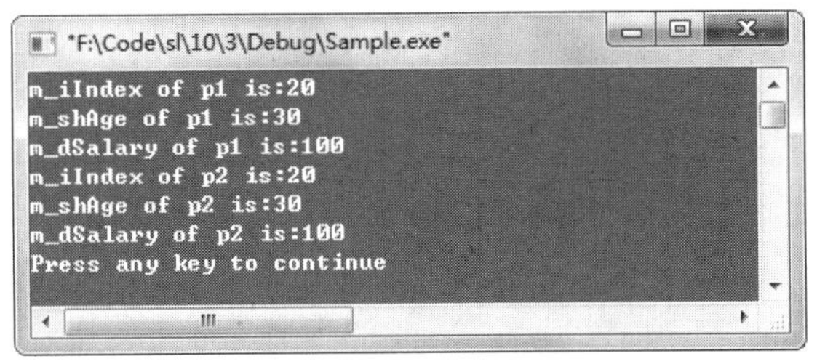

图 12.4 实例 12.3 的程序运行结果

12.3 析构函数

构造函数和析构函数是类体定义中比较特殊的两个成员函数，因为它们两个都没有返回值，而且构造函数名标识符和类名标识符相同，析构函数名标识符就是在类名标识符前面加“～”符号。

构造函数在对象创建时，给对象中的一些数据成员赋值，主要目的是初始化对象。析构函数的功能是释放一个对象，在对象删除前，用它来做一些清理工作，它与构造函数的功能正好相反。

[实例 12.4]　（源码位置：资源包 \Code\12\04）

使用析构函数

在头文件 Person.h 中声明和定义类，代码如下：

```
01    #include <iostream>
02    #include <string.h>
03    using namespace std;
04    class CPerson
05    {
06    public:
07        CPerson();
08        ~CPerson();                                        // 析构函数
09        char* m_pMessage;
10        void ShowStartMessage();
11        void ShowFrameMessage();
12    };
13    CPerson::CPerson()
14    {
15        m_pMessage = new char[2048];
16    }
17    void CPerson::ShowStartMessage()
18    {
```

```
19      strcpy(m_pMessage,"Welcome to MR");
20      cout << m_pMessage << endl;
21  }
22  void CPerson::ShowFrameMessage()
23  {
24      strcpy(m_pMessage,"**************");
25      cout << m_pMessage << endl;
26  }
27  CPerson::~CPerson()
28  {
29      delete[] m_pMessage;
30  }
```

在主程序文件中实现类对象的调用，代码如下：

```
01  #include <iostream>
02  using namespace std;
03  #include "Person.h"
04  void main()
05  {
06      CPerson p;
07      p.ShowFrameMessage();
08      p.ShowStartMessage();
09      p.ShowFrameMessage();
10  }
```

程序运行结果如图 12.5 所示。

图 12.5　实例 12.4 的程序运行结果

程序在构造函数中使用 new 为成员 m_pMessage 分配空间，在析构函数中使用 delete 释放由 new 分配的空间。成员 m_pMessage 为字符指针，在 ShowStartMessage 成员函数中输出字符指针所指向的内容。

使用析构函数注意事项如下。

① 一个类中只能定义一个析构函数。

② 析构函数不能重载。

③ 构造函数和析构函数不能使用 return 语句返回值。不用加上关键字 void。

构造函数和析构函数的调用环境说明如下。

① 自动变量的作用域是某个模块，当此模块被激活时，自动变量调用构造函数；当退出此模块时，会调用析构函数。

② 全局变量在进入 main 函数之前会调用构造函数，在程序终止时会调用析构函数。

③ 动态分配的对象在使用 new 为对象分配内存时会调用构造函数，使用 delete 删除对象时会调用析构函数。

④ 临时变量是为支持计算，由编译器自动产生的。临时变量的生存期的开头和结尾会调用构造函数和析构函数。

12.4　类成员

12.4.1　访问类成员

类的三大特点中包括“封装性”，封装在类里面的数据可以设置成对外可见或不可见。

通过关键字 public、private、protected 可以设置类中数据成员对外是否可见，也就是其他类是否可以访问该数据成员。

关键字 public、private、protected 说明类成员是共有的、私有的还是保护的。这 3 个关键字将类划分为 3 个区域，在 public 区域的类成员可以在类作用域外被访问，而 private 区域和 protected 区域只能在类作用域内被访问，如图 12.6 所示。

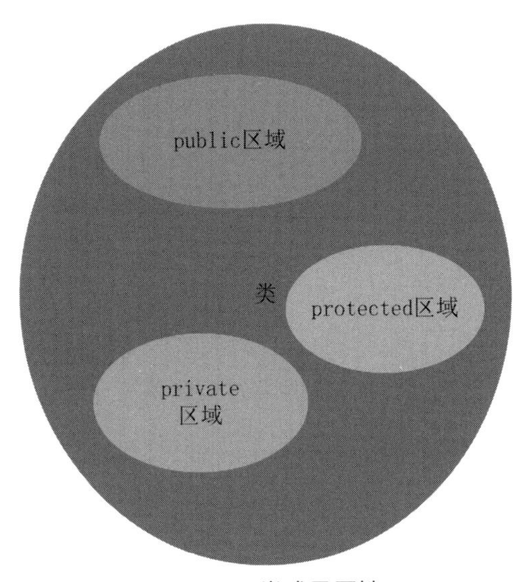

图 12.6　类成员属性

这 3 种类成员的属性如下。

- public 属性的成员对外可见，对内可见。
- private 属性的成员对外不可见，对内可见。
- protected 属性的成员对外不可见，对内可见，且对派生类是可见的。

如果在类定义时没有加任何关键字，默认状态下类成员都在 private 区域。

例如在头文件 Person.h 中：

```
01   class CPerson
02   {
03       int m_iIndex;
04       int getIndex() { return m_iIndex; }
05       int setIndex(int iIndex)
06       {
07           m_iIndex=iIndex;
08           return 0;                                    //执行成功返回 0
09       }
10   };
```

在实现文件 Person.cpp 中：

```
01   #include <iostream.h>
02   #include "Person.h"
03   void main()
04   {
05       CPerson p;
06       p.m_iIndex=100;                                  //错误
07       cout << "m_iIndex is:" << p.getIndex() << endl;  //错误
08   }
```

在编译上面的代码时，会发现编译不能通过，这是什么原因呢？因为在默认状态下，类成员的属性为 private，所以类成员只能被类中的其他成员访问，而不能被外部访问。例如，CPerson 类中的 m_iIndex 数据成员，只能在类体的作用域内被访问和赋值，数据类型为 CPerson 类的对象 p 无法对 m_iIndex 数据成员进行赋值。

有了不同区域，开发人员可以根据需求进行封装，将不想让其他类访问和调用的类成员定义在 private 区域和 protected 区域，这就保证了类成员的隐蔽性。需要注意的是，如果将成员的属性设置为 protected，那么继承类也可以访问父类的保护成员，但是不能访问类中的私有成员。

关键字的作用范围是直到下一次出现另一个关键字为止。例如：

```
01   class CPerson
02   {
03   private:
04       int m_iIndex;                          //私有属性成员
05   public:
06       int getIndex() { return m_iIndex; }    //公有属性成员
07       int setIndex(int iIndex)               //公有属性成员
08       {
09           m_iIndex=iIndex;
10           return 0;                          //执行成功返回 0
11       }
12   };
```

在上面的代码中，private 访问权限控制符设置 m_iIndex 成员变量为私有。使用 public 关键字将其下面的成员函数设置为公有，从中可以看出 private 的作用域到 public 出现时为止。

12.4.2 内联成员函数

在定义函数时，可以使用 inline 关键字将函数定义为内联函数。在定义类的成员函数时，也可以使用 inline 关键字将成员函数定义为内联成员函数。其实，对于成员函数来说，如果其定义是在类体中，即使没有使用 inline 关键字，该成员函数也被认为是内联成员函数。例如:

```
01   class CUser                                //定义一个 CUser 类
02   {
03   private:
04       char m_Username[128];                  //定义数据成员
05       char m_Password[128];
06   public:
07       inline char* GetUsername()const;       //定义一个内联成员函数
08   };
09   char* CUser::GetUsername()const            //实现内联成员函数
10   {
11       return (char*)m_Username;
12   }
```

程序中，使用 inline 关键字将类中的成员函数设置为内联成员函数。此外，也可以在类成员函数的实现部分使用 inline 关键字标识函数为内联成员函数。例如:

```
01   class CUser                                //定义一个 CUser 类
02   {
03   private:
04       char m_Username[128];                  //定义数据成员
05       char m_Password[128];
06   public:
07       char* GetUsername()const;              //定义成员函数
08   };
09   inline char* CUser::GetUsername()const     //函数为内联成员函数
10   {
11       return (char*)m_Username;              //设置返回值
12   }
```

程序中的代码演示了在何处使用关键字 inline。对于内联函数来说，程序会在函数调用的地方直接插入函数代码，如果函数体语句较多，则会导致程序代码膨胀。如果将类的析构函数定义为内联函数，可能会导致潜在的代码膨胀。

12.4.3 静态类成员

本节之前所定义的类成员，都是通过对象来访问的，不能通过类名直接访问。如果将类成员定义为静态类成员，则允许使用类名直接访问。静态类成员是在类成员定义前使用static 关键字标识。例如：

```
01    class CBook
02    {
03    public:
04        static unsigned int m_Price;                   // 定义一个静态数据成员
05    };
```

在定义静态数据成员时，通常需要在类体外部对静态数据成员进行初始化。例如：

```
unsigned int CBook::m_Price = 10;                        // 初始化静态数据成员
```

对于静态数据成员来说，不仅可以通过对象访问，还可以直接使用类名访问。例如：

```
01    int main(int argc, char* argv[])
02    {
03        CBook book;                                    // 定义一个 CBook 类对象 book
04        cout << CBook::m_Price << endl;                // 通过类名访问静态数据成员
05        cout<<book.m_Price<<endl;                      // 通过对象访问静态数据成员
06        return 0;
07    }
```

在一个类中，静态数据成员是被所有的类对象所共享的，这就意味着无论定义多少个类对象，类的静态数据成员只有一个；同时，如果某一个对象修改了静态数据成员，其他对象的静态数据成员（实际上是同一个静态数据成员）也将改变。

对于静态数据成员，还需要注意以下几点。

① 静态数据成员可以是当前类的类型，而其他数据成员只能是当前类的指针或引用类型。

在定义类成员时，对于静态数据成员，其类型可以是当前类的类型，而非静态数据成员则不可以，除非类型为当前类的指针或引用类型。例如：

```
01    class CBook
02    {
03    public:
04        static unsigned int m_Price ;
05        CBook m_Book;                                  // 非法的定义，不允许在该类中定义所属类的对象
06        static CBook m_VCbook;                         // 正确，静态数据成员允许定义类的所属类对象
07        CBook *m_pBook;                                // 正确，允许定义类的所属类型的指针类型对象
08    };
```

② 静态数据成员可以作为成员函数的默认参数。

在定义类的成员函数时，可以为成员函数指定默认参数，其参数的默认值也可以是类的静态数据成员，但是不同的数据成员不能作为成员函数的默认参数。例如：

```
01    class CBook                                        // 定义 CBook 类
02    {
03    public:
04        static unsigned int m_Price ;                  // 定义一个静态数据成员
05        int m_Pages;                                   // 定义一个普通数据成员
06        void OutputInfo(int data = m_Price)            // 定义一个函数，以静态数据成员作为默认参数
07        {
08            cout <<data<< endl;                        // 输出信息
09        }
```

```
10      void OutputPage(int page = m_Pages)    //错误的定义，类的普通数据成员不能作为默认参数
11      {
12          cout << page<< endl;                //输出信息
13      }
14  };
```

在介绍完类的静态数据成员之后，下面介绍类的静态成员函数。定义类的静态成员函数与定义普通的成员函数类似，只是在成员函数前添加static关键字。例如:

```
static void OutputInfo();                       //定义类的静态成员函数
```

类的静态成员函数只能访问类的静态数据成员，而不能访问普通的数据成员。例如:

```
01  class CBook                                 //定义一个类CBook
02  {
03  public:
04      static unsigned int m_Price ;           //定义一个静态数据成员
05      int m_Pages;                            //定义一个普通数据成员
06      static void OutputInfo()                //定义一个静态成员函数
07      {
08          cout << m_Price<< endl;             //正确的访问
09          cout << m_Pages<< endl;             //非法的访问，不能访问非静态数据成员
10      }
11  };
```

在上述代码中，语句“cout << m_Pages<< endl;”是错误的，因为m_Pages是非静态数据成员，不能在静态成员函数中访问。

此外，静态成员函数不能定义为const成员函数，即静态成员函数末尾不能使用const关键字。例如，下面的静态成员函数的定义是非法的:

```
static void OutputInfo()const;                  //错误的定义，静态成员函数不能使用const关键字
```

在定义静态成员函数时，如果函数的实现代码处于类体之外，则在函数的实现部分不能再标识static关键字。例如，下面的函数定义是非法的:

```
01  static void CBook::OutputInfo()             //错误的函数定义，不能使用static关键字
02  {
03      cout << m_Price << endl;                //输出信息
04  }
```

上述代码如果去掉static关键字则是正确的。例如:

```
01  void CBook::OutputInfo()                    //正确的函数定义
02  {
03      cout << m_Price<< endl;                 //输出信息
04  }
```

12.4.4 隐藏的this指针

对于类的非静态成员，每一个对象都有自己的一份副本，即每个对象都有自己的数据成员，不过成员函数却是每个对象共享的。那么调用共享的成员函数是如何找到自己的数据成员的呢？答案就是通过类中隐藏的this指针。下面通过对例子的讲解来说明this指针的作用。

例如，每一个对象都有自己的一份副本。代码如下:

```
01  class CBook                                  // 定义一个 CBook 类
02  {
03  public:
04      int m_Pages;                             // 定义一个数据成员
05      void OutputPages()                       // 定义一个成员函数
06      {
07          cout<<m_Pages<<endl;                 // 输出信息
08      }
09  };
10  int main(int argc, char* argv[])
11  {
12      CBook vbBook,vcBook;                     // 定义两个 CBook 类对象
13      vbBook.m_Pages = 512;                    // 设置 vbBook 对象的数据成员
14      vcBook.m_Pages = 570;                    // 设置 vcBook 对象的数据成员
15      vbBook.OutputPages();                    // 调用 OutputPages 方法输出 vbBook 对象的数据成员
16      vcBook.OutputPages();                    // 调用 OutputPages 方法输出 vcBook 对象的数据成员
17      return 0;
18  }
```

程序运行结果如图 12.7 所示。

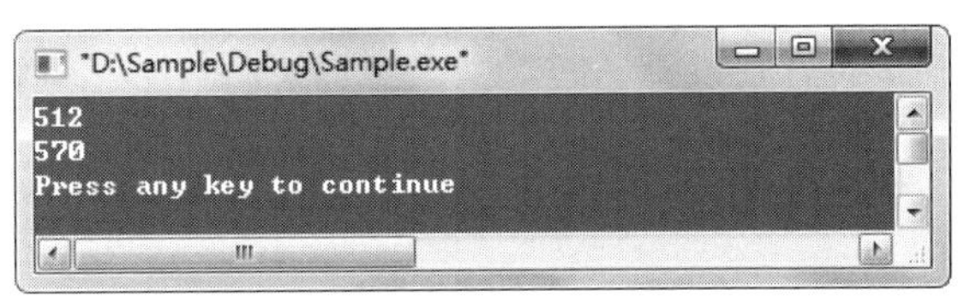

图 12.7 程序运行结果

从上述程序中可以发现，vbBook 和 vcBook 两个对象均有自己的数据成员 m_Pages，在调用 OutputPages 成员函数时输出的均是自己的数据成员。在 OutputPages 成员函数中只是访问了 m_Pages 数据成员，每个对象在调用 OutputPages 成员函数时是如何区分自己的数据成员呢？答案是通过 this 指针。在每个类的成员函数（非静态成员函数）中都隐含包含一个 this 指针，指向被调用对象的指针，其类型为当前类类型的指针类型，在 const 方法中，为当前类类型的 const 指针类型。当 vbBook 对象调用 OutputPages 成员函数时，this 指针指向 vbBook 对象；当 vcBook 对象调用 OutputPages 成员函数时，this 指针指向 vcBook 对象。在 OutputPages 成员函数中，用户可以显式地使用 this 指针访问数据成员。例如：

```
01  void OutputPages()
02  {
03      cout <<this->m_Pages<<endl;              // 使用 this 指针访问数据成员
04  }
```

实际上，编译器为了实现 this 指针，在成员函数中自动添加了 this 指针对数据成员的方法，类似于上面的 OutputPages 成员函数。此外，为了将 this 指针指向当前调用对象，并能够在成员函数中使用，在每个成员函数中都隐含包含一个 this 指针作为函数参数，并在函数调用时将对象自身的地址隐含作为实参传递。例如，以 OutputPages 成员函数为例，编译器将其定义为：

```
01  void OutputPages(CBook* this)                // 隐含添加 this 指针
02  {
03      cout <<this->m_Pages<<endl;
04  }
```

在对象调用成员函数时，传递对象的地址到成员函数中。以“vbBook.OutputPages();”语句为例，编译器将其解释为“vbBook.OutputPages(&vbBook);”，这就使得 this 指针合法，

并能够在成员函数中使用。

12.4.5 嵌套类

C++ 允许在一个类中定义另一个类，这被称为嵌套类。例如，下面的代码在定义 CList 类时，在内部又定义了一个嵌套类 CNode。

```
01  #define MAXLEN 128                              // 定义一个宏
02  class CList                                     // 定义 CList 类
03  {
04  public:                                         // 嵌套类为公有的
05      class CNode                                 // 定义嵌套类 CNode
06      {
07          friend class CList;                     // 将 CList 类作为自己的友元类
08      private:
09          int m_Tag;                              // 定义私有数据成员
10      public:
11          char m_Name[MAXLEN];                    // 定义公有数据成员
12      };                                          //CNode 类定义结束
13  public:
14      CNode m_Node;                               // 定义一个 CNode 类型数据成员
15      void SetNodeName(const char *pchData)       // 定义成员函数
16      {
17          if (pchData != NULL)                    // 判断指针是否为空
18          {
19              strcpy(m_Node.m_Name,pchData);      // 访问 CNode 类的公有数据成员
20          }
21      }
22      void SetNodeTag(int tag)                    // 定义成员函数
23      {
24          m_Node.m_Tag = tag;                     // 访问 CNode 类的私有数据成员
25      }
26  };
```

上述的代码在嵌套类 CNode 中定义了一个私有数据成员 m_Tag，定义了一个公有数据成员 m_Name。对于外围类 CList 来说，通常它不能够访问嵌套类的私有数据成员，虽然嵌套类是在其内部定义的。但是，上述代码在定义 CNode 类时将 CList 类作为自己的友元类，这使得 CList 类能够访问 CNode 类的私有数据成员。

对于内部的嵌套类来说，只允许其在外围的类域中使用，在其他类域或者作用域中是不可见的。例如下面的定义是非法的：

```
01  int main(int argc, char* argv[])
02  {
03      CNode node;                                 // 错误的定义，不能访问 CNode 类
04      return 0;
05  }
```

上述代码在 main 函数的作用域中定义了一个 CNode 对象，导致 CNode 没有被声明的错误。对于 main 函数来说，嵌套类 CNode 是不可见的，但是可以通过使用外围的类域作为限定符来定义 CNode 对象。如下的定义是合法的：

```
01  int main(int argc, char* argv[])
02  {
03      CList::CNode node;                          // 合法的定义
04      return 0;
05  }
```

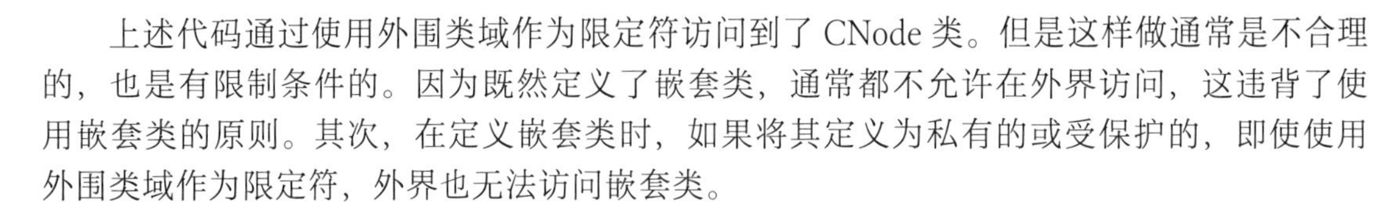
上述代码通过使用外围类域作为限定符访问到了 CNode 类。但是这样做通常是不合理的，也是有限制条件的。因为既然定义了嵌套类，通常都不允许在外界访问，这违背了使用嵌套类的原则。其次，在定义嵌套类时，如果将其定义为私有的或受保护的，即使使用外围类域作为限定符，外界也无法访问嵌套类。

12.5 友元

12.5.1 友元概述

在讲述类的内容时说明了隐藏数据成员的好处，但是有些时候，类会允许一些特殊的函数直接读写其私有数据成员。

使用 friend 关键字可以让特定的函数或者其他类的所有成员函数对私有数据成员进行读写。这既可以保持数据的私有性，又能够使特定的类或函数直接访问私有数据成员。

有时候，普通函数需要直接访问一个类的保护或私有数据成员。如果没有友元机制，则只能将类的数据成员声明为公共的，从而使任何函数都可以无约束地访问它。

普通函数直接访问类的保护或私有数据成员主要是为了提高效率。

例如，未使用友元函数的情况如下：

```
01  #include <iostream.h>
02  class CRectangle
03  {
04  public:
05      CRectangle()
06      {
07          m_iHeight=0;
08          m_iWidth=0;
09      }
10      CRectangle(int iLeftTop_x,int iLeftTop_y,int iRightBottom_x,int iRightBottom_y)
11      {
12          m_iHeight=iRightBottom_y-iLeftTop_y;
13          m_iWidth=iRightBottom_x-iLeftTop_x;
14      }
15      int getHeight()
16      {
17          return m_iHeight;
18      }
19      int getWidth()
20      {
21          return m_iWidth;
22      }
23  protected:
24      int m_iHeight;
25      int m_iWidth;
26  };
27  int ComputerRectArea(CRectangle & myRect)            // 不是友元函数的定义
28  {
29      return myRect.getHeight()*myRect.getWidth();
30  }
31  void main()
32  {
33      CRectangle rg(0,0,100,100);
34      cout << "Result of ComputerRectArea is :"<< ComputerRectArea(rg) << endl;
35  }
```

在上述代码中可以看到，ComputerRectArea 函数定义时只能对类中的函数进行引用，因为类中的函数属性都为公有属性，对外是可见的，但是数据成员的属性为受保护属性，对外是不可见的，所以只能使用公有成员函数得到想要的值。

下面来了解使用友元函数的情况：

```
01  #include <iostream.h>
02  class CRectangle
03  {
04  public:
05      CRectangle()
06      {
07          m_iHeight=0;
08          m_iWidth=0;
09      }
10      CRectangle(int iLeftTop_x,int iLeftTop_y,int iRightBottom_x,int iRightBottom_y)
11      {
12          m_iHeight=iRightBottom_y-iLeftTop_y;
13          m_iWidth=iRightBottom_x-iLeftTop_x;
14      }
15      int getHeight()
16      {
17          return m_iHeight;
18      }
19      int getWidth()
20      {
21          return m_iWidth;
22      }
23      friend int ComputerRectArea(CRectangle & myRect);       //声明为友元函数
24  protected:
25      int m_iHeight;
26      int m_iWidth;
27  };
28  int ComputerRectArea(CRectangle & myRect)                   //友元函数的定义
29  {
30      return myRect.m_iHeight*myRect.m_iWidth;
31  }
32  void main()
33  {
34      CRectangle rg(0,0,100,100);
35      cout << "Result of ComputerRectArea is :"<< ComputerRectArea(rg) << endl;
36  }
```

在 ComputerRectArea 函数的定义中可以看到：使用 CRectangle 的对象可以直接引用其中的数据成员，这是因为在 CRectangle 类中将 ComputerRectArea 函数声明为友元了。

从中可以看到，使用友元保持了 CRectangle 类中数据的私有性，起到了隐藏数据成员的作用，又使得特定的类或函数可以直接访问这些隐藏数据成员。

12.5.2 友元类

对于类的私有方法，只有在该类中允许访问，其他类是不能访问的。但在开发程序时，如果两个类的耦合度比较紧密，能够在一个类中访问另一个类的私有成员，会带来很大的方便。C++ 提供了友元类和友元方法（或者称为友元函数）来实现访问其他类的私有数据成员。当用户希望另一个类能够访问当前类的私有数据成员时，可以在当前类中将另一个类作为自己的友元类，这样在另一个类中就可以访问当前类的私有数据成员了。例如定义友元类：

```
01  class CItem                                    // 定义一个 CItem 类
02  {
03  private:
04      char m_Name[128];                          // 定义私有的数据成员
05      void OutputName()                          // 定义私有的成员函数
06      {
07          printf("%s\n",m_Name);                 // 输出 m_Name
08      }
09  public:
10      friend  class  CList;                      // 将 CList 类作为自己的友元类
11      void SetItemName(const char* pchData)      // 定义公有成员函数，设置 m_Name 成员
12      {
13          if (pchData != NULL)                   // 判断指针是否为空
14          {
15              strcpy(m_Name,pchData);            // 赋值字符串
16          }
17      }
18      CItem()                                    // 构造函数
19      {
20          memset(m_Name,0,128);                  // 初始化数据成员 m_Name
21      }
22  };
23  class CList                                    // 定义类 CList
24  {
25  private:
26      CItem m_Item;                              // 定义私有的数据成员 m_Item
27  public:
28      void OutputItem();                         // 定义公有成员函数
29  };
30  void CList::OutputItem()                       //OutputItem 函数的实现代码
31  {
32      m_Item.SetItemName("BeiJing");             // 调用 CItem 类的公有方法
33      m_Item.OutputName();                       // 调用 CItem 类的私有方法
34  }
```

在定义 CItem 类时，使用 friend 关键字将 CList 类定义为 CItem 类的友元，这样 CList 类中的所有方法都可以访问CItem类中的私有数据成员了。在CList类的OutputItem方法中，语句“m_Item.OutputName();”演示了调用 CItem 类的私有方法 OutputName。

12.5.3 友元方法

在开发程序时，有时需要控制另一个类对当前类的私有数据成员访问。例如，假设需要实现只允许 CList 类的某个成员访问 CItem 类的私有数据成员，而不允许其他成员函数访问 CItem 类的私有数据成员。这可以通过定义友元方法（函数）来实现。在定义 CItem 类时，可以将 CList 类的某个方法定义为友元方法，这样就限制了只有该方法允许访问 CItem 类的私有数据成员。

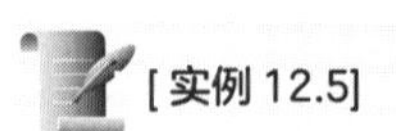

[实例 12.5]　（源码位置：资源包 \Code\12\05）

定义友元方法

```
01  class CItem;                                   // 前导声明 CItem 类
02  class CList                                    // 定义 CList 类
03  {
04  private:
05      CItem * m_pItem;                           // 定义私有数据成员 m_pItem
06  public:
07      CList();                                   // 定义默认构造函数
```

```
08      ~CList();                              // 定义析构函数
09      void OutputItem();                     // 定义 OutputItem 成员函数
10  };
11  class CItem                                // 定义 CItem 类
12  {
13      friend void CList::OutputItem();       // 声明友元函数
14  private:
15      char m_Name[128];                      // 定义私有数据成员
16      void OutputName()                      // 定义私有成员函数
17      {
18          printf("%s\n",m_Name);             // 输出数据成员信息
19      }
20  public:
21      void SetItemName(const char* pchData)  // 定义公有方法
22      {
23          if (pchData != NULL)               // 判断指针是否为空
24          {
25              strcpy(m_Name,pchData);        // 赋值字符串
26          }
27      }
28      CItem()                                // 构造函数
29      {
30          memset(m_Name,0,128);              // 初始化数据成员 m_Name
31      }
32  };
33  void CList::OutputItem()                   //CList 类的 OutputItem 成员函数的实现
34  {
35      m_pItem->SetItemName("BeiJing");       // 调用 CItem 类的公有方法
36      m_pItem->OutputName();                 // 在友元函数中访问 CItem 类的私有方法 OutputName
37  }
38  CList::CList()                             //CList 类的默认构造函数
39  {
40      m_pItem = new CItem();                 // 构造 m_pItem 对象
41  }
42  CList::~CList()                            //CList 类的析构函数
43  {
44      delete m_pItem;                        // 释放 m_pItem 对象
45      m_pItem = NULL;                        // 将 m_pItem 对象设置为空
46  }
47  int main(int argc, char* argv[])           // 主函数
48  {
49      CList list;                            // 定义 CList 对象 list
50      list.OutputItem();                     // 调用 CList 的 OutputItem 方法
51      return 0;
52  }
```

在上述代码中，在定义 CItem 类时，使用 friend 关键字将 CList 类的 OutputItem 方法设置为友元函数，在 CList 类的 OutputItem 方法中访问了 CItem 类的私有方法 OutputName。程序运行结果如图 12.8 所示。

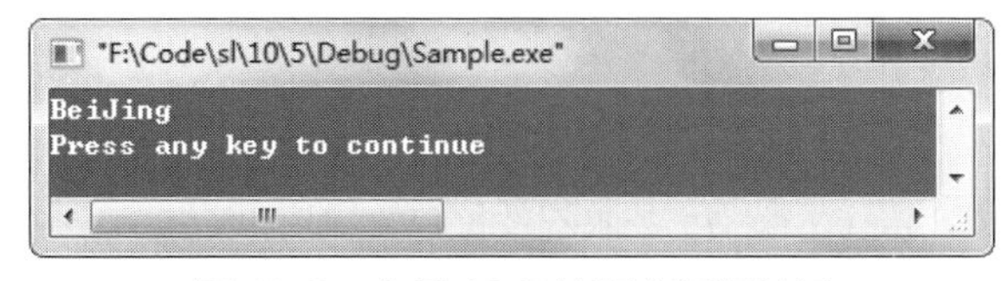

图 12.8　实例 12.5 的程序运行结果

说明：

对于友元函数来说，不仅可以是类的成员函数，还可以是一个全局函数。

12.6 命名空间

12.6.1 使用命名空间

在一个应用程序的多个文件中可能会存在同名的全局对象，这样会导致应用程序的链接错误。使用命名空间是消除命名冲突的最佳方式。

例如，下面的代码定义了两个命名空间：

```
01    namespace MyName1
02    {
03        int iInt1=10;
04        int iInt2=20;
05    };
06    namespace MyName2
07    {
08        int iInt1=10;
09        int iInt2=20;
10    };
```

在上面的代码中，namespace 是关键字，而 MyName1 和 MyName2 是定义的两个命名空间名称，大括号中是所属命名空间中的对象。虽然在两个大括号中定义的变量是一样的，但是因为在不同的命名空间中，所以避免了标识符的冲突，保证了标识符的唯一性。

总而言之，命名空间就是一个命名的范围区域，程序员在这个特定的范围内创建的所有标识符都是唯一的。

12.6.2 定义命名空间

在 12.6.1 节中了解到有关命名空间的作用和使用的意义，本节具体介绍如何定义命名空间。

命名空间的定义格式为：

```
namespace 名称
{
    常量、变量、函数等对象的定义
};
```

定义命名空间要使用关键字 namespace，例如：

```
01    namespace MyName
02    {
03        int iInt1=10;
04        int iInt2=20;
05    };
```

在上述代码中，MyName 就是定义的命名空间的名称，在大括号中定义了两个整型变量 iInt1 和 iInt2，那么这两个整型变量属于 MyName 命名空间范围内。

命名空间定义完成，如何使用其中的成员呢？在讲解类时介绍过使用作用域限定符“::”来引用类中的成员，在这里依然使用 :: 来引用空间中的成员。引用空间成员的一般形式为：

```
命名空间名称 :: 成员 ;
```

例如引用 MyName 命名空间中的成员:

```
MyName::iInt1=30;
```

（源码位置：资源包 \Code\12\06）

[实例 12.6] 定义命名空间

在本实例中，定义命名空间包含变量成员，使其具有唯一性。

```
01  #include<iostream>
02  using namespace std;
03  namespace MyName1                          // 定义命名空间
04  {
05      int iValue=10;
06  };
07  namespace MyName2                          // 定义命名空间
08  {
09      int iValue=20;
10  };
11  int iValue=30;                             // 全局变量
12  int main()
13  {
14      cout<<MyName1::iValue<<endl;           // 引用 MyName1 命名空间中的变量
15      cout<<MyName2::iValue<<endl;           // 引用 MyName2 命名空间中的变量
16      cout<<iValue<<endl;
17      return 0;
18  }
```

程序中使用 namespace 关键字定义两个命名空间，分别是 MyName1 和 MyName2。在两个命名空间范围中，都定义了变量 iValue，不过对其赋值分别为 10 和 20。

在源文件中又定义了一个全局变量 iValue，赋值为 30。在主函数 main 中分别调用命名空间中的 iValue 变量和全局变量，将值进行输出显示。MyName1::iValue 表示引用 MyName1 命名空间中的变量，而 MyName2::iValue 表示引用 MyName2 命名空间中的变量，iValue 是全局变量。

通过使用命名空间的方法，虽然定义相同名称的变量表示不同的值，但是可以正确地进行引用显示。

程序运行结果如图 12.9 所示。

图 12.9　实例 12.6 的程序运行结果

还有另一种引用命名空间中成员的方法，就是使用 using namespace 语句。其一般形式为:

```
using namespace 命名空间名称；
```

例如在源程序中包含 MyName 命名空间:

```
01  using namespace MyName;
02  iInt=30;
```

如果使用 using namespace 语句，则在引用空间中的成员时可以直接使用。

（源码位置：资源包 \Code\12\07）

[实例 12.7] 使用"using namespace"语句

在本实例中使用 using namespace 语句将命名空间包含在程序中，引用命名空间中的变量。

```
01  #include<iostream>
02  namespace MyName                        //定义命名空间
03  {
04      int iValue=10;                      //定义整型变量
05  }
06  using namespace std;                    //使用命名空间 std
07  using namespace MyName;                 //使用命名空间 MyName
08  int main()
09  {
10      cout<<iValue<<endl;                 //输出命名空间中的变量
11      return 0;
12  }
```

在程序中先定义命名空间 MyName，之后使用 using namespace 语句，使用 MyName 命名空间，这样在 main 函数中使用的 iValue 变量就是 MyName 命名空间中的 iValue 变量。

程序运行结果如图 12.10 所示。

图 12.10　实例 12.7 的程序运行结果

需要注意的是，如果定义多个命名空间，并且在这些命名空间中都有相同标识符的成员，那么使用 using namespace 语句引用这些成员时就会产生歧义。这时最好使用作用域限定符来进行引用。

12.6.3　在多个文件中定义命名空间

在定义命名空间时，通常在头文件中声明命名空间中的函数，在源文件中定义命名空间中的函数，将程序的声明与实现分开。例如，在头文件中声明命名空间函数：

```
01  namespace Output
02  {
03      void Demo();                        //声明函数
04  }
```

在源文件中定义函数：

```
01  void Output::Demo()                     //定义函数
02  {
03      cout<<"This is a  function!\n";
04  }
```

在源文件中定义函数时，注意要使用命名空间名作为前缀，表明实现的是命名空间中定义的函数，否则将是定义一个全局函数。

将命名空间的定义放在头文件中，将命名空间中有关成员的定义放在源文件中，例如：

```
01    //Detach.h 头文件中
02    namespace Output
03    {
04        void Demo();                              // 声明函数
05    }
06    //Detach.cpp 源文件中
07    #include<iostream>
08    #include"Detach.h"
09    using namespace std;
10
11    void Output::Demo()                          // 定义函数
12    {
13        cout<<"This is a  function!\n";
14    }
15
16    int main()
17    {
18        Output::Demo();                          // 调用函数
19        return 0;
20    }
```

将命名空间中的定义和命名空间中成员的具体操作分开，这样更符合程序编写规范并且非常易于修改和观察。

程序运行结果如图 12.11 所示。

图 12.11　程序运行结果

在 Detach.h 头文件中还可以定义 Output 命名空间。例如：

```
01    namespace Output
02    {
03        void show()
04        {
05            cout<<"This is show function"<<endl;
06        }
07    }
```

此时，命名空间 Output 中的内容为两个文件中 Output 命名空间内容的“总和”。因此，如果在 Detach.cpp 文件的 Output 命名空间中定义函数名称 Demo 是非法的，因为进行了重复的定义，这时编译器会提示 Demo 已经有一个函数体。

12.6.4　定义嵌套的命名空间

命名空间可以定义在其他的命名空间中，在这种情况下，仅仅通过使用外部的命名空间作为前缀，程序便可以引用在命名空间之外定义的其他标识符。然而，在命名空间内不确定的标识符需要作为外部命名空间和内部命名空间名称的前缀出现。例如：

```
01    namespace Output
02    {
03        void Show()                              // 定义函数
```

```
04      {
05          cout<<"Output's function!"<<endl;
06      }
07      namespace MyName
08      {
09          void Demo()                        // 定义函数
10          {
11              cout<<"MyName's function!"<<endl;
12          }
13      }
14  }
```

在上述代码中，在 Output 命名空间中又定义了一个命名空间 MyName，如果访问 MyName 命名空间中的对象，可以使用外层的命名空间和内层的命名空间作为前缀。例如：

```
Output::MyName::Demo();                        // 调用 MyName 命名空间中的函数
```

用户也可以直接使用 using 命令引用嵌套的 MyName 命名空间。例如：

```
01  using namespace Output::MyName;            // 引用嵌套的 MyName 命名空间
02  Demo();                                    // 调用 MyName 命名空间中的函数
```

在上述代码中，“using namespace Output::MyName;”语句只是引用了嵌套在 Output 命名空间中的 MyName 命名空间，并没有引用 Output 命名空间，因此试图访问 Output 命名空间中定义的对象是非法的。例如：

```
01  using namespace Windows::GDI;
02  show();                                    // 错误的访问，无法访问 Output 命名空间中的函数
```

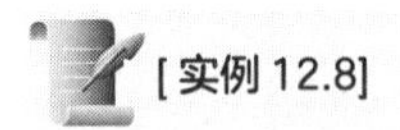

[实例 12.8]　（源码位置：资源包\Code\12\08）

定义嵌套的命名空间

在本实例中定义嵌套命名空间，使用命名空间名称选择调用函数。

```
01  #include<iostream>
02  using namespace std;
03  namespace Output                           // 定义命名空间
04  {
05      void Show()                            // 定义函数
06      {
07          cout<<"Output's function!"<<endl;
08      }
09      namespace MyName                       // 定义嵌套命名空间
10      {
11          void Demo()                        // 定义函数
12          {
13              cout<<"MyName's function!"<<endl;
14          }
15      }
16  }
17  int main()
18  {
19      Output::Show();                        // 调用 Output 命名空间中的函数
20      Output::MyName::Demo();                // 调用 MyName 命名空间中的函数
21      return 0;
22  }
```

在程序中定义了 Output 命名空间，在其中又定义了 MyName 命名空间。

Show 函数属于 Output 命名空间中的成员，而 Demo 函数属于 MyName 命名空间中的成员。在 main 函数中调用 Show 和 Demo 函数时，要将所属的命名空间的作用范围写出。Output::Show 表示在 Output 命名空间范围内的 Show 函数，Output::MyName::Demo 表示在嵌套命名空间 MyName 中的成员函数。

程序运行结果如图 12.12 所示。

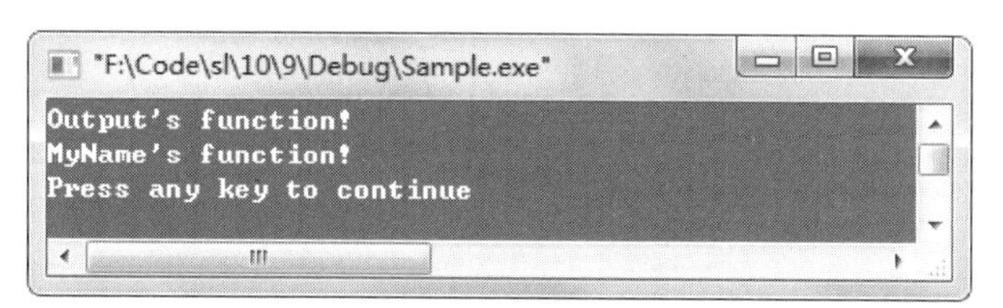

图 12.12　实例 12.8 的程序运行结果

12.6.5　定义未命名的命名空间

尽管为命名空间指定名称是有益的，但是 C++ 中也允许在定义中省略命名空间的名称来简单地定义未命名的命名空间。

例如定义一个包含两个整型变量的未命名的命名空间：

```
01  namespace
02  {
03      int iValue1=40;
04      int iValue2=50;
05  }
```

事实上在未命名空间中定义的标识符被设置为全局命名空间，不过这样就违背了命名空间的设置原则。所以，未命名的命名空间没有被广泛应用。

本章知识思维导图

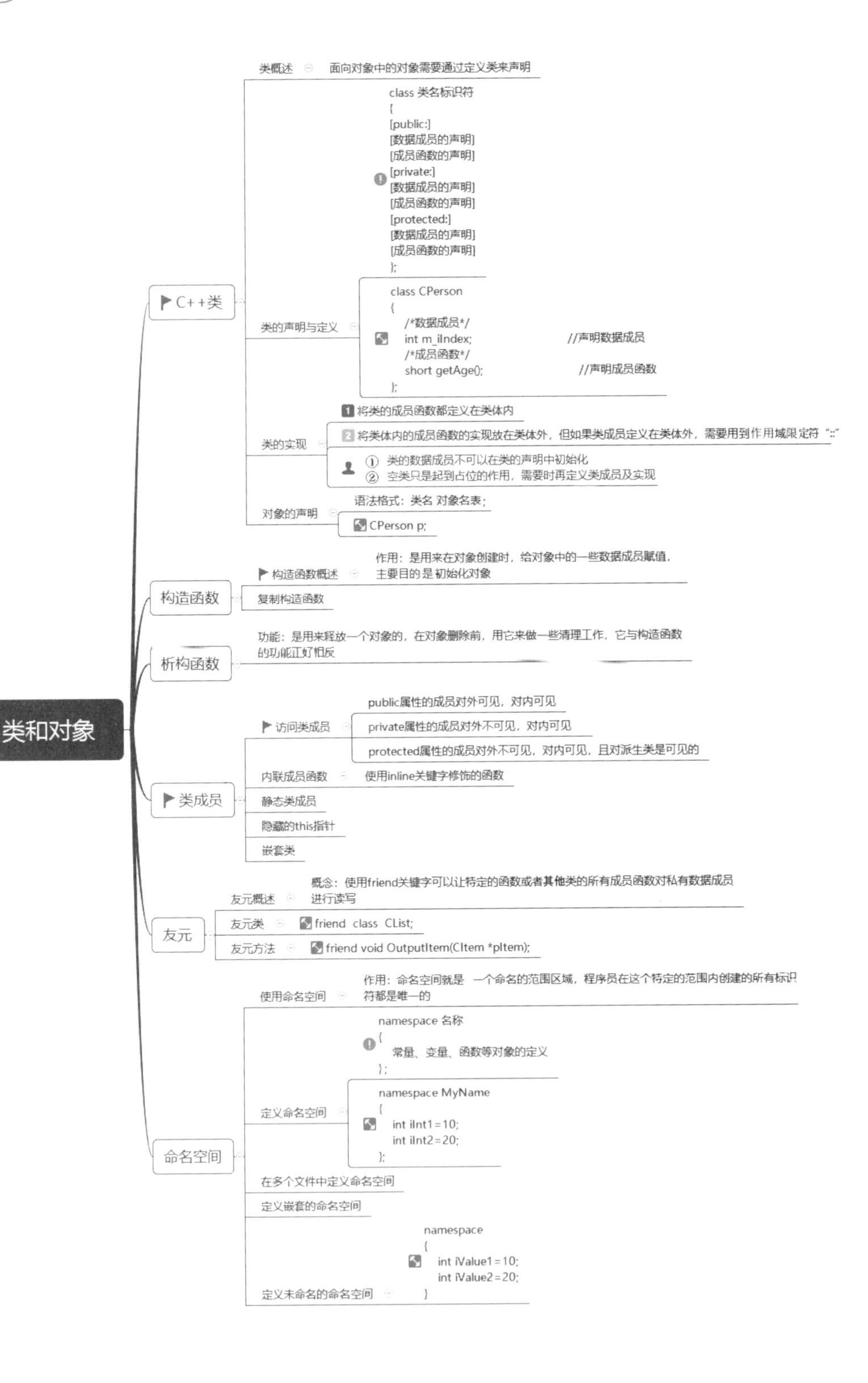
类和对象
C++类
类概述
面向对象中的对象需要通过定义类来声明
类的声明与定义
class 类名标识符
{
[public:]
[数据成员的声明]
[成员函数的声明]
[private:]
[数据成员的声明]
[成员函数的声明]
[protected:]
[数据成员的声明]
[成员函数的声明]
};
class CPerson
{
/*数据成员*/
int m_iIndex; //声明数据成员
/*成员函数*/
short getAge(); //声明成员函数
};
类的实现
将类的成员函数都定义在类体内
将类体内的成员函数的实现放在类体外，但如果类成员定义在类体外，需要用到作用域限定符 "::"
① 类的数据成员不可以在类的声明中初始化
② 空类只是起到占位的作用，需要时再定义类成员及实现
对象的声明
语法格式：类名 对象名表；
CPerson p;
构造函数
构造函数概述
作用：是用来在对象创建时，给对象中的一些数据成员赋值，主要目的是初始化对象
复制构造函数
析构函数
功能：是用来释放一个对象的，在对象删除前，用它来做一些清理工作，它与构造函数的功能正好相反
类成员
访问类成员
public属性的成员对外可见，对内可见
private属性的成员对外不可见，对内可见
protected属性的成员对外不可见，对内可见，且对派生类是可见的
内联成员函数
使用inline关键字修饰的函数
静态类成员
隐藏的this指针
嵌套类
友元
友元概述
概念：使用friend关键字可以让特定的函数或者其他类的所有成员函数对私有数据成员进行读写
友元类
friend class CList;
友元方法
friend void OutputItem(CItem *pItem);
命名空间
使用命名空间
作用：命名空间就是一个命名的范围区域，程序员在这个特定的范围内创建的所有标识符都是唯一的
定义命名空间
namespace 名称
{
常量、变量、函数等对象的定义
};
namespace MyName
{
int iInt1=10;
int iInt2=20;
};
在多个文件中定义命名空间
定义嵌套的命名空间
定义未命名的命名空间
namespace
{
int iValue1=10;
int iValue2=20;
}

第 13 章

继承与派生

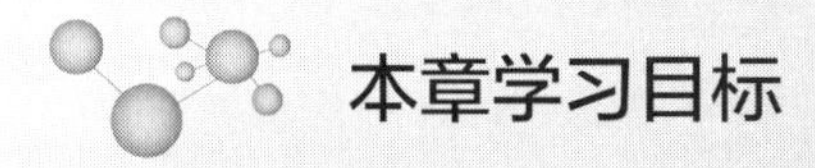

本章学习目标

- 掌握继承。
- 熟悉重载运算符。
- 掌握多重继承。
- 熟悉多态。
- 熟悉抽象类。

13.1 继承

继承（inheritance）是面向对象的主要特征（还有封装和多态）之一，它使得一个类可以从现有类中派生，而不必重新定义一个新类。继承的实质就是用已有的数据类型创建新的数据类型，并保留已有数据类型的特点，以旧类为基础创建新类。新类包含了旧类的数据成员和成员函数，并且可以在新类中添加新的数据成员和成员函数。旧类被称为基类或父类，新类被称为派生类或子类。

13.1.1 类的继承

类继承的形式为：

```
class 派生类名标识符 : [ 继承方式 ] 基类名标识符
{
    [ 访问控制修饰符 :]
    [ 成员声明列表 ]
};
```

继承方式有 3 种派生类型，分别为公有型（public）、保护型（protected）和私有型（private）。访问控制修饰符也是 public、protected、private 3 种类型。成员声明列表中包含类的成员变量及成员函数，是派生类新增的成员。“:”是一个运算符，表示基类和派生类之间的继承关系，如图 13.1 所示。

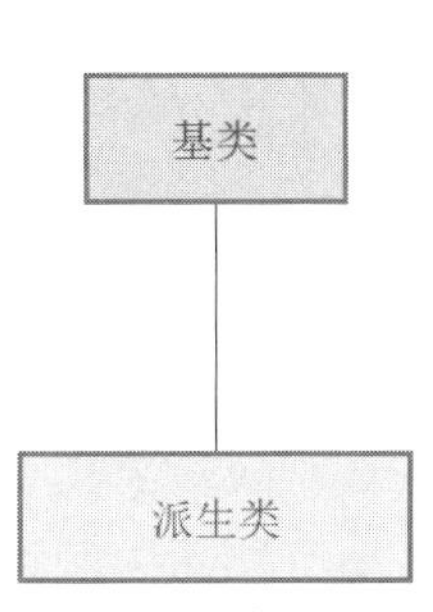

图 13.1 继承关系

例如，定义一个继承员工类的操作员类。

定义一个员工类，它包含员工 ID、员工姓名、所属部门等信息。

```
01  class CEmployee                         // 定义员工类
02  {
03  public:
04      int m_ID;                           // 定义员工 ID
05      char m_Name[128];                   // 定义员工姓名
06      char m_Depart[128];                 // 定义所属部门
07  };
```

定义一个操作员类，通常操作员属于公司的员工，它包含员工 ID、员工姓名、所属部门等信息，此外还包含密码信息、登录方法等。

```
01  class COperator :public CEmployee       // 定义一个操作员类，从 CEmployee 类派生而来
02  {
03  public:
04      char m_Password[128];               // 定义密码
05      bool Login();
06  };
```

操作员类是从员工类派生的一个新类，新类中增加了密码信息、登录方法等信息，员工 ID、员工姓名等信息直接从员工类中继承得到。

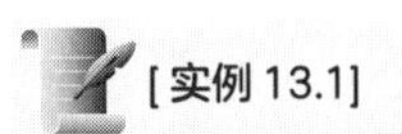

[实例 13.1]　（源码位置：资源包 \Code\13\01）

以公有方式继承

```
01  #include <iostream>
02  using namespace std;
```

```
03  class CEmployee                                // 定义员工类
04  {
05  public:
06      int m_ID;                                  // 定义员工 ID
07      char m_Name[128];                          // 定义员工姓名
08      char m_Depart[128];                        // 定义所属部门
09      CEmployee()                                // 定义默认构造函数
10      {
11          memset(m_Name,0,128);                  // 初始化 m_Name
12          memset(m_Depart,0,128);                // 初始化 m_Depart
13      }
14  void OutputName()                              // 定义公有成员函数
15  {
16      cout <<" 员工姓名 "<<m_Name<<endl;           // 输出员工姓名
17  }
18  };
19  class COperator :public CEmployee              // 定义一个操作员类，从 CEmployee 类派生而来
20  {
21  public:
22      char m_Password[128];                      // 定义密码
23      bool Login()                               // 定义登录成员函数
24      {
25          if (strcmp(m_Name,"MR")==0 &&          // 比较用户名
26               strcmp(m_Password,"KJ")==0)       // 比较密码
27          {
28          cout<<" 登录成功 !"<<endl;               // 输出信息
29              return true;                       // 设置返回值
30          }
31          else
32          {
33              cout<<" 登录失败 !"<<endl;           // 输出信息
34              return false;                      // 设置返回值
35          }
36      }
37  };
38  int main(int argc, char* argv[])
39  {
40      COperator optr;                            // 定义一个 COperator 类对象
41      strcpy(optr.m_Name,"MR");                  // 访问基类的 m_Name 成员
42      strcpy(optr.m_Password,"KJ");              // 访问 m_Password 成员
43      optr.Login();                              // 调用 COperator 类的 Login 成员函数
44      optr.OutputName();                         // 调用基类 CEmployee 的 OutputName 成员函数
45      return 0;
46  }
```

程序中 CEmployee 类是 COperator 类的基类，也就是父类。COperator 类将继承 CEmployee 类的所有非私有成员（private 类型成员不能被继承）。optr 对象初始化 m_Name 和 m_Password 成员后，调用了 Login 成员函数，程序运行结果如图 13.2 所示。

用户在父类中派生子类时，可能存在一种情况，即在子类中定义了一个与父类同名的成员函数，此时称为子类隐藏了父类的成员函数。例如，重新定义 COperator 类，添加一个 OutputName 成员函数。

图 13.2　实例 13.1 的程序运行结果

13.1.2　继承后可访问性

继承（派生）方式有 public、private、protected，这 3 种继承方式的说明如下。

（1）公有型派生

公有型派生表示对于基类中的 public 数据成员和成员函数，在派生类中仍然是 public；对于基类中的 private 数据成员和成员函数，在派生类中仍然是 private。例如：

```
01  class CEmployee
02  {
03      public:
04      void Output()
05      {
06          cout <<    m_ID << endl;
07          cout <<    m_Name << endl;
08          cout <<    m_Depart << endl;
09      }
10  private :
11      int m_ID;
12      char m_Name[128];
13      char m_Depart[128];
14  };
15  class COperator :public CEmployee
16  {
17  public:
18      void Output()
19      {
20          cout <<    m_ID << endl;              //引用基类的私有成员，错误
21          cout <<    m_Name << endl;            //引用基类的私有成员，错误
22          cout <<    m_Depart << endl;          //引用基类的私有成员，错误
23          cout <<    m_Password << endl;        //正确
24      }
25  private:
26      char m_Password[128];
27      bool Login();
28  };
```

COperator 类无法访问 CEmployee 类中的 private 数据成员 m_ID、m_Name 和 m_Depart。如果将 CEmployee 类中的所有成员都设置为 public 后，COperator 类才能访问 CEmployee 类中的所有成员。

（2）私有型派生

私有型派生表示对于基类中的 public、protected 数据成员和成员函数，在派生类中可以访问；对于基类中的 private 数据成员，在派生类中不可以访问。例如：

```
01  class CEmployee
02  {
03      public:
04      void Output()
05      {
06          cout <<    m_ID << endl;
07          cout <<    m_Name << endl;
08          cout <<    m_Depart << endl;
09      }
10
11      int m_ID;
12  protected:
13      char m_Name[128];
14  private :
15      char m_Depart[128];
16  };
17  class COperator :private CEmployee
```

```
18  {
19  public:
20      void Output()
21      {
22          cout <<    m_ID << endl;              // 正确
23          cout <<    m_Name << endl;            // 正确
24          cout <<    m_Depart << endl;          // 错误
25          cout <<    m_Password << endl;        // 正确
26      }
27  private:
28      char m_Password[128];
29      bool Login();
30  };
```

（3）保护型派生

保护型派生表示对于基类中的 public、protected 数据成员和成员函数，在派生类中均为 protected。protected 类型在派生类的定义时可以访问，用派生类声明的对象不可以访问，也就是说在类体外不可以访问。protected 成员可以被基类的所有派生类使用。这一性质可以沿继承树无限向下传播。

因为保护型的内部数据不能被随意更改，实例类本身负责维护，这就起到很好的封装作用。把一个类分作两部分，一部分是公共的，另一部分是保护的。保护成员对于使用者来说是不可见的，也是不需了解的，这就减少了类与其他代码的关联程度。类的功能是独立的，它不依赖于应用程序的运行环境，既可以放到这个程序中使用，也可以放到那个程序中使用，这就能够非常容易地用一个类替换另一个类。类访问限制的保护机制使人们编制的应用程序更加可靠和易维护。

13.1.3 构造函数访问顺序

由于父类和子类中都有构造函数和析构函数，那么子类对象在创建时是父类先进行构造，还是子类先进行构造呢？同样，在子类对象释放时，是父类先进行释放，还是子类先进行释放呢？答案是当从父类派生一个子类并声明一个子类的对象时，先调用父类的构造函数，然后调用当前类的构造函数来创建对象；在释放子类对象时，先调用的是当前类的析构函数，然后是父类的析构函数。

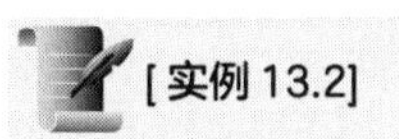
[实例 13.2]　（源码位置：资源包 \Code\13\02）

构造函数访问顺序

```
01  #include <iostream>
02  using namespace std;
03  class CEmployee                                    // 定义 CEmployee 类
04  {
05  public:
06      int m_ID;                                      // 定义数据成员
07      char m_Name[128];                              // 定义数据成员
08      char m_Depart[128];                            // 定义数据成员
09      CEmployee()                                    // 定义构造函数
10      {
11          cout << "CEmployee 类构造函数被调用 "<< endl;// 输出信息
12      }
13      ~CEmployee()                                   // 析构函数
```

```
14          {
15              cout << "CEmployee类析构函数被调用"<< endl;              // 输出信息
16          }
17      };
18      class COperator :public CEmployee                             // 从CEmployee类派生一个子类
19      {
20      public:
21          char m_Password[128];                                     // 定义数据成员
22          COperator()                                               // 定义构造函数
23          {
24              strcpy(m_Name,"MR");                                  // 设置数据成员
25              cout << "COperator类构造函数被调用"<< endl;             // 输出信息
26          }
27          ~COperator()                                              // 析构函数
28          {
29              cout << "COperator类析构函数被调用"<< endl;             // 输出信息
30          }
31      };
32      int main(int argc, char* argv[])                              // 主函数
33      {
34          COperator optr;                                           // 定义一个COperator对象
35          return 0;
36      }
```

程序运行结果如图 13.3 所示。

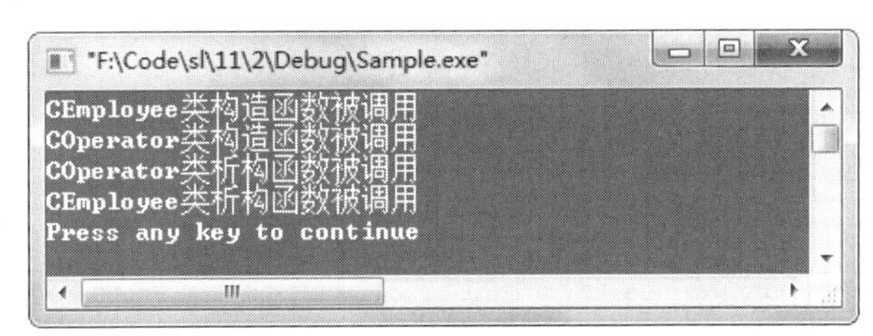

图 13.3　实例 13.2 的程序运行结果

从程序代码中可以发现，在定义COperator类对象时，首先调用的是父类CEmployee的构造函数，然后是COperator类的构造函数。子类对象的释放过程则与其构造过程恰恰相反，先调用自身的析构函数，然后再调用父类的析构函数。

在分析完对象的构建、释放过程后，会考虑这样一种情况：定义一个父类的类型指针，调用子类的构造函数为其构建对象，当对象释放时，需要调用父类的析构函数还是先调用子类的析构函数，再调用父类的析构函数呢？答案是如果析构函数是虚函数，则先调用子类的析构函数，然后再调用父类的析构函数；如果析构函数不是虚函数，则只调用父类的析构函数。可以想象，如果在子类中为某个数据成员在堆中分配了空间，父类中的析构函数不是虚函数，将使子类的析构函数不被调用，其结果是对象不能被正确地释放，导致内存泄漏的产生。因此，在编写类的析构函数时，析构函数通常是虚函数。构造函数调用顺序不受父类在成员初始化表中是否存在以及被列出顺序的影响。

13.1.4　子类显式调用父类构造函数

当父类含有带参数的构造函数时，子类创建时会调用它么？答案是通过显式方式才可以调用。

无论创建子类对象时调用的是哪种子类构造函数，都会自动调用父类默认构造函数。若想使用父类带参数的构造函数，则需要显式的方式。

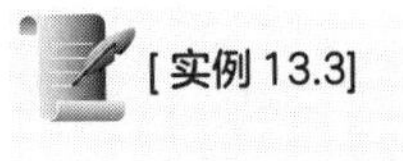

[实例 13.3]　（源码位置：资源包 \Code\13\03）

子类显式调用父类的构造函数

```
01      #include <iostream>
02      using namespace std;
```

```
03  class CEmployee                                       // 定义 CEmployee 类
04  {
05  public:
06      int m_ID;                                         // 定义数据成员
07      char m_Name[128];                                 // 定义数据成员
08      char m_Depart[128];                               // 定义数据成员
09      CEmployee(char name[])                            // 带参数的构造函数
10      {
11          strcpy(m_Name,name);
12          cout << m_Name<<" 调用了 CEmployee 类带参数的构造函数 "<< endl;
13      }
14      CEmployee()                                       // 无参构造函数
15      {
16          strcpy(m_Name,"MR");
17          cout << m_Name<<"CEmployee 类无参构造函数被调用 "<< endl;
18      }
19      ~CEmployee()                                      // 析构函数
20      {
21          cout << "CEmployee 类析构函数被调用 "<< endl;     // 输出信息
22      }
23  };
24  class COperator :public CEmployee                     // 从 CEmployee 类派生一个子类
25  {
26  public:
27      char m_Password[128];                             // 定义数据成员
28      COperator(char name[ ]):CEmployee(name)           // 显式调用父类带参数的构造函数
29      {                                                 // 设置数据成员
30          cout << "COperator 类构造函数被调用 "<< endl;     // 输出信息
31      }
32      COperator():CEmployee("JACK")                     // 显式调用父类带参数的构造函数
33      {                                                 // 设置数据成员
34          cout << "COperator 类构造函数被调用 "<< endl;     // 输出信息
35      }
36      ~COperator()                                      // 析构函数
37      {
38          cout << "COperator 类析构函数被调用 "<< endl;     // 输出信息
39      }
40  };
41  int main(int argc, char* argv[])                      // 主函数
42  {
43      COperator optr1;               // 定义一个 COperator 对象，调用自身无参构造函数
44      COperator optr2("LaoZhang");   // 定义一个 COperator 对象，调用自身带参数的构造函数
45      return 0;
46  }
```

程序运行结果如图 13.4 所示。

在父类无参构造函数中初始化成员字符串数组“m_Name”的内容为“MR”。从程序运行结果上看，子类对象创建时没有调用父类无参构造函数，调用的是带参数的构造函数。

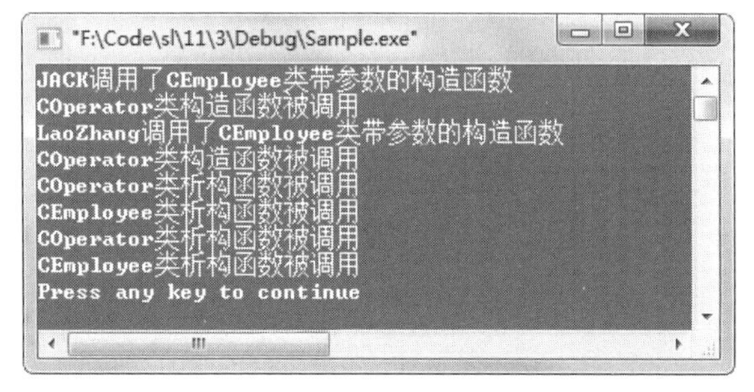

图 13.4　实例 13.3 的程序运行结果

注意：

当父类只有带参数的构造函数时，子类必须以显式方式调用父类带参数的构造函数，否则编译会出现错误。

13.1.5　子类隐藏父类的成员函数

如果子类中定义了一个和父类一样的成员函数，那么这个子类对象是调用父类中的成

员函数，还是调用子类中的成员函数呢？答案是调用子类中的成员函数。

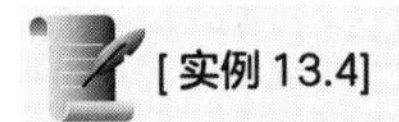

[实例 13.4]　（源码位置：资源包 \Code\13\04）

子类隐藏父类的成员函数

```
01  #include <iostream>
02  using namespace std;
03  class CEmployee                                    // 定义 CEmployee 类
04  {
05  public:
06      int m_ID;                                      // 定义数据成员
07      char m_Name[128];                              // 定义数据成员
08      char m_Depart[128];                            // 定义数据成员
09
10      CEmployee()                                    // 定义构造函数
11      {
12      }
13      ~CEmployee()                                   // 析构函数
14      {
15      }
16      void OutputName()                              // 定义 OutputName 成员函数
17      {
18          cout << " 调用 CEmployee 类的 OutputName 成员函数 : "<< endl;    // 输出操作员姓名
19      }
20  };
21  class COperator :public CEmployee                  // 定义 COperator 类
22  {
23  public:
24      char m_Password[128];                          // 定义数据成员
25      void OutputName()                              // 定义 OutputName 成员函数
26      {
27          cout << " 调用 COperator 类的 OutputName 成员函数 :"<< endl;     // 输出操作员姓名
28      }
29
30  };
31  int main(int argc, char* argv[])                   // 主成员函数
32  {
33      COperator optr;                                // 定义 COperator 对象
34      optr.OutputName();                             // 调用 COperator 类的 OutputName 成员函数
35      return 0;
36  }
```

程序运行结果如图 13.5 所示。

图 13.5　实例 13.4 的程序运行结果

从程序代码中可以发现，语句“optr. OutputName();”调用的是 COperator 类的 OutputName 成员函数，而不是 CEmployee 类的 OutputName 成员函数。如果用户想要访问父类的 OutputName 成员函数，需要显式使用父类名。例如：

```
01  COperator optr;                          // 定义一个 COperator 类
02  strcpy(optr.m_Name,"MR");                // 赋值字符串
03  optr.OutputName();                       // 调用 COperator 类的 OutputName 成员函数
04  optr.CEmployee::OutputName();            // 调用 CEmployee 类的 OutputName 成员函数
```

如果子类中隐藏了父类的成员函数，则父类中所有同名的成员函数（重载的函数）均被隐藏。

在派生完一个子类后，可以定义一个父类的类型指针，通过子类的构造函数为其创建对象。例如：

```
CEmployee *pWorker = new COperator ();                //定义CEmployee类型指针，调用子类构造函数
```

如果使用 pWorker 对象调用 OutputName 成员函数，例如执行“pWorker->OutputName();”语句，调用的是 CEmployee 类的 OutputName 成员函数还是 COperator 类的 OutputName 成员函数呢？答案是调用 CEmployee 类的 OutputName 成员函数。编译器对 OutputName 成员函数进行的是静态绑定，即根据对象定义时的类型来确定调用哪个类的成员函数。由于 pWorker 属于 CEmployee 类，因此调用的是 CEmployee 类的 OutputName 成员函数。那么是否有成员函数执行“pWorker->OutputName();”语句调用 COperator 类的 OutputName 成员函数呢？答案是通过定义虚函数可以实现 (虚函数会在后面章节讲到)。

13.2 重载运算符

运算符实际上是一个函数，所以运算符的重载实际上是函数的重载。编译程序对运算符重载的选择，遵循函数重载的选择原则。当遇到不明显的运算时，编译程序会寻找与参数相匹配的运算符函数。

13.2.1 重载运算符的必要性

C++ 中的数据类型分为基础数据类型和构造数据类型，基础数据类型可以直接完成算术运算。例如：

```
01  #include <iostream>
02  using namespace std;
03  void main()
04  {
05      int a=10;
06      int b=20;
07      cout << a+b << endl;        //两个整型变量相加
08  }
```

程序中实现了两个整型变量的相加，可以正确输出运行结果 30。两个浮点变量、两个双精度变量都可以直接运用加法运算符“+”求和。但是，类属于新构造的数据类型，类的两个对象无法通过加法运算符来求和。例如：

```
01  #include <iostream>
02  using namespace std;
03  class CBook
04  {
05  public:
06      CBook (int iPage)
07      {
08          m_iPage=iPage;
09      }
10      void display()
11      {
12          cout << m_iPage << endl;
13      }
14  protected:
15      int m_iPage;
```

第3篇 面向对象编程篇

```
16  };
17  void main()
18  {
19      CBook bk1(10);
20      CBook bk2(20);
21      CBook tmp(0);
22      tmp=bk1+bk2;        // 错误
23      tmp.display();
24  }
```

当编译器编译到语句“tmp=bk1+bk2;”时就会报错，因为编译器不知道如何进行两个类对象的相加。要实现两个类对象的加法运算有两种方法：一种是通过成员函数，另一种是通过重载操作符。

下面看通过成员函数的方法实现求和的例子：

```
01  #include <iostream>
02  using namespace std;
03  class CBook
04  {
05  public:
06      CBook (int iPage)
07      {
08          m_iPage=iPage;
09      }
10      int add(CBook a)
11      {
12          return m_iPage+a.m_iPage;
13      }
14  protected:
15      int m_iPage;
16  };
17
18  void main()
19  {
20      CBook bk1(10);
21      CBook bk2(20);
22      cout << bk1.add(bk2) << endl;
23  }
```

程序可以正确输出运行结果 30。使用成员函数实现求和形式比较单一，并且不利于代码复用。如果要实现多个对象的累加，其代码的可读性会大大降低。使用重载运算符方法可以解决这些问题。

13.2.2 重载运算符的形式与规则

重载运算符的声明形式为：

```
operator 类型名 ();
```

operator 是需要重载的运算符，整个语句没有返回类型，因为类型名就代表了它的返回类型。重载运算符将对象转换成类型名规定的类型，转换时的形式就像强制转换一样。但如果没有重载运算符定义，直接用强制转换将无法通过编译器编译。

重载运算符不可以是新创建的运算符，只能是 C++ 中已有的运算符。可以重载的运算符如下。

- 算术运算符：+、-、*、/、%、++、--。

- 位操作运算符：&、|、~、^、>>、<<。
- 逻辑运算符：!、&&、||。
- 关系运算符：<、>、>=、<=、==、!=。
- 赋值运算符：=、+=、-=、*=、/=、%=、&=、|=、^=、<<=、>>=。
- 其他运算符：[]、()、->、逗号、new、delete、new[]、delete[]、->*。

并不是 C++ 中所有的运算符都可以重载，不允许重载的运算符有 "." "*" "::" "?" 和 ":"。

重载运算符时不能改变运算符操作数的个数，不能改变运算符原有的优先级，不能改变运算符原有的结合性，不能改变运算符原有的语法结构，即单目运算符只能重载为单目运算符，双目运算符只能重载为双目运算符。重载运算符含义必须清楚，不能有二义性。

[实例 13.5]　（源码位置：资源包 \Code\13\05）

通过重载运算符实现求和

```
01  #include <iostream>
02  using namespace std;
03  class CBook
04  {
05  public:
06      CBook (int iPage)
07      {
08          m_iPage=iPage;
09      }
10      CBook operator+( CBook b)
11      {
12          return CBook (m_iPage+b.m_iPage);
13      }
14      void display()
15      {
16          cout << m_iPage << endl;
17      }
18  protected:
19      int m_iPage;
20  };
21  void main()
22  {
23      CBook bk1(10);
24      CBook bk2(20);
25      CBook tmp(0);
26      tmp= bk1+bk2;
27      tmp.display();
28  }
```

程序运行结果如图 13.6 所示。

类 CBook 重载了求和运算符后，由它声明的两个对象 bk1 和 bk2 可以像两个整型变量一样相加。

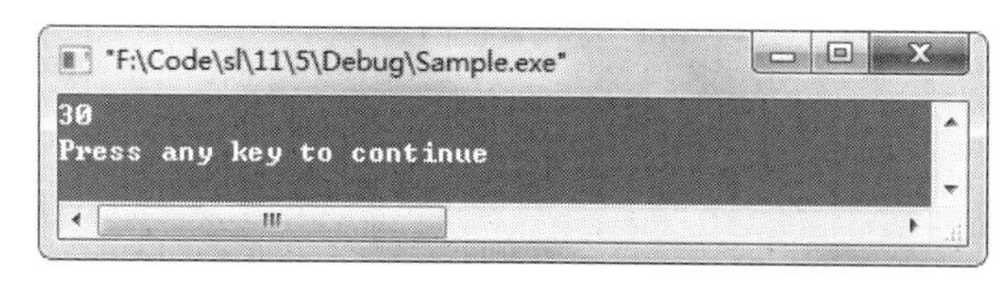

图 13.6　实例 13.5 的程序运行结果

13.2.3　重载运算符的运算

重载运算符可以完成对象和对象之间的运算，同样也可以通过重载运算符实现对象和普通类型数据的运算。例如：

```
01    #include <iostream>
02    using namespace std;
03    class CBook
04    {
05    public:
06        int m_Pages;
07        void OutputPages()
08        {
09            cout << m_Pages<< endl;
10        }
11        CBook()
12        {
13            m_Pages=0;
14        }
15        CBook operator+(const int page)
16        {
17            CBook bk;
18            bk.m_Pages = m_Pages + page;
19            return bk;
20        }
21    };
22    void main()
23    {
24        CBook vbBook,vfBook;
25        vfBook = vbBook + 10;
26        vfBook. OutputPages();
27    }
```

通过修改运算符的参数为整型，可以实现 CBook 对象与整数相加。

对于两个整型变量相加，用户可以调换加数和被加数的顺序，因为加法符合交换律。但是，对于通过重载运算符实现的两个不同类型的对象相加，则不可以，因此下面的语句是非法的。

```
vfBook = 10 + vbBook;                          // 非法的代码
```

对于“++”和“--”运算符，由于涉及前置运算和后置运算，在重载这类运算符时如何区分呢？默认情况下，如果重载运算符没有参数，则表示是前置运算。例如：

```
01    void operator++()                               // 前置运算
02    {
03        ++m_Pages;
04    }
```

如果重载运算符使用了整数作为参数，则表示是后置运算，此时的参数值可以忽略，它只是一个标识，标识后置运算。

```
01    void operator++(int)                               // 后置运算
02    {
03        ++m_Pages;
04    }
```

默认情况下，将一个整数赋值给一个对象是非法的，可以通过重载赋值运算符将其变为合法。例如：

```
01    void operator = (int page)                          // 重载赋值运算符
02    {
03        m_Pages = page;
04    }
```

12.2.2 节介绍了通过复制构造函数将一个对象复制成另一个对象，那么通过重载赋值运算符也可以实现将一个整型数复制给一个对象。例如：

```
01  #include <iostream>
02  using namespace std;
03  class CBook
04  {
05  public:
06      int m_Pages;
07      void OutputPages()
08      {
09          cout << m_Pages<< endl;
10      }
11      CBook(int page)
12      {
13          m_Pages = page;
14      }
15      operator=(const int page)
16      {
17          m_Pages = page;
18      }
19  };
20  void main()
21  {
22      CBook mybk(0);
23      mybk=100;
24      mybk.OutputPages();
25  }
```

程序中重载了赋值运算符，给 mybk 对象赋值 100，并通过 OutputPages 成员函数将该值输出。

说明：
在 C++ 中，可以通过重载构造函数将一个整数赋值给一个对象。

13.2.4 转换运算符

C++ 中普通的数据类型可以进行强制类型转换，例如：

```
01  int i=10;
02  double d;
03  d=(double)i;
```

程序中将整型数 i 强制转换成双精度型数。

语句

```
d=(double)i;
```

等同于

```
d= double(i);
```

double() 在 C++ 中被称为转换运算符。通过重载转换运算符可以将类对象转换成想要的数据类型。

[实例 13.6]　（源码位置：资源包 \Code\13\06）

转换运算符

```
01  #include <iostream>
02  using namespace std;
03  class CBook
04  {
05  public:
06      CBook (double iPage=0);
07      operator double()
08      {
09          return m_iPage;
10      }
11  
12  protected:
13      int m_iPage;
14  };
15  CBook:: CBook (double iPage)
16  {
17      m_iPage=iPage;
18  }
19  void main()
20  {
21      CBook bk1(10.0);
22      CBook bk2(20.00);
23      cout << "bk1+bk2=" << double(bk1)+double(bk2) << endl;
24  }
```

程序运行结果如图 13.7 所示。

程序重载了转换运算符 double()，然后将类 CBook 的两个对象强制转换为 double 类型后再进行求和，最后输出求和的结果。

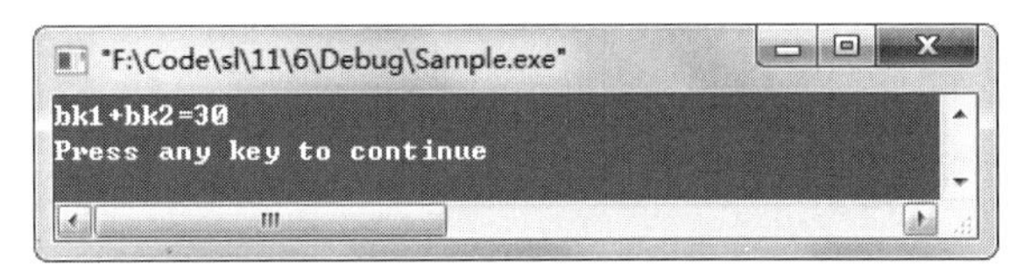

图 13.7　实例 13.6 的程序运行结果

13.3　多重继承

前文介绍的继承方式属于单一继承，即子类只从一个父类继承公有的和受保护的成员。与其他面向对象语句不同，C++ 允许子类从多个父类继承公有的和受保护的成员，这被称为多重继承。

13.3.1　多重继承定义

多重继承是指有多个基类名标识符，其声明形式为：

```
class 派生类名标识符 : 继承方式 基类名标识符 1,…, 继承方式 基类名标识符 n
{
    [ 继承方式 :]
    [ 派生类表 ]
};
```

声明形式中有“:”运算符，基类名标识符之间用“,”运算符分开。

例如，鸟能够在天空飞翔，鱼能够在水里游，而水鸟既能够在天空飞翔，又能够在水里游。那么在定义水鸟类时，可以将鸟和鱼同时作为其基类。代码如下：

```
01    #include "iostream.h"
02    class CBird                                   // 定义鸟类
03    {
04    public:
05        void FlyInSky()                           // 定义成员函数
06        {
07            cout << " 鸟能够在天空飞翔 "<< endl;     // 输出信息
08        }
09        void Breath()                             // 定义成员函数
10        {
11            cout << " 鸟能够呼吸 "<< endl;          // 输出信息
12        }
13    };
14    class CFish                                   // 定义鱼类
15    {
16    public:
17        void SwimInWater()                        // 定义成员函数
18        {
19            cout << " 鱼能够在水里游 "<< endl;       // 输出信息
20        }
21        void Breath()                             // 定义成员函数
22        {
23            cout << " 鱼能够呼吸 "<< endl;          // 输出信息
24        }
25    };
26    class CWaterBird: public CBird, public CFish // 定义水鸟，从鸟和鱼类派生
27    {
28    public:
29        void Action()                             // 定义成员函数
30        {
31            cout << " 水鸟既能飞又能游 "<< endl;  // 输出信息
32        }
33    };
34    int main(int argc, char* argv[])              // 主函数
35    {
36        CWaterBird waterbird;                     // 定义水鸟对象
37        waterbird.FlyInSky();                     // 调用从鸟类继承而来的 FlyInSky 成员函数
38        waterbird.SwimInWater();                  // 调用从鱼类继承而来的 SwimInWater 成员函数
39        return 0;
40    }
```

程序运行结果如图 13.8 所示。

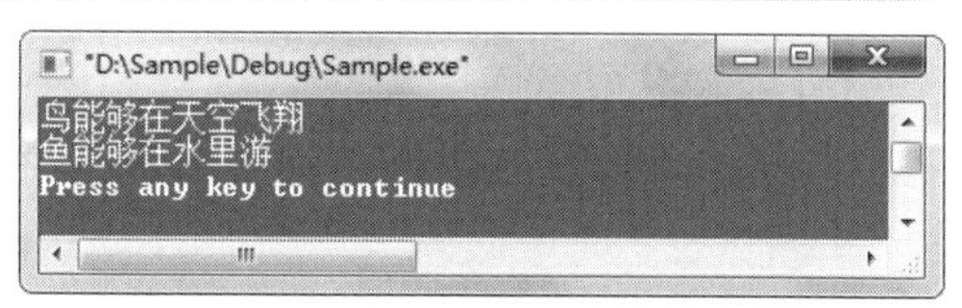

图 13.8　多重继承的程序运行结果

程序中定义了鸟类 CBird，定义了鱼类 CFish，然后从鸟类和鱼类派生了一个子类——水鸟类 CWaterBird。水鸟类自然继承了鸟类和鱼类的所有公有和受保护的成员，因此 CWaterBird 类对象能够调用 FlyInSky 和 SwimInWater 成员函数。在 CBird 类中提供了一个 Breath 成员函数，在 CFish 类中同样提供了 Breath 成员函数，如果 CWaterBird 类对象调用 Breath 成员函数，将会执行哪个类的 Breath 成员函数呢？答案是将会出现编译错误，编译器将产生歧义，不知道具体调用哪个类的 Breath 成员函数。为了让 CWaterBird 类对象能够访问 Breath 成员函数，需要在 Breath 成员函数前具体指定类名。例如：

```
01    waterbird.CFish::Breath();        // 调用 CFish 类的 Breath 成员函数
02    waterbird.CBird::Breath();        // 调用 CBird 类的 Breath 成员函数
```

在多重继承中存在这样一种情况：假如 CBird 类和 CFish 类均派生于同一个父类，例如

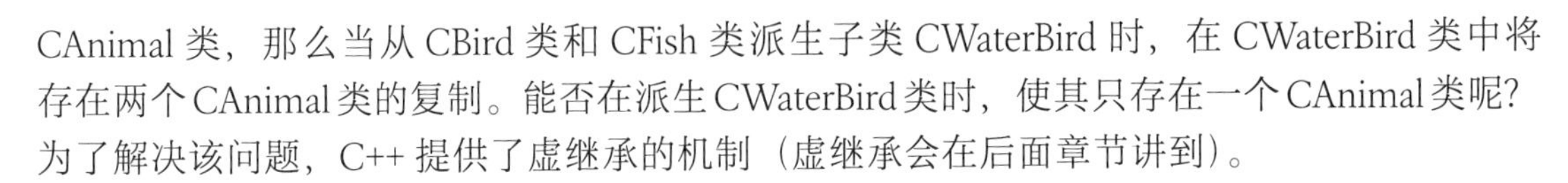

CAnimal 类，那么当从 CBird 类和 CFish 类派生子类 CWaterBird 时，在 CWaterBird 类中将存在两个CAnimal类的复制。能否在派生CWaterBird类时，使其只存在一个CAnimal类呢？为了解决该问题，C++ 提供了虚继承的机制（虚继承会在后面章节讲到）。

13.3.2 二义性

子类在调用成员函数时，先在自身的作用域内寻找，如果找不到，会到父类中寻找。但当子类继承的不同父类中有同名成员时，子类中就会出现来自不同父类的同名成员。例如：

```
01  class CBaseA
02  {
03  public:
04      void function();
05  };
06  class CBaseB
07  {
08  public:
09      void function();
10  };
11  class CDeriveC:public CBaseA,public CBaseB
12  {
13  public:
14      void function();
15  };
```

CBaseA 和 CBaseB 都是 CDeriveC 的父类，并且两个父类中都含有 function 成员函数，CDeriveC 将不知道调用哪个父类的 function 成员函数，这就产生了二义性。

13.3.3 多重继承的构造顺序

单一继承是先调用基类的构造函数，然后调用派生类的构造函数，但多重继承将如何调用构造函数呢？多重继承中的基类构造函数被调用的顺序以派生类表中声明的顺序为准。派生类表就是多重继承定义中继承方式后面的内容，调用顺序就是按照基类名标识符的前后顺序进行的。

[实例 13.7]

（源码位置：资源包\Code\13\07）

多重继承的构造顺序

```
01  #include <iostream>
02  using namespace std;
03  class CBicycle
04  {
05  public:
06      CBicycle()
07      {
08          cout << "Bicycle Construct" << endl;
09      }
10      CBicycle(int iWeight)
11      {
12          m_iWeight=iWeight;
13      }
14      void Run()
15      {
16          cout << "Bicycle Run" << endl;
```

```
17          }
18
19      protected:
20          int m_iWeight;
21      };
22
23      class CAirplane
24      {
25      public:
26          CAirplane()
27          {
28              cout << "Airplane Construct " << endl;
29          };
30          CAirplane(int iWeight)
31          {
32              m_iWeight=iWeight;
33          }
34          void Fly()
35          {
36              cout << "Airplane Fly " << endl;
37          }
38
39      protected:
40          int m_iWeight;
41      };
42
43      class CAirBicycle : public CBicycle, public CAirplane
44      {
45      public:
46          CAirBicycle()
47          {
48              cout << "CAirBicycle Construct" << endl;
49          }
50          void RunFly()
51          {
52              cout << "Run and Fly" << endl;
53          }
54      };
55      void main()
56      {
57          CAirBicycle ab;
58          ab.RunFly();
59      }
```

程序运行结果如图 13.9 所示。

程序中基类的声明顺序是先 CBicycle 类后 CAirplane 类，所以对象的构造顺序就是先 CBicycle 类后 CAirplane 类，最后是 CAirBicycle 类。

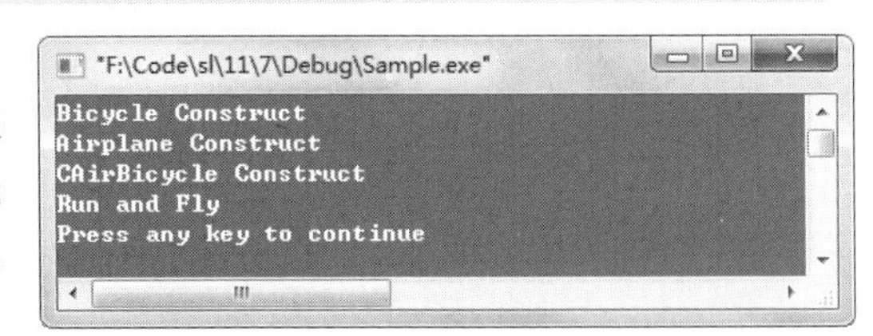

图 13.9　实例 13.7 的程序运行结果

13.4　多态

多态（polymorphism）是面向对象程序设计的一个重要特征，利用多态可以设计和实现一个易于扩展的系统。在 C++ 中，多态是指具有不同功能的函数可以用同一个函数名，这样就可以用一个函数名调用不同内容的函数，发出同样的消息被不同类型的对象接收时，导致完全不同的行为。这里所说的消息主要指类的成员函数的调用，而不同的行为是指不同的实现。

多态通过联编实现。联编是指一个计算机程序自身彼此关联的过程。按照联编所进行的阶段不同，可分为两种不同的联编方法：静态联编和动态联编。在 C++ 中，根据联编的时刻不同，存在两种类型的多态，即函数重载和虚函数。

13.4.1 虚函数概述

在类的继承层次结构中，在不同的层次中可以出现名字、参数个数和类型都相同而功能不同的函数。编译器按照先子类后父类的顺序进行查找覆盖，如果子类有父类相同原型的成员函数时，要想调用父类的成员函数，需要对父类重新引用调用。虚函数则可以解决子类和父类相同原型成员函数的调用问题。虚函数允许在子类中重新定义与父类同名的函数，并且可以通过父类指针或引用来访问父类和子类中的同名函数。

在父类中用 virtual 声明成员函数为虚函数，在子类中重新定义此函数，改变该函数的功能。在 C++ 中虚函数可以继承，当一个成员函数被声明为虚函数后，其子类中的同名函数都自动成为虚函数，但如果子类没有覆盖父类的虚函数，则调用时调用父类的函数定义。

覆盖和重载的区别：重载是同一层次中函数名相同，覆盖是在继承层次中成员函数的原型完全相同。

13.4.2 利用虚函数实现动态绑定

多态主要体现在虚函数上，只要有虚函数存在，对象类型就会在程序运行时动态绑定。动态绑定的实现方法是：定义一个指向基类对象的指针变量，并使它指向同一类族中需要调用该函数的对象，通过该指针变量调用此虚函数。

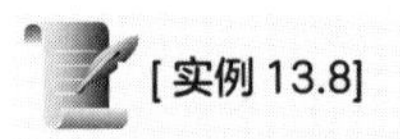

（源码位置：资源包 \Code\13\08）

利用虚函数实现动态绑定

```
01  #include <iostream>
02  using namespace std;
03  class CEmployee                                 //定义 CEmployee 类
04  {
05  public:
06      int m_ID;                                   //定义数据成员
07      char m_Name[128];                           //定义数据成员
08      char m_Depart[128];                         //定义数据成员
09      CEmployee()                                 //定义构造函数
10      {
11          memset(m_Name,0,128);                   //初始化数据成员
12          memset(m_Depart,0,128);                 //初始化数据成员
13      }
14      virtual void OutputName()                   //定义一个虚成员函数
15      {
16          cout << "员工姓名："<<m_Name << endl;    //输出信息
17      }
18  };
19  class COperator :public CEmployee               //从 CEmployee 类派生一个子类
20  {
21  public:
22      char m_Password[128];                       //定义数据成员
23      void OutputName()                           //定义 OutputName 虚函数
```

```
24      {
25          cout << " 操作员姓名 : "<<m_Name<< endl;     // 输出信息
26      }
27  };
28  int main(int argc, char* argv[])
29  {
30      // 定义 CEmployee 类型指针，调用 COperator 类构造函数
31      CEmployee *pWorker = new COperator();
32      strcpy(pWorker->m_Name,"MR");                   // 设置 m_Name 数据成员信息
33      pWorker->OutputName();                          // 调用 COperator 类的 OutputName 成员函数
34      delete pWorker;                                 // 释放对象
35      return 0;
36  }
```

在上述代码中，在 CEmployee 类中定义了一个虚函数 OutputName，在子类 COperator 中改写了 OutputName 成员函数。其中 COperator 类中的 OutputName 成员函数即使没有使用 virtual 关键字，仍为虚函数。程序下面定义一个 CEmployee 类型的指针，调用 COperator 类的构造函数构造对象。

程序运行结果如图 13.10 所示。

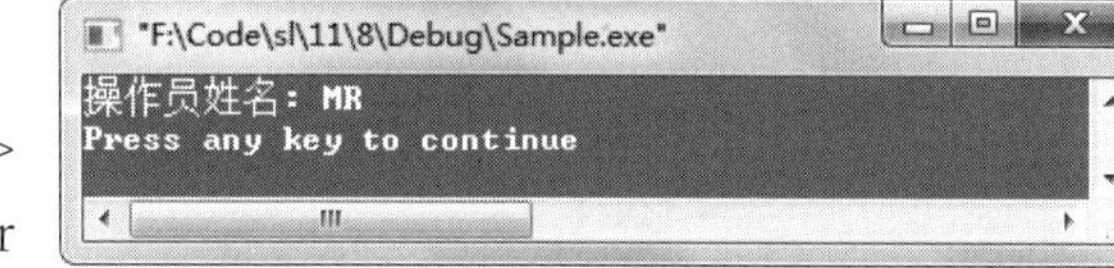

图 13.10　实例 13.8 的程序运行结果

从程序代码中可以发现，“pWorker->OutputName();”语句调用的是 COperator 类的 OutputName 成员函数。虚函数有以下几方面限制。

① 只有类的成员函数才能为虚函数。

② 静态成员函数不能是虚函数，因为静态成员函数不受限于某个对象。

③ 内联函数不能是虚函数，因为内联函数是不能在运行中动态确定位置的。

④ 构造函数不能是虚函数，析构函数通常是虚函数。

13.4.3　虚继承

13.3.1 节讲到从 CBird 类和 CFish 类派生子类 CWaterBird 时，在 CWaterBird 类中将存在两个 CAnimal 类的复制。那么如何在子类 CWaterBird 中只存在一个 CAnimal 父类呢？C++ 提供的虚继承机制解决了这个问题。

[实例 13.9]　（源码位置：资源包 \Code\13\09）

虚继承

```
01  #include <iostream>
02  using namespace std;
03  class CAnimal                            // 定义一个动物类
04  {
05  public:
06      CAnimal()                            // 定义构造函数
07      {
08          cout << " 动物类被构造 "<< endl;   // 输出信息
09      }
10      void Move()                          // 定义成员函数
11      {
12          cout << " 动物能够移动 "<< endl;   // 输出信息
13      }
14  };
```

```
15   class CBird : virtual public CAnimal                  // 从 CAnimal 类虚继承 CBird 类
16   {
17   public:
18       CBird()                                           // 定义构造函数
19       {
20           cout << " 鸟类被构造 "<< endl;                 // 输出信息
21       }
22       void FlyInSky()                                   // 定义成员函数
23       {
24           cout << " 鸟能够在天空飞翔 "<< endl;           // 输出信息
25       }
26       void Breath()                                     // 定义成员函数
27       {
28           cout << " 鸟能够呼吸 "<< endl;                 // 输出信息
29       }
30   };
31   class CFish: virtual public CAnimal                   // 从 CAnimal 类虚继承 CFish
32   {
33   public:
34       CFish()                                           // 定义构造函数
35       {
36           cout << " 鱼类被构造 "<< endl;                 // 输出信息
37       }
38       void SwimInWater()                                // 定义成员函数
39       {
40           cout << " 鱼能够在水里游 "<< endl;             // 输出信息
41       }
42       void Breath()                                     // 定义成员函数
43       {
44           cout << " 鱼能够呼吸 "<< endl;                 // 输出信息
45       }
46   };
47   class CWaterBird: public CBird, public CFish          // 从 CBird 和 CFish 类派生子类 CWaterBird
48   {
49   public:
50       CWaterBird()                                      // 定义构造函数
51       {
52           cout << " 水鸟类被构造 "<< endl;               // 输出信息
53       }
54       void Action()                                     // 定义成员函数
55       {
56           cout << " 水鸟既能飞又能游 "<< endl;           // 输出信息
57       }
58   };
59   int main(int argc, char* argv[])                      // 主函数
60   {
61       CWaterBird waterbird;                             // 定义水鸟对象
62       return 0;
63   }
```

程序运行结果如图 13.11 所示。

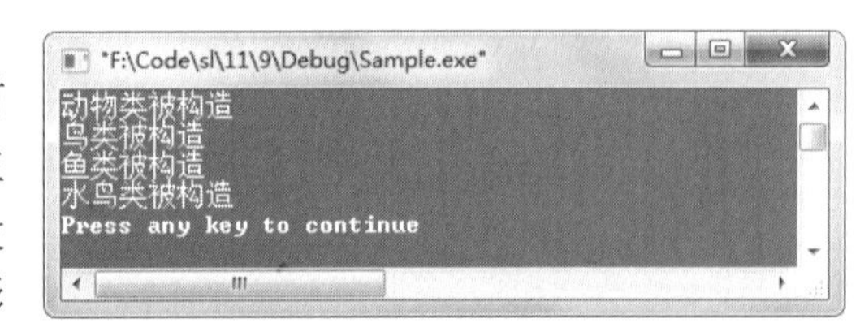

图 13.11　实例 13.9 的程序运行结果

上述代码中，在定义 CBird 类和 CFish 类时使用了关键字 virtual，表示从基类 CAnimal 派生而来。实际上，虚继承对 CBird 类和 CFish 类没有多少影响，却对 CWaterBird 类产生了很大影响。CWaterBird 类中不再有两个 CAnimal 类的复制，而只存在一个 CAnimal 类的复制。

通常在定义一个对象时，先依次调用基类的构造函数，最后才调用自身的构造函数。

但是对于虚继承来说，情况有些不同。在定义 CWaterBird 类对象时，先调用基类 CAnimal 的构造函数，然后调用 CBird 类的构造函数，这里 CBird 类虽然为 CAnimal 的子类，但是在调用 CBird 类的构造函数时将不再调用 CAnimal 类的构造函数。对于 CFish 类也是同样的道理。

在程序开发过程中，多重继承虽然带来了很多方便，但是很少有人愿意使用它，因为多重继承会带来很多复杂的问题，并且它能够完成的功能通过单一继承同样可以实现。如今流行的 C#、Delphi、Java 等面向对象语言只采用单一继承是经过设计者充分考虑的。因此，读者在开发应用程序时，如果能够使用单一继承实现，尽量不要使用多重继承。

13.5 抽象类

包含有纯虚函数的类称为抽象类，一个抽象类至少具有一个纯虚函数。抽象类只能作为基类派生出的新的子类，而不能在程序中被实例化（即不能说明抽象类的对象），但是可以使用指向抽象类的指针。在开发程序过程中并不是所有代码都是由软件构造师自己写的，有时候需要调用库函数，有时候需要分给别人写。一名软件构造师可以通过纯虚函数建立接口，然后让程序员填写代码实现接口，而自己主要负责建立抽象类。

纯虚函数（pure virtual function）是指被标明为不具体实现的虚成员函数，它不具备函数的功能。许多情况下，在基类中不能给虚函数一个有意义的定义，这时可以在基类中将它说明为纯虚函数，而其实现留给派生类去做。纯虚函数不能被直接调用，仅起到提供一个与派生类相一致的接口的作用。声明纯虚函数的形式为:

```
virtual  类型 函数名（参数表列）=0;
```

纯虚函数不可以被继承。当基类是抽象类时，在派生类中必须给出基类中纯虚函数的定义，或在该类中再声明其为纯虚函数。只有在派生类中给出了基类中所有纯虚函数的实现时，该派生类才不再成为抽象类。

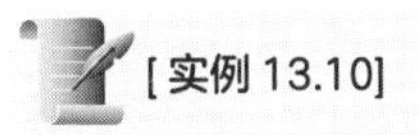

[实例 13.10]　（源码位置：资源包 \Code\13\10）

创建纯虚函数

```
01  #include <iostream>
02  using namespace std;
03  class CFigure
04  {
05  public:
06      virtual double getArea() =0;
07  };
08  const double PI=3.14;
09  class CCircle : public CFigure
10  {
11  private:
12      double m_dRadius;
13  public:
14      CCircle(double dR){m_dRadius=dR;}
15      double getArea()
16      {
17          return m_dRadius*m_dRadius*PI;
18      }
19  };
```

```
20    class CRectangle : public CFigure
21    {
22    protected:
23        double m_dHeight,m_dWidth;
24    public:
25        CRectangle(double dHeight,double dWidth)
26        {
27            m_dHeight=dHeight;
28            m_dWidth=dWidth;
29        }
30        double getArea()
31        {
32            return m_dHeight*m_dWidth;
33        }
34    };
35    void main()
36    {
37        CFigure *fg1;
38        fg1= new CRectangle(4.0,5.0);
39        cout << fg1->getArea() << endl;
40        delete fg1;
41        CFigure *fg2;
42        fg2= new CCircle(4.0);
43        cout << fg2->getArea() << endl;
44        delete fg2;
45    }
```

程序运行结果如图 13.12 所示。

图 13.12　实例 13.10 的程序运行结果

程序定义了矩形类 CRectangle 和圆形类 CCircle，两个类都派生于图形类 CFigure。图形类是一个在现实生活中不存在的对象，抽象类面积的计算方法不确定。所以，将图形类 CFigure 的面积计算方法设置为纯虚函数，这样圆形有圆形面积的计算方法，矩形有矩形面积的计算方法，每个继承自 CFigure 类的对象都有自己的面积，通过 getArea 成员函数即可获取面积值。

注意：

包含纯虚函数的类是不能够实例化的，“CFigure figure;”是错误的。

本章知识思维导图

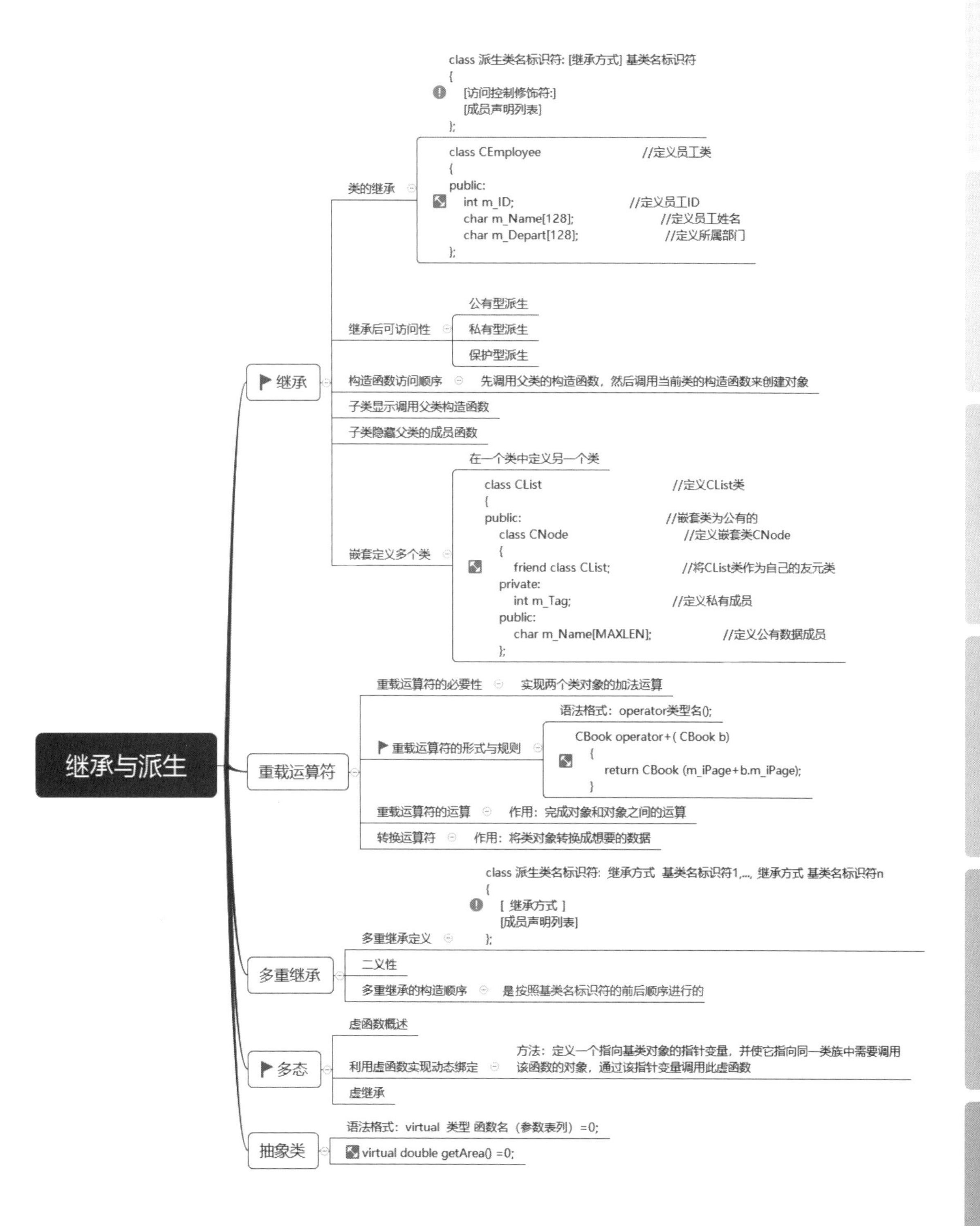
继承与派生
继承
类的继承
class 派生类名标识符: [继承方式] 基类名标识符
{
[访问控制修饰符:]
[成员声明列表]
};
class CEmployee //定义员工类
{
public:
int m_ID; //定义员工ID
char m_Name[128]; //定义员工姓名
char m_Depart[128]; //定义所属部门
};
继承后可访问性
公有型派生
私有型派生
保护型派生
构造函数访问顺序
先调用父类的构造函数，然后调用当前类的构造函数来创建对象
子类显示调用父类构造函数
子类隐藏父类的成员函数
嵌套定义多个类
在一个类中定义另一个类
class CList //定义CList类
{
public: //嵌套类为公有的
class CNode //定义嵌套类CNode
{
friend class CList; //将CList类作为自己的友元类
private:
int m_Tag; //定义私有成员
public:
char m_Name[MAXLEN]; //定义公有数据成员
};
重载运算符
重载运算符的必要性
实现两个类对象的加法运算
重载运算符的形式与规则
语法格式：operator类型名();
CBook operator+(CBook b)
{
return CBook (m_iPage+b.m_iPage);
}
重载运算符的运算
作用：完成对象和对象之间的运算
转换运算符
作用：将类对象转换成想要的数据
多重继承
多重继承定义
class 派生类名标识符：继承方式 基类名标识符1,..., 继承方式 基类名标识符n
{
[继承方式]
[成员声明列表]
};
二义性
多重继承的构造顺序
是按照基类名标识符的前后顺序进行的
多态
虚函数概述
利用虚函数实现动态绑定
方法：定义一个指向基类对象的指针变量，并使它指向同一类族中需要调用该函数的对象，通过该指针变量调用此虚函数
虚继承
抽象类
语法格式：virtual 类型 函数名（参数表列）=0;
virtual double getArea() =0;

C++

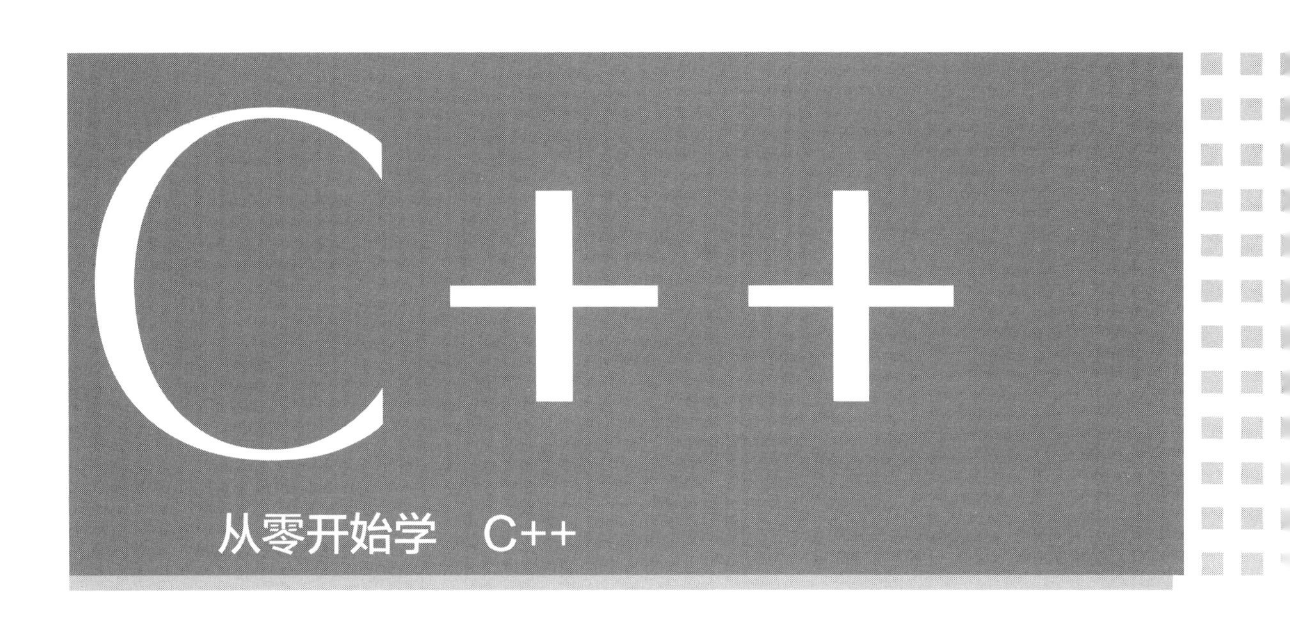

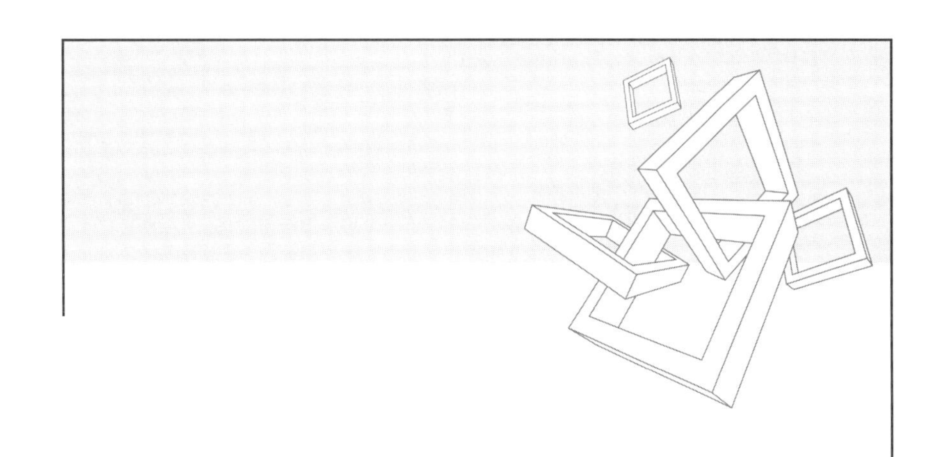

第4篇 模板及文件篇

第 14 章

模板

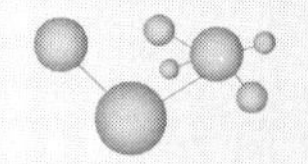

本章学习目标

- 掌握函数模板。
- 掌握类模板。
- 掌握模板的使用。
- 熟悉链表模板。

14.1 函数模板

函数模板不是一个实在的函数，编译器不能为其生成可执行代码。定义函数模板后只生成一个对函数功能框架的描述，当它具体执行时，将根据传递的实际参数决定其功能。

14.1.1 函数模板的定义

函数模板定义的一般形式为：

```
template <类型形式参数表> 返回类型 函数名(形式参数表)
{
…       //函数体
}
```

template 为关键字，表示定义一个模板。尖括号 <> 表示模板参数，模板参数主要有两种：一种是模板类型参数，另一种是模板非类型参数。上述形式中定义的模板使用的是模板类型参数，模板类型参数使用关键字 class 或 typedef 开始，其后是一个用户定义的合法标识符。模板非类型参数与普通参数定义相同，通常为一个常数。

可以将声明的函数模板分成 template 部分和函数名部分。例如：

```
01  template<class T>
02  void fun(T t)
03  {
04  …      //函数实现
05  }
```

定义一个求和的函数模板，例如：

```
01  template <class type>                          //定义一个模板类型
02  type Sum(type xvar,type yvar)                  //定义函数模板
03  {
04      return xvar + yvar;
05  }
```

在定义完函数模板之后，需要在程序中调用函数模板。下面的代码演示了 Sum 函数模板的调用。

```
int iret = Sum(10,20);                         //实现两个整数的相加
double dret = Sum(10.5,20.5);                  //实现两个实数的相加
```

如果采用如下的形式调用 Sum 函数模板，将会出现错误。

```
int iret = Sum(10.5,20);                       //错误调用
double dret = Sum(10,20.5);                    //错误调用
```

上述代码中为函数模板传递了两个类型不同的参数，编译器产生了歧义。如果用户在调用函数模板时显式标识模板类型，就不会出现错误了。例如：

```
01  int iret = Sum<int>(10.5,20);              //正确地调用函数模板
02  double dret = Sum<double>(10,20.5);        //正确地调用函数模板
```

用函数模板生成实际可执行的函数又称为模板函数。函数模板与模板函数不是一个概念。从本质上讲，函数模板是一个“框架”，它不是真正可以编译生成代码的程序；而模板

函数是把函数模板中的类型参数实例化后生成的函数，它和普通函数本质是相同的，可以生成可执行代码。

14.1.2 函数模板的作用

假设求两个函数之中最大者，如果想比较整型数和实型数，需要定义两个函数，两个函数定义如下:

```
01  int max(int a, int b)
02  {
03      return a>b?a : b ;                       // 返回最大值
04  }
05  float max(float a, float b)
06  {
07      return a>b?a : b ;                       // 返回最大值
08  }
```

怎样通过一个 max 函数来既求整型数之间最大者又求实型数之间最大者呢？答案是使用函数模板以及 #define 宏定义。

#define 宏定义可以在预编译期对代码进行替换。例如:

```
#define max(a,b) ((a) > (b) ? (a) : (b))
```

上述代码可以求整型数最大值和实型数最大值。但宏定义 #define 只是进行简单替换，它无法对类型进行检查，有时计算结果可能不是预计的。例如:

```
01  #include <iostream>
02  #include <iomanip>
03  using namespace std;
04  #define max(a,b) ((a) > (b) ? (a) : (b))
05  void main()
06  {
07      int m=0,n=0;
08      cout << max(m,++n) << endl;
09      cout << m << setw(2) << endl;
10  }
```

程序运行结果如图 14.1 所示。

图 14.1 利用宏定义求最大值的程序运行结果

程序运行的预期结果应该是 1 和 0，为什么输出图 14.1 所示的结果呢？原因在于宏替换之后“++n”被执行了两次，因此 n 的值是 2 不是 1。

宏是预编译指令，很难调试，无法单步进入宏的代码中。模板函数和 #define 宏定义相似，但模板函数是用函数模板实例化得到的函数，它与普通函数没有本质区别。可以重载模板函数。

[实例 14.1]　　（源码位置：资源包 \Code\14\01）

使用数组作为模板参数

```
01  #include <iostream>
02  using namespace std;
03  template <class type,int len>                // 定义一个模板类型
```

```
04  type Max(type array[len])                      // 定义函数模板
05  {
06      type ret = array[0];                       // 定义一个变量
07      for(int i=1; i<len; i++)                   // 遍历数组元素
08      {
09          ret = (ret > array[i])? ret : array[i];    // 比较数组元素大小
10      }
11      return ret;                                // 返回最大值
12  }
13  void main()
14  {
15      int array[5] = {1,2,3,4,5};                // 定义一个整型数组
16      int iret = Max<int,5>(array);              // 调用函数模板 Max
17      double dset[3] = {10.5,11.2,9.8};          // 定义实数数组
18      double dret = Max<double,3>(dset);         // 调用函数模板 Max
19      cout << dret << endl;
20  }
```

程序运行结果如图 14.2 所示。

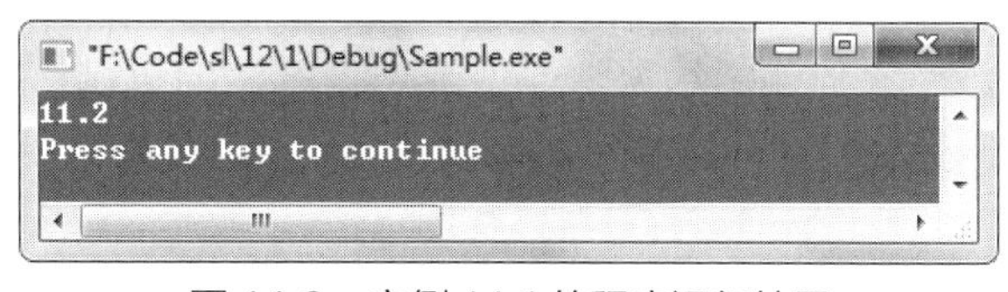

图 14.2　实例 14.1 的程序运行结果

程序中定义了一个函数模板 Max，用来求数组中元素的最大值。其中模板参数使用模板类型参数 type 和模板非类型参数 len，参数 type 声明了数组中的元素类型，参数 len 声明了数组中的元素个数。给定数组元素后，程序将数组中的最大值输出。

14.1.3　重载函数模板

编译器可以直接比较整型数和实型数，所以使用函数模板后也可以直接进行比较，但如果是字符指针指向的字符串该如何比较呢？答案是通过重载函数模板来实现。通常字符串需要库函数来进行比较。下面通过重载函数模板实现字符串的比较。

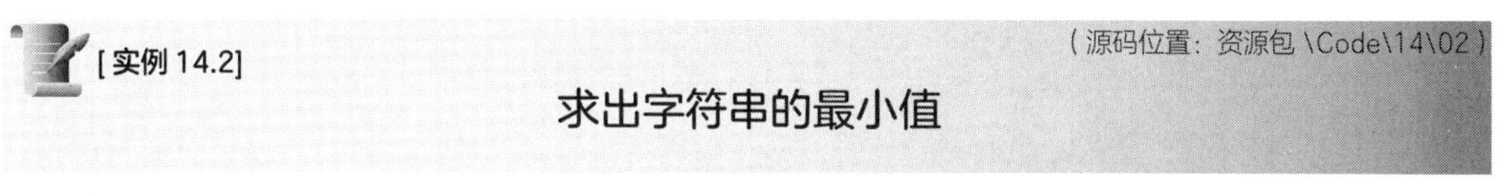
[实例 14.2]　（源码位置：资源包 \Code\14\02）

求出字符串的最小值

```
01  #include <iostream >
02  #include <string >
03  using namespace std;
04  template<class Type>
05  Type min(Type a,Type b)                        // 定义函数模板
06  {
07      if(a < b)
08          return a;
09      else
10          return b;
11  }
12  char * min(char * a,char * b)                  // 重载函数模板
13  {
14      if(strcmp(a,b))
15          return b;
16      else
17          return a;
18  }
19  void main ()
20  {
21      cout << " 最小值: " << min(10,1) << endl;
```

```
22        cout << " 最小值: " << min('a','b') << endl;
23        cout << " 最小值: " << min("hi","mr") << endl;
24    }
```

程序运行结果如图 14.3 所示。

程序在重载的函数模板 min 中使用 strcmp 库函数来完成字符串的比较，此时使用 min 函数可以比较整型数据、实型数据、字符数据和字符串数据。

图 14.3　实例 14.2 的程序运行结果

14.2　类模板

使用 template 关键字不但可以定义函数模板，也可以定义类模板。类模板代表一族类，是用来描述通用数据类型或处理方法的机制，它使类中的一些数据成员和成员函数的参数或返回值可以取任意数据类型。类模板可以说是用类生成类，减少了类的定义数量。

14.2.1　类模板的定义与声明

类模板的一般定义形式为:

```
template < 类型形式参数表 > class  类模板名
{
…      // 类模板体
};
```

类模板成员函数定义形式为:

```
template < 类型形式参数表 >
返回类型  类模板名 < 类型名表 >:: 成员函数名 ( 形式参数列表 )
{
…      // 函数体
}
```

template 是关键字，类型形式参数表与函数模板定义相同。类模板的成员函数定义时的类模板名与类模板定义时要一致。类模板不是一个真实的类，需要重新生成类。生成类的形式为:

```
类模板名 < 类型实在参数表 >;
```

用新生成的类定义对象的形式为:

```
类模板名 < 类型实在参数表 >  对象名 ;
```

其中类型实在参数表应与该类模板中的类型形式参数表匹配。用类模板生成的类称为模板类。类模板和模板类不是同一个概念，类模板是模板的定义，不是真实的类，定义中要用到类型参数；模板类本质上与普通类相同，它是类模板的类型参数实例化之后得到的类。

定义一个容器的类模板，代码如下:

```
01    template<class Type>
02    class Container
03    {
```

```
04      Type tItem;
05      public:
06      Container(){};
07      void begin(const Type& tNew);
08      void end(const Type& tNew);
09      void insert(const Type& tNew);
10      void empty(const Type& tNew);
11  };
```

和普通类一样，需要对类模板成员函数进行定义，代码如下：

```
12  void Container<type>:: begin (const Type& tNew)     //容器的第一个元素
13  {
14      tItem=tNew;
15  }
16  void Container<type>:: end (const Type& tNew)       //容器的最后一个元素
17  {
18      tItem=tNew;
19  }
20  void Container<type>::insert(const Type& tNew)      //向容器中插入元素
21  {
22      tItem=tNew;
23  }
24  void Container<type>:: empty (const Type& tNew)     //清空容器
25  {
26      tItem=tNew;
27  }
```

将模板类的参数设置为整型，然后用模板类声明对象。代码如下：

```
Container<int> myContainer;                        //声明Container<int>类对象
```

声明对象后，就可以调用类成员函数，代码如下：

```
01  int i=10;
02  myContainer.insert(i);
```

在类模板定义中，类型形式参数表中的参数也可以是其他类模板，例如：

```
01  template < template<class A> class B>
02  class CBase
03  {
04  private:
05      B<int> m_n;
06  }
```

类模板也可以继承，例如：

```
01  template <class T>
02  class CDerived public T
03  {
04  public :
05      CDerived();
06  };
07  template <class T>
08  CDerived<T>::CDerived() : T()
09  {
10      cout << "" <<endl;
11  }
12  void main()
13  {
```

```
14      CDerived<CBase1> D1;
15      CDerived<CBase1> D1;
16  }
```

T 是一个类，CDerived 继承自该类，CDerived 可以对类 T 进行扩展。

14.2.2 简单类模板

类模板中的类型形式参数表可以在执行时指定，也可以在定义类模板时指定。下面看类型参数如何在执行时指定。例如：

```
01  #include <iostream>
02  using namespace std;
03  template<class T1,class T2>
04  class MyTemplate
05  {
06      T1 t1;
07      T2 t2;
08      public:
09          MyTemplate(T1 tt1,T2 tt2)
10          {t1 =tt1, t2=tt2;}
11          void display()
12          { cout << t1 << ' ' << t2 << endl;}
13  };
14  void main()
15  {
16      int a=123;
17      double b=3.1415;
18      MyTemplate<int ,double> mt(a,b);
19      mt.display();
20  }
```

程序运行结果如图 14.4 所示。

程序中的 MyTemplate 是一个类模板，它使用整型类型和双精度类型作为参数。

图 14.4　简单类模板的程序运行结果

14.2.3 默认模板参数

默认模板参数就是在类模板定义时设置类型形式参数表中类型参数的默认值，该默认值是一个数据类型。有默认的数据类型参数后，在定义模板新类时就可以不进行指定。例如：

```
01  #include <iostream>
02  using namespace std;
03  template <class T1,class T2 = int>
04  class MyTemplate
05  {
06      T1 t1;
07      T2 t2;
08  public:
09          MyTemplate(T1 tt1,T2 tt2)
10          {t1=tt1;t2=tt2;}
11          void display()
12          {
13           cout<< t1 << ' ' << t2 << endl;
14          }
15  };
```

```
16    void main()
17    {
18        int a=123;
19        double b=3.1415;
20        MyTemplate<int ,double> mt1(a,b);
21        MyTemplate<int> mt2(a,b);
22        mt1.display();
23        mt2.display();
24    }
```

程序运行结果如图 14.5 所示。

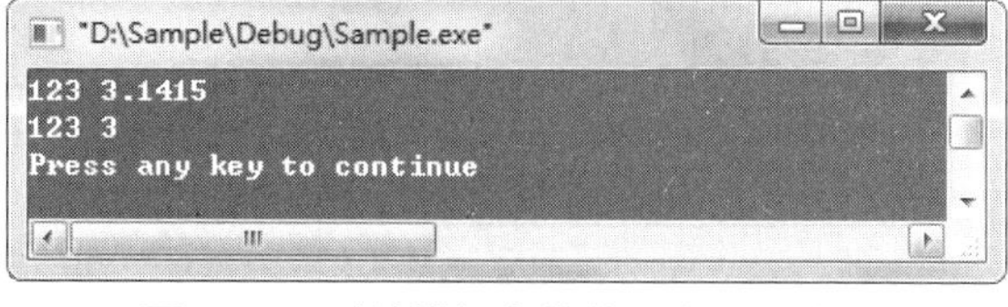

图 14.5　默认模板参数的程序运行结果

14.2.4　为具体类型的参数提供默认值

默认模板参数是类模板中由默认的数据类型作参数。在模板定义时还可以为默认的数据类型声明变量，并且为变量赋值。例如：

```
01    #include <iostream>
02    using namespace std;
03    template<class T1,class T2,int num= 10 >
04    class MyTemplate
05    {
06        T1 t1;
07        T2 t2;
08        public:
09            MyTemplate(T1 tt1,T2 tt2)
10            {t1 =tt1+num, t2=tt2+num;}
11            void display()
12            { cout << t1 << ' ' << t2 <<endl;}
13    };
14    void main()
15    {
16        int a=123;
17        double b=3.1415;
18        MyTemplate<int ,double> mt1(a,b);
19        MyTemplate<int ,double ,100> mt2(a,b);
20        mt1.display();
21        mt2.display();
22    }
```

程序运行结果如图 14.6 所示。

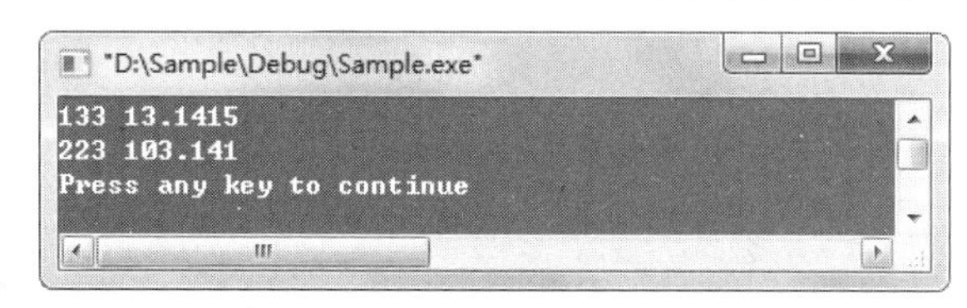

图 14.6　为具体类型的参数提供默认值的程序运行结果

14.2.5　有界数组模板

C++ 不能检查数组下标是否越界，如果下标越界会造成程序崩溃。程序员在编辑代码时很难找到下标越界错误。那么如何让数组进行下标越界检测呢？答案是建立数组模板，在模板定义时对数组的下标进行检查。

在模板中想要获取下标值，需要重载数组下标运算符 []。重载数组下标运算符后使用模板类实例化的数组，就可以进行下标越界检测了。例如：

```
01    #include <cassert>
02    template <class T,int b>
03    class Array
04    {
```

```
05      T& operator[] (int sub)
06      {
07          assert(sub>=0&& sub<b);
08      }
09  };
```

程序中使用了 assert 来进行警告处理，当有下标越界情况发生时就弹出对话框警告，然后输出出现错误的代码位置。assert 函数需要使用 cassert 头文件。

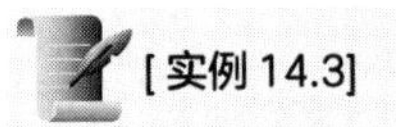
[实例 14.3]

（源码位置：资源包 \Code\14\03）

数组模板的应用

```
01  #include <iostream>
02  #include <iomanip>
03  #include <cassert>
04  using namespace std;
05  class Date
06  {
07      int iMonth,iDay,iYear;
08      char Format[128];
09  public:
10      Date(int m=0,int d=0,int y=0)
11      {
12          iMonth=m;
13          iDay=d;
14          iYear=y;
15      }
16      friend ostream& operator<<(ostream& os,const Date t)
17      {
18          cout << "Month: " << t.iMonth << ' ' ;
19          cout << "Day: " << t.iDay<< ' ';
20          cout << "Year: " << t.iYear<< ' ' ;
21          return os;
22
23      }
24      void Display()
25      {
26          cout << "Month: " << iMonth;
27          cout << "Day: " << iDay;
28          cout << "Year: " << iYear;
29          cout << endl;
30      }
31  };
32  template <class T,int b>
33  class Array
34  {
35      T elem[b];
36      public:
37          Array(){}
38          T& operator[] (int sub)
39          {
40              assert(sub>=0&& sub<b);
41              return elem[sub];
42          }
43
44  };
45  void main()
46  {
47      Array<Date,3> dateArray;
```

```
48        Date dt1(1,2,3);
49        Date dt2(4,5,6);
50        Date dt3(7,8,9);
51        dateArray[0]=dt1;
52        dateArray[1]=dt2;
53        dateArray[2]=dt3;
54        for(int i=0;i<3;i++)
55            cout << dateArray[i] << endl;
56        Date dt4(10,11,13);
57        dateArray[3] = dt4;                    // 弹出警告
58        cout << dateArray[3] << endl;
59    }
```

程序运行结果如图 14.7 所示。

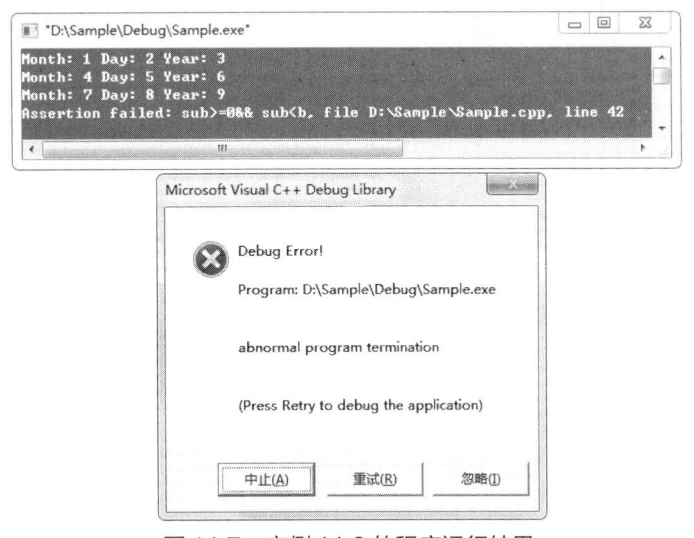

图 14.7　实例 14.3 的程序运行结果

程序能够及时发现 dateArray 已经越界，因为定义数组时指定数组的长度为 3，当数组下标为 3 时说明数组中有 4 个元素，所以程序执行到 dateArray[3] 时，弹出错误警告。

14.3　模板的使用

定义完模板类后，如果想扩展模板新类的功能，需要对类模板进行覆盖，使类模板能够完成特殊功能。覆盖操作可以针对整个类模板、部分类模板以及类模板的成员函数，这种覆盖操作称为定制。

14.3.1　定制类模板

定制一个类模板，然后覆盖类模板中定义的所有成员。例如：

```
01  #include <iostream>
02  using namespace std;
03  class Date
04  {
05      int iMonth,iDay,iYear;
06      char Format[128];
07  public:
```

```
08        Date(int m=0,int d=0,int y=0)
09        {
10            iMonth=m;
11            iDay=d;
12            iYear=y;
13        }
14        friend ostream& operator<<(ostream& os,const Date t)
15        {
16            cout << "Month: " << t.iMonth << ' ' ;
17            cout << "Day: " << t.iDay<< ' ';
18            cout << "Year: " << t.iYear<< ' ' ;
19            return os;
20
21        }
22        void Display()
23        {
24            cout << "Month: " << iMonth;
25            cout << "Day: " << iDay;
26            cout << "Year: " << iYear;
27            cout << endl;
28        }
29    };
30    template <class T>
31    class Set
32    {
33        T t;
34        public:
35            Set(T st) : t(st) {}
36            void Display()
37            {
38                cout << t << endl;
39            }
40    };
41    class Set<Date>
42    {
43        Date t;
44    public:
45        Set(Date st): t(st){}
46        void Display()
47        {
48            cout << "Date :" << t << endl;
49        }
50    };
51    void main()
52    {
53        Set<int> intset(123);
54        Set<Date> dt =Date(1,2,3);
55        intset.Display();
56        dt.Display();
57    }
```

程序运行结果如图 14.8 所示。

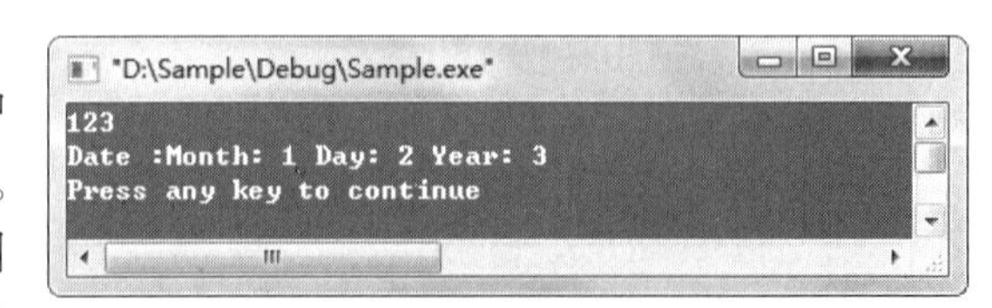

图 14.8　定制类模板的程序运行结果

程序中定义了 Set 类模板，该类模板中有一个构造函数和一个 Display 成员函数。Display 成员函数负责输出成员的值。使用 Date 类定制了整个类模板，也就是说模板类中构造函数中的参数是 Date 对象，Display 成员函数输出的也是 Date 对象。定制类模板相当于实例化一个模板类。

14.3.2 定制类模板成员函数

定制一个类模板，然后覆盖类模板中指定的成员。例如：

```
01  #include <iostream>
02  using namespace std;
03  class Date
04  {
05      int iMonth,iDay,iYear;
06      char Format[128];
07  public:
08      Date(int m=0,int d=0,int y=0)
09      {
10          iMonth=m;
11          iDay=d;
12          iYear=y;
13      }
14      friend ostream& operator<<(ostream& os,const Date t)
15      {
16          cout << "Month: " << t.iMonth << ' ' ;
17          cout << "Day: " << t.iDay<< ' ';
18          cout << "Year: " << t.iYear<< ' ' ;
19          return os;
20
21      }
22      void Display()
23      {
24          cout << "Month: " << iMonth;
25          cout << "Day: " << iDay;
26          cout << "Year: " << iYear;
27          cout << std::endl;
28      }
29  };
30  template <class T>
31  class Set
32  {
33      T t;
34  public:
35      Set(T st) : t(st) { }
36      void Display();
37  };
38  template <class T>
39  void Set<T>::Display()
40  {
41      cout << t << endl;
42  }
43  void Set<Date>::Display()
44  {
45      cout << "Date: " << t << endl;
46  }
47  void main()
48  {
49      Set<int> intset(123);
50      Set<Date> dt =Date(1,2,3);
51      intset.Display();
52      dt.Display();
53  }
```

程序运行结果如图 14.9 所示。

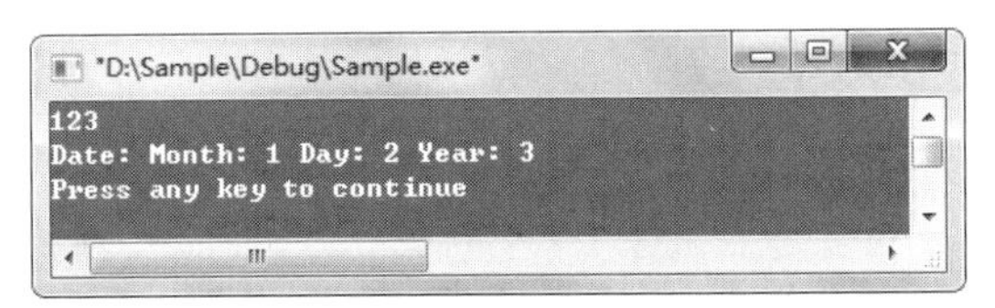

图 14.9　定制类模板成员函数的程序运行结果

程序中定义了 Set 类模板，该类模板中有一个构造函数和一个 Display 成员函数。程序对模板类中的 Display 函数进行覆盖，使其参数类型设置为 Date 类，这样在使用 Display 函数输出时就会调用 Date 类中的 Display 函数进行输出。

本章知识思维导图

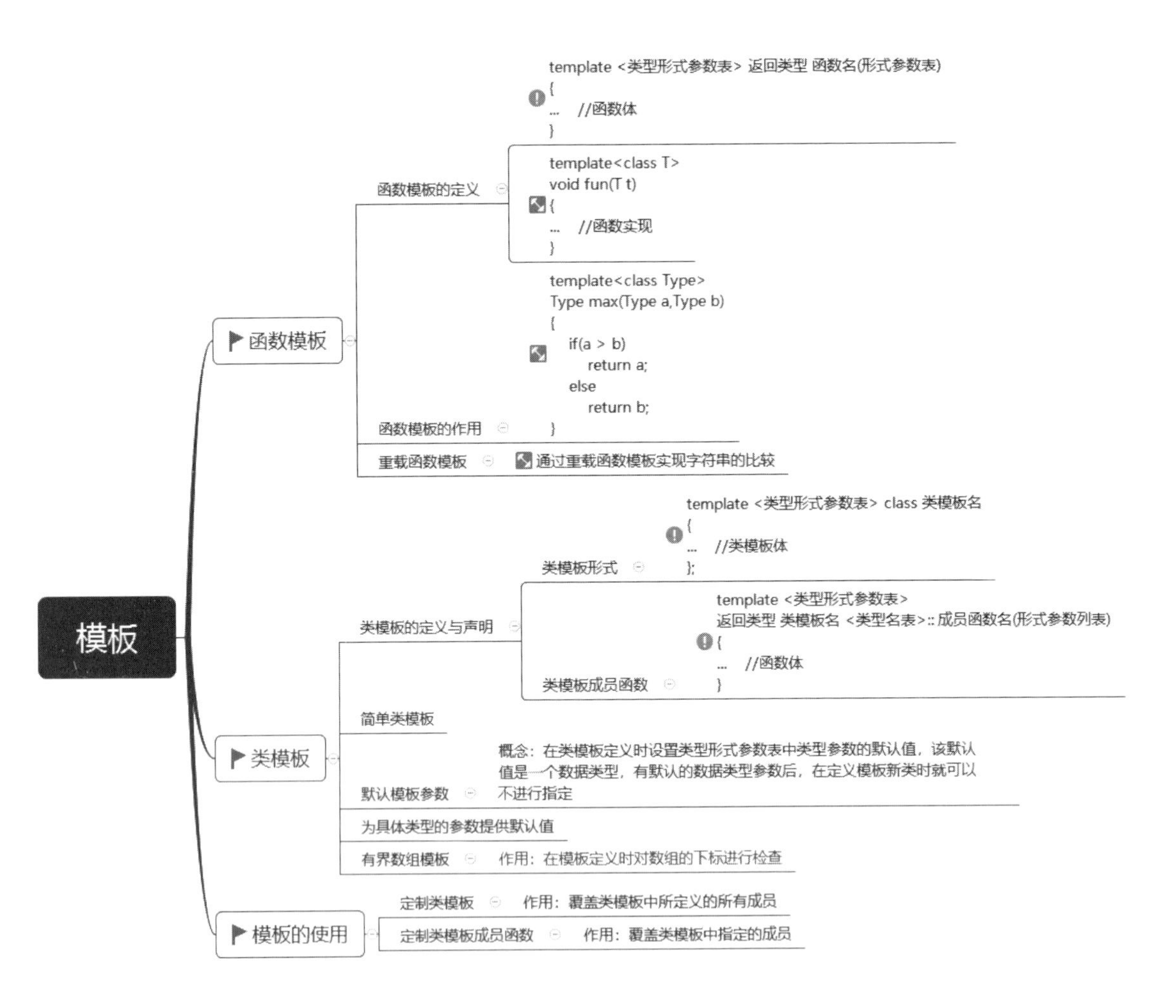

第 15 章

STL 标准模板库

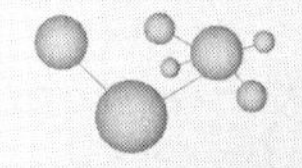

本章学习目标

- 掌握序列容器。
- 掌握结合容器。
- 熟悉几种算法。
- 掌握迭代器。

15.1 序列容器

STL 提供了很多容器，每种容器都提供一组操作行为。序列容器（sequence）只提供插入功能，其中的元素都是有序的，但并未排序。序列容器包括 vector 向量、deque 双端队列和 list 双向串行。

15.1.1 对比容器适配器与容器

标准模板库的容器适配器与容器都是用来存储和组织对象的类模板。容器适配器与容器相比，限制的条件更多。容器适配器定义在相应的头文件中，如表 15.1 所示。

表 15.1 容器适配器头文件内容

头文件	内容
queue	定义了一些具有队列结构特征的类模板。其中包含了 queue<T>，是一个单向队列。priority_queue 排列自身对象，最大的值会被放在队列前端
stack	包含了 stack<T>类模板，具有栈数据结构的特征

容器适配器还被定义在容器的头文件中，这通常与容器的内部实现有关，如表 15.2 所示。

表 15.2 容器头文件内容

头文件	内容
vector	vector<T>是一个在必要时能够自动增大容量的数组，在随机位置上插入元素会增加很大的系统开销。其中定义了对应的适配器 queue
deque	deque<T>是一个双端队列，与 vector 作用相似，但多出了从队列前加入元素的特性。其中定义了对应的适配器 queue 和 stack
list	list<T>是一种双向的链表。定义了适配器 stack
map	map<K,T>是一种关联容器。K 表示关联的对象 T 所在 map 中位置的信息，值必须唯一
set	set<T>表示的是一一对应的关系。T 就是这种关系的象征，它在 set 中唯一并且不能被直接修改，只能删除，之后加入新的对象来达到目的

在 C++ 中使用标准模板库提供的容器，需要加入相应的头文件并使用名称空间 std。容器适配器与容器在使用限制上的最大区别在于是否支持迭代器。迭代器的行为类似于指针，通过它能够遍历容器中的所有元素，但容器适配器不支持它。通常情况下，人们更倾向于使用容器而非容器适配器。

15.1.2 对比迭代器与容器

标准模板库中提供了 4 种迭代器，如表 15.3 所示。

表 15.3　迭代器的分类

迭代器	功能
输入和输出迭代器	支持对象序列的读写，仅能使用一次(不可重用)。支持了自加运算符++来获得一个新的迭代，这样它才能进行下一次读写
前向迭代器	支持输入和输出迭代器的功能，还可进行对象的访问和存储操作。前向迭代器可以重用，用来遍历容器
双向迭代器	双向迭代器包含了前向迭代器的功能。支持自减运算符--，使它能够反向遍历容器
随机访问迭代器	包含了以上所有迭代器的功能。重载了加、减运算符，可以对容器内任何元素进行随机访问。它还支持索引运算符[ ]、比较运算符

这四种迭代器在功能上都是“向上兼容”的，越来越强大。容器自身的迭代器的种类是依照容器的结构来决定的，vector 包含的迭代器是随机迭代器，list 包含的是双向迭代器，在 queue 中的迭代器则是前向迭代器。

15.1.3　向量类模板

向量（vector）是一种随机访问的数组类型，提供了对数组元素的快速、随机访问，以及在序列尾部快速、随机的插入和删除操作。它是大小可变的向量，在需要时可以改变其大小。

使用向量类模板需要创建 vector 对象，创建 vector 对象有以下几种方法。

- std::vector<type> name;

该方法创建了一个名为 name 的空 vector 对象，该对象可容纳类型为 type 的数据。例如，为整型值创建一个空 std::vector 对象可以使用如下的语句：

```
std::vector<int> intvector;
```

- std::vector<type> name(size);

该方法用来初始化具有 size 个元素的 vector 对象。

- std::vector<type> name(size,value);

该方法用来初始化具有 size 个元素的 vector 对象，并将对象的初始值设为 value。

- std::vector<type> name(myvector);

该方法使用复制构造函数，用现有的向量 myvector 创建了一个 vector 对象。

- std::vector<type> name(first,last);

该方法创建了元素在指定范围内的向量，first 代表起始范围，last 代表结束范围。

vector 对象的主要成员继承于随机接入容器和反向插入序列，其主要成员函数及说明如表 15.4 所示。

表 15.4　vector 对象的主要成员函数及说明

函数	说明
assign(first,last)	用迭代器 first 和 last 所辖范围内的元素替换向量元素
assign(num,val)	用 val 的 num 个副本替换向量元素
at(n)	返回向量中第 n 个位置的元素的值
back	返回对向量末尾元素的引用

续表

函数	说明
begin	返回指向向量中第一个元素的迭代器
capcity	返回当前向量最多可以容纳的元素个数
clear	删除向量中所有元素
empty	如果向量为空，则返回true值
end	返回指向向量中最后一个元素的迭代器
erase(start,end)	删除迭代器start和end所辖范围内的向量元素
erase(i)	删除迭代器i所指向的向量元素
front	返回对向量起始元素的引用
insert(i,x)	把值x插入向量中由迭代器i所指明的位置
insert(i,start,end)	把迭代器start和end所辖范围内的元素插入到向量中由迭代器i所指明的位置
insert(i,n,x)	把x的n个副本插入到向量中由迭代器i所指明的位置
max_size	返回向量的最大容量（最多可以容纳的元素个数）
pop_back	删除向量最后一个元素
push_back(x)	把值x放在向量末尾
rbegin	返回一个反向迭代器，指向向量末尾元素之后
rend	返回一个反向迭代器，指向向量起始元素
reverse	颠倒元素的顺序
resize(n,x)	重新设置向量大小n，新元素的值初始化为x
size	返回向量的大小（元素的个数）
swap(vector)	交换两个向量的内容

下面通过实例进一步学习 vector 模板类的使用方法。

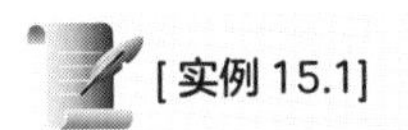

[实例 15.1]

（源码位置：资源包 \Code\15\01）

vector 模板类的操作方法

```
01  #include <iostream>
02  #include <vector>
03  #include <tchar.h>
04  using namespace std;
05  int main(int argc, _TCHAR* argv[])
06  {
07      vector<int> v1,v2;                          // 定义两个容器
08      v1.reserve(10);                              // 手动分配空间，设置容器元素最小值
09      v2.reserve(10);
10      v1 = vector<int>(8,7);
11      int array[8]= {1,2,3,4,5,6,7,8};            // 定义数组
12      v2 = vector<int>(array,array+8);;           // 给 v2 赋值
13      cout<<"v1 容量 "<<v1.capacity()<<endl;
14      cout<<"v1 当前各项 :"<<endl;
15      size_t i = 0;
16      for(i = 0;i<v1.size();i++)
17      {
18          cout<<" "<<v1[i];
19      }
```

```
20        cout<<endl;
21        cout<<"v2 容量 "<<v2.capacity()<<endl;
22        cout<<"v2 当前各项 :"<<endl;
23        for(i = 0;i<v1.size();i++)
24        {
25            cout<<" "<<v2[i];
26        }
27        cout<<endl;
28        v1.resize(0);
29        cout<<"v1 的容量通过 resize 函数变成 0"<<endl;
30        if(!v1.empty())
31            cout<<"v1 容量 "<<v1.capacity()<<endl;
32        else
33            cout<<"v1 是空的 "<<endl;
34        cout<<" 将 v1 容量扩展为 8"<<endl;
35        v1.resize(8);
36        cout<<"v1 当前各项 :"<<endl;
37        for(i = 0;i<v1.size();i++)
38        {
39            cout<<" "<<v1[i];
40        }
41        cout<<endl;
42        v1.swap(v2);
43        cout<<"v1 与 v2 swap 了 "<<endl;
44        cout<<"v1 当前各项 :"<<endl;
45        cout<<"v1 容量 "<<v1.capacity()<<endl;
46        for(i = 0;i<v1.size();i++)
47        {
48            cout<<" "<<v1[i];
49        }
50        cout<<endl;
51        v1.push_back(3);
52        cout<<" 从 v1 后边加入了元素 3"<<endl;
53        cout<<"v1 容量 "<<v1.capacity()<<endl;
54        for(i = 0;i<v1.size();i++)
55        {
56            cout<<" "<<v1[i];
57        }
58        cout<<endl;
59        v1.erase(v1.end()-2);
60        cout<<" 删除了倒数第二个元素 "<<endl;
61        cout<<"v1 容量 "<<v1.capacity()<<endl;
62        cout<<"v1 当前各项 :"<<endl;
63        for(i = 0;i<v1.size();i++)
64        {
65            cout<<" "<<v1[i];
66        }
67        cout<<endl;
68        v1.pop_back();
69        cout<<"v1 通过栈操作 pop_back 放走了最后的元素 "<<endl;
70        cout<<"v1 当前各项 :"<<endl;
71        cout<<"v1 容量 "<<v1.capacity()<<endl;
72        for(i = 0;i<v1.size();i++)
73        {
74            cout<<" "<<v1[i];
75        }
76        cout<<endl;
77        return 0;
78    }
```

程序运行结果如图 15.1 所示。

本实例演示了 vector<int> 容器的初始化以及插入、删除等操作。在本实例中 v1 和 v2 均用 resize 分配了空间。当分配的空间小于自身原来的空间时，删除原来的末尾元素。当分配的空间大于自身原来的空间时，自动在末尾元素后边添加 0。同理，若 vector 模板使用的是某一个类，则增加的会是以默认构造函数创建的对象。同时可以看到，向 v1 添加元素时，v1 的容量从 8 增加到 10。根据 vector 提供的特性，在需要时可以扩大自身的容量。

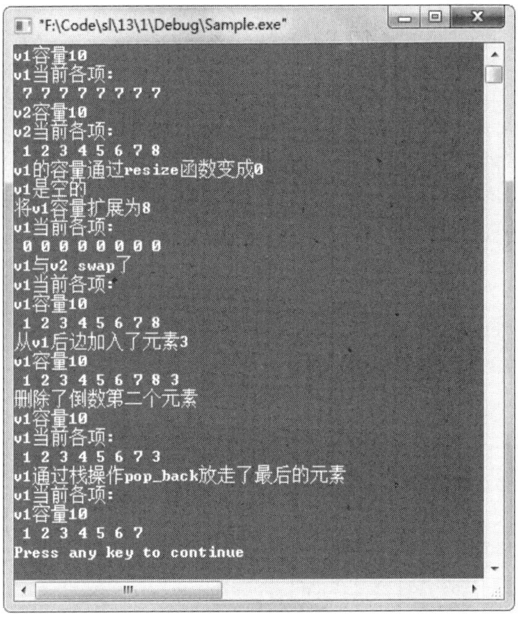

```
"F:\Code\sl\13\1\Debug\Sample.exe"
v1容量10
v1当前各项:
 7 7 7 7 7 7 7 7
v2容量10
v2当前各项:
 1 2 3 4 5 6 7 8
v1的容量通过resize函数变成0
v1是空的
将v1容量扩展为8
v1当前各项:
 0 0 0 0 0 0 0 0
v1与v2 swap了
v1当前各项:
v1容量10
 1 2 3 4 5 6 7 8
从v1后边加入了元素3
v1容量10
 1 2 3 4 5 6 7 8 3
删除了倒数第二个元素
v1容量10
v1当前各项:
 1 2 3 4 5 6 7 3
v1通过栈操作pop_back放走了最后的元素
v1当前各项:
v1容量10
 1 2 3 4 5 6 7
Press any key to continue
```

图 15.1　实例 15.1 的程序运行结果

> **注意：**
> 虽然 vector 支持 insert 函数插入，但与链表数据结构的容器比较而言效率较差，不推荐经常使用。

15.1.4　双端队列类模板

双端队列（deque）是一种随机访问的数据类型，提供了在序列两端快速插入和删除操作，它可以在需要时修改其自身的大小，主要完成标准 C++ 数据结构中队列的功能。

使用双端队列类模板需要创建 deque 对象，创建 deque 对象有以下几种方法。

- std::deque<type> name;

该方法创建了一个名为 name 的空 deque 对象，该对象可容纳数据类型为 type 的数据。例如，为整型值创建一个空 std:: deque 对象可以使用如下的语句：

```
std:: deque <int> int deque;
```

- std::deque<type> name(size);

该方法创建一个大小为 size 的 deque 对象。

- std::deque<type> name(size,value);

该方法创建一个大小为 size 的 deque 对象，并将对象的每个值设为 value。

- std::deque<type> name(mydeque);

该方法使用复制构造函数，用现有的双端队列 mydeque 创建一个 deque 对象。

- std::deque<type> name(first,last);

该方法创建了元素在指定范围内的双端队列，first 代表起始范围，last 代表结束范围。

deque 对象的主要成员函数及说明如表 15.5 所示。

表 15.5　deque 对象的主要成员函数及说明

函数	说明
assign(first,last)	用迭代器 first 和 last 所辖范围内的元素替换双端队列元素
assign(num,val)	用 val 的 num 个副本替换双端队列元素
at(n)	返回双端队列中第 n 个位置的元素的值
back	返回一个对双端队列最后一个元素的引用

续表

函数	说明
begin	返回指向双端队列中第一个元素的迭代器
clear	删除双端队列中所有元素
empty	如果双端队列为空，则返回 true 值
end	返回指向双端队列中最后一个元素的迭代器
erase(start,end)	删除迭代器 start 和 end 所辖范围内的双端队列元素
erase(i)	删除迭代器 i 所指向的双端队列元素
front	返回一个对双端队列第一个元素的引用
insert(i,x)	把值 x 插入双端队列中由迭代器 i 所指明的位置
insert(i,start,end)	把迭代器 start 和 end 所辖范围内的元素插入到双端队列中由迭代器 i 所指明的位置
insert(i,n,x)	把 x 的 n 个副本插入到双端队列中由迭代器 i 所指明的位置
max_size	返回双端队列的最大容量（最多可以容纳的元素个数）
pop_back	删除双端队列最后一个元素
pop_front	删除双端队列第一个元素
push_back(x)	把值 x 放在双端队列末尾
push_front(x)	把值 x 放在双端队列开始
rbegin	返回一个反向迭代器，指向双端队列最后一个元素之后
rend	返回一个反向迭代器，指向双端队列第一个元素
resize(n,x)	重新设置双端队列大小 n，新元素的值初始化为 x
size	返回双端队列的大小（元素的个数）
swap(deque)	交换两个双端队列的内容

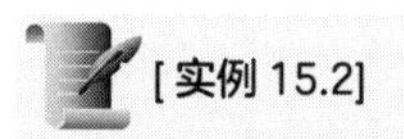
[实例 15.2]

（源码位置：资源包 \Code\15\01）

双端队列类模板的应用

```
01   #include <iostream>
02   #include <deque>
03   using namespace std;
04   int main()
05   {
06       deque<int > intdeque;
07       intdeque.push_back(2);
08       intdeque.push_back(3);
09       intdeque.push_back(4);
10       intdeque.push_back(7);
11       intdeque.push_back(9);
12       cout << "Deque: old" <<endl;
13       for(int i=0; i< intdeque.size(); i++)
14       {
15           cout << "intdeque[" << i << "]:";
16           cout << intdeque[i] << endl;
17       }
18       cout << endl;
19       intdeque.pop_front();
20       intdeque.pop_front();
21       intdeque[1]=33;
```

```
22         cout << "Deque: new" <<endl;
23         for(i=0; i<intdeque.size(); i++)
24         {
25             cout << "intdeque[" << i << "]:";
26             cout << intdeque[i] << " ";
27         }
28         cout << endl;
29         return 0;
30     }
```

程序运行结果如图 15.2 所示。

程序中定义了一个空的类型为 int 的 deque 变量，然后用函数 push_back 把值插入到 deque 变量中，并把 deque 变量显示出来，最后删除 deque 变量中的第一个元素，并把删除后的 deque 变量中的第二个元素赋值。

```
"D:\Sample\Debug\Sample.exe"
Deque: old
intdeque[0]:2
intdeque[1]:3
intdeque[2]:4
intdeque[3]:7
intdeque[4]:9

Deque: new
intdeque[0]:4 intdeque[1]:33 intdeque[2]:9
Press any key to continue
```

图 15.2　实例 15.2 的程序运行结果

15.1.5　链表类模板

链表（list），即双向链表容器，它不支持随机访问，访问链表元素要指针从链表的某个端点开始，插入和删除操作所花费的时间是固定的，和该元素在链表中的位置无关。list 在任何位置的插入和删除动作都很快，不像 vector 只在末尾进行操作。

使用链表类模板需要创建 list 对象，创建 list 对象有以下几种方法。

- std::list<type> name;

该方法创建了一个名为 name 的空 list 对象，该对象可容纳数据类型为 type 的数据。例如，为整型值创建一个空 std::list 对象可以使用如下的语句：

```
std::list <int> intlist;
```

- std::list<type> name(size);

该方法初始化具有 size 个元素的 list 对象。

- std::list<type> name(size,value);

该方法初始化具有 size 个元素的 list 对象，并将对象的每个元素设为 value。

- std::list<type> name(mylist);

该方法使用复制构造函数，用现有的链表 mylist 创建了一个 list 对象。

- std::list<type> name(first,last);

该方法创建了元素在指定范围内的链表，first 代表起始范围，last 代表结束范围。

list 对象的主要成员函数及说明如表 15.6 所示。

表 15.6　list 对象的主要成员函数及说明

函数	说明
assign(first,last)	用迭代器 first 和 last 所辖范围内的元素替换链表元素
assign(num,val)	用 val 的 num 个副本替换链表元素
back	返回一个对链表最后一个元素的引用

续表

函数	说明
begin	返回指向链表中第一个元素的迭代器
clear	删除链表中所有元素
empty	如果链表为空，则返回 true 值
end	返回指向链表中最后一个元素的迭代器
erase(start,end)	删除迭代器 start 和 end 所辖范围内的链表元素
erase(i)	删除迭代器 i 所指向的链表元素
front	返回一个对链表第一个元素的引用
insert(i,x)	把值 x 插入链表中由迭代器 i 所指明的位置
insert(i,start,end)	把迭代器 start 和 end 所辖范围内的元素插入到链表中由迭代器 i 所指明的位置
insert(i,n,x)	把 x 的 n 个副本插入到链表中由迭代器 i 所指明的位置
max_size	返回链表的最大容量（最多可以容纳的元素个数）
pop_back	删除链表最后一个元素
pop_front	删除链表第一个元素
push_back(x)	把值 x 放在链表末尾
push_front(x)	把值 x 放在链表开始
rbegin	返回一个反向迭代器，指向链表最后一个元素之后
rend	返回一个反向迭代器，指向链表第一个元素
resize(n,x)	重新设置链表大小 n，新元素的值初始化为 x
reverse	颠倒链表元素的顺序
size	返回链表的大小（元素的个数）
swap(list)	交换两个链表的内容

list<T> 所支持的操作与 vector<T> 很相近，但这些操作的实现原理不尽相同，执行效率也不一样。list(双向链表) 的优点是插入元素的效率很高，缺点是不支持随机访问。也就是说，链表无法像数组一样通过索引来访问。例如:

```
01    list<int>  list1 (first,last);                    // 初始化
02    list[i] = 3;                                      // 错误！！无法使用数组符号 []
```

对 list 各个元素的访问，通常使用的是迭代器。

迭代器的使用方法类似于指针，下面用实例演示用迭代器访问 list 中的元素。

[实例 15.3] （源码位置：资源包 \Code\15\03）

迭代器的应用

```
01    #include <iostream>
02    #include <list>
03    #include <vector>
04    using namespace std;
05    int main()
06    {
07        cout<<" 使用未排序储存 0-9 的数组初始化 list1"<<endl;
```

```
08        int array[10] = {1,3,5,7,8,9,2,4,6,0};
09        list<int> list1(array,array+10);
10        cout<<"list1 调用 sort 方法排序 "<<endl;
11        list1.sort();
12        list<int>::iterator iter = list1.begin();
13        // iter =iter+5    list 的 iter 不支持 + 运算符
14        cout<<" 通过迭代器访问 list 双向链表中从头开始向后的第 4 个元素 "<<endl;
15        for(int i = 0; i<3; i++)
16        {
17            iter++;
18        }
19        cout<<*iter<<endl;
20        list1.insert(list1.end(),13);
21        cout<<" 在末尾插入数字 13"<<endl;
22        for(list<int>::iterator it = list1.begin(); it != list1.end(); it++)
23        {
24            cout<<" "<<*it;
25        }
26    }
```

程序运行结果如图 15.3 所示。

通过程序可以观察到，迭代器 iterator 类和指针的用法很相似，支持自加操作符，并且通过“*”可以访问相应的对象内容。但 list 中的迭代器不支持“+”运算符，而指针与 vector 中的迭代器都支持。

图 15.3　实例 15.3 的程序运行结果

15.2　结合容器

结合容器（associative）是 STL 提供的容器中的一种，其中的元素都是经过排序的，它主要通过关键字的方式来提高查询的效率。结合容器包括 set、multiset、map、multimap 和 hash table，本节主要介绍 set、multiset、map 和 multimap。

15.2.1　set 类模板

set 类模板又称为集合类模板，一个集合对象像链表一样顺序地存储一组值。在一个集合中，集合元素既充当存储的数据，又充当数据的关键码。

可以使用下面的几种方法来创建 set 对象。

- std::set<type,predicate> name;

这种方法创建了一个名为 name，并且包含 type 类型数据的 set 空对象。该对象使用类型所指定的函数来对集合中的元素进行排序。例如，要给整数创建一个空 set 对象，可以这样写：

```
std::set<int,std::less<int>> intset;
```

- std::set<type,predicate> name(myset)

这种方法使用了复制构造函数，从一个已存在的集合 myset 中生成一个 set 对象。

- std::set<type,predicate> name(first,last)

这种方法从一定范围的元素中根据多重指示器所指示的起始与终止位置创建一个集合。

set 对象的主要成员函数及说明如表 15.7 所示。

表 15.7 set 对象的主要成员函数及说明

函数	说明
begin	返回指向集合中第一个元素的迭代器
clear	删除集合中所有元素
cout(x)	返回集合中值为 x（0 或 1）的元素个数
empty	如果集合为空，则返回 true 值
end	返回指向集合中最后一个元素的迭代器
equal_range(x)	返回表示 x 下界和上界的两个迭代器，下界表示集合中第一个值等于 x 的元素，上界表示集合中第一个值大于 x 的元素
erase(i)	删除由迭代器 i 所指向的集合元素
erase(start,end)	删除由迭代器 start 和 end 所指范围内的集合元素
erase(x)	删除集合中值为 x 的元素
find(x)	返回一个指向 x 的迭代器。如果 x 不存在，返回的迭代器等于 end
insert(i,x)	把值 x 插入集合。x 的插入位置在迭代器 i 所指明的元素处
insert(start,end)	把迭代器 start 和 end 所指范围内的值插入集合中
insert(x)	把 x 插入集合
lower_bound(x)	返回一个迭代器，指向位于 x 之前且紧邻 x 的元素
max_size	返回集合的最大容量
rbegin	返回一个反向迭代器，指向集合的最后一个元素
rend	返回一个反向迭代器，指向集合的第一个元素
size	返回集合的大小
swap(set)	交换两个集合的内容
upper_bound(x)	返回一个指向 x 的迭代器
value_comp	返回 value_compare 类型的对象，该对象用于判断集合中元素的先后次序

下面通过具体操作来实现对 set 对象的应用。

① 创建整型类集合，并在该集合中实现数据的插入。

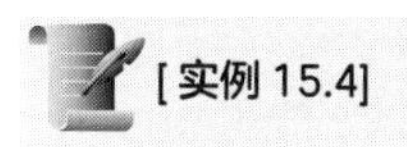

[实例 15.4]　（源码位置：资源包 \Code\15\04）

创建整型类集合，并插入数据

```
01    #include <iostream>
02    #include <set>
03    using namespace std;
04    void main()
05    {
06        set<int> iSet;      // 创建整型集合
07        iSet.insert(1);     // 插入数据
08        iSet.insert(3);
09        iSet.insert(5);
10        iSet.insert(7);
11        iSet.insert(9);
12        cout << "set:" << endl;
13        set<int>::iterator it;     // 循环并输出集合中的数据
```

```
14      for(it=iSet.begin(); it!=iSet.end(); it++)
15          cout << *it << endl;
16  }
```

程序运行结果如图 15.4 所示。

② 利用 set 对象创建一个整型类集合，并删除集合中的元素。

[实例 15.5]　　　　（源码位置：资源包 \Code\15\05）

创建整型类集合，并删除集合中的元素

```
01  #include <iostream>
02  #include <set>
03  using namespace std;
04  void main()
05  {
06      set<int> iSet;                                    // 创建一个整型集合
07      iSet.insert(1);                                   // 向集合中插入元素
08      iSet.insert(3);
09      iSet.insert(5);
10      iSet.insert(7);
11      iSet.insert(9);
12      cout << "old set:" << endl;
13      set<int>::iterator it;                            // 循环集合显示元素值
14      for(it=iSet.begin(); it!=iSet.end(); it++)
15          cout << *it << endl;
16      it=iSet.begin();
17      iSet.erase(++it);                                 // 删除集合中的元素
18      cout << "new set:" << endl;
19      for(it=iSet.begin(); it!=iSet.end(); it++)        // 循环集合，显示元素删除后的集合
20          cout << *it << endl;
21  }
```

程序运行结果如图 15.5 所示。

图 15.4　实例 15.4 的程序运行结果

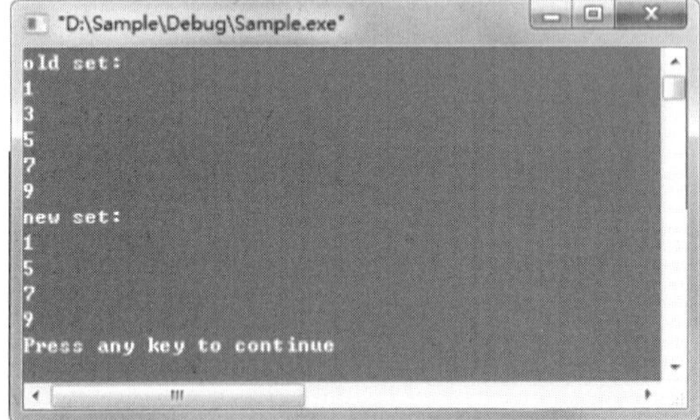

图 15.5　删除元素的程序运行结果

③ 创建一个字符型的 set 对象，插入元素值，并通过指定的字符在集合中查找元素。

[实例 15.6]　　　　（源码位置：资源包 \Code\15\06）

通过指定的字符在集合中查找元素

```
01  #include <iostream>
02  #include <set>
```

```
03   using namespace std;
04   void main()
05   {
06       set<char> cSet;                               // 利用 set 对象创建字符类型的集合
07       cSet.insert('B');                             // 插入元素
08       cSet.insert('C');
09       cSet.insert('D');
10       cSet.insert('A');
11       cSet.insert('F');
12       cout << "old set:" << endl;
13       set<char>::iterator it;                       // 循环显示集合中的元素
14       for(it=cSet.begin(); it!=cSet.end(); it++)
15           cout << *it << endl;
16       char cTmp;
17       cTmp='D';
18       it=cSet.find(cTmp);                           // 在集合中查找指定的元素
19       cout << "start find:" << cTmp << endl;
20       if(it==cSet.end())
21           cout << "not found" << endl;              // 未找到元素
22       else
23           cout << "found" << endl;                  // 找到元素
24       cTmp='G';
25       it=cSet.find(cTmp);                           // 查找指定的元素
26       cout << "start find:" << cTmp << endl;
27       if(it==cSet.end())
28           cout << "not found" << endl;              // 没找到元素
29       else
30           cout << "found"  << endl;                 // 找到元素
31   }
```

程序运行结果如图 15.6 所示。

④ 创建两个集合，分别向集合中插入数据，并对集合进行比较。代码如下：

```
01   #include <iostream>
02   #include <set>
03   using namespace std;
04   void main()
05   {
06       set<char> cSet1;                                  // 建立集合 1
07       cSet1.insert('C');                                // 向集合 1 插入元素
08       cSet1.insert('D');
09       cSet1.insert('A');
10       cSet1.insert('F');
11       cout << "set1:" << endl;
12       set<char>::iterator it;
13       for(it=cSet1.begin(); it!=cSet1.end(); it++)   // 显示集合 1 中元素
14           cout << *it << endl;
15       set<char> cSet2;                                  // 建立集合 2
16       cSet2.insert('B');                                // 向集合 2 插入元素
17       cSet2.insert('C');
18       cSet2.insert('D');
19       cSet2.insert('A');
20       cSet2.insert('F');
21       cout << "set2:" << endl;
22       for(it=cSet2.begin(); it!=cSet2.end(); it++)   // 显示集合 2 中元素
23           cout << *it << endl;
24       if(cSet1==cSet2)
25           cout << "set1= set2";
26       else if(cSet1 < cSet2)
27           cout << "set1< set2";
28       else if(cSet1 > cSet2)
29           cout << "set1> set2";
30       cout << endl;
31   }
```

程序运行结果如图 15.7 所示。

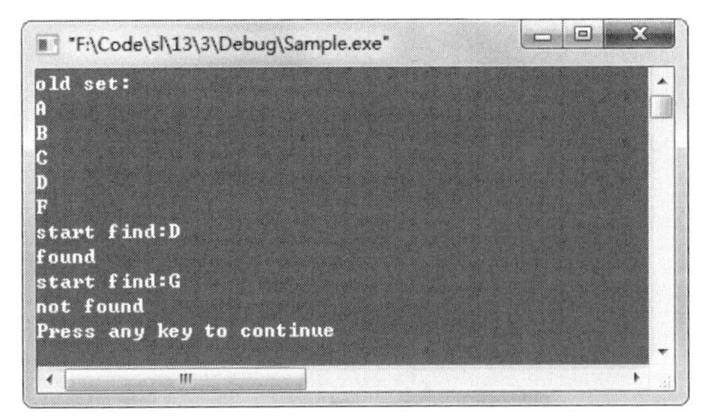

图 15.6 实例 15.6 的程序运行结果

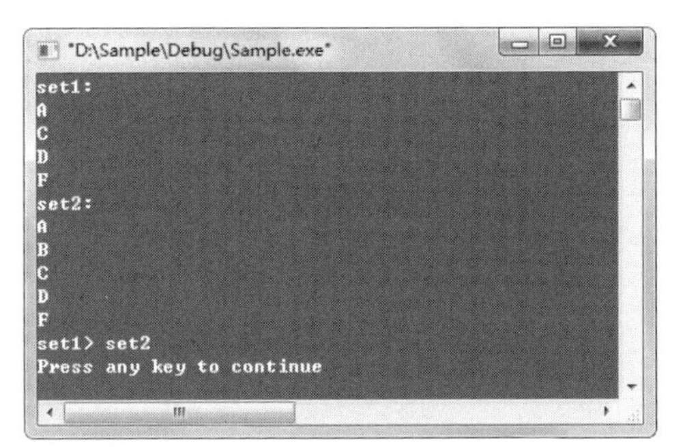

图 15.7 比较集合的程序运行结果

15.2.2 multiset 类模板

multiset 使程序能顺序存储一组数据。与集合类类似，多重集合的元素既可以作为存储的数据，又可以作为数据的关键字。然而，与集合类不同的是，多重集合类可以包含重复的数据。下面列出了几种创建多重集合的方法。

● std::multiset<type,predicate> name;

这种方法创建了一个名为 name，并且包含 type 类型数据的 multiset 空对象。该对象使用类型所指定的函数来对多重集合中的元素进行排序。例如，要给整数创建一个空 multiset 对象，可以这样写：

```
std:: multiset<int, std::less<int> > intset;
```

注意：
less<int> 表达式后要有空格。

● std:: multiset <type,predicate> name(mymultiset)

这种方法使用了复制构造函数，从一个已经存在的多重集合 mymultiset 中生成一个 multiset 对象。

● std:: multiset <type,predicate> name(first,last)

这种方法从一定范围的元素中根据指示器所指示的起始与终止位置创建一个多重集合。

multiset 对象的主要成员函数及说明如表 15.8 所示。

表 15.8 multiset 对象的主要成员函数及说明

函数	说明
begin	返回指向多重集合中第一个元素的迭代器
clear	删除多重集合中所有元素
cout(x)	返回多重集合中值为 x（0 或 1）的元素个数
empty	如果多重集合为空，则返回 true 值
end	返回指向多重集合中最后一个元素的迭代器
equal_range(x)	返回表示 x 下界和上界的两个迭代器，下界表示多重集合中第一个值等于 x 的元素，上界表示多重集合中第一个值大于 x 的元素

续表

函数	说明
erase(i)	删除由迭代器 i 所指向的多重集合元素
erase(start,end)	删除由迭代器 start 和 end 所指范围内的多重集合元素
erase(x)	删除多重集合中值为 x 的元素
find(x)	返回一个指向 x 的迭代器。如果 x 不存在，返回的迭代器等于 end
insert(i,x)	把值 x 插入多重集合。x 的插入位置在迭代器 i 所指明的元素处
insert(start,end)	把迭代器 start 和 end 所指范围内的值插入多重集合中
insert(x)	把 x 插入集合
lower_bound(x)	返回一个迭代器，指向位于 x 之前且紧邻 x 的元素
max_size	返回多重集合的最大容量
rbegin	返回一个反向迭代器，指向多重集合的最后一个元素
rend	返回一个反向迭代器，指向多重集合的第一个元素
size	返回多重集合的大小
swap(multiset)	交换两个多重集合的内容
upper_bound(x)	返回一个指向 x 的迭代器
value_comp	返回 value_compare 类型的对象，该对象用于判断多重集合中元素的先后次序

下面通过具体操作来实现对 multiset 对象的应用。

① 创建整型多重集合，并在该多重集合中实现数据的插入。代码如下：

```
01    #include <iostream>
02    #include <set>
03    using namespace std;
04    void main()
05    {
06        multiset<int> imultiset;                       // 创建整型多重集合
07        imultiset.insert(1);                           // 插入数据
08        imultiset.insert(3);
09        imultiset.insert(5);
10        imultiset.insert(5);
11        imultiset.insert(9);
12        cout << "multiset:" << endl;
13        multiset<int>::iterator it;                    // 循环并输出多重集合中的数据
14        for(it=imultiset.begin(); it!=imultiset.end(); it++)
15            cout << *it << endl;
16    }
```

程序运行结果如图 15.8 所示。

② 利用 multiset 对象创建一个整型多重集合，并删除多重集合中的元素。代码如下：

```
01    #include <iostream>
02    #include <set>
03    using namespace std;
04    void main()
05    {
06        multiset<int> imultiset;                       // 创建一个整型多重集合
07        imultiset.insert(1);                           // 插入元素
08        imultiset.insert(3);
```

```
09        imultiset.insert(5);
10        imultiset.insert(7);
11        imultiset.insert(9);
12        cout << "old multiset:" << endl;
13        multiset<int>::iterator it;                      // 循环多重集合显示元素值
14        for(it=imultiset.begin(); it!=imultiset.end(); it++)
15            cout << *it << endl;
16        it=imultiset.begin();
17        imultiset.erase(++it);                           // 删除多重集合中的元素
18        cout << "new multiset:" << endl;
19        for(it=imultiset.begin(); it!=imultiset.end(); it++) // 循环多重集合，显示元素删除后的多重集合
20            cout << *it << endl;
21    }
```

程序运行结果如图 15.9 所示。

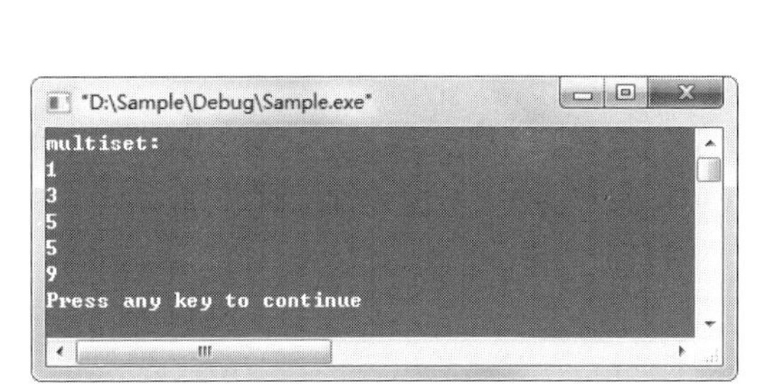

图 15.8　数据插入的程序运行结果

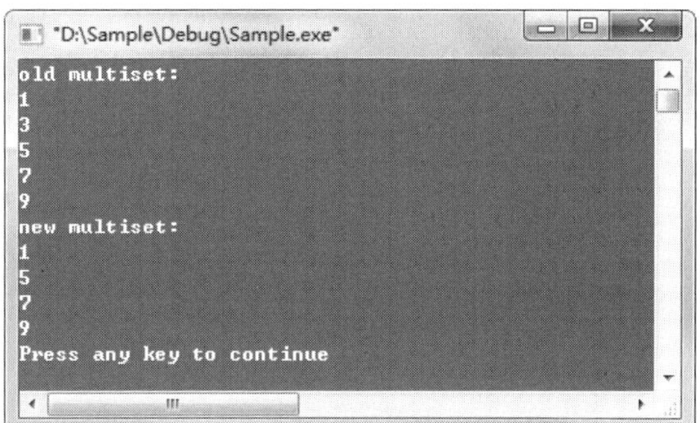

图 15.9　元素删除的程序运行结果

③ 创建一个字符型的 multiset 对象，插入元素值，并通过指定的字符在集合中查找元素。代码如下：

```
01    #include <iostream>
02    #include <set>
03    using namespace std;
04    void main()
05    {
06        multiset<char> cmultiset;                        // 利用 multiset 对象创建字符类型的多重集合
07        cmultiset.insert('B');                           // 插入元素
08        cmultiset.insert('C');
09        cmultiset.insert('D');
10        cmultiset.insert('A');
11        cmultiset.insert('F');
12        cout << "old multiset:" << endl;
13        multiset<char>::iterator it;                     // 循环显示多重集合中的元素
14        for(it=cmultiset.begin(); it!=cmultiset.end(); it++)
15            cout << *it << endl;
16        char cTmp;
17        cTmp='D';
18        it=cmultiset.find(cTmp);                         // 在多重集合中查找指定的元素
19        cout << "start find:" << cTmp << endl;
20        if(it==cmultiset.end())
21            cout << "not found" << endl;                 // 未找到元素
22        else
23            cout << "found" << endl;                     // 找到元素
24        cTmp='G';
25        it=cmultiset.find(cTmp);                         // 查找指定的元素
26        cout << "start find:" << cTmp << endl;
27        if(it==cmultiset.end())
```

```
28            cout << "not found" << endl;          // 未找到元素
29        else
30            cout << "found"  << endl;             // 找到元素
31    }
```

程序运行结果如图 15.10 所示。

④ 创建两个多重集合，分别向集合中插入数据，并对集合进行比较。代码如下:

```
01    #include <iostream>
02    #include <set>
03    using namespace std;
04    void main()
05    {
06        multiset<char> cmultiset1;                                     // 建立多重集合 1
07        cmultiset1.insert('C');                                        // 向多重集合 1 插入元素
08        cmultiset1.insert('D');
09        cmultiset1.insert('A');
10        cmultiset1.insert('F');
11        cout << "multiset1:" << endl;
12        multiset<char>::iterator it;
13        for(it=cmultiset1.begin(); it!=cmultiset1.end(); it++)  // 显示多重集合 1 中元素
14            cout << *it << endl;
15        multiset<char> cmultiset2;                                     // 建立多重集合 2
16        cmultiset2.insert('B');                                        // 向多重集合 2 插入元素
17        cmultiset2.insert('C');
18        cmultiset2.insert('D');
19        cmultiset2.insert('A');
20        cmultiset2.insert('F');
21        cout << "multiset2:" << endl;
22        for(it=cmultiset2.begin(); it!=cmultiset2.end(); it++)  // 显示多重集合 2 中元素
23            cout << *it << endl;
24        if(cmultiset1==cmultiset2)
25            cout << "multiset1= multiset2";
26        else if(cmultiset1 < cmultiset2)
27            cout << "multiset1< multiset2";
28        else if(cmultiset1 > cmultiset2)
29            cout << "multiset1> multiset2";
30        cout << endl;
31    }
```

程序运行结果如图 15.11 所示。

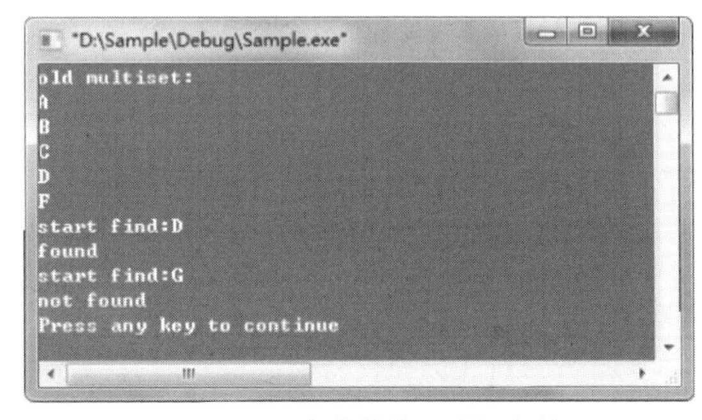

图 15.10　元素查找的程序运行结果

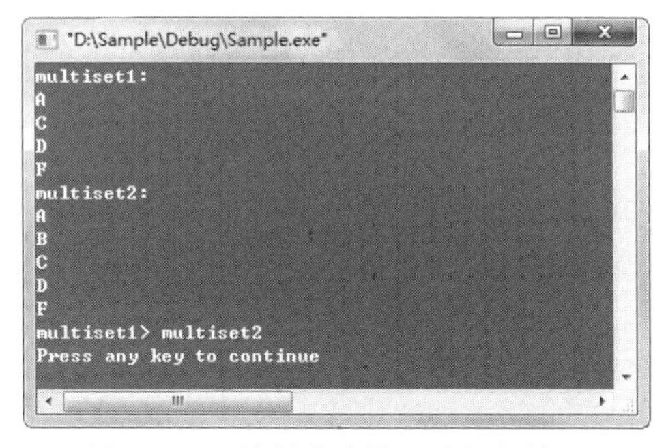

图 15.11　比较集合的程序运行结果

15.2.3　map 类模板

map 对象按顺序存储一组值，其中每个元素与一个检索关键码关联。map 与 set 和

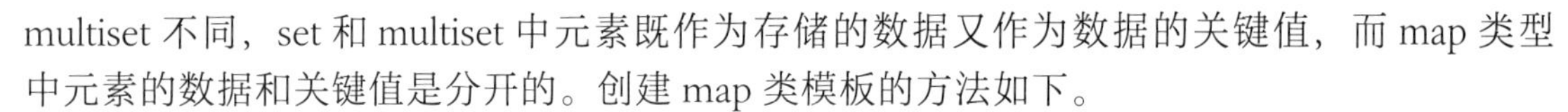

multiset 不同，set 和 multiset 中元素既作为存储的数据又作为数据的关键值，而 map 类型中元素的数据和关键值是分开的。创建 map 类模板的方法如下。

- map<key,type,predicate> name;

这种方法创建了一个名为 name，并且包含 type 类型数据的 map 空对象。该对象使用类型所指定的函数来对映射中的元素进行排序。例如，要给整数创建一个空 map 对象，可以这样写：

```
std::map<int,int,std::less<int>> intmap;
```

- map<key,type,predicate> name(mymap);

这种方法使用了复制构造函数，从一个已存在的映射 mymap 中生成一个 map 对象。

- map<key,type,predicate> name(first,last);

这种方法从一定范围的元素中根据多重指示器所指示的起始与终止位置创建一个映射。

map 对象的主要成员函数及说明如表 15.9 所示。

表 15.9　map 对象的主要成员函数及说明

函数	说明
begin	返回指向映射中第一个元素的迭代器
clear	删除映射中所有元素
empty	如果映射为空，则返回 true 值
end	返回指向映射中最后一个元素的迭代器
equal_range(x)	返回表示 x 下界和上界的两个迭代器，下界表示映射中第一个值等于 x 的元素，上界表示映射中第一个值大于 x 的元素
erase(x)	删除由迭代器所指向的映射元素，或通过键值删除所映射的元素
erase(start,end)	删除由迭代器 start 和 end 所指范围内的映射元素
erase()	删除映射中值为 x 的元素
find(x)	返回一个指向的迭代器。如果 x 不存在，返回的迭代器等于 end
lower_bound(x)	返回一个迭代器，指向位于 x 之前且紧邻 x 的元素
max_size	返回映射的最大容量
rbegin	返回一个反向迭代器，指向映射的最后一个元素
rend	返回一个反向迭代器，指向映射的第一个元素
size	返回映射的大小
swap(map)	交换两个映射的内容
upper_bound()	返回一个指向 x 的迭代器
value_comp	返回 value_compare 类型的对象，该对象用于判断映射中元素的先后次序

下面通过一些操作来实现对 map 对象的应用。

创建一个 map 映射对象，并使用下标插入新的元素。代码如下：

```
01  #include <iostream>
02  #include <map>
03  using namespace std;
04  void main()
05  {
```

```
06        map<int ,char> cMap;                            // 创建 map 映射对象
07        cMap.insert(map<int,char>::value_type(1,'B')); // 插入新元素
08        cMap.insert(map<int,char>::value_type(2,'C'));
09        cMap.insert(map<int,char>::value_type(4,'D'));
10        cMap.insert(map<int,char>::value_type(5,'G'));
11        cMap.insert(map<int,char>::value_type(3,'F'));
12        cout << "map" << endl;
13        map<int ,char>::iterator it;                    // 循环 map 映射显示元素值
14        for(it=cMap.begin(); it!=cMap.end(); it++)
15        {
16            cout << (*it).first << "->";
17            cout << (*it).second << endl;
18        }
19    }
```

程序运行结果如图 15.12 所示。

```
"D:\Sample\Debug\Sample.exe"
map
1->B
2->C
3->F
4->D
5->G
Press any key to continue
```

图 15.12　使用下标插入元素的程序运行结果

15.2.4　multimap 类模板

multimap 能够顺序存储一组值，它与 map 相同的是每一个元素都包含一个关键值以及与之联系的数据项，与 map 不同的是多重映射可以包含重复的数据值，并且不能使用 [] 操作符向多重映射中插入元素。

创建 multimap 类模板方法如下。

- multimap<key,type,predicate> name;

这种方法创建了一个名为 name，并且包含 type 类型数据的 multimap 空对象。该对象使用类型所指定的函数来对映射中的元素进行排序。例如，要给整数创建一个空 multimap 对象，可以这样写：

```
std:: multimap<int,int, std::less<int> > intmap;
```

- multimap<key,type,predicate> name(mymap);

这种方法使用了复制构造函数，从一个已存在的映射 mymap 中生成一个 multimap 对象。

- multimap<key,type,predicate> name(first,last);

这种方法从一定范围的元素中根据多重指示器所指示的起始与终止位置创建一个多重映射。

下面通过一些操作来实现对 multimap 对象的应用。

创建 multimap 映射对象，并向该映射中插入新的元素。代码如下：

```
01    #include <iostream>
02    #include <map>
03    using namespace std;
04    void main()
05    {
06        multimap<int ,char> cMap;                       // 创建 multimap 映射对象
07        cMap.insert(map<int,char>::value_type(1,'B')); // 插入新元素
08        cMap.insert(map<int,char>::value_type(2,'C'));
09        cMap.insert(map<int,char>::value_type(4,'C'));
10        cMap.insert(map<int,char>::value_type(5,'G'));
11        cMap.insert(map<int,char>::value_type(3,'F'));
12        cout << "multimap" << endl;
```

```
13        multimap <int ,char>::iterator it;// 循环 multimap 映射并显示元素值
14        for(it=cMap.begin(); it!=cMap.end(); it++)
15        {
16            cout << (*it).first << "->";
17            cout << (*it).second << endl;
18        }
19    }
```

程序运行结果如图 15.13 所示。

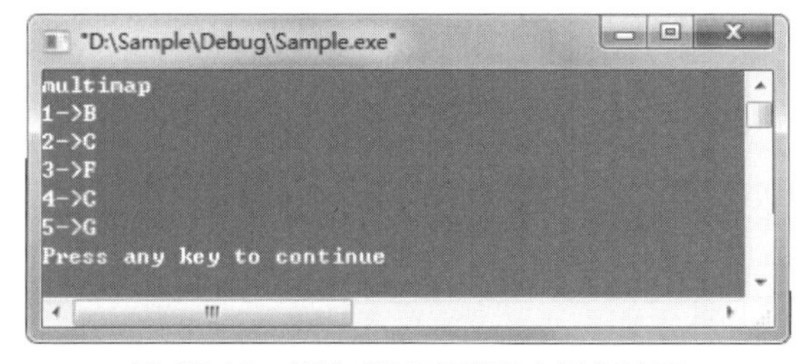

图 15.13　插入新元素的程序运行结果

15.3　迭代器

迭代器相当于指向容器元素的指针，它在容器内可以向前移动，也可以做向前或向后双向移动，有专为输入元素准备的迭代器，有专为输出元素准备的迭代器，还有可以随机操作的迭代器，这为访问容器提供了通用方法。

15.3.1　输出迭代器

输出迭代器只用于写一个序列，它可以进行递增和提取操作。

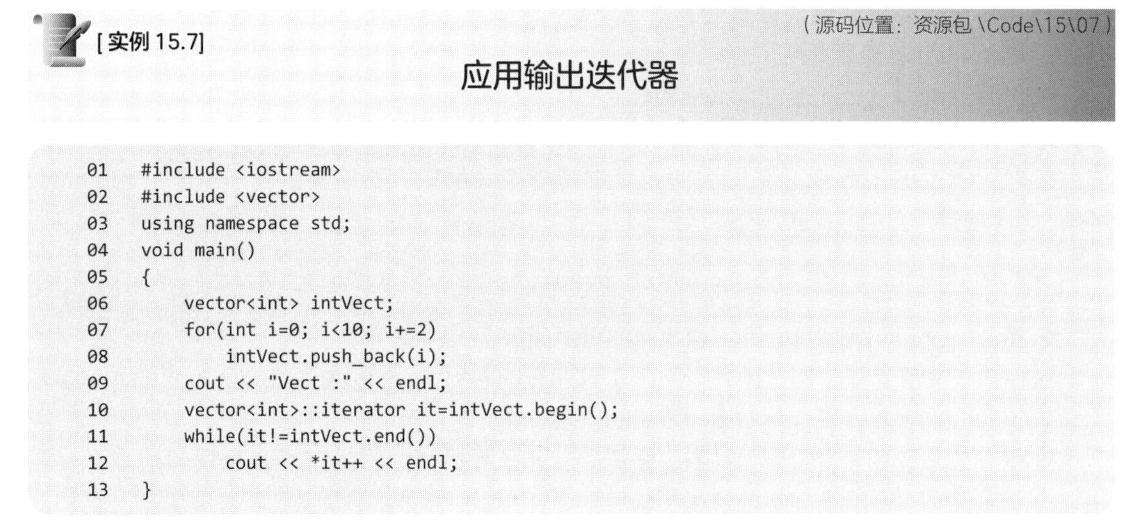

[实例 15.7]　（源码位置：资源包 \Code\15\07）

应用输出迭代器

```
01    #include <iostream>
02    #include <vector>
03    using namespace std;
04    void main()
05    {
06        vector<int> intVect;
07        for(int i=0; i<10; i+=2)
08            intVect.push_back(i);
09        cout << "Vect :" << endl;
10        vector<int>::iterator it=intVect.begin();
11        while(it!=intVect.end())
12            cout << *it++ << endl;
13    }
```

程序运行结果如图 15.14 所示。

程序中使用整型向量的输出迭代器，输出向量中的所有元素。

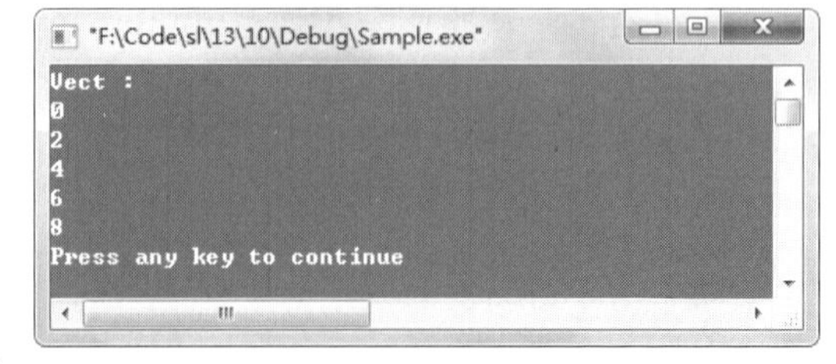

图 15.14　实例 15.7 的程序运行结果

15.3.2　输入迭代器

输入迭代器只用于读一个序列，它可以进行递增、提取和比较操作。应用输入迭代器的代码如下：

```
01    #include <iostream>
02    #include <vector>
```

```
03    using namespace std;
04    void main()
05    {
06        vector<int> intVect(5);
07        vector<int>::iterator out=intVect.begin();
08        *out++ = 1;
09        *out++ = 3;
10        *out++ = 5;
11        *out++ = 7;
12        *out=9;
13        cout << "Vect :";
14        vector<int>::iterator it =intVect.begin();
15        while(it!=intVect.end())
16            cout << *it++ << ' ';
17        cout << endl;
18    }
```

程序运行结果如图 15.15 所示。

程序中使用输入迭代器向向量容器内添加元素，最后将添加的元素输出到屏幕。

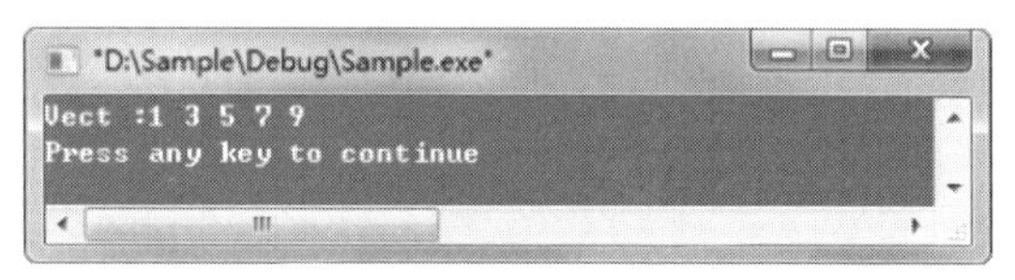

图 15.15　应用输入迭代器的程序运行结果

15.3.3　前向迭代器

前向迭代器既可用于读，也可用于写。它不仅具有输入和输出迭代器的功能，还具有保存其值的功能，从而能够从迭代器原来的位置开始重新遍历序列。应用前向迭代器的代码如下：

```
01    #include <iostream>
02    #include <vector>
03    using namespace std;
04    void main()
05    {
06        vector<int> intVect(5);
07        vector<int>::iterator it=intVect.begin();
08        vector<int>::iterator saveIt=it;
09        *it++ = 12;
10        *it++ = 21;
11        *it++ = 31;
12        *it++ =41;
13        *it=9;
14        cout << "Vect :";
15        while(saveIt!=intVect.end())
16            cout << *saveIt++ << ' ';
17        cout << endl;
18    }
```

程序运行结果如图 15.16 所示。

程序中使用 saveIt 迭代器保存了 it 迭代器的内容，并使用 it 迭代器向容器中添加元素，通过 saveIt 迭代器将容器内的元素输出。

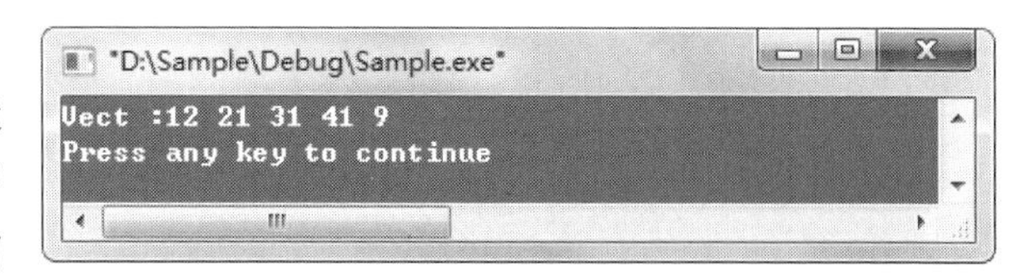

图 15.16　应用前向迭代器的程序运行结果

15.3.4　双向迭代器

双向迭代器既可用于读，也可用于写。它与前向迭代器类似，只是双向迭代器可做递

增和递减操作。应用双向迭代器的代码如下:

```
01  #include <iostream>
02  #include <vector>
03  using namespace std;
04  void main()
05  {
06      vector<int> intVect(5);
07      vector<int>::iterator it=intVect.begin();
08      vector<int>::iterator saveIt=it;
09      *it++ = 1;
10      *it++ = 3;
11      *it++ = 5;
12      *it++ = 7;
13      *it=9;
14      cout << "Vect :";
15      while(saveIt!=intVect.end())
16          cout << *saveIt++ << ' ';
17      cout << endl;
18      do
19          cout << *--saveIt << endl;
20      while(saveIt != intVect.begin());
21      cout << endl;
22  }
```

程序运行结果如图 15.17 所示。

程序中使用 saveIt 迭代器保存了 it 迭代器的内容，并使用 it 迭代器向容器中添加元素，通过 saveIt 迭代器以从前向后和从后向前两种顺序将容器内的元素输出。

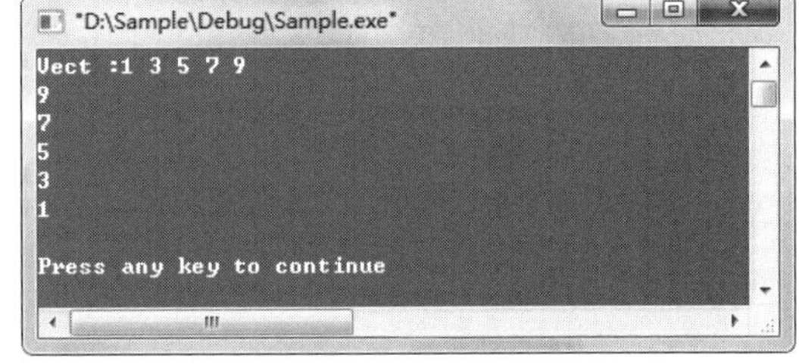

图 15.17　应用双向迭代器的程序运行结果

15.3.5　随机访问迭代器

随机访问迭代器是最强大的迭代器类型，不仅具有双向迭代器的所有功能，还能使用指针的算术运算和所有比较运算。应用随机访问迭代器的代码如下:

```
01  #include <iostream>
02  #include <vector>
03  using namespace std;
04  void main()
05  {
06      vector<int> intVect(5);
07      vector<int>::iterator it=intVect.begin();
08      *it++ = 1;
09      *it++ = 3;
10      *it++ = 5;
11      *it++ = 7;
12      *it=9;
13      cout << "Vect Old:";
14      for(it=intVect.begin(); it!=intVect.end(); it++)
15          cout << *it << ' ';
16      it= intVect.begin();
17      *(it+2)=100;
18      cout << endl;
19      cout << "Vect :";
20      for(it=intVect.begin(); it!=intVect.end(); it++)
21          cout << *it << ' ';
22      cout << endl;
23  }
```

程序运行结果如图 15.18 所示。

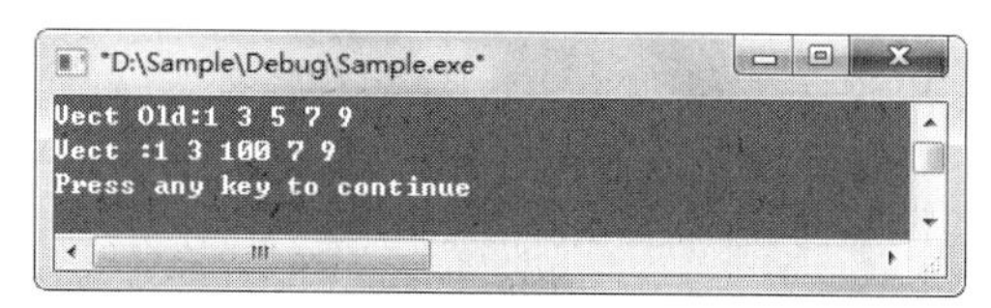

图 15.18 应用随机访问迭代器的程序运行结果

本章知识思维导图

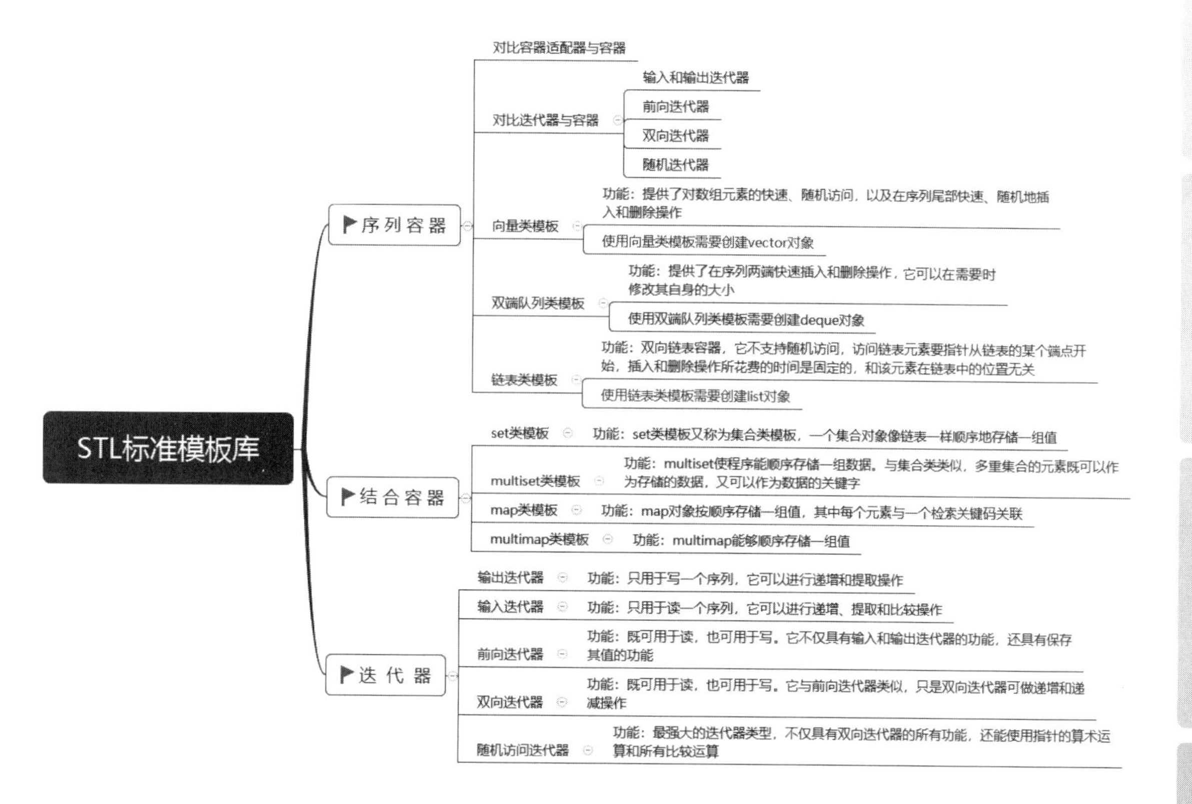

第 16 章

文件操作

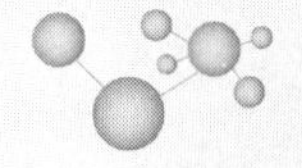

本章学习目标

- 掌握流相关知识点。
- 掌握文件打开。
- 掌握文件的读写。
- 掌握文件指针移动操作。
- 熟悉文件和流的关联和分离。
- 熟悉删除文件。

16.1 流简介

16.1.1 C++ 中的流类库

C++ 中为不同类型数据的标准输入和输出定义了专门的类库，类库中主要有 ios、istream、ostream、iostream、ifstream、ofstream、fstream、istrstream、ostrstream 和 strstream 等类。ios 为根基类，它直接派生 4 个类，即输入流类 istream、输出流类 ostream、文件流基类 fstreambase 和字符串流基类 strstreambase。输入文件流类 ifstream 同时继承了输入流类和文件流基类，输出文件流类 ofstream 同时继承了输出流类和文件流基类，输入字符串流类 istrstream 同时继承了输入流类和字符串流基类，输出字符串流类 ostrstream 同时继承了输出流类和字符串流基类，输入 / 输出流类 iostream 同时继承了输入流类和输出流类，输入 / 输出文件流类 fstream 同时继承了输入 / 输出流类和文件流基类，输入 / 输出字符串流类 strstream 同时继承了输入 / 输出流类和字符串流基类。类库关系如图 16.1 所示。

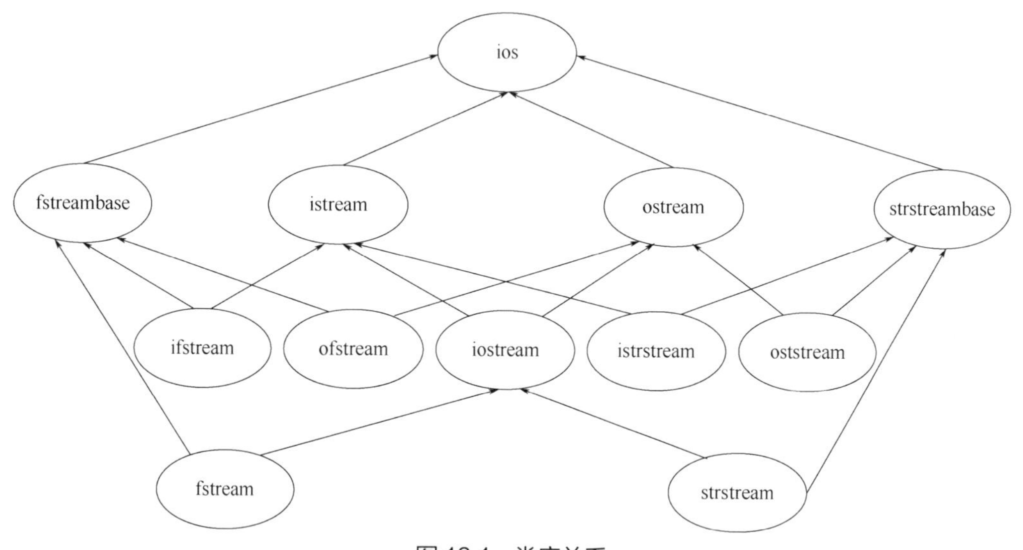

图 16.1 类库关系

16.1.2 类库的使用

C++ 系统中的 I/O 标准类，都定义在 iostream.h、fstream.h 和 strstream.h 这 3 个头文件中。各头文件包含的类如下。

① 进行标准 I/O 操作时使用 iostream.h 头文件，它包含有 ios、iostream、istream 和 ostream 等类。

② 进行文件 I/O 操作时使用 fstream.h 头文件，它包含有 fstream、ifstream、ofstream 和 fstreambase 等类。

③ 进行字符串 I/O 操作时使用 strstream.h 头文件，它包含有 strstream、istrstream、ostrstream 和 strstreambase 等类。

要进行什么样的操作，只要引入头文件就可以使用类进行操作了。

16.1.3 ios 类中的枚举常量

在根基类 ios 中定义了用户需要使用的枚举类型，由于它们是在公用成员部分定义的，所以其中的每个枚举类型常量在加上 ios:: 前缀后都可以被本类成员函数和所有外部函数访问。

在 3 个枚举类型中有一个无名枚举类型，其中定义的每个枚举常量都是用于设置控制输入 / 输出格式的标志字。该枚举类型定义如下:

```
enum{skipws,left,right,insternal,dec,oct,hex,showbase,showpoint,
    uppercase,showpos,scientific,fixed,unitbuf,stdio};
```

主要枚举常量的含义如下。

- skipws： 利用它设置对应标志后，从流中输入数据时跳过当前位置及后面的所有连续的空白字符，从第一个非空白字符起读数，否则不跳过空白字符。空格、制表符 \t、回车符 \r 和换行符 \n 统称为空白字符。默认为设置。
- left： 靠左对齐输出数据。
- right： 靠右对齐输出数据。
- insternal： 显示占满整个域宽，用填充字符在符号和数值之间填充。
- dec： 用十进制输出数据。
- hex： 用十六进制输出数据。
- showbase： 在数值前显示基数符，八进制基数符是 0，十六进制基数符是 0x。
- showpoint： 强制输出的浮点数中带有小数点和小数尾部的无效数字 0。
- uppercase： 用大写输出数据。
- showpos： 在数值前显示符号。
- scientific： 用科学记数法显示浮点数。
- fixed： 用固定小数点位数显示浮点数。

16.1.4 流的输入 / 输出

通过前文的学习，相信读者已经对文件流有了一定的了解，下面通过实例来了解如何在程序中使用流进行输出。

[实例 16.1]　　（源码位置：资源包 \Code\16\01）

字符相加并输出

```
01  #include <iostream.h>
02  #include <strstream.h>
03  void main()
04  {
05      char buf[]="12345678";
06      int i,j;
07      istrstream s1(buf);
08      s1 >> i;                                //将字符串转换为数字
09      istrstream s2(buf,3);
10      s2 >> j;                                //将字符串转换为数字
11      cout << i+j <<endl;                     //两个数字相加
12  }
```

程序运行结果如图 16.2 所示。

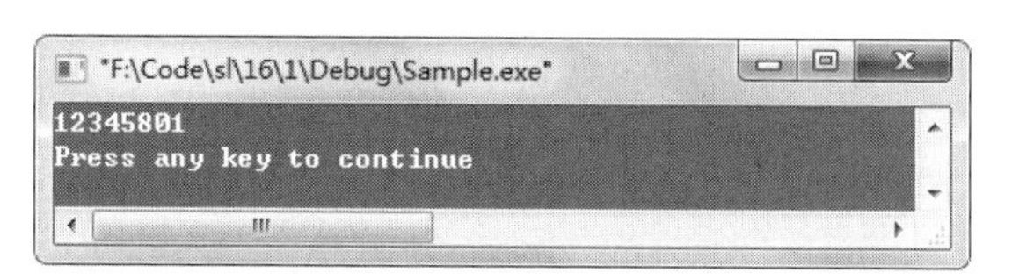

图 16.2　实例 16.1 的程序运行结果

16.2　文件打开

16.2.1　打开方式

只有将文件流与磁盘上的文件进行连接才能对磁盘上的文件进行操作，这个连接过程称为打开文件。

打开文件的方式有以下两种。

① 在创建文件流时利用构造函数打开文件，即在创建流时加入参数，语法结构为：

```
<文件流类> <文件流对象名>(<文件名>,<打开方式>);
```

其中文件流类可以是 fstream、ifstream 和 ofstream 中的一种。文件名指的是磁盘文件的名称，包括磁盘文件的路径名。打开方式在 ios 类中定义，有输入方式、输出方式、追加方式等。

- ios::in：用输入方式打开文件，文件只能读取，不能改写。
- ios::out：以输出方式打开文件，只能改写，不能读取。
- ios::app：以追加方式打开文件，打开后文件指针指向文件尾部，可改写。
- ios::ate：打开已存在的文件，文件指针指向文件尾部，可读可写。
- ios::binary：以二进制方式打开文件。
- ios::trunc：打开文件进行写操作，如果文件已经存在，清除文件中的数据。
- ios::nocreate：打开已经存在的文件，如果文件不存在，打开失败，不创建。
- ios::noreplace：创建新文件，如果文件已经存在，打开失败，不覆盖。参数可以结合运算符“|”使用。
- ios::in|ios::out：以读写方式打开文件，对文件可读可写。
- ios::in|ios::binary：以二进制方式打开文件，进行读操作。

使用相对路径打开文件 test.txt 进行写操作：

```
ofstream outfile("test.txt",ios::out);
```

使用绝对路径打开文件 test.txt 进行写操作：

```
ofstream outfile("c:\\test.txt",ios::out);
```

注意：

字符“\”表示转义，如果使用“c:\”则必须写成“c:\\”。

② 利用 open 函数打开磁盘文件，语法结构为：

```
<文件流对象名>.open(<文件名>,<打开方式>);
```

文件流对象名是一个已经定义了的文件流对象。

```
ifstream infile;
infile.open("test.txt",ios::out);
```

使用两种方式中的任意一种打开文件，如果打开成功，文件流对象为非 0 值，如果打开失败，则文件流对象为 0 值。检测一个文件是否打开成功可以用以下语句：

```
void open(const char * filename,int mode,int prot=filebuf::openprot);
```

prot 决定文件的访问方式，取值说明如下。

- 0—普通文件。
- 1—只读文件。
- 2—隐含文件。
- 4—系统文件。

16.2.2 默认打开模式

如果没有指定打开方式参数，编译器会使用默认值。例如：

```
std::ofstream std::ios::out | std::ios::trunk
std::ifstream std::ios::in
std::fstream  无默认值
```

文件打开模式根据用户的需要有不同的组合，下面对各个模式的效果进行介绍。文件打开模式如表 16.1 所示。

表 16.1　文件打开模式

打开方式	效果	文件存在	文件不存在
in	为读而打开		错误
out	为写而打开	截断	创建
out | app	为在文件结尾处写而打开		创建
in | out	为输入 / 输出而打开		创建
in | out |trunc	为输入 / 输出而打开	截断	创建

16.2.3 打开文件同时创建文件

通过前文的学习，相信读者已经对文件操作的知识有了一定的了解。为了使读者更好地掌握前面学习的知识，下面通过实例进一步介绍。

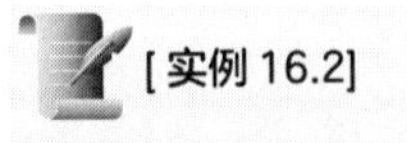

[实例 16.2]　（源码位置：资源包 \Code\16\02）

创建文件

```
01    #include <iostream>
02    #include <fstream>
03    using namespace std;
```

```
04  int main()
05  {
06      ofstream ofile;
07      cout << "Create file1" << endl;
08      ofile.open("test.txt");
09      if(!ofile.fail())
10      {
11          ofile << "name1" << " ";
12          ofile << "sex1" << " ";
13          ofile << "age1";
14          ofile.close();
15          cout << "Create file2" <<endl;
16          ofile.open("test2.txt");
17          if(!ofile.fail())
18          {
19              ofile << "name2" << " ";
20              ofile << "sex2" << " ";
21              ofile << "age2";
22              ofile.close();
23          }
24      }
25      return 0;
26  }
```

程序运行时会创建两个文件，由于 ofstream 默认打开方式是 std::ios::out | std::ios::trunc，所以当文件夹内没有 test.txt 文件和 test2.txt 文件时，会创建这两个文件，并向文件写入字符串。向 test.txt 文件写入字符串 "name1 sex1 age1"，向 test2.txt 文件写入字符串 "name2 sex2 age2"。如果文件夹内有 test.txt 文件和 test2.txt 文件，程序会覆盖原有文件而重新写入。

16.3 文件的读写

在对文件进行操作时，必然离不开读写文件。在使用程序查看文件内容时，首先要读取文件；而要修改文件内容时，则需要向文件中写入数据。本节主要介绍通过程序对文件进行读写操作。

16.3.1 文件流

（1）流的分类

流可以分为 3 类，即输入流、输出流和输入 / 输出流，相应地必须将流说明为 ifstream、ofstream 和 fstream 类的对象。

```
ifstream ifile;                          // 声明一个输入流
ofstream ofile;                          // 声明一个输出流
fstream iofile;                          // 声明一个输入 / 输出流
```

说明了流对象之后，可以使用函数 open 打开文件。文件的打开即是在流与文件之间建立一个连接。

（2）文件流成员函数

ofstream 和 ifstream 类有很多用于磁盘文件管理的函数。

- attach：在一个打开的文件与流之间建立连接。
- close：刷新未保存的数据后关闭文件。
- flush：刷新流。
- open：打开一个文件并把它与流连接。
- put：把一个字节写入流中。
- rdbuf：返回与流连接的文件缓冲区对象。
- seekp：设置流文件指针位置。
- setmode：设置流为二进制或文本模式。
- tellp：获取流文件指针位置。
- write：把一组字节写入流中。

（3）fstream 成员函数

fstream 成员函数如表 16.2 所示。

表 16.2　fstream 成员函数

函数名	功能描述
get(c)	从文件读取一个字符
getline(str,n, '\n')	从文件读取字符存入字符串 str 中，直到读取 n-1 个字符或遇到 '\n' 时结束
peek()	查找下一个字符，但不从文件中取出
put(c)	将一个字符写入文件
putback(c)	对输入流放回一个字符，但不保存
eof()	如果读取超过 eof，返回 true
ignore(n)	跳过 n 个字符，参数为空时，表示跳过下一个字符

说明：
参数 c、str 为 char 型，参数 n 为 int 型。

通过上面的介绍，读者已经对写入流有了一定的了解，下面通过使用 ifstream 和 ofstream 类实现读写文件的功能。

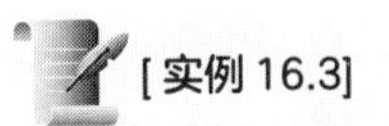

（源码位置：资源包 \Code\16\03）

[实例 16.3]

读写文件

```
01	#include <iostream>
02	#include <fstream>
03	using namespace std;
04	int main()
05	{
06	    char buf[128];
07	    ofstream ofile("test.txt");
08	    for(int i=0;i<5;i++)
09	    {
10	        memset(buf,0,128);
11	        cin >> buf;
12	        ofile << buf;
```

```
13      }
14      ofile.close();
15      ifstream ifile("test.txt");
16      while(!ifile.eof())
17      {
18          char ch;
19          ifile.get(ch);
20          if(!ifile.eof())
21              cout << ch;
22      }
23      cout << endl;
24      ifile.close();
25      return 0;
26  }
```

程序运行结果如图 16.3 所示。

程序首先使用 ofstream 类创建并打开 test.txt 文件，然后需要用户输入 5 次数据。程序把这 5 次输入的数据全部写入 test.txt 文件，接着关闭 ofstream 类打开的文件，用 ifstream 类打开文件，将文件中的内容输出。

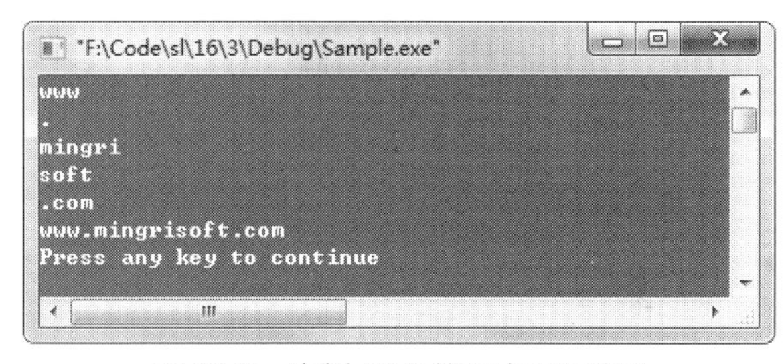

图 16.3　实例 16.3 的程序运行结果

16.3.2　写文本文件

文本文件是程序开发经常用到的文件，使用记事本程序就可以打开文本文件。文本文件以 .txt 作为扩展名，16.3.1 节已经使用 ifstream 和 ofstream 类创建并读写了文本文件，本节主要应用 fstream 类写文本文件。

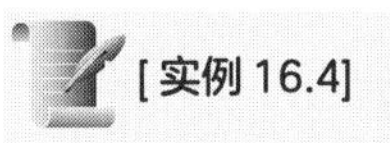
[实例 16.4]　（源码位置：资源包 \Code\16\04）

向文本文件写入数据

```
01  #include <iostream>
02  #include <fstream>
03  using namespace std;
04  int main()
05  {
06      fstream file("test.txt",ios::out);
07      if(!file.fail())
08      {
09          cout << "start write " << endl;
10          file << "name" << " ";
11          file << "sex" << " ";
12          file << "age" << endl;
13      }
14      else
15          cout << "can not open" << endl;
16      file.close();
17      return 0;
18  }
```

程序通过 fstream 类的构造函数打开文本文件 test.txt，然后向文本文件写入了字符串 "name sex age"。

16.3.3 读取文本文件

前面介绍了如何写入文件信息，下面通过实例来介绍如何读取文本文件的内容。

[实例 16.5] （源码位置：资源包 \Code\16\05）

读取文本文件内容

```
01    #include <iostream>
02    #include <fstream>
03    using namespace std;
04    int main()
05    {
06        fstream file("test.txt",ios::in);
07        if(!file.fail())
08        {
09            while(!file.eof())
10            {
11                char buf[128];
12                file.getline(buf,128);
13                if(file.tellg()>0)
14                {
15                    cout << buf;
16                    cout << endl;
17                }
18            }
19        }
20        else
21            cout << "can not open" << endl;;
22        file.close();
23        return 0;
24    }
```

程序打开文本文件 test.txt，文本文件内容如图 16.4 所示。

程序读取文本文件 test.txt 中的内容，并将其输出，运行结果如图 16.5 所示。

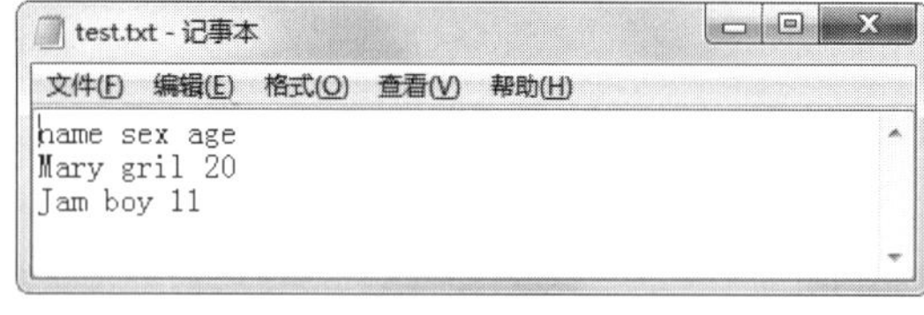

图 16.4　文本文件内容

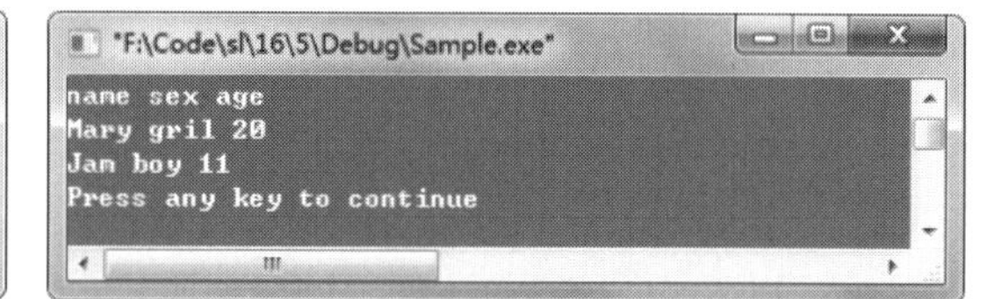

图 16.5　实例 16.5 的程序运行结果

16.3.4 二进制文件的读写

文本文件中的数据都是 ASCII 码，如果要读取图片的内容，就不能使用读取文本文件的方法了。以二进制方式读写文件，需要使用 ios::binary 模式，下面通过实例来实现这一功能。

[实例 16.6] （源码位置：资源包 \Code\16\06）

使用 read 读取文件

```
01    #include <iostream>
02    #include <fstream>
```

```
03    using namespace std;
04    int main()
05    {
06        char buf[50];
07        fstream file;
08        file.open("test.dat",ios::binary|ios::out);
09        for(int i=0; i<2; i++)
10        {
11            memset(buf,0,50);
12            cin >> buf;
13            file.write(buf,50);
14            file << endl;
15        }
16        file.close();
17        file.open("test.dat",ios::binary|ios::in);
18        while(!file.eof())
19        {
20            memset(buf,0,50);
21            file.read(buf,50);
22            if(file.tellg()>0)
23                cout << buf;
24        }
25        cout << endl;
26        file.close();
27        return 0;
28    }
```

程序运行结果如图 16.6 所示。

程序需要用户输入两次数据，然后通过 fstream 以二进制方式写入到文件，接着通过 fstream 以二进制方式读取出来并输出。对二进制数据读取需要使用 read 方法，写入二进制数据需要使用 write 方法。

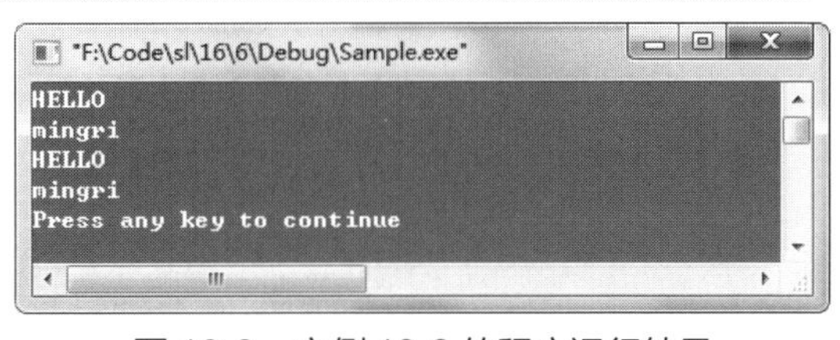

图 16.6　实例 16.6 的程序运行结果

说明：

cout 遇到结束符 '\0' 就停止输出。在以二进制存储数据的文件中会有很多结束符 '\0'，遇到结束符 '\0' 并不代表数据已经结束。

16.3.5　实现文件复制

用户在进行程序开发时，有时需要用到复制等操作，下面介绍复制文件的方法。代码如下：

```
01    #include <iostream>
02    #include <fstream>
03    #include <iomanip>
04    using namespace std;
05    int main()
06    {
07        ifstream infile;
08        ofstream outfile;
09        char name[20];
10        char c;
11        cout<<" 请输入文件: "<<"\n";
12        cin>>name;
13        infile.open(name);
14        if(!infile)
```

```
15        {
16            cout<<" 文件打开失败！ ";
17            exit(1);
18        }
19        strcat(name," 副本 ");
20        cout<< "start copy" << endl;
21        outfile.open(name);
22        if(!outfile)
23        {
24            cout<<" 无法复制 ";
25            exit(1);
26        }
27        while(infile.get(c))
28        {
29            outfile << c;
30        }
31        cout<<"start end"<< endl;
32        infile.close();
33        outfile.close();
34        return 0;
35    }
```

程序需要用户输入一个文件名，然后使用 infile 打开文件，接着在文件名后加上“副本”两个字，并用 outfile 创建该文件，最后通过一个循环将原文件中的内容复制到目标文件内，完成文件的复制。

16.4 文件指针移动操作

在读写文件的过程中，有时用户可能不需要对整个文件进行读写，而是对指定位置的一段数据进行读写操作，这时就需要通过移动文件指针来完成。

16.4.1 文件错误与状态

在 I/O 流的操作过程中可能出现各种错误，每一个流都有一个状态标志字，以指示是否发生了错误及出现了哪种类型的错误，这种处理技术与格式控制标志字是相同的。ios 类定义了以下枚举类型：

```
enum io_state
{
    goodbit=0x00,                              // 不设置任何位，一切正常
    eofbit=0x01,                               // 输入流已经结束，无字符可读入
    failbit=0x02,                              // 上次读写操作失败，但流仍可使用
    badbit=0x04,                               // 视图进行无效的读写操作，流不再可用
    bardfail=0x80                              // 不可恢复的严重错误
};
```

对应于标志字各状态位，ios 类还提供了以下成员函数来检测或设置流的状态。

```
int rdstate();
int eof();
int fail();
int bad();
int good();
int clear(int flag=0);
```

为提高程序的可靠性，应在程序中检测 I/O 流的操作是否正常。例如用 fstream 类默认方式打开文件时，如果文件不存在，fail 就能检测到错误发生，然后通过 rdstate 方法获得文件状态。例如：

```
fstream file("test.txt");
if(file.fail())
{
    cout << file.rdstate << endl;
}
```

16.4.2 文件的追加

在写入文件时，有时用户不会一次性写入全部数据，而是在写入一部分数据后再根据条件向文件中追加写入。例如：

```
01  #include <iostream>
02  #include <fstream>
03  using namespace std;
04  int main()
05  {
06      ofstream ofile("test.txt", ios::app);
07      if(!ofile.fail())
08      {
09          cout << "start write " << endl;
10          ofile << "Mary ";
11          ofile << "girl ";
12          ofile << "20 ";
13      }
14      else
15          cout << "can not open";
16      return 0;
17  
18  }
```

程序将字符串 "Mary girl 20" 追加到文本文件 test.txt 中，文本文件 test.txt 中的内容没有被覆盖。如果 test.txt 文件不存在，则创建该文件并写入字符串 "Mary girl 20"。

追加可以使用其他方法实现，例如先打开文件，然后通过 seekp 方法将文件指针移到末尾，接着向文件中写入数据，整个过程和使用参数取值一样。使用 seekp 方法实现追加的代码如下：

```
01  fstream iofile("test.dat",ios::in| ios::out| ios::binary);
02  if(iofile)
03  {
04      iofile.seekp(0,ios::end);                    //为了写入移动
05      iofile << endl;
06      iofile << "我是新加入的"
07      iofile.seekg(0);                             //为了读取移动
08      int i=0;
09      char data[100];
10      while(!iofile.eof && i< sizeof(data))
11          iofile.get(data[i++]);
12      cout << data;
13  }
```

程序打开 test.dat 文件，查找文件的末尾，在末尾加入字符串，然后再将文件指针移到文件开始处，输出文件的内容。

16.4.3 文件结尾的判断

在操作文件时，经常需要判断文件是否结束，使用 eof 方法可以实现。另外也可以通过其他方法来判断，例如使用流的 get 方法。如果文件指针指向文件末尾，get 方法获取不到数据就返回 -1，这可以作为判断结束的方法。例如：

```
01  fstream iofile("test.txt",ios::in| ios::out| ios::binary);
02  if(iofile)
03  {
04      iofile.seekp(0,ios::end);
05      iofile << endl;
06      iofile << " 我是新入伍的 "
07      iofile.seekg(0);
08      int i=0;
09      char data[200];
10      while(!iofile.eof && i< sizeof(data))
11          iofile.get(data[i++]);
12      cout << data;
13  }
```

程序实现输出 test.txt 文件的内容，同样的功能使用 eof 方法也可以实现。例如：

```
01  ifstream ifile("test.txt");
02  if(!ifile.fail())
03  {
04      while(!ifile.eof())
05      {
06          char ch;
07          ifile.get(ch);
08          if(!ifile.eof())                          // 差一个空格
09              cout << ch;
10      }
11      ifile.close();
12  }
```

程序仍然是输出 test.txt 文件中的内容，但使用 eof 方法需要多判断一步。

很多地方需要使用 eof 方法来判断文件是否已经读取到末尾，下面通过实例来讲述如何使用 eof 方法判断文件是否结束。

（源码位置：资源包 \Code\16\07）

[实例 16.7] 判断文件结尾

```
01  #include <iostream>
02  #include <fstream>
03  using namespace std;
04  int main()
05  {
06      ifstream ifile("test.txt");
07      if(!ifile.fail())
08      {
09          while(!ifile.eof())
10          {
11              char ch;
12              streampos sp = ifile.tellg();
13              ifile.get(ch);
14              if(ch == ' ' )
15              {
```

```
16                  cout << "postion:" << sp ;
17                  cout <<"is blank "<< endl;
18              }
19          }
20      }
21      return 0;
22  }
```

程序打开文本文件 test.txt，文本文件内容如图 16.7 所示。

程序运行结果如图 16.8 所示。

图 16.7　文本文件内容

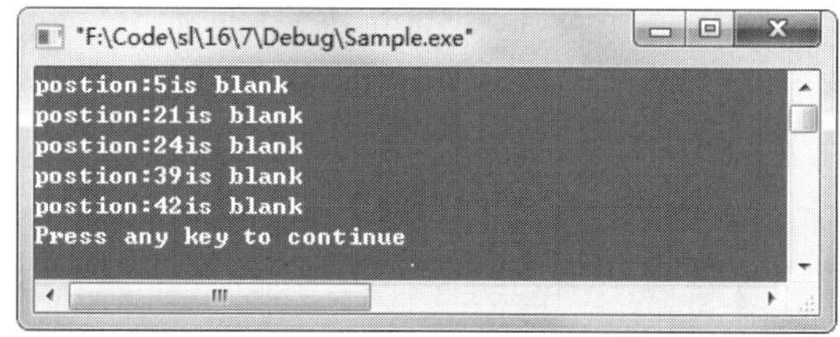

图 16.8　实例 16.7 的程序运行结果

16.4.4　在指定位置读写文件

要实现在指定位置读写文件的功能，首先要了解文件指针是如何移动的，下面将介绍用于设置文件指针位置的函数。

- seekg：位移字节数，相对位置用于输入文件中指针的移动。
- seekp：位移字节数，相对位置用于输出文件中指针的移动。
- tellg：用于查找输入文件中的文件指针位置。
- tellp：用于查找输出文件中的文件指针位置。

位移字节数是移动指针的位移量，相对位置是参照位置。取值如下。

- ios::beg：文件头部。
- ios::end：文件尾部。
- ios::cur：文件指针的当前位置。

例如 seekg(0,ios:: end) 是将文件指针移动到相对于文件头 0 个偏移量的位置。

```
01  #include <iostream>
02  #include <fstream>
03  using namespace std;
04  int main()
05  {
06      ifstream ifile;
07      char cFileSelect[20];
08      cout << "input filename:";
09      cin >> cFileSelect;
10      ifile.open(cFileSelect);
11      if(!ifile)
12      {
13          cout << cFileSelect << "can not open" << endl;
14          return 0;
15      }
16      ifile.seekg(0,ios::end);
17      int maxpos=ifile.tellg();
18      int pos;
19      cout << "Position:";
```

```
20        cin >> pos;
21        if(pos > maxpos)
22        {
23            cout << "is over file lenght" << endl;
24        }
25        else
26        {
27            char ch;
28            ifile.seekg(pos);
29            ifile.get(ch);
30            cout << ch <<endl;
31        }
32        ifile.close();
33        return 1;
34    }
```

如果用户输入的文件名是 test.txt，在 test.txt 文件中含有字符串 "www.mingrisoft.com"，则程序运行结果如图 16.9 所示。

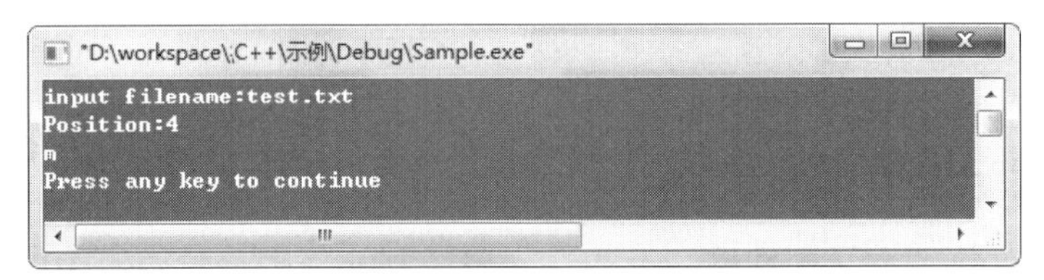

图 16.9　输出文件指定位置的内容

通过 maxpos 可以获得文件长度，上述代码通过 maxpos 获得了文件长度，并输出了文件指定位置后的内容。

16.5　文件和流的关联和分离

一个流对象可以在不同时间表示不同文件。在构造一个流对象时，不用将流和文件绑定。使用流对象的 open 成员函数动态与文件关联，如果要关联其他文件，则调用 close 成员函数关闭当前文件与流的连接，再通过 open 成员函数建立与其他文件的连接。下面通过具体实例来实现文件和流的关联和分离功能，代码如下：

```
01    #include <iostream>
02    #include <fstream>
03    using namespace std;
04    int main()
05    {
06        const char* filename="test.txt";
07        fstream iofile;
08        iofile.open(filename,ios::in);
09        if(iofile.fail())
10        {
11            iofile.clear();
12            iofile.open(filename, ios::in| ios::out| ios::trunc);
13        }
14        else
15        {
16            iofile.close();
17            iofile.open(filename, ios::in| ios::out| ios::ate);
18
```

```
19      }
20      if(!iofile.fail())
21      {
22          iofile << " 我是新加入的 ";
23          iofile.seekg(0);
24          while(!iofile.eof())
25          {
26              char ch;
27              iofile.get(ch);
28              if(!iofile.eof())
29                  cout << ch;
30          }
31          cout << endl;
32      }
33      return 0;
34  }
```

程序打开文本文件 test.txt，文本文件内容如图 16.10 所示。

程序运行结果如图 16.11 所示。

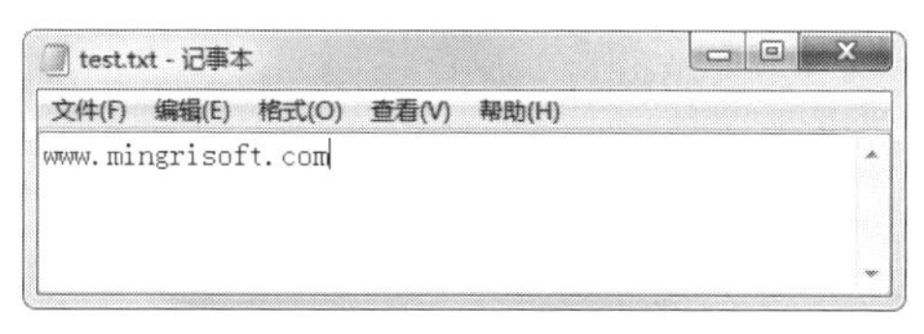

图 16.10　文件内容

图 16.11　程序运行结果

程序需要用户输入文件名，然后使用 fstream 的 open 方法打开文件，如果文件不存在，则通过在 open 方法中指定 ios::in| ios::out| ios::trunc 参数取值创建该文件，并向文件中写入数据，接着将文件指针指向开始处，最后输出文件内容。程序在第一次调用 open 方法打开文件时，如果文件存在，则调用 close 方法将文件流与文件分离，接着调用 open 方法建立文件流与文件的关联。

16.6　删除文件

16.4 节介绍了文件的创建以及文件的读写，本节通过一个具体实例来讲述如何在程序中将一个文件删除。代码如下：

```
01  #include <iostream>
02  #include <iomanip>
03  using namespace std;
04  int main()
05  {
06      char file[50];
07      cout <<"Input file name : "<<"\n";
08      cin >>file;
09      if(!remove(file))
10      {
11          cout <<"The file:"<<file<<" 已删除 "<<"\n";
12      }
13      else
14      {
15          cout <<"The file:"<<file<<" 删除失败 "<<"\n";
16      }
17  }
```

程序通过 remove 函数将用户输入的文件删除。remove 函数是系统提供的函数，可以删除指定的磁盘文件。

本章知识思维导图

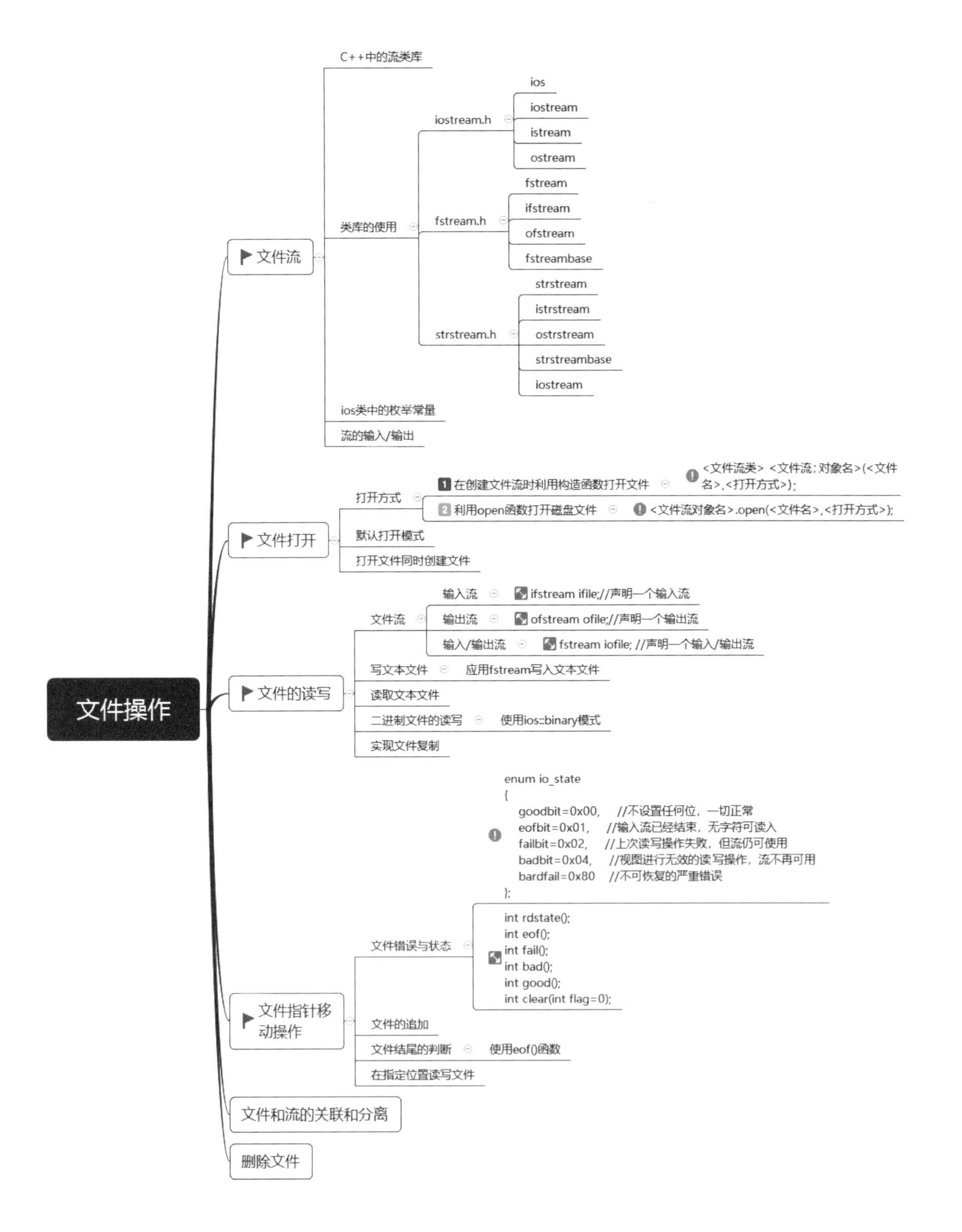

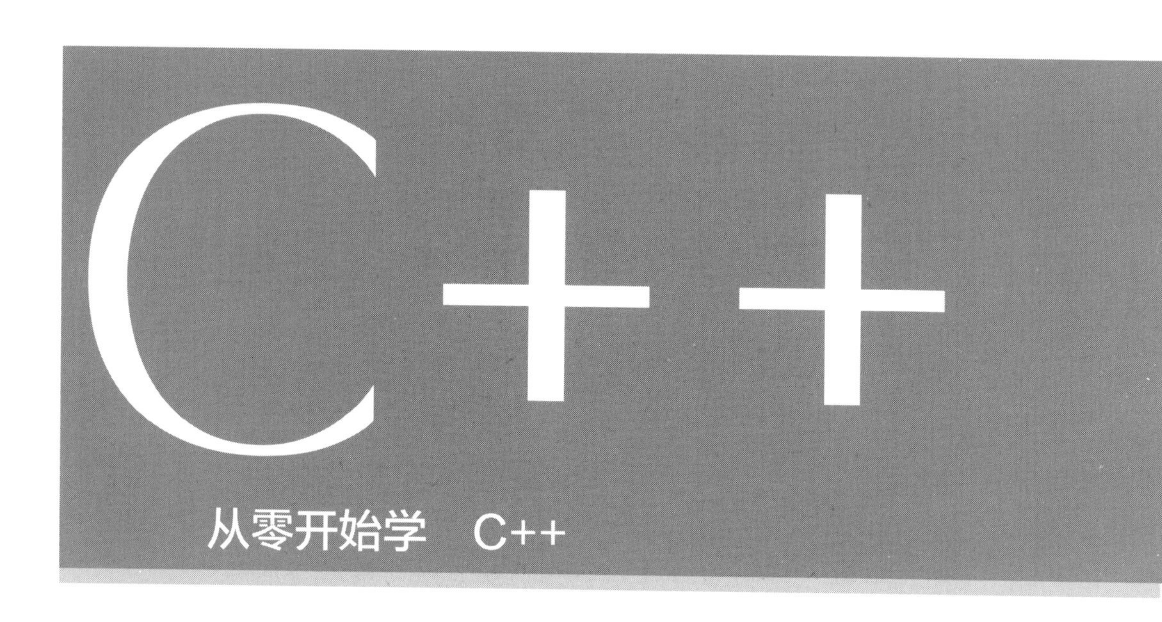

第5篇 异常处理及网络篇

第 17 章
RTTI 与异常处理

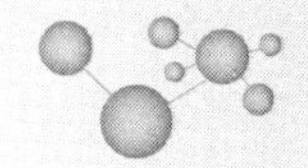

本章学习目标

- 熟悉 RTTI。
- 掌握异常处理。

17.1 RTTI

运行时类型识别（Run-Time Type Identification, RTTI）是在只有一个指向基类的指针或引用时确定对象的类型。

在编写程序的过程中，往往只提供了一个对象的指针，但通常在使用时需要明确这个指针的确切类型。利用RTTI可以方便地获取某个对象指针的确切类型并进行控制。

17.1.1 RTTI的定义

RTTI可以在程序运行时通过某一对象的指针确定该对象的类型。许多程序设计人员使用过虚基类编写面向对象的功能，通常在基类中定义了所有子类的通用属性或行为。但有些时候，子类会存在属于自己的一些公有的属性或行为，这时通过基类对象的指针如何调用子类特有的属性和行为呢？首先需要确定这个基类对象指针指向哪个子类，然后将该对象指针转换成子类对象并进行调用。

如图17.1展示了具有特有功能的类。

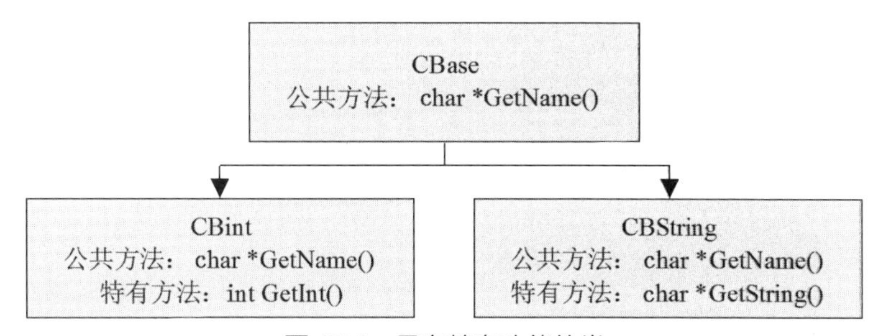

图17.1 具有特有功能的类

从图17.1可以看出CBint类和CBString类都继承于CBase，这3个类存在一个公共方法GetName，而CBint类有自己的特有方法GetInt，CBString类有自己的特有方法GetString。如果想通过CBase类的指针调用CBint类或CBString类的特有方法，就必须确定指针的具体类。下面代码完成了这样的功能：

```
01  class CBase                                 // 基类
02  {
03  public:
04      virtual char *GetName()=0;              // 虚方法
05  };
06  class CBint:public CBase
07  {
08  public:
09      char *GetName() { return "CBint"; }
10      int GetInt(){ return 1; }
11  };
12  class CBString:public CBase
13  {
14  public:
15      char *GetName() { return "CBString"; }
16      char *GetString(){ return "Hello"; }
17  };
18  int main(int argc, char *argv[])
19  {
20      CBase *B1 = (CBase *)new CBint();
```

```
21        printf(B1->GetName());
22        CBint *B2 = static_cast<CBint*>(B1);              // 静态转换
23        if (B2)
24            printf("%d",B2->GetInt());
25        CBase *C1 = (CBase *)new CBString();
26        printf(C1->GetName());
27        CBString *C2 = static_cast<CBString *>(C1);
28        if (C2)
29            printf(C2->GetString());
30        return 0;
31    }
```

从上面代码可以看出，基类CBase的指针B1和C1分别指向了CBint类与CBString类的对象，并且在程序运行时基类通过static_cast进行了转换，这样就形成了一个运行时类型识别的过程。

17.1.2 RTTI与引用

RTTI必须能与引用一起工作。指针与引用存在明显不同，因为引用总是由编译器逆向引用，而一个指针的类型或它指向的类型可能要检测。如下面代码定义了一个子类和一个基类：

```
01    #include "stdafx.h"
02    #include "typeinfo.h"
03    class CB
04    {
05    public:
06        int GetInt(){ return 1;};
07    };
08    class CI:public CB
09    {
10    };
```

通过下面的代码可以看出，typeid获取的指针是基类类型而不是子类类型，typeid获取的引用是子类类型。

```
01    int main(int argc, char *argv[])
02    {
03        CB *p = new CI();
04        CB &t = *p;
05        if (typeid(p) == typeid(CB*))
06            printf("指针类型是基类类型！ \n");
07        if (typeid(p) != typeid(CI*))
08            printf("指针类型不是子类类型！ \n");
09        if (typeid(t) == typeid(CB))
10            printf("引用类型是子类类型！ \n");
11        return 0;
12    }
```

与此相反，指针指向的类型在typeid看来是子类类型而不是基类类型，而用一个引用的地址时产生的是基类类型而不是子类类型。

```
01    if (typeid(*p) == typeid(CB))
02        printf("指针类型是子类类型！ \n");
03    if (typeid(*p) != typeid(CI))
04        printf("指针类型不是基类类型！ \n");
05    if (typeid(&t) == typeid(CB*))
06        printf("引用类型是基类类型！ \n");
07    if (typeid(&t) != typeid(CI*))
08        printf("引用类型不是子类类型！ \n");
```

17.1.3 RTTI 与多重继承

RTTI 是一个非常强大的功能，对于面向对象的编程方法，如果在类继承时使用了 virtual 虚基类，RTTI 仍然可以准确地获取对象在运行时的信息。

例如，下面代码通过虚基类的形式继承了基类，通过 RTTI 获取基类指针对象的信息。

```
01    #include "stdafx.h"
02    #include "typeinfo.h"
03    #include "iostream.h"
04    class CB                                        // 基类
05    {
06        virtual void dowork(){};                    // 虚方法
07    };
08    class CD1:virtual public CB
09    {
10    };
11    class CD2:virtual public CB
12    {
13    };
14    class CD3:public CD1,public CD2
15    {
16    public:
17        char *Print(){ return "Hello";};
18    };
19    int main(int argc, char *argv[])
20    {
21        CB *p = new CD3();                          // 向上转型
22        cout << typeid(*p).name() << endl;          // 获取指针信息
23        CD3 *pd3 = dynamic_cast<CD3*>(p);           // 动态转型
24        if (pd3)
25            cout << pd3->Print() << endl;
26        return 0;
27    }
```

即使只提供一个 virtual 基类指针，typeid 也能准确地检测出实际对象的名字。用动态映射同样也会工作得很好，但编译器不允许试图用原来的方法强制映射：

```
CD3 *pd3 = (CD3 *)p;                                  // 错误转换
```

编译器知道强制映射不可能正确，所以它要求用户使用动态映射。

17.1.4 RTTI 映射语法

无论什么时候用类型映射，都是在打破类型系统，这实际上是在告诉编译器，即使知道一个对象的确切类型，还是可以假定认为它是另外一种类型。这本身就是一件很危险的事情，也是一个容易发生错误的地方。

为了解决这个问题，C++ 用保留字 dynamic_cast、const_cast、static_cast 和 reinterpret_cast 提供了一个统一的类型映射语法，为需要进行动态映射时提供了一个解决问题的可能。这意味着那些已有的映射语法已经被重载得太多，不能再支持任何其他的功能了。

- dynamic_cast：用于安全类型的向下映射。

例如，通过 dynamic_cast 实现基类指针的向下转型。代码如下：

```
01    #include "stdafx.h"
02    #include "iostream.h"
03    class CBase
```

```
04  {
05  public:
06      virtual void Print(){ cout << "CBase" << endl; }
07  };
08  class CChild:public CBase
09  {
10  public:
11      void Print(){ cout << "CChild" << endl; }
12  };
13  int main(int argc, char* argv[])
14  {
15      CBase *p = new CChild();
16      p->Print();
17      CChild *d = dynamic_cast<CChild*>(p);
18      d->Print();
19      return 0;
20  }
```

- const_cast：用于映射常量和变量。

如果想把一个 const 转换为非 const，就要用到 const_cast。这是唯一可以用 const_cast 的转换，如果还有其他的转换牵涉进来，它必须分开指定，否则会有编译错误。

例如，在常对象中修改成员变量和常量的值。代码如下：

```
01  #include "stdafx.h"
02  #include "iostream.h"
03  class CX
04  {
05  protected:
06      int m_count;
07  public:
08      CX(){m_count = 10;}
09      void f() const                              // 常对象，不能修改成员变量
10      {
11          (const_cast<CX*>(this))->m_count = 8;   // 修改成员变量
12          cout << m_count << endl;
13      }
14  };
15  int main(int argc, char* argv[])
16  {
17      CX *p = new CX();
18      p->f();
19      const int i = 10;                           // 常量
20      int *n = const_cast<int*>(&i);              // 转为非常量
21      *n = 5;
22      cout << *n << endl;
23      return 0;
24  }
```

- static_cast：为了行为良好和行为较好而使用的映射，如向上转型和类型自动转换。

例如，通过 static_cast 将派生类指针向上转成基类指针。代码如下：

```
01  #include "stdafx.h"
02  #include "iostream.h"
03  class CB                                                    // 基类
04  {
05  public:
06      virtual void print(){ cout << "class CB" << endl;}      // 虚方法
07  };
08  class CD:public CB                                          // 派生类
```

```
09  {
10  public:
11      void print(){ cout << "class CD" << endl;}            //覆盖
12  };
13  int main(int argc, char* argv[])
14  {
15      CD *p = new CD();
16      p->print();
17      CB *b = static_cast<CB*>(p);                          //向上转型
18      b->print();
19      return 0;
20  }
```

- reinterpret_cast：将某一类型映射回原有类型时使用。

例如，将整型转成字符型，再由 reinterpret_cast 转换回原类型。代码如下：

```
01  #include "stdafx.h"
02  #include "iostream.h"
03  int main(int argc, char* argv[])
04  {
05      int n = 97;
06      char p[4] = {0};                                      //定义与整型大小相同的字符数组
07      p[0] = (char)n;                                       //第一个元素为 97
08      cout << p << endl;
09      int *f = reinterpret_cast<int*>(&p);                  //将数组 p 转成原类型
10      cout << *f << endl;
11      return 0;
12  }
```

17.2 异常处理

异常处理是程序设计中除调试之外的另一种错误处理方法，它往往被大多数程序设计人员在实际设计中忽略。异常处理引起的代码膨胀将不可避免地增加程序阅读的困难，这对于程序设计人员来说是十分烦恼的。异常处理与真正的错误处理有一定区别，异常处理不但可以对系统错误做出反应，还可以对人为制造的错误做出反应并处理。本节将向读者介绍 C++ 对于异常的处理方法。

17.2.1 抛出异常

当程序执行到某一函数或方法内部时，程序本身出现了一些异常，但这些异常并不能由系统所捕获，这时就可以创建一个错误信息，再由系统捕获该错误信息并处理。创建错误信息并发送的过程就是抛出异常。

最初异常信息的抛出只是定义一些常量，这些常量通常是整型值或是字符串信息。下面代码是通过整型值创建的异常抛出。

```
01  #include "stdafx.h"
02  #include "iostream.h"
03  int main(int argc, char *argv[])
04  {
05      try
06      {
07          throw 1;                              //抛出异常
08      }
```

```
09      catch(int error)
10      {
11          if (error == 1)                     // 异常信息
12              cout << " 产生异常 " << endl;
13      }
14      return 0;
15  }
```

在 C++ 中，异常的抛出是使用 throw 关键字来实现的，在这个关键字的后面可以跟随任何类型的值。在上面的代码中将整型值 1 作为异常信息抛出，当异常捕获时可以根据该信息进行异常的处理。

异常的抛出还可以使用字符串作为异常信息进行发送，代码如下：

```
01  #include "stdafx.h"
02  #include "iostream.h"
03  int main(int argc, char *argv[])
04  {
05      try
06      {
07          throw " 异常产生！ ";                   // 抛出异常
08      }
09      catch(char *error)
10      {
11              cout << error << endl;
12      }
13      return 0;
14  }
```

可以看到，字符串形式的异常信息适合于异常信息的显示，但并不适合于异常信息的处理。那么是否可以将整型信息与字符串信息结合起来作为异常信息抛出呢？之前说过，throw 关键字后面跟随的是类型值，所以不但可以跟随基本数据类型的值，还可以跟随类类型的值，因此可以通过类的构造函数将整型值与字符串结合在一起，并且还可以同时应用更加灵活的功能。

例如，将错误 ID 和错误信息以类对象的形式进行异常抛出。代码如下：

```
01  #include "stdafx.h"
02  #include "iostream.h"
03  #include "string.h"
04  class CcustomError                              // 异常类
05  {
06  private:
07      int m_ErrorID;                              // 异常 ID
08      char m_Error[255];                          // 异常信息
09  public:
10      CCustomError(int ErrorID,char *Error)       // 构造函数
11      {
12          m_ErrorID = ErrorID;
13          strcpy(m_Error,Error);
14      }
15      int GetErrorID(){ return m_ErrorID; }       // 获取异常 ID
16      char *GetError(){ return m_Error; }         // 获取异常信息
17  };
18  int main(int argc, char *argv[])
19  {
20      try
21      {
22          throw (new CCustomError(1," 出现异常！ ")); // 抛出异常
```

```
23      }
24      catch(CCustomError *error)
25      {
26          cout << " 异常 ID : " << error->GetErrorID() << endl;
27          cout << " 异常信息: " << error->GetError() << endl;        // 输出异常信息
28      }
29      return 0;
30  }
```

上述代码中定义了一个异常类，这个类包含了两个内容：一个是异常 ID（也就是异常信息的编号），另一个是异常信息（也就是异常的说明文本）。通过 throw 关键字抛出异常时，需要指定这两个参数。

17.2.2 异常捕获

异常捕获是指当一个异常被抛出时，不一定在抛出异常的位置来处理这个异常，而是可以在其他地方通过捕获这个异常信息后再进行处理。这样不仅增加了程序结构的灵活性，也提高了异常处理的方便性。

如果在函数内抛出一个异常（或在函数调用时抛出一个异常），将在抛出异常时退出函数。如果不想在抛出异常时退出函数，可在函数内创建一个特殊块用于解决实际程序中的问题。这个特殊块由 try 关键字组成，例如：

```
01  try
02  {
03      // 抛出异常
04  }
```

抛出异常信号发出后，一旦被异常处理器接收到就被销毁。异常处理器应具备接收任何异常的能力。异常处理器紧随 try 块之后，处理的方法由 catch 关键字引导。代码如下：

```
01  try
02  {
03  }
04  catch(type obj)
05  {
06  }
```

异常处理部分必须直接放在测试块之后。如果一个异常信号被抛出，异常处理器中第一个参数与抛出异常对象相匹配的函数将捕获该异常信号，然后进入相应的“catch”语句，执行异常处理程序。“catch”语句与“switch”语句不同，它不需要在每个“case”语句后加入“break”语句去中断后面程序的执行。

下面通过“try…catch”语句来捕获一个异常。代码如下：

```
01  #include "stdafx.h"
02  #include "iostream.h"
03  #include "string.h"
04  class CcustomError                              // 异常类
05  {
06  private:
07      int m_ErrorID;                              // 异常 ID
08      char m_Error[255];                          // 异常信息
09  public:
10      CCustomError()                              // 构造函数
11      {
```

```
12            m_ErrorID = 1;
13            strcpy(m_Error," 出现异常！ ");
14        }
15        int GetErrorID(){ return m_ErrorID; }          // 获取异常 ID
16        char *GetError(){ return m_Error; }            // 获取异常信息
17    };
18    int main(int argc, char *argv[])
19    {
20        try
21        {
22            throw (new CCustomError());                // 抛出异常
23        }
24        catch(CCustomError *error)
25        {
26            cout << " 异常 ID：" << error->GetErrorID() << endl;
27            cout << " 异常信息：" << error->GetError() << endl;          // 输出异常信息
28        }
29        return 0;
30    }
```

在上面的代码中可以看到，try 语句块用于捕获 throw 所抛出的异常。对于 throw 异常的抛出，可以直接写在 try 语句块的内部，也可以写在函数或类方法的内部，但函数或类方法必须写在 try 语句块的内部才可以捕获到异常。

异常处理器可以成组地出现，同时根据 try 语句块获取的异常信息处理不同的异常。代码如下：

```
01    int main(int argc, char *argv[])
02    {
03        try
04        {
05            throw " 字符串异常！ ";                 // 抛出异常
06            //throw (new CCustomError());
07        }
08        catch(CCustomError *error)
09        {
10            // 输出异常信息
11            cout << " 异常 ID：" << error->GetErrorID() << endl;
12            cout << " 异常信息：" << error->GetError() << endl;
13        }
14        catch(char *error)
15        {
16            cout << " 异常信息：" << error << endl;
17        }
18        return 0;
19    }
```

有时并不一定在列出的异常处理中包含所有可能发生的异常类型，所以 C++ 提供了可以处理任何类型异常的方法，就是在 catch 后面的括号内添加“…”。代码如下：

```
01    int main(int argc, char *argv[])
02    {
03        try
04        {
05            throw " 字符串异常！ ";                 // 抛出异常
06            //throw (new CCustomError());
07        }
08        catch(CCustomError *error)
09        {
10            // 输出异常信息
11            cout << " 异常 ID：" << error->GetErrorID() << endl;
```

```
12          cout << " 异常信息: " << error->GetError() << endl;
13      }
14      catch(char *error)
15      {
16          cout << " 异常信息: " << error << endl;
17      }
18      catch(...)
19      {
20          cout << " 未知异常信息！ " << endl;
21      }
22      return 0;
23  }
```

有时需要重新抛出刚接收到的异常，尤其是在程序无法得到有关异常的信息而用省略号捕获任意的异常时。这些工作通过加入不带参数的 throw 即可完成：

```
01  catch (...) {
02      cout << " 未知异常！ "<<endl;
03      throw ;
04  }
```

如果一个 catch 语句忽略了一个异常，那么这个异常将进入更高层的异常处理环境。由于每个异常抛出的对象是被保留的，所以更高层的异常处理器可抛出来自这个对象的所有信息。

17.2.3 异常匹配

当程序中有异常抛出时，异常处理系统会根据异常处理器的顺序找到最近的异常处理块，并不会搜索更多的异常处理块。

异常匹配并不要求异常与异常处理器进行完美匹配，一个对象或一个派生类对象的引用将与基类处理器进行匹配。若抛出的是类对象的指针，则指针会匹配相应的对象类型，但不会自动转换成其他对象的类型。例如：

```
01  #include "stdafx.h"
02  class CExcept1{};
03  class CExcept2
04  {
05  public:
06      CExcept2(CExcept1& e){}
07  };
08  int main(int argc, char *argv[])
09  {
10      try
11      {
12          throw CExcept1();
13      }
14      catch (CExcept2)
15      {
16          printf(" 进入 CExcept2 异常处理器！ \n");
17      }
18      catch(CExcept1)
19      {
20          printf(" 进入 CExcept1 异常处理器！ \n");
21      }
22      return 0;
23  }
```

从上面代码可以看出，第一个异常处理器会使用构造函数进行转换，将 CExcept1 转换为 CExcept2 对象，但实际上系统在异常处理期间并不会执行这样的转换，而是在 CExcept1 处终止。

通过下面的代码演示基类处理器如何捕获派生类的异常：

```
01  #include "stdafx.h"
02  #include "iostream.h"
03  class CExcept
04  {
05  public:
06      virtual char *GetError(){ return " 基类处理器 "; }
07  };
08  class CDerive : public CExcept
09  {
10  public:
11      char *GetError(){ return " 派生类处理器 "; }
12  };
13  int main(int argc, char* argv[])
14  {
15      try
16      {
17          throw CDerive();
18      }
19      catch(CExcept)
20      {
21          cout << " 进入基类处理器 \n";
22      }
23      catch(CDerive)
24      {
25          cout << " 进入派生类处理器 \n";
26      }
27      return 0;
28  }
```

从上面的代码可以看出，虽然抛出的异常是 CDerive 类，但由于异常处理器的第一个类是 CExcept 类，该类是 CDerive 类的基类，所以将进入此异常处理器内部。为了正确地进入指定的异常处理器，在对异常处理器进行排列时应将派生类排在前面，而将基类排在后面。

17.2.4 标准异常

用于 C++ 标准库的一些异常可以直接应用到程序中，应用标准异常类会比应用自定义异常类容易得多。如果系统提供的标准异常类不能满足需要，就不可以在这些标准异常类基础上进行派生。下面给出了 C++ 提供的一些标准异常：

```
01  namespace std
02  {
03    //exception 派生
04  class logic_error;              // 逻辑错误，在程序运行前可以检测出来
05  //logic_error 派生
06  class domain_error;              // 违反了前置条件
07  class invalid_argument;          // 指出函数的一个无效参数
08  class length_error;              // 指出有一个超过类型 size_t 的最大可表现值长度的对象的企图
09  class out_of_range;              // 参数越界
10  class bad_cast;                  // 在运行时类型识别中有一个无效的 dynamic_cast 表达式
11  class bad_typeid;                // 报告在表达式 typeid(*p) 中有一个空指针 p
12  //exception 派生
13  class runtime_error;             // 运行时错误，仅在程序运行中检测到
14  //runtime_error 派生
15  class range_error;               // 违反后置条件
16  class overflow_error;            // 报告一个算术溢出
17  class bad_alloc;                 // 存储分配错误
18  }
```

从上述类的层次结构可以看出，标准异常都派生自一个公共的基类 exception。基类包含必要的多态性函数以提供异常描述，可以被重载。下面是 exception 类的原型：

```
01  class exception
02  {
03    public:
04      exception() throw();
05      exception(const exception& rhs) throw();
06      exception& operator=(const exception& rhs) throw();
07      virtual ~exception() throw();
08      virtual const char *what() const throw();
09  };
```

本章知识思维导图

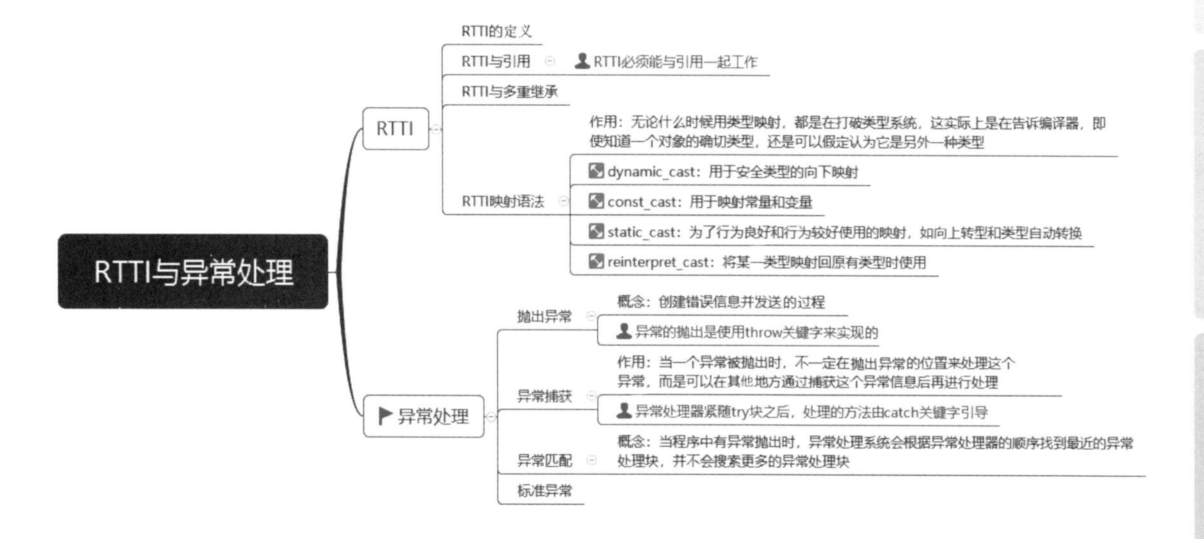

第 18 章

网络通信

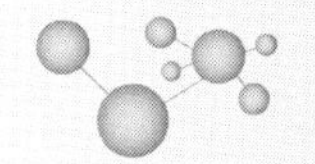

本章学习目标

- 熟悉 TCP/IP。
- 掌握套接字。
- 掌握简单协议通信。

18.1 TCP/IP

18.1.1 OSI 参考模型

开放式系统互联（Open System Interconnection，OSI）参考模型，是国际标准化组织（ISO）为了实现计算机网络的标准化而颁布的参考模型。OSI 参考模型采用分层的划分原则，将网络中的数据传输划分为 7 层，每一层使用下层的服务，并向上层提供服务。表 18.1 描述了 OSI 参考模型的结构。

表 18.1　OSI 参考模型

层次	名称	功能描述
第 7 层	应用层（application layer）	应用层负责网络中应用程序与网络操作系统之间的联系。例如，建立和结束使用者之间的连接，管理建立相互连接使用的应用资源
第 6 层	表示层（presentation layer）	表示层用于确定数据交换的格式，它能够解决应用程序之间在数据格式上的差异，并负责设备之间所需要的字符集和数据的转换
第 5 层	会话层（session layer）	会话层是用户应用程序与网络层的接口，它能够建立与其他设备的连接，即会话，并且它能够对会话进行有效的管理
第 4 层	传输层（transport layer）	传输层提供会话层和网络层之间的传输服务，该服务从会话层获得数据，必要时对数据进行分割，然后传输层将数据传递到网络层，并确保数据能正确无误地传送到网络层
第 3 层	网络层（network layer）	网络层能够将传输的数据封包，然后通过路由选择、分段组合等控制，将信息从源设备传送到目标设备
第 2 层	数据链路层（data link layer）	数据链路层主要是修正传输过程中的错误信号，它能够提供可靠的通过物理介质传输数据的方法
第 1 层	物理层（physical layer）	利用传输介质为数据链路层提供物理连接，它规范了网络硬件的特性、规格和传输速率

OSI 参考模型的建立不仅创建了通信设备之间的物理通道，还规划了各层之间的功能，为标准化组合和生产厂家定制协议提供了基本原则，有助于用户了解复杂的协议，例如 TCP/IP、X.25 等协议。用户可以将这些协议与 OSI 参考模型对比，进而了解这些协议的工作原理。

18.1.2 TCP/IP 参考模型

TCP/IP（Transmission Control Protocal/Internet Protocal，传输控制协议 / 网际协议）是互联网上最流行的协议，但它并不完全符合 OSI 的 7 层参考模型。传统的 OSI 参考模型，是一种通信协议的 7 层抽象的参考模型，其中每一层执行某一特定任务。该模型的目的是使各种硬件在相同的层次上相互通信。而 TCP/IP 通信协议采用了 4 层的层级结构（即应用层、传输层、互联网络层和网络接口层），每一层都呼叫它的下一层所提供的网络来完成自己的需求。

● 应用层：应用程序间沟通的层，如简单电子邮件传输（SMTP）、文件传输协议（FTP）、网络远程访问协议（Telnet）等。

- 传输层：在此层中提供了节点间的数据传输服务，如传输控制协议（TCP）、用户数据包协议（UDP）等，TCP 和 UDP 给数据包加入数据并把它传输到下一层中。这一层负责传输数据，并且确定数据已被送达并接收。
- 互联网络层：负责提供基本的数据封包传送功能，让每一个数据包都能够到达目的主机（但不检查是否被正确接收），如网际协议（IP）。
- 网络接口层：对实际的网络媒体进行管理，定义如何使用实际网络（如 Ethernet、Serial Line 等）来传送数据。

18.1.3 IP 地址

IP 被称为网际协议，互联网上使用的一个关键的底层协议就是 IP。人们利用一个共同遵守的通信协议，使互联网成为一个允许连接不同类型的计算机和不同操作系统的网络。要使两台计算机彼此之间进行通信，必须使两台计算机使用同一种“语言”。通信协议正像两台计算机交换信息时所使用的共同语言，它规定了通信双方在通信中应共同遵守的规定。

IP 具有能适应各种各样网络硬件的灵活性，对底层网络硬件几乎没有任何要求。任何网络只要可以从一个地点向另一个地点传送二进制数据，就可以使用 IP 加入互联网。

如果希望在互联网上进行交流和通信，则每台连上互联网的计算机都必须遵守 IP 协议。为此，使用互联网的每台计算机都必须运行 IP 软件，以便时刻准备发送或接收信息。

IP 地址是由 IP 协议规定的，由 32 位的二进制数表示。最新的 IPv6 协议将 IP 地址升为 128 位，这使得 IP 地址更加广泛，能够很好地解决目前 IP 地址紧缺的情况。但是，IPv6 协议距离广泛应用还有一段距离，目前多数操作系统和应用软件都以 32 位的 IP 地址为基准。

32 位的 IP 地址主要分为两部分，即前缀和后缀。前缀表示计算机所属的物理网络，后缀确定该网络上的唯一一台计算机。在互联网上，每一个物理网络都有一个唯一的网络号，根据网络号的不同，可以将 IP 地址分为 5 类，即 A 类、B 类、C 类、D 类和 E 类。其中，A 类、B 类和 C 类属于基本类，D 类用于多播发送，E 类属于保留类。表 18.2 描述了各类 IP 地址的范围。

表 18.2 各类 IP 地址的范围

类型	范围
A 类	0.0.0.0 ~ 127.255.255.255
B 类	128.0.0.0 ~ 191.255.255.255
C 类	192.0.0.0 ~ 223.255.255.255
D 类	224.0.0.0 ~ 239.255.255.255
E 类	240.0.0.0 ~ 247.255.255.255

在上述 IP 地址中，有几个 IP 地址是特殊的，有其单独的用途。

- 网络地址。在 IP 地址中主机地址为 0 的 IP 地址，表示网络地址，例如 128.111.0.0。
- 广播地址。在网络号后所有位全是 1 的 IP 地址，表示广播地址。
- 回送地址。127.0.0.1 表示回送地址，用于测试。

18.1.4 数据包格式

TCP/IP 协议的每层都会发送不同的数据包，常用的有 IP 数据包、TCP 数据包、UDP 数据包和 ICMP 数据包。

（1）IP 数据包

IP 数据包是在 IP 间发送的，主要在以太网与网际协议模块之间传输，提供无连接数据包传输。IP 协议不保证数据包的发送，但最大限度地发送数据。IP 数据包结构定义如下：

```
typedef struct HeadIP {
    unsigned char  headerlen:4;      // 首部长度，占 4 位
    unsigned char  version:4;        // 版本，占 4 位
    unsigned char  servertype;       // 服务类型，占 8 位，即 1 个字节
    unsigned short totallen;         // 总长度，占 16 位
    unsigned short id;               // 与 idoff 构成标识 ，共占 16 位，前 3 位是标识，后 13 位是片偏移
    unsigned short idoff;
    unsigned char  ttl;              // 生存时间  ，占 8 位
    unsigned char  proto;            // 协议，占 8 位
    unsigned short checksum;         // 首部校验和，占 16 位
    unsigned int   sourceIP;         // 源 IP 地址，占 32 位
    unsigned int   destIP;           // 目的 IP 地址，占 32 位
} HEADIP;
```

理论上，IP 数据包的最大长度是 65535 字节，这是由 IP16 位总长度字段所限制的。

（2）TCP 数据包

TCP（传输控制协议）是一种提供可靠数据传输的通信协议，它在网际协议模块和 TCP 模块之间传输。TCP 数据包分为 TCP 报头和数据两部分。TCP 报头包含了源端口、目的端口、序列号、确认序列号、首部长度、窗口、校验和、紧急指针等。在发送数据时，应用层的数据传输到传输层，加上 TCP 的 TCP 报头，就构成了报文。报文是网际层 IP 的数据，如果再加上 IP 首部，就构成了 IP 数据包。TCP 报头结构定义如下：

```
typedef struct HeadTCP {
    WORD   SourcePort;    // 16 位源端口
    WORD   DePort;        // 16 位目的端口
    DWORD  SequenceNo;    // 32 位序列号
    DWORD  ConfirmNo;     // 32 位确认序列号
    BYTE   HeadLen;       // 与 Flag 为一个组成部分， 首部长度，占 4 位，保留 6 位，6 位标识，共 16 位
    BYTE   Flag;
    WORD   WndSize;       // 16 位窗口大小
    WORD   CheckSum;      // 16 位校验和
    WORD   UrgPtr;        // 16 位紧急指针
} HEADTCP;
```

TCP 提供了一个完全可靠的、面向连接的、全双工的（包含两个独立且方向相反的连接）流传输服务，允许两个应用程序建立一个链接，并在全双工方向上发送数据，然后终止链接。每一个 TCP 连接可靠地建立并完善地终止，在终止发生前，所有数据都会被可靠地传送。

TCP 比较有名的概念就是 3 次握手，所谓 3 次握手是指通信双方彼此交换 3 次信息。3 次握手是在数据包丢失、重复和延迟的情况下，确保通信双方信息交换确定性的充分必要条件。

注意：

可靠传输服务软件都是面向数据流的。

（3）UDP 数据包

UDP（用户数据包协议）是一个面向无连接的协议，采用该协议后，两个应用程序不需要先建立连接，它为应用程序提供一次性的数据传输服务。UDP 工作在网际协议模块与 UDP 模块之间，不提供差错恢复，不能提供数据重传，所以使用 UDP 的应用程序都比较复杂，例如 DNS（域名解析服务）应用程序。UDP 数据报包报头结构定义如下：

```
typedef struct HeadUDP {
    WORD SourcePort;                    //16 位源端口
    WORD DePort;                        //16 位目的端口
    WORD Len;                           //16 位 UDP 长度
    WORD ChkSum;                        //16 位 UDP 校验和
} HEADUDP;
```

UDP 数据包分为伪首部和首部两个部分。伪首部包含原 IP 地址、目标 IP 地址、协议号、UDP 长度、源端口、目的端口、报文长度、校验和、数据区，是为了计算和检验而设置的。伪首部包含 IP 首部一些字段，其目的是让 UDP 检查两次数据是否正确到达目的地。使用 UDP 时，协议号为 17，报文长度包括头部和数据区的总长度，最小 8 字节。校验和是以 16 位为单位，各位求补（首位为符号位）将和相加，然后再求补。现在的大部分系统都默认提供了可读写大于 8192 字节的 UDP 数据报文（使用这个默认值是因为 8192 是 NFS 读写用户数据时的默认值）。因为 UDP 协议是无差错控制的，所以发送过程与 IP 类似，即采用 IP 分组，然后用 ARP（地址解析协议）来解析物理地址，最后发送。

（4）ICMP 数据包

ICMP（网际控制报文协议）作为 IP 的附属协议，用来与其他主机或路由器交换错误报文和其他重要信息，可以将某个设备的故障信息发送到其他设备上。ICMP 数据包报头结构定义如下：

```
typedef struct HeadICMP {
    BYTE Type;                          //8 位类型
    BYTE Code;                          //8 位代码
    WORD ChkSum;                        //16 位校验和
} HEADICMP;
```

18.2 套接字

所谓套接字，实际上是一个指向传输提供者的句柄。在 Winsock 中，就是通过操作该句柄来实现网络通信和管理的。根据性质和作用的不同，套接字可以分为 3 种，即原始套接字、流式套接字和数据包套接字。原始套接字是在 Winsock2 规范中提出的，它能够使程序开发人员对底层的网络传输机制进行控制，在原始套接字下接收的数据中含有 IP 报头。流式套接字提供了双向、有序、可靠的数据传输服务，该类型套接字在通信前需要双方建立连接，TCP 采用的就是流式套接字。与流式套接字对应的是数据包套接字，数据包套接字提供双向的数据流，但是它不能保证数据传输的可靠性、有序性和无重复性，UDP 采用的就是数据包套接字。

18.2.1 Winsock 套接字

套接字是网络通信的基石，是网络通信的基本构件，最初是由加利福尼亚大学伯克利分校为 Unix 操作系统开发的网络通信编程接口。为了在 Windows 操作系统上使用套接字，20 世纪 90 年代初，微软和第三方厂商共同制定了一套标准，即 Windows Socket 规范，简称 Winsock。1993 年 1 月起，Winsock1.1 成为业界的一项标准，它为通用的 TCP/IP 应用程序提供了超强并灵活的 API。但 Winsock1.1 把 API 限定在 TCP/IP 的范畴，它不像 Berkerly 模型一样可以支持多种协议，所以 Winsock2.0 进行了扩展，开始支持 IPX/SPX 和 DECNet 等协议。Winsock2.0 允许多种协议栈的并存，可以使应用程序适用于不同的网络名和网络地址。

18.2.2 Winsock 的使用

Windows 操作系统提供的套接字函数通常封装在 Ws2_32.dll 动态链接库中，其头文件 Winsock2.h 提供了套接字函数的原型，库文件 Ws2_32.lib 提供了 Ws2_32.dll 动态链接库的输出接口。在使用套接字函数前，用户需要引用 Winsock2.h 头文件，并链接 Ws2_32.lib 库文件。例如：

```
#include "Winsock2.h"                           // 引用头文件
#pragma comment (lib,"Ws2_32.lib")              // 链接库文件
```

此外，在使用套接字函数前还需要初始化套接字，可以使用 WSAStartup 函数来实现。例如：

```
WSADATA wsd;                                    // 定义 WSADATA 对象
WSAStartup(MAKEWORD(2,2),&wsd);                 // 初始化套接字
```

常用的套接字函数如下。

（1）WSAStartup 函数

该函数用于初始化 Ws2_32.dll 动态链接库。在使用套接字函数之前，一定要初始化 Ws2_32.dll 动态链接库。该函数语法如下：

```
int WSAStartup ( WORD wVersionRequested,LPWSADATA lpWSAData );
```

wVersionRequested：调用者使用的 Windows Socket 的版本，高字节记录修订版本，低字节记录主版本。例如，如果 Windows Socket 的版本为 2.1，则高字节记录 1，低字节记录 2。

lpWSAData：是一个 WSADATA 结构指针，该结构详细记录了 Windows 套接字的相关信息。其定义如下：

```
typedef struct WSAData {
    WORD            wVersion;
    WORD            wHighVersion;
    char            szDescription[WSADESCRIPTION_LEN+1];
    char            szSystemStatus[WSASYS_STATUS_LEN+1];
    unsigned short  iMaxSockets;
    unsigned short  iMaxUdpDg;
    char FAR *     lpVendorInfo;
} WSADATA, FAR * LPWSADATA;
```

- wVersion：调用者使用的 Ws2_32.dll 动态链接库的版本号。
- wHighVersion：Ws2_32.dll 支持的最高版本，通常与 wVersion 相同。

- szDescription：套接字的描述信息，通常没有实际意义。
- szSystemStatus：系统的配置或状态信息，通常没有实际意义。
- iMaxSockets：最多可以打开多少个套接字。在套接字版本 2 或以后的版本中，该成员将被忽略。
- iMaxUdpDg：数据包的最大长度。在套接字版本 2 或以后的版本中，该成员将被忽略。
- lpVendorInfo：套接字的厂商信息。在套接字版本 2 或以后的版本中，该成员将被忽略。

（2）socket 函数

该函数用于创建一个套接字。该函数语法如下：

```
SOCKET socket (int af, int type, int protocol);
```

- af：一个地址家族。通常为 AF_INET。
- type：套接字类型。如果为 SOCK_STREAM，表示创建面向连接的流式套接字；如果为 SOCK_DGRAM，表示创建面向无连接的数据包套接字；如果为 SOCK_RAW，表示创建原始套接字。对于这些值，用户可以在 Winsock2.h 头文件中找到。
- protocol：套接口所用的协议。如果用户不指定，可以设置为 0。
- 返回值：函数返回值是创建的套接字句柄。

（3）bind 函数

该函数用于将套接字绑定到指定的端口和地址上。该函数语法如下：

```
int bind (SOCKET s,const struct sockaddr FAR *name,int namelen );
```

- s：套接字标识。
- name：一个 sockaddr 结构指针。该结构中包含了要结合的地址和端口号。
- namelen：确定 name 缓冲区的长度。
- 返回值：如果函数执行成功，返回值为 0，否则为 SOCKET_ERROR。

（4）listen 函数

该函数用于将套接字设置为监听模式。对于流式套接字，必须处于监听模式才能够接受客户端套接字的连接。该函数语法如下：

```
int listen ( SOCKET s, int backlog);
```

- s：套接字标识。
- backlog：等待连接的最大队列长度。例如，如果 backlog 被设置为 2，此时有 3 个客户端同时发出连接请求，那么前两个客户端连接会放置在等待队列中，第 3 个客户端会得到错误信息。

（5）accept 函数

该函数用于接受客户端的连接。在流式套接字中，套接字处于监听状态才能接受客户端的连接。该函数语法如下：

```
SOCKET accept ( SOCKET s, struct sockaddr FAR *addr, int FAR *addrlen );
```

● s：是一个套接字，它应处于监听状态。

● addr：是一个 sockaddr_in 结构指针，包含一组客户端的端口号、IP 地址等信息。

● addrlen：用于接收参数 addr 的长度。

● 返回值：一个新的套接字，它对应于已经接受的客户端连接。对于该客户端的所有后续操作，都应使用这个新的套接字。

（6）closesocket 函数

该函数用于关闭套接字。该函数语法如下：

```
int closesocket (SOCKET s);
```

● s：标识一个套接字。如果参数 s 设置有 SO_DONTLINGER 选项，则调用该函数后会立即返回，但此时如果有数据尚未传送完毕，会继续传递数据，然后才关闭套接字。

（7）connect 函数

该函数用于发送一个连接请求。该函数语法如下：

```
int connect (SOCKET s,const struct sockaddr FAR *name,int namelen );
```

● s：是一个套接字。

● name：套接字 s 想要连接的主机地址和端口号。

● namelen：name 缓冲区的长度。

● 返回值：如果函数执行成功，返回值为 0，否则为 SOCKET_ERROR。用户可以通过 WSAGetLastError 得到其错误描述。

（8）htons 函数

该函数将一个 16 位的无符号短整型数据由主机排列方式转换为网络排列方式。该函数语法如下：

```
u_short htons (u_short hostshort );
```

● hostshort：一个主机排列方式的无符号短整型数据。

● 返回值：16 位的网络排列方式数据。

（9）htonl 函数

该函数将一个无符号长整型数据由主机排列方式转换为网络排列方式。该函数语法如下：

```
u_long htonl ( u_long hostlong);
```

● hostlong：一个主机排列方式的无符号长整型数据。

● 返回值：32 位的网络排列方式数据。

（10）inet_addr 函数

该函数将一个由字符串表示的地址转换为 32 位的无符号长整型数据。该函数语法如下：

```
unsigned long inet_addr (const char FAR *cp);
```

- cp：一个 IP 地址的字符串。
- 返回值: 32 位无符号长整型数据。

（11）recv 函数

该函数用于从面向连接的套接字中接收数据。该函数语法如下:

```
int recv (SOCKET s,char FAR *buf,int len,int flags);
```

- s：一个套接字。
- buf：接收数据的缓冲区。
- len：buf 的长度。
- flags：函数的调用方式。如果为 MSG_PEEK，表示查看传来的数据，在序列前端的数据会被复制一份到返回缓冲区中，但是这个数据不会从序列中移走。如果为 MSG_OOB，表示用来处理 Out-Of-Band 数据，也就是外带数据。

（12）send 函数

该函数用于在面向连接方式的套接字间发送数据。该函数语法如下:

```
int send (SOCKET s,const char FAR *buf, int len,int flags);
```

- s：一个套接字。
- buf：存放要发送数据的缓冲区。
- len：缓冲区长度。
- flags：函数的调用方式。

（13）select 函数

该函数用来检查一个或多个套接字是否处于可读、可写或错误状态。该函数语法如下:

```
int select (int nfds,fd_set FAR *readfds,fd_set FAR *writefds,
        fd_set FAR *exceptfds, const struct timeval FAR *timeout);
```

- nfds：无实际意义，只是为了和 Unix 下的套接字兼容。
- readfds：一组被检查可读的套接字。
- writefds：一组被检查可写的套接字。
- exceptfds：被检查有错误的套接字。
- timeout：函数的等待时间。

（14）WSACleanup 函数

该函数用于释放为 Ws2_32.dll 动态链接库初始化时分配的资源。该函数语法如下:

```
int WSACleanup (void);
```

（15）WSAAsyncSelect 函数

该函数用于将网络中发生的事件关联到窗口的某个消息中。该函数语法如下:

```
int WSAAsyncSelect (SOCKET s, HWND hWnd,unsigned int wMsg,long lEvent);
```

- s： 一个套接字。
- hWnd： 接收消息的窗口句柄。
- wMsg： 窗口接收来自套接字中的消息。
- lEvent： 网络中发生的事件。

（16）ioctlsocket 函数

该函数用于设置套接字的 I/O 模式。该函数语法如下：

```
int ioctlsocket(SOCKET s,long cmd,u_long FAR *argp);
```

- s： 待更改 I/O 模式的套接字。
- cmd： 对套接字的操作命令。如果为 FIONBIO，当 argp 为 0 时，表示禁止非阻塞模式；当 argp 非 0 时，表示设置非阻塞模式。如果为 FIONREAD，表示从套接字中可以读取的数据量。如果为 SIOCATMARK，表示所有的外带数据都已被读入。这个命令仅适用于流式套接字，并且该套接字已被设置为可以在线接收外带数据（SO_OOBINLINE）。
- argp： 命令参数。

（17）Winsock2.0 新增的函数

- WSAAccept：accept 函数扩展版本，它支持条件接收和套接口分组。
- WSACloseEvent： 释放一个事件对象。
- WSAConnect：connect 函数的扩展版本，它支持链接数据交换和 QoS 规范。
- WSACreateEvent： 创建一个事件对象。
- WSADuplicateSocket： 为一个共享套接口创建一个新的套接口描述字。
- WSAEnumNetworkEvents： 检查是否有网络事件发生。
- WSAEnumProtocols： 得到每个可以使用的协议信息。
- WSAEventSelect： 把网络事件和一个事件对象连接。
- WSAGetOverlappedResu： 得到重叠操作的完成状态。
- WSAGetQOSByName： 对一个传输协议服务名字提供相应的 QoS 参数。
- WSAHtonl：htonl 函数的扩展版本。
- WSAHtons：htons 函数的扩展版本。
- WSAIoctl：ioctlsocket 函数的允许重叠操作的版本。
- WSAJoinLeaf： 在多点对话中计入一个叶节点。
- WSANtohl：ntohl 函数的扩展版本。
- WSANtohs：ntohs 函数的扩展版本。
- WSARecv：recv 函数的扩展版本，它支持分散 / 聚焦 I/O 和冲抵套接口操作。
- WSARecvDisconnect： 终止套接口的接收操作。如果套接口是基于连接的，得到拆除数据。
- WSARecvFrom：recvfrom 函数的扩展版本，它支持分散 / 聚焦 I/O 和冲抵套接口操作。
- WSAResetEvnet： 重新初始化一个数据对象。
- WSASend：send 函数的扩展版本，它支持分散 / 聚焦 I/O 和冲抵套接口操作。
- WSASendDisconnect： 启动一系列拆除套接口连接的操作，并且可以选择发送拆除数据。

- WSASendTo：sendto 函数的扩展版本，它支持分散 / 聚焦 I/O 和冲抵套接口操作。
- WSASetEvent： 设置一个数据对象。
- WSASocket：socket 函数的扩展版本，它以一个 PROTOCOL_INFO 结构作为输入参数并且允许创建重叠套接口，它还允许创建套接口组。
- WSAWaitForMultipleEvents： 阻塞多个事件对象。

18.2.3 套接字阻塞模式

依据套接字函数执行方式的不同，可以将套接字分为两类，即阻塞套接字和非阻塞套接字。在阻塞套接字中，套接字函数的执行会一直等待，直到函数调用完成才返回。这主要出现在 I/O 操作过程中，在 I/O 操作完成之前不会将控制权交给程序。这意味着在一个线程中同时只能进行一项 I/O 操作，其后的 I/O 操作必须等待正在执行的 I/O 操作完成后才会执行。在非阻塞套接字中，套接字函数的调用会立即返回，将控制权交给程序。默认情况下，套接字为阻塞套接字。为了将套接字设置为非阻塞套接字，需要使用 ioctlsocket 函数。例如，下面的代码在创建一个套接字后，将套接字设置为非阻塞套接字。

```
unsigned long nCmd;
SOCKET clientSock = socket(AF_INET, SOCK_STREAM, 0);        // 创建套接字
int nState = ioctlsocket(clientSock, FIONBIO, &nCmd);       // 设置非阻塞模式
if (nState != 0)                                            // 设置套接字非阻塞模式失败
{
    TRACE(" 设置套接字非阻塞模式失败 ");
}
```

将程序设置成非阻塞套接字后，Winsock 通过异步选择函数 WSAAsyncSelect 来实现非阻塞通信。方法是由该函数指定某种网络事件（如有数据到达、可以发送数据、有程序请求连接等），当被指定的网络事件发生时，由 Winsock 发送程序事先约定的消息，程序就可以根据这些消息做相应的处理。

18.2.4 字节顺序

有时不同的计算机结构使用不同的字节顺序存储数据，例如基于 Intel 的计算机存储数据的顺序与 Macintosh (Mac) 计算机相反。通常，用户不必为在网络上发送和接收数据的字节顺序转换担心，但在有些情况下，必须转换字节顺序。例如，程序中将指定的整数设置为套接字的端口号，在绑定端口号之前，必须将端口号从主机顺序转换为网络顺序。

18.2.5 面向连接流

面向连接流主要指通信双方在通信前先建立连接。建立连接的步骤如下。

① 创建套接字 socket。

② 将创建的套接字绑定（bind）到本地的地址和端口上。

③ 服务端设置套接字为监听状态（listen），准备接受客户端的连接请求。

④ 服务端接受请求（accept），同时返回得到一个用于连接的新套接字。

⑤ 使用新套接字进行通信（通信函数使用 send/recv）。

⑥ 释放套接字资源（closesocket）。

整个过程分为客户端和服务端，两端连接过程如图 18.1 所示。

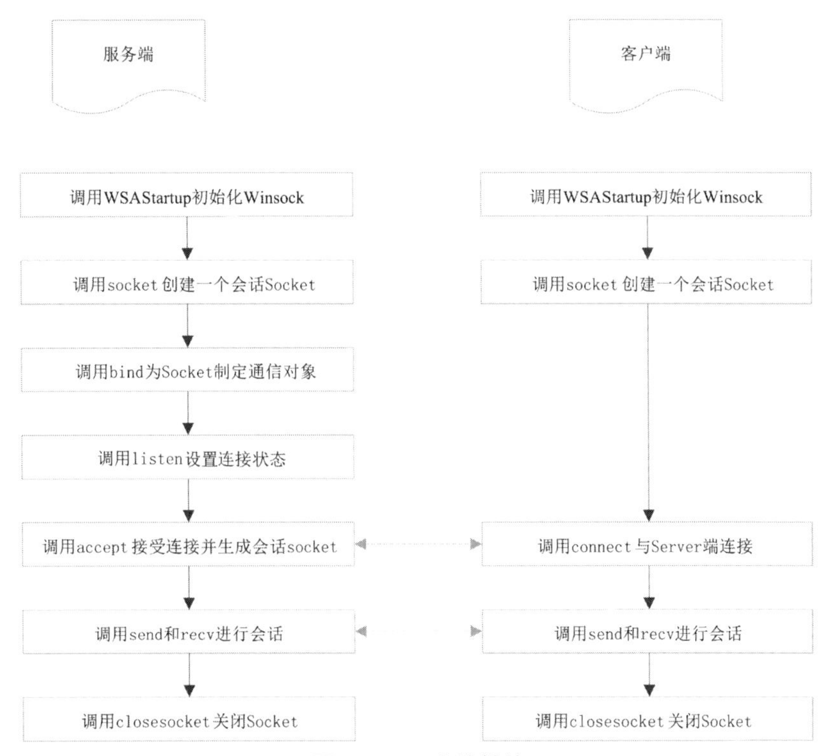

图 18.1　面向连接流

18.2.6　面向无连接流

面向无连接流主要指通信双方通信前不需要建立连接，服务端和客户端使用相同的处理过程，如图 18.2 所示。

图 18.2　面向无连接流

18.3　简单协议通信

通过前面的学习，读者对使用 socket 建立通信应用有了一定了解，下面通过具体实例

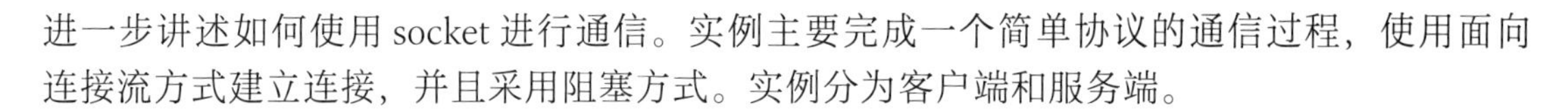

进一步讲述如何使用 socket 进行通信。实例主要完成一个简单协议的通信过程，使用面向连接流方式建立连接，并且采用阻塞方式。实例分为客户端和服务端。

18.3.1 服务端

服务端主要使用多线程技术建立连接，也就是说，一个服务端可以连接多个客户端。连接客户端的数据可以进行限定，程序中设置最大连接数为 20。当客户端有连接请求发过来时，向客户端发送字符串 "THIS IS SERVER"，并启动一个线程等待客户端发送消息。

如果客户端发送字符 'A' 过来后，服务端返回 'B'；发送字符 'C' 过来后，服务端返回 'D'；发送 "exit" 后，服务端关闭线程。

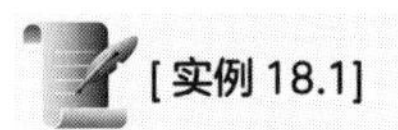

[实例 18.1]　（源码位置：资源包 \Code\18\01）

服务端

```
01  #include <iostream.h>
02  #include <stdlib.h>
03  #include "winsock2.h"                                       // 引用头文件
04  #pragma comment (lib,"ws2_32.lib")                          // 引用库文件
05  // 线程实现函数
06  DWORD WINAPI threadpro(LPVOID pParam)
07  {
08      SOCKET hsock=(SOCKET)pParam;
09      char buffer[1024] = {0};
10      char sendBuffer[1024];
11      if(hsock!=INVALID_SOCKET)
12          cout << "Start Receive" << endl;
13      while(1)                                                // 循环接收发送的内容
14      {
15          int    num= recv(hsock,buffer,1024,0);              // 阻塞函数，等待接收内容
16          if(num>=0)
17              cout << "Receive form clinet "<< buffer  << endl;
18          cout << WSAGetLastError() << endl;
19          if(!strcmp(buffer,"A"))
20          {
21              memset(sendBuffer,0,1024);
22              strcpy(sendBuffer,"B");
23              int ires=send(hsock,sendBuffer,sizeof(sendBuffer),0);    // 回送信息
24              cout << "Send to client" << sendBuffer << endl;
25          }
26          else if(!strcmp(buffer,"C"))
27          {
28              memset(sendBuffer,0,1024);
29              strcpy(sendBuffer,"D");
30              int ires=send(hsock,sendBuffer,sizeof(sendBuffer),0);    // 回送信息
31              cout << "Send to client" << sendBuffer << endl;
32          }
33          else if(!strcmp(buffer,"exit"))
34          {
35              cout << "Client Close" << endl;
36              cout << "Server Process Close" << endl;
37              return 0;
38          }
39          else
40          {
41              memset(sendBuffer,0,1024);
42              strcpy(sendBuffer,"ERR");
43              int ires=send(hsock,sendBuffer,sizeof(sendBuffer),0);
```

```
44              cout << "Send to client" << sendBuffer << endl;
45          }
46      }
47      return 0;
48  }
49  //主函数
50  void main()
51  {
52      WSADATA wsd;                                    //定义 WSADATA 对象
53      DWORD err = WSAStartup(MAKEWORD(2,2),&wsd);
54      cout << err << endl;
55      SOCKET      m_SockServer;
56      sockaddr_in serveraddr;
57      sockaddr_in serveraddrfrom;
58      SOCKET m_Server[20];
59      serveraddr.sin_family = AF_INET;                //设置服务器地址家族
60      serveraddr.sin_port = htons(4600);              //设置服务器端口号
61      serveraddr.sin_addr.S_un.S_addr = inet_addr("127.0.0.1");
62      m_SockServer = socket ( AF_INET,SOCK_STREAM,  0);
63      int i=bind(m_SockServer,(sockaddr*)&serveraddr,sizeof(serveraddr));
64      cout << "bind:" << i << endl;
65      int iMaxConnect=20;                             //最大连接数
66      int iConnect=0;
67      int iLisRet;
68      char buf[]="THIS IS SERVER\0";                  //向客户端发送的内容
69      char WarnBuf[]="It is voer Max connect\0";
70      int len=sizeof(sockaddr);
71      while(1)
72      {
73          iLisRet=listen(m_SockServer,0);             //进行监听
74          //同意建立连接
75          m_Server[iConnect]=accept(m_SockServer,(sockaddr*)&serveraddrfrom,&len);
76  
77          if(m_Server[iConnect]!=INVALID_SOCKET)
78          {
79              //发送字符过去
80              int ires=send(m_Server[iConnect],buf,sizeof(buf),0);
81              cout << " accept" << ires<< endl;       //显示已经建立连接的次数
82              iConnect++;
83              if(iConnect > iMaxConnect)
84              {
85                  int ires=send(m_Server[iConnect],WarnBuf,sizeof(WarnBuf),0);
86              }
87              else
88              {
89                  HANDLE m_Handle;                    //线程句柄
90                  DWORD nThreadId = 0;                //线程 ID
91                  m_Handle = (HANDLE)::CreateThread(NULL,
92                      0,threadpro,(LPVOID)m_Server[--iConnect],0,&nThreadId );//启动线程
93              }
94          }
95      }
96      WSACleanup();
97  }
```

程序中建立连接的 IP 只限制在本机，可以通过修改 inet_addr("127.0.0.1") 表达式的值来设置需要的 IP。

18.3.2 客户端

客户端程序主要完成向服务端发送连接请求，然后由用户输入要发送的字符，发送的字符限定在 'A'、'C' 和 "exit"。

[实例 18.2] （源码位置：资源包 \Code\18\02）

客户端

```
01  #include <iostream.h>
02  #include <stdlib.h>
03  #include "winsock2.h"
04  #include <time.h>                                               // 引用头文件
05  #pragma comment (lib,"ws2_32.lib")
06  void main()
07  {
08      WSADATA wsd;                                                // 定义 WSADATA 对象
09      WSAStartup(MAKEWORD(2,2),&wsd);
10      SOCKET      m_SockClient;
11      sockaddr_in clientaddr;
12      clientaddr.sin_family = AF_INET;                            // 设置服务器地址家族
13      clientaddr.sin_port = htons(4600);                          // 设置服务器端口号
14      clientaddr.sin_addr.S_un.S_addr = inet_addr("127.0.0.1");
15      m_SockClient = socket ( AF_INET,SOCK_STREAM, 0 );
16      int i=connect(m_SockClient,(sockaddr*)&clientaddr,sizeof(clientaddr));   // 连接超时
17      cout << "connect" << i << endl;
18      char buffer[1024];
19      char inBuf[1024];
20      int num;
21      num = recv(m_SockClient,buffer,1024,0);                     // 阻塞
22      if( num > 0 )
23      {
24          cout << "Receive form server" << buffer << endl;        // 欢迎信息
25          while(1)
26          {
27              num=0;
28              cin >> inBuf;
29              if(!strcmp(inBuf,"exit"))
30              {
31                  send(m_SockClient,inBuf,sizeof(inBuf),0);       // 发送退出指令
32                  return;
33              }
34              send(m_SockClient,inBuf,sizeof(inBuf),0);
35              num= recv(m_SockClient,buffer,1024,0);              // 接收客户端发送过来的数据
36              if(num>=0)
37                  cout << "Receive form server" << buffer << endl;
38          }
39      }
40  }
```

18.3.3 实例的运行

首先启动服务端，然后启动客户端，在客户端输入字符 'A'，然后输入 'C'，最后输入 "exit" 退出客户端，服务端运行结果如图 18.3 所示。

客户端运行结果如图 18.4 所示。

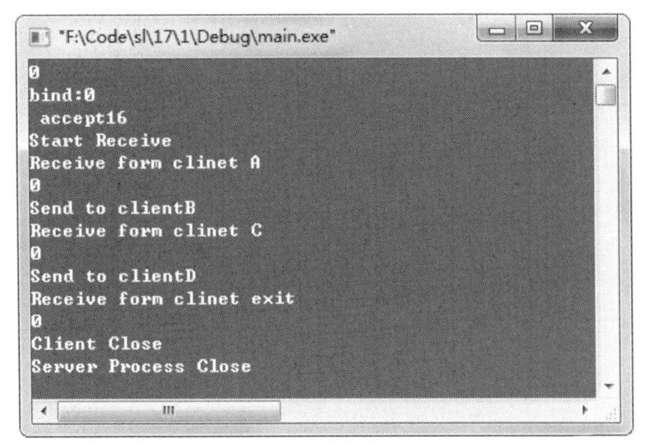

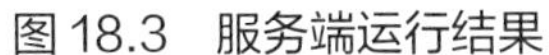
图 18.3　服务端运行结果

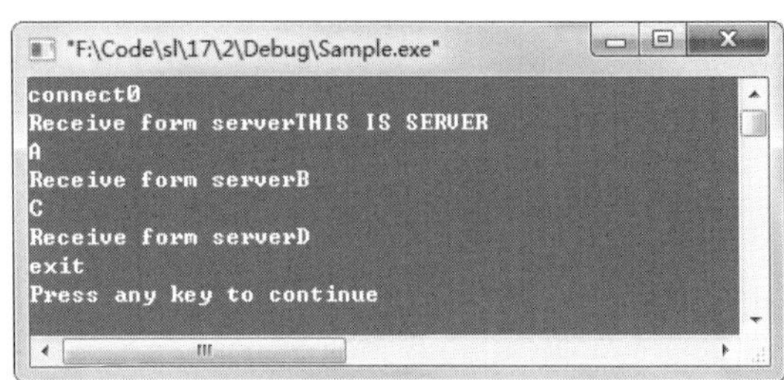

图 18.4　客户端运行结果

本章知识思维导图

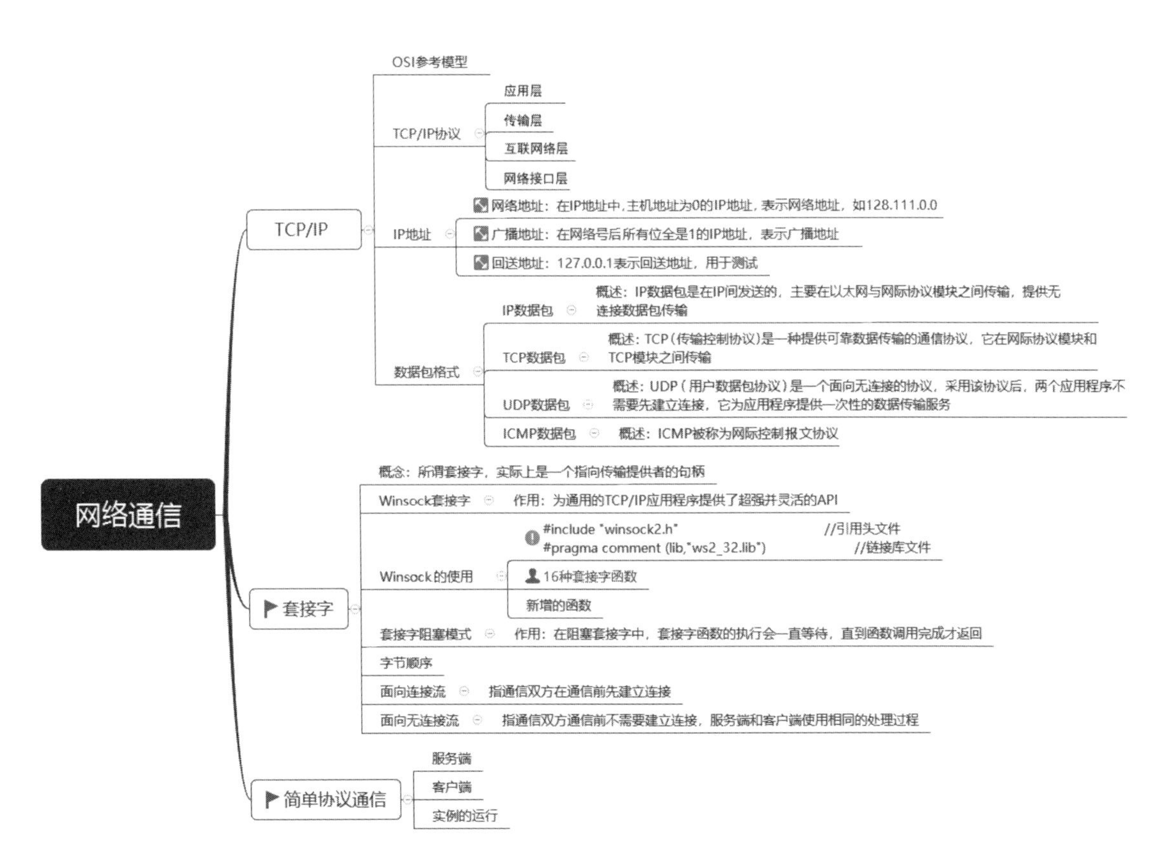

C++

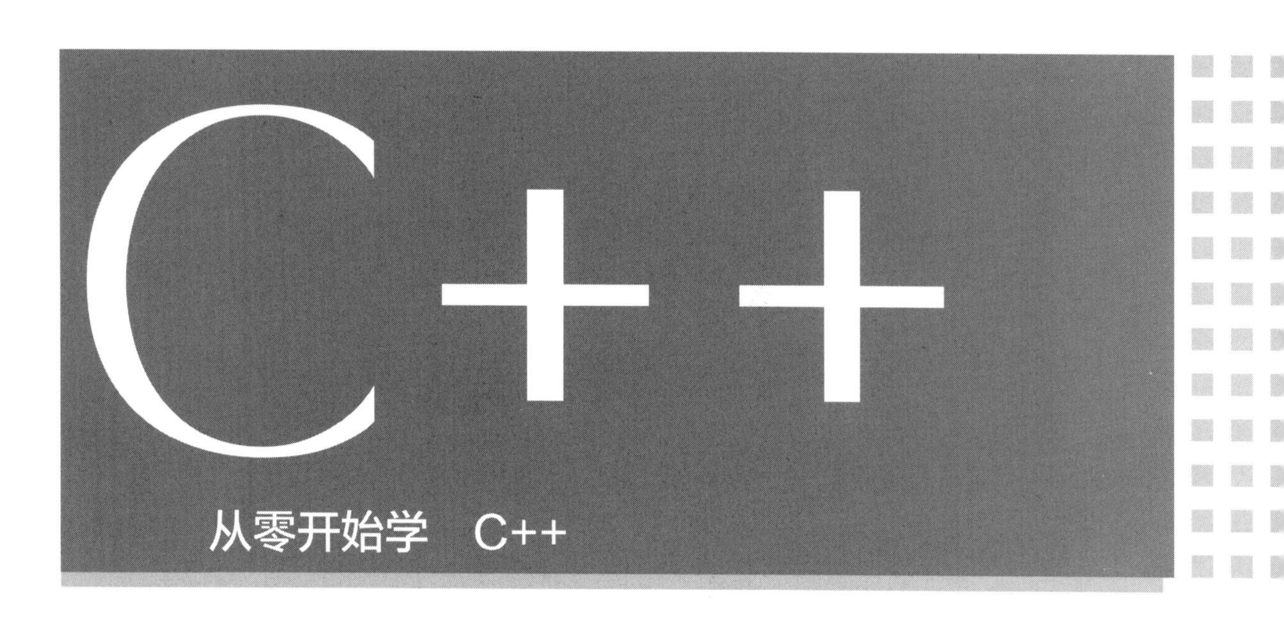

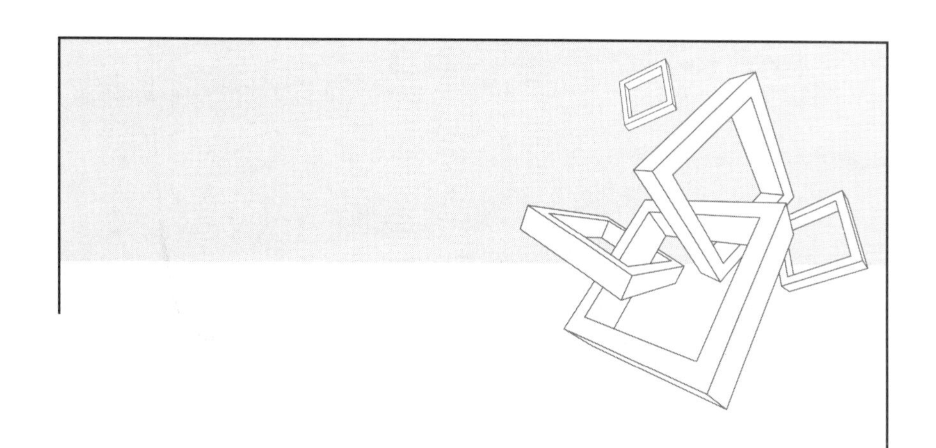

第6篇 项目开发篇

第 19 章

图书管理系统

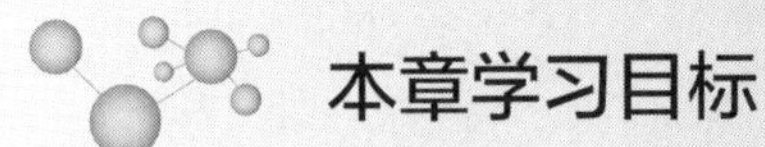

- 了解开发背景。
- 了解需求分析。
- 熟悉系统设计。
- 掌握公共类设计。
- 掌握各模块设计。

19.1 开发背景

随着现代图书市场竞争愈演愈烈，如何以一种便捷的管理方式加快图书流通信息的反馈速度，降低图书库存，缩短资金周转时间以及提高工作效率，已经成为增强图书企业竞争力的关键。信息技术的飞速发展给图书企业的管理带来了全新的变革，采用图书管理系统对图书企业的经营运作进行全程管理，不仅使图书企业摆脱了以往人工管理产生的一系列问题，而且使图书企业提高了管理效率，减少了管理成本，增加了经济效益。通过图书管理系统对图书企业的发展进行规划，可以收集大量关键、可靠的数据。图书企业决策层通过分析这些数据，作出合理决策，及时调整发展方向，能够更好地遵循图书市场的销售规律，适应图书市场的变化，从而让图书企业能够在激烈的行业竞争中占据一席之地。

19.2 需求分析

目前，图书市场日益激烈的竞争迫使图书企业希望采用一种新的管理方式来加快图书流通信息的反馈速度，而计算机信息技术的发展为图书管理注入了新的生机。通过对图书市场的调查得知，一个合格的图书信息管理系统必须具备以下 3 个特点。

① 能够对图书信息进行集中管理。

② 能够大大提高用户的工作效率。

③ 能够对图书的部分信息进行查询。

19.3 系统设计

19.3.1 系统目标

对于图书管理系统，必须要满足使用方便、操作灵活和安全性好等设计需求。设计图书管理系统时应该完成以下几个目标。

① 图书的录入使用交互方式。

② 能够浏览文件中存储的全部图书。

③ 图书信息在屏幕上的输出要有固定格式。

④ 系统最大限度地实现易维护性和易操作性。

⑤ 系统运行稳定、安全可靠。

19.3.2 系统功能结构

系统功能结构如图 19.1 所示。

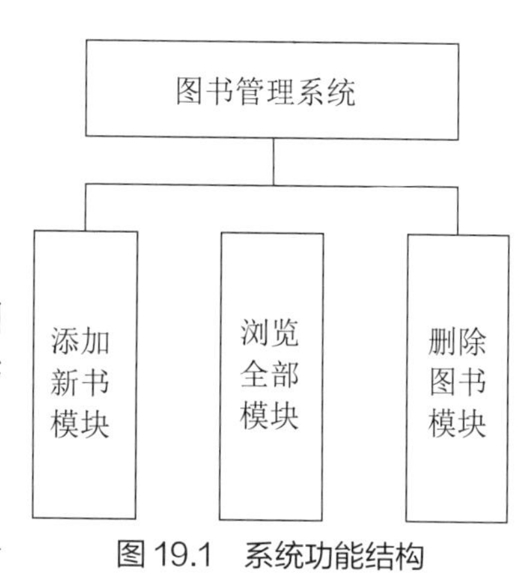

图 19.1　系统功能结构

① 添加新书模块。该模块主要供图书管理者使用。图书管理者使用该模块将图书信息录入到系统，系统将图书信息保存到文件中。

② 浏览全部模块。该模块供读者和图书管理者使用。图书管理者可以通过该模块查看图书是否存在，以及获取

图书的编号，方便日后删除。读者可以根据该模块了解到图书的价格和作者等信息，从而决定是否购买。

③ 删除图书模块。该模块主要供图书管理者使用。图书管理者可以通过该模块从文件中删除已经销售完的图书的信息。

19.3.3 系统预览

图书管理系统由添加图书、浏览全部和删除图书三部分组成。由于篇幅有限，在此只给出部分功能预览图。

图书管理系统主界面如图 19.2 所示。添加新书界面如图 19.3 所示。

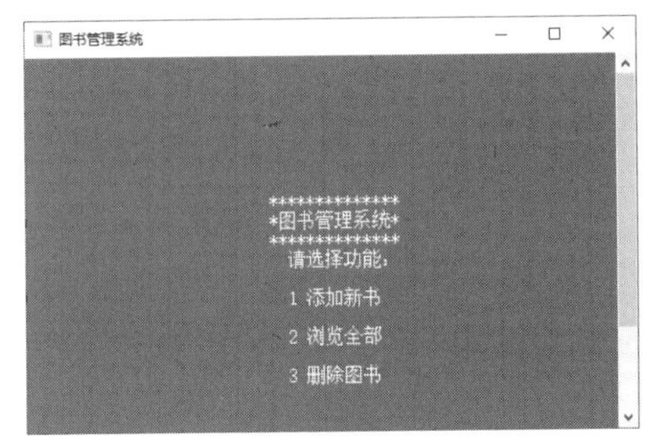

图 19.2 图书管理系统主界面

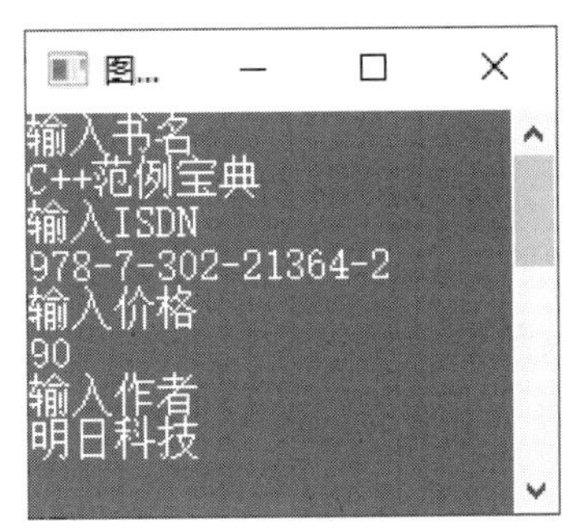

图 19.3 添加新书界面

浏览全部界面如图 19.4 所示。

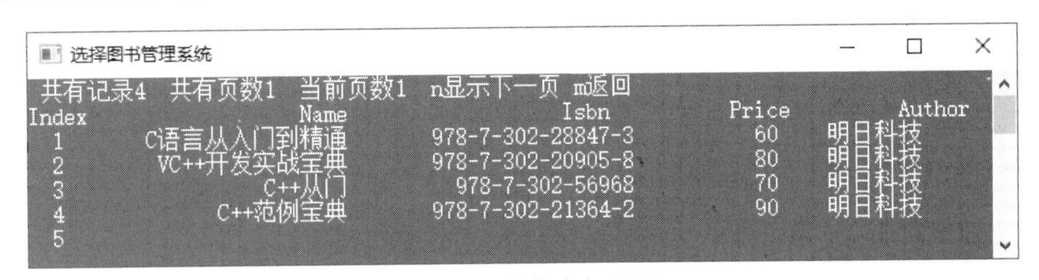

图 19.4 浏览全部界面

19.3.4 业务流程图

图书管理系统的业务流程图如图 19.5 所示。

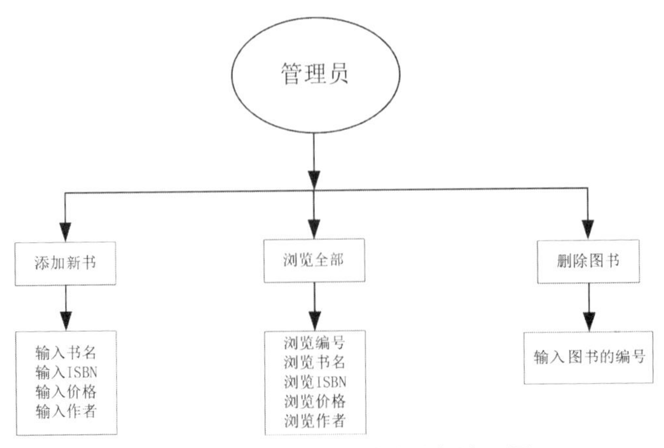

图 19.5 图书管理系统的业务流程图

19.4 公共类设计

图书管理系统需要创建 CBook 类，通过 CBook 类可实现图书记录的写入和删除，还可以通过 CBook 类查看每种图书的信息。CBook 类中包含 m_cName、m_cIsbn、m_cPrice 和 m_cAuthor 4 个成员变量，分别代表图书的名称、ISBN 编号、价格和作者。在设计类时，可以将成员变量看作属性，这样类中还需要有设置属性和获取属性的成员函数，设置属性的函数以 Set 开头，获取属性的函数以 Get 开头。CBook 类设计图如图 19.6 所示。

CBook
m_cName m_cIsbn m_cPrice m_cAuthor GetBookFormFile WriteData DeleteData GetName SetName GetIsbn SetIsbn …

图 19.6 CBook 类设计图

CBook 类定义在头文件 Book.h 中，代码如下：

```
01    #define NUM1 128
02    #define NUM2 50
03    class CBook
04    {
05    public:
06        CBook(){}
07        CBook(char* cName,char* cIsbn,char* cPrice,char* cAuthor);
08        ~CBook(){}
09    public:
10        char* GetName();                              // 获取图书名称
11        void SetName(char* cName);                    // 设置图书名称
12        char* GetIsbn();                              // 获取图书 ISBN 编号
13        void SetIsbn(char* cIsbn);                    // 设置图书 ISBN 编号
14        char* GetPrice();                             // 获取图书价格
15        void SetPrice(char* cPrice);                  // 设置图书价格
16        char* GetAuthor();                            // 获取图书作者
17        void SetAuthor(char* cAuthor);                // 设置图书作者
18        void WriteData();
19        void DeleteData(int iCount);
20        void GetBookFromFile(int iCount);
21    protected:
22        char m_cName[NUM1];
23        char m_cIsbn[NUM1];
24        char m_cPrice[NUM2];
25        char m_cAuthor[NUM2];
26
27    };
```

CBook 类成员函数的实现都存储在实现文件 Book.cpp 内。代码如下：

```
01    #include "Book.h"
02    #include <string>
03    #include <fstream>
04    #include <iostream>
05    #include <iomanip>
06    using namespace std;
07    CBook::CBook(char* cName,char* cIsbn,char* cPrice,char* cAuthor)
08    {
09        strncpy(m_cName,cName,NUM1);
10        strncpy(m_cIsbn,cIsbn,NUM1);
11        strncpy(m_cPrice,cPrice,NUM2);
12        strncpy(m_cAuthor,cAuthor,NUM2);
13    }
14    char* CBook::GetName()
15    {
16        return m_cName;
```

```
17    }
18    void CBook::SetName(char* cName)
19    {
20        strncpy(m_cName,cName,NUM1);
21    }
22    char* CBook::GetIsbn()
23    {
24        return m_cIsbn;
25    }
26    void CBook::SetIsbn(char* cIsbn)
27    {
28        strncpy(m_cIsbn,cIsbn,NUM1);
29    }
30    char* CBook::GetPrice()
31    {
32        return m_cPrice;
33    }
34    void CBook::SetPrice(char* cPrice)
35    {
36        strncpy(m_cPrice,cPrice,NUM2);
37    }
38    char* CBook::GetAuthor()
39    {
40        return m_cAuthor;
41    }
42    void CBook::SetAuthor(char* cAuthor)
43    {
44        strncpy(m_cAuthor,cAuthor,NUM2);
45    }
```

函数 WriteData、GetBookFromFile 和 DeleteData 是类对象读写文件的函数，相当于操作数据库的接口。

① 成员函数 WriteData 主要实现将图书对象写入到文件中。代码如下：

```
01    void CBook::WriteData()
02    {
03        ofstream ofile;
04        ofile.open("book.dat",ios::binary|ios::app);
05        try
06        {
07            ofile.write(m_cName,NUM1);
08            ofile.write(m_cIsbn,NUM1);
09            ofile.write(m_cPrice,NUM2);
10            ofile.write(m_cAuthor,NUM2);
11        }
12        catch(...)
13        {
14            throw "file error occurred";
15            ofile.close();
16        }
17        ofile.close();
18    }
```

② 成员函数 GetBookFromFile 能够实现从文件中读取数据来构建对象。代码如下：

```
01    void CBook::GetBookFromFile(int iCount)
02    {
03        char cName[NUM1];
04        char cIsbn[NUM1];
05        char cPrice[NUM2];
06        char cAuthor[NUM2];
```

```
07      ifstream ifile;
08      ifile.open("book.dat",ios::binary);
09      try
10      {
11          ifile.seekg(iCount*(NUM1+NUM1+NUM2+NUM2),ios::beg);
12          ifile.read(cName,NUM1);
13          if(ifile.tellg()>0)
14              strncpy(m_cName,cName,NUM1);
15          ifile.read(cIsbn,NUM1);
16          if(ifile.tellg()>0)
17              strncpy(m_cIsbn,cIsbn,NUM1);
18          ifile.read(cPrice,NUM2);
19          if(ifile.tellg()>0)
20              strncpy(m_cIsbn,cIsbn,NUM2);
21          ifile.read(cAuthor,NUM2);
22          if(ifile.tellg()>0)
23              strncpy(m_cAuthor,cAuthor,NUM2);
24      }
25      catch(...)
26      {
27          throw "file error occurred";
28          ifile.close();
29      }
30      ifile.close();
31  }
```

③ 成员函数 DeleteData 负责将图书信息从文件中删除。代码如下:

```
01  void CBook::DeleteData(int iCount)
02  {
03      long respos;
04      int iDataCount=0;
05      fstream file;
06      fstream tmpfile;
07      ofstream ofile;
08      char cTempBuf[NUM1+NUM1+NUM2+NUM2];
09      file.open("book.dat",ios::binary|ios::in|ios::out);
10      tmpfile.open("temp.dat",ios::binary|ios::in|ios::out|ios::trunc);
11      file.seekg(0,ios::end);
12      respos=file.tellg();
13      iDataCount=respos/(NUM1+NUM1+NUM2+NUM2);
14      if(iCount < 0 && iCount > iDataCount)
15      {
16          throw "Input number error";
17      }
18      else
19      {
20          file.seekg((iCount)*(NUM1+NUM1+NUM2+NUM2),ios::beg);
21          for(int j=0;j<(iDataCount-iCount);j++)
22          {
23              memset(cTempBuf,0,NUM1+NUM1+NUM2+NUM2);
24              file.read(cTempBuf,NUM1+NUM1+NUM2+NUM2);
25              tmpfile.write(cTempBuf,NUM1+NUM1+NUM2+NUM2);
26          }
27          file.close();
28          tmpfile.seekg(0,ios::beg);
29          ofile.open("book.dat");
30          ofile.seekp((iCount-1)*(NUM1+NUM1+NUM2+NUM2),ios::beg);
31          for(int i=0;i<(iDataCount-iCount);i++)
32          {
33              memset(cTempBuf,0,NUM1+NUM1+NUM2+NUM2);
34              tmpfile.read(cTempBuf,NUM1+NUM1+NUM2+NUM2);
```

```
35                  ofile.write(cTempBuf,NUM1+NUM1+NUM2+NUM2);
36              }
37          }
38          tmpfile.close();
39          ofile.close();
40          remove("temp.dat");
41      }
```

19.5 主窗体模块设计

19.5.1 主窗体模块概述

主窗体界面是应用程序提供给用户访问各种功能模块的平台。根据实际需要，图书管理系统的主界面采用了传统的“数字选择功能”风格。输入数字 1 进入到添加新书模块，输入数字 2 进入到浏览全部模块，输入数字 3 进入到删除图书模块。图书管理系统主界面如图 19.2 所示。

19.5.2 主窗体模块技术分析

要实现图书管理系统的功能，需要对引用的库函数添加头文件引用。头文件引用和宏定义的代码如下：

```
01  #include <iostream>
02  #include <iomanip>
03  #include <stdlib.h>
04  #include <conio.h>
05  #include <string.h>
06  #include <fstream>
07  #include "Book.h"
08  #define CMD_COLS 80
09  #define CMD_LINES 25
10  using namespace std;
```

除主函数外，系统自定义了许多函数。系统自定义函数及其功能如下。

- void SetScreenGrid()：设置屏幕显示的行数和列数。
- void SetSysCaption(const char *pText)：设置窗体标题栏。
- void ClearScreen()：清除屏幕信息。
- void ShowWelcome()：显示欢迎信息。
- void ShowRootMenu()：显示主菜单。
- void WaitView(int iCurPage)：浏览数据时等待用户操作。
- void WaitUser()：等待用户操作。
- void GuideInput()：使用向导添加图书信息。
- int GetSelect()：获得用户菜单选择。
- long GetFileLength(ifstream & ifs)：获取文件长度。
- void ViewData(int iSelPage)：浏览所有图书记录。
- void DeleteBookFromFile()：在文件中产生图书信息。
- void mainloop()：主循环。

19.5.3 主窗体模块实现过程

图书管理系统的主窗体设计实现过程如下。

① 在控制台中输入 mode 命令可以设置控制显示信息的行数、列数和背景颜色等信息。SetScreenGrid 函数主要通过 system 函数来执行 mode 命令，CMD_COLS 和 CMD_LINES 是宏定义中的值。

```
01  void SetScreenGrid()
02  {
03      char sysSetBuf[80];
04      sprintf(sysSetBuf,"mode con cols=%d lines=%d",CMD_COLS,CMD_LINES);
05      system(sysSetBuf);
06  }
```

② SetSysCaption 函数主要完成在控制台的标题栏上显示 Sample 信息。控制台的标题栏信息可以使用 title 命令来设置，函数中使用 system 函数来执行 title 命令。

```
01  void SetSysCaption()
02  {
03      system("title Sample");
04  }
```

③ ClearScreen 函数主要通过 system 函数来执行 cls 命令，完成控制台屏幕信息的清除。

```
01  void ClearScreen()
02  {
03      system("cls");
04  }
```

④ SetSysCaption 函数共有两个版本，这是 SetSysCaption 函数的另一个版本，主要实现在控制台的标题栏上显示指定字符。

```
01  void SetSysCaption( const char* pText)
02  {
03      char sysSetBuf[80];
04      sprintf(sysSetBuf,"title %s",pText);
05      system(sysSetBuf);
06  }
```

⑤ ShowWelcome 函数在屏幕上显示“图书管理系统”字样的欢迎信息,“图书管理系统”字样应尽量显示在屏幕的中央位置。

```
01  void ShowWelcome()
02  {
03      for(int i=0;i<7;i++)
04      {
05          cout << endl;
06      }
07      cout << setw(40);
08      cout << "**************" << endl;
09      cout << setw(40);
10      cout << " 图书管理系统 " << endl;
11      cout << setw(40);
12      cout << "**************" << endl;
13  }
```

⑥ ShowRootMenu 函数主要显示系统的主菜单。系统中有 3 个菜单选项，分别是添加

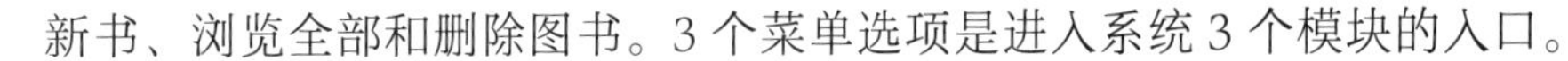

新书、浏览全部和删除图书。3 个菜单选项是进入系统 3 个模块的入口。

```
01  void ShowRootMenu()
02  {
03      cout << setw(40);
04      cout << "请选择功能" << endl;
05      cout << endl;
06      cout << setw(38);
07      cout << "1 添加新书" << endl;
08      cout << endl;
09      cout << setw(38);
10      cout << "2 浏览全部" << endl;
11      cout << endl;
12      cout << setw(38);
13      cout << "3 删除图书" << endl;
14  }
```

⑦ WaitUser 函数主要负责当程序进入某一模块后，等待用户进行处理。用户可以选择返回主菜单，也可以直接退出系统。

```
01  void WaitUser()
02  {
03      int iInputPage=0;
04      cout << "enter·返回主菜单 q 退出" << endl;
05      char buf[256];
06      gets(buf);
07      if(buf[0]=='q')
08          system("exit");
09  }
```

⑧ main 函数是程序的入口，主要调用了 SetScreenGrid、SetSysCaption 和 mainloop 3 个函数。其中，mainloop 函数是主循环，负责模块执行的调度，主要代码如下:

```
01  void mainloop()
02  {
03      ShowWelcome();
04      while(1)
05      {
06          ClearScreen();
07          ShowWelcome();
08          ShowRootMenu();
09          switch(GetSelect())
10          {
11          case 1:
12              ClearScreen();
13              GuideInput();
14              break;
15          case 2:
16              ClearScreen();
17              ViewData();
18              break;
19          case 3:
20              ClearScreen();
21              DeleteBookFromFile();
22              break;
23          }
24      }
25  }
```

⑨ GetSelect 函数主要负责获取用户在菜单中的选择。

```
01    int GetSelect()
02    {
03        char buf[256];
04        gets(buf);
05        return atoi(buf);
06    }
```

其他函数都应用在添加新书模块、浏览全部模块和删除图书模块中，相关内容将在具体模块中讲解。

19.6 添加新书模块设计

19.6.1 添加新书模块概述

在图书管理系统主窗体中输入数字 1，则进入到添加新书模块中。添加新书模块中主要需要用户输入所要添加的图书的书名、ISBN 编码、价格以及作者信息，其运行效果如图 19.3 所示。

19.6.2 添加新书模块技术分析

在添加新书模块中定义了 GuideInput 函数，通过在 main 函数中调用来完成添加图书的功能。

```
void GuideInput();
```

其次，利用 CBook 类构建一个 CBook 对象，通过 CBook 对象的成员函数 WriteData 将图书信息写入文件。

```
01    CBook book(inName,inIsdn,inPrice,inAuthor);
02    book.WriteData();
```

19.6.3 添加新书模块实现过程

图书管理系统中添加新书模块的实现代码如下：

```
01    void GuideInput()
02    {
03        char inName[NUM1];
04        char inIsdn[NUM1];
05        char inPrice[NUM2];
06        char inAuthor[NUM2];
07
08        cout << "输入书名" << endl;
09            cin >> inName;
10        cout << "输入ISBN" << endl;
11            cin >> inIsdn;
12        cout << "输入价格" << endl;
13            cin >> inPrice;
14        cout << "输入作者" << endl;
15            cin >> inAuthor;
16        CBook book(inName,inIsdn,inPrice,inAuthor);
17        book.WriteData();
```

```
18        cout << "Write Finish" << endl;
19        WaitUser();
20    }
```

19.7 浏览全部模块设计

19.7.1 浏览全部模块概述

在图书管理系统主窗体中输入数字 2，则进入到浏览全部模块。此模块中可按页数显示图书记录，每页可以显示 20 条记录。主要实现的功能是显示所有图书的编号、图书名、ISBN 编码、价格以及作者信息，记录当前文件中图书的总数量、共有页数及当前页数，还实现翻页及返回主菜单的功能。其运行效果如图 19.4 所示。

19.7.2 浏览全部模块技术分析

图书管理系统中浏览全部模块主要通过定义 ViewData 函数来完成。在 ViewData 函数中直接使用文件流类打开存储图书信息的文件 Book.dat。

```
void ViewData(int iSelPage = 1)
```

再定义一个 GetFileLength 函数，用来获取文件的长度。函数需要指定一个文件流对象，然后根据文件流的 tellg 函数计算出文件流绑定的文件长度。其计算过程是：首先通过 tellg 函数获取文件指针的位置，然后通过 seekg 函数将文件指针移到文件末尾，接着通过 tellg 函数获取文件指针的位置（此时文件指针的位置就是文件的长度），最后通过 seekg 函数将文件指针恢复到原来的位置。

```
long GetFileLength(ifstream & ifs)
```

19.7.3 浏览全部模块实现过程

在 ViewData 函数中直接使用文件流类打开存储图书信息的文件 Book.dat，然后根据页序号读取文件内容（因为每条图书记录的长度相同，这样就很容易计算出每条记录在文件中的位置），接着将文件指针移动到每页第一条图书记录处，顺序地从文件中读取 20 条记录，并将信息显示在屏幕上。实现代码可参考资源包内容［实现的代码是 void ViewData(int iSelPage = 1) 函数］。

图书管理系统中 GetFileLength 函数的实现代码如下：

```
01    long GetFileLength(ifstream & ifs)
02    {
03        long tmppos;
04        long respos;
05        tmppos=ifs.tellg();
06        ifs.seekg(0,ios::end);
07        respos=ifs.tellg();
08        ifs.seekg(tmppos,ios::beg);
09        return respos;
10    }
```

19.8 删除图书模块设计

19.8.1 删除图书模块概述

在图书管理系统的主窗体中输入数字 3，则进入到删除图书模块。在删除图书模块中，通过输入想要删除的图书的顺序编号即可删除此图书，其运行效果如图 19.7 所示。

操作如图 19.4 所示，按 Enter 键之后回到主窗体界面，再次选择浏览功能，删除图书后可以浏览如图 19.8 所示的全部图书内容，与图 19.4 比较可以发现，编号为 1 的原来的图书内容被删除。

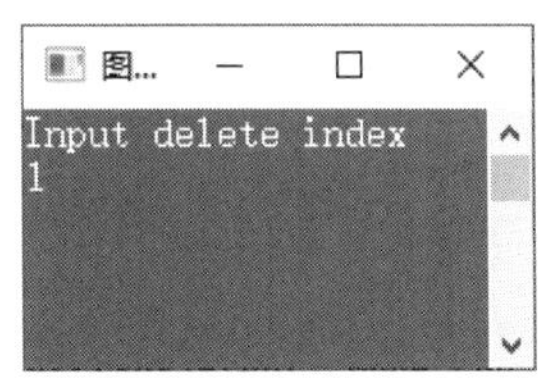

图 19.7　删除图书模块运行效果

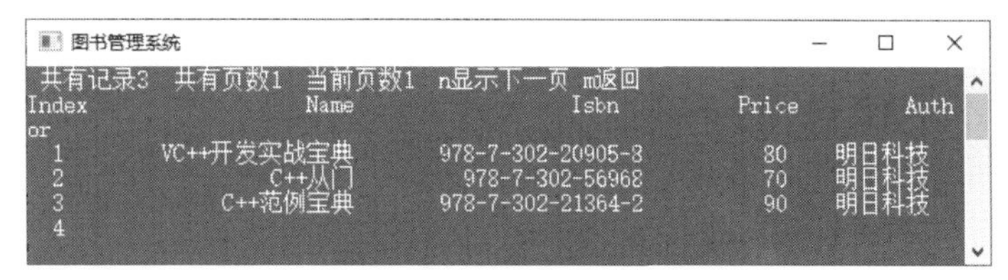

图 19.8　删除图书之后再次浏览全部图书

19.8.2 删除图书模块技术分析

图书管理系统中删除图书模块的设计主要是通过定义一个 DeleteBookFromFile 函数，并由 main 函数调用 DeleteBookFromFile 函数来完成的。

```
void DeleteBookFromFile()
```

然后，在 DeleteBookFromFile 中调用 CBook 类的 DeleteData 成员函数。DeleteData 成员函数用于设置所删除图书在文件中的顺序编号，在浏览图书时可以看到此编号。

```
01    tmpbook.DeleteData(iDelCount);
02        cout << "Delete Finish" << endl;
```

19.8.3 删除图书模块实现过程

图书管理系统中删除图书模块 DeleteBookFromFile 函数的实现代码如下：

```
01    void DeleteBookFromFile()
02    {
03        int iDelCount;
04        cout << "Input delete index" << endl;
05        cin >> iDelCount;
06        CBook tmpbook;
07        tmpbook.DeleteData(iDelCount);
08        cout << "Delete Finish" << endl;
09        WaitUser();
10    }
11    void WaitView(int  iCurPage)
12    {
13        char buf[256];
14        gets(buf);
15        if(buf[0]=='q')
16            system("exit");
```

```
17      if(buf[0]=='m')
18          mainloop();
19      if(buf[0]=='n')
20          ViewData(iCurPage);
21  }
```

19.9 实现全部模块

在 main.cpp 中添加以下代码，实现全部模块的主函数：

```
01  void main()
02  {
03
04      SetScreenGrid();
05      SetSysCaption(" 图书管理系统 ");
06      mainloop();
07  }
```

本章知识思维导图

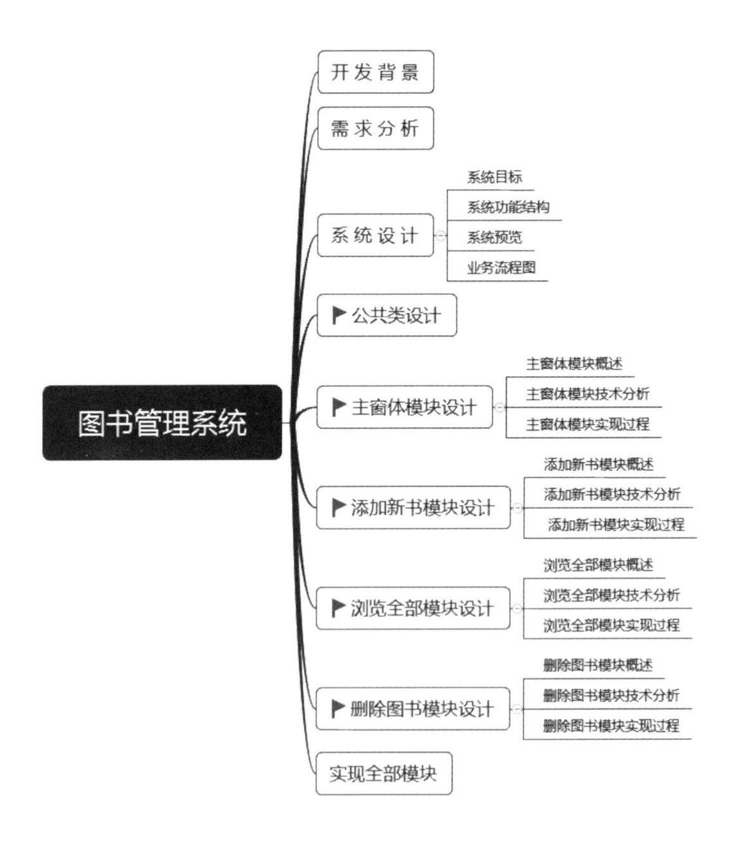

第 20 章
网络五子棋

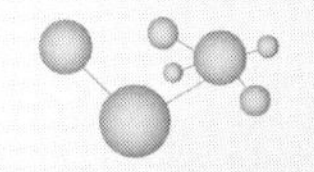

本章学习目标

- 了解开发背景。
- 了解需求分析。
- 了解系统设计。
- 掌握技术分析与实现。
- 掌握各模块设计。

20.1 开发背景

相信很多人都会下五子棋，当游戏的一方构成 5 个连续的棋子时，无论是水平方向、垂直方向还是斜线方向，都表示获胜。对于初学网络的开发人员来说，设计一个网络五子棋游戏再合适不过了。从规模上看，网络五子棋只需要包含客户端和服务器端两个窗口，规模比较小。从功能上看，网络五子棋涉及两台主机间的通信，需要相互传递棋子信息、控制指令和文本信息，这需要定义一个应用协议来解释数据包，涉及网络开发的许多知识。鉴于此，在本章中笔者设计了一个网络五子棋游戏。

20.2 需求分析

通过调查，要求系统具有以下功能。

① 为了体现良好的娱乐性，因此要求系统具有良好的人机交互界面。

② 采用人性化设计，无需专业人士指导即可操作本系统。

③ 自动完成胜负判断，避免人为错误。

④ 实现游戏悔棋。

⑤ 实现游戏回放。

⑥ 实现游戏双方的网络通话。

20.3 系统设计

20.3.1 系统功能结构

网络五子棋游戏包括客户端和服务器端两个应用程序，系统功能结构图如图 20.1 所示。

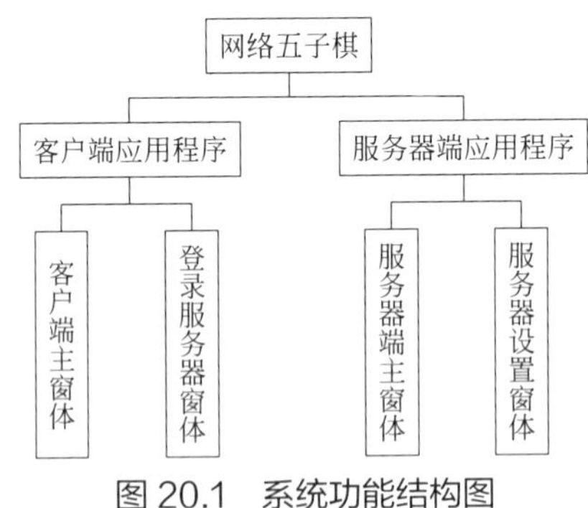

图 20.1　系统功能结构图

20.3.2 系统预览

系统预览分为客户端预览和服务器端预览两部分。其中，客户端主要由一个主窗体和一个登录服务器窗体构成，服务器端由一个主窗体和一个服务器设置窗体构成。客户端主窗体如图 20.2 所示，登录服务器窗体如图 20.3 所示。

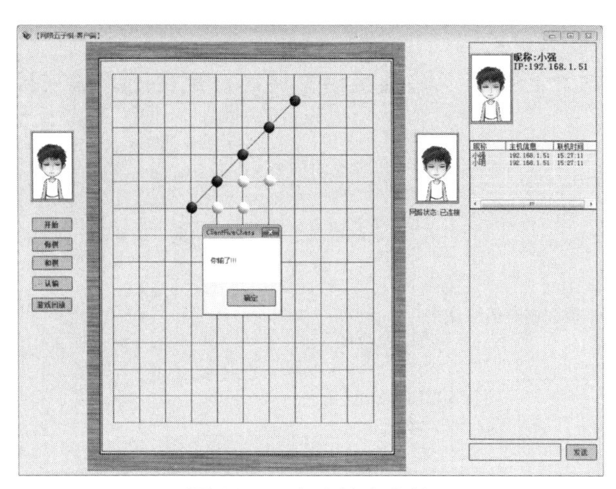

图 20.2　客户端主窗体

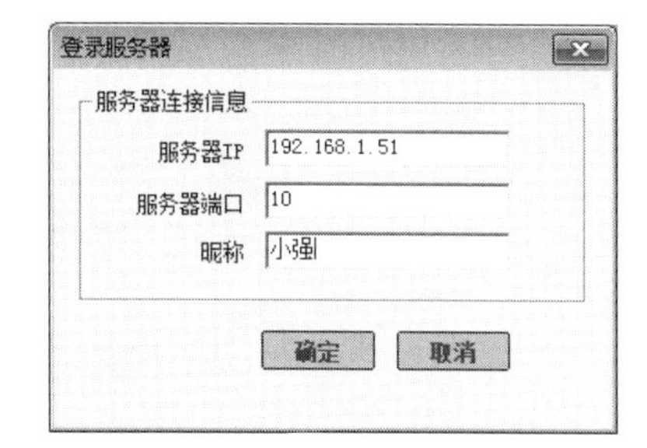

图 20.3　登录服务器窗体

服务器端主窗体如图 20.4 所示，服务器设置窗体如图 20.5 所示。

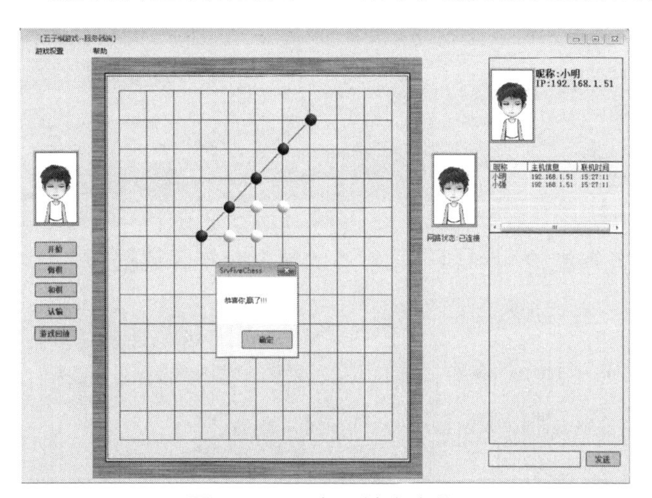

图 20.4　服务器端主窗体

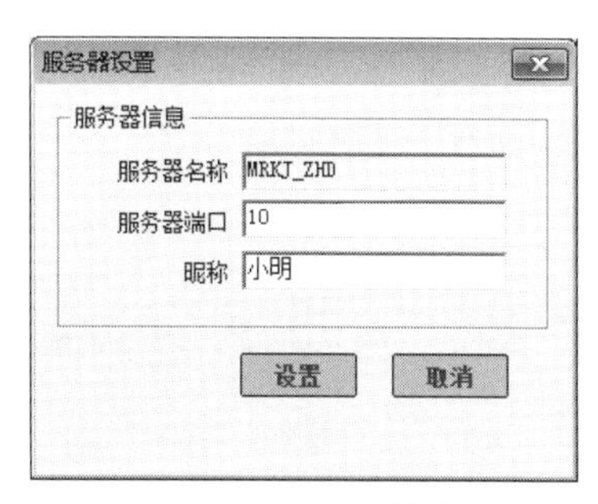

图 20.5　服务器设置窗体

20.4　关键技术分析与实现

20.4.1　使用 TCP 进行网络通信

TCP（Translate Control Protocol，传输控制协议）提供了完全可靠的、面向连接的、全双工的字节流传输服务。在设计网络五子棋游戏时，考虑到网络传输的数据量不是很大，要求数据准确地传递给对方，笔者决定使用 TCP 进行网络通信。

采用 TCP 进行网络通信的编程模式为：首先创建一个 TCP 套接字，然后将套接字绑定到本机的 IP 和端口上，之后将套接字置于监听模式，当有客户端的套接字连接时，接受客户端的连接请求，这样双方就可以进行通信了。在 Visual C++ 6.0 中，可以采用两种方式进行套接字编程：一种方式是使用套接字的 API 函数，另一种方式是使用 MFC 提供的套接字类 CAsyncSocket 和 CSocket。在本游戏中，笔者采用第二种方式——使用 CSocket 类进行网络通信。下面介绍在 Visual C++ 6.0 中使用 CSocket 类进行网络通信编程的基本步骤。

① 从 CSocket 类派生一个子类，如 CSrvSock。

② 改写 CSocket 类的 OnAccept 方法，当有客户端连接时，调用自定义的方法来接受连接。

```
01  void CSrvSock::OnAccept(int nErrorCode)
02  {
03      m_pDlg->AcceptConnection();             //在主对话框中自定义的方法，用于接受客户端连接
04      CSocket::OnAccept(nErrorCode);
05  }
06  //自定义的 AcceptConnection 方法，用于接受客户端的连接
07  void CChessBorad::AcceptConnection()
08  {
09      m_ClientSock.Close();                   //关闭套接字
10      m_SrvSock.Accept(m_ClientSock);         //接受连接
11  }
```

③ 从 CSocket 类再派生一个子类，如 CClientSock。

④ 改写 CSocket 类的 OnReceive 方法，当客户端发送数据时，将调用自定义的方法接收数据。

```
01  void CClientSock::OnReceive(int nErrorCode)
02  {
03      if (m_pDlg != NULL)
04          m_pDlg->ReceiveData();              //调用主对话框自定义方法，接收数据
05      CSocket::OnReceive(nErrorCode);
06  }
```

自定义的 ReceiveData 方法，当服务器端检测到客户端发送的数据时接收数据。

```
01  void CChessBorad::ReceiveData()
02  {
03      BYTE* pBuffer = new BYTE[sizeof(TCP_PACKAGE)];          //定义一个缓冲区
04      //接收客户端发来的数据
05      int factlen = m_ClientSock.Receive(pBuffer,sizeof(TCP_PACKAGE));
06      delete []pBuffer;                                       //释放缓冲区
07  }
```

⑤ 在 StdAfx.h 头文件中引用 afxsock.h 头文件，目的是使用 CSocket 类。

```
#include <afxsock.h>
```

⑥ 在应用程序初始化时调用 AfxSocketInit 方法初始化套接字函数库。

```
01  WSADATA wsa;
02  AfxSocketInit(&wsa);                                        //初始化套接字
```

至此就完成了对套接字类 CSocket 的封装。下面通过代码来说明套接字类的通信过程。

① 创建并绑定套接字地址和端口。

```
m_SrvSock.Create(port,SOCK_STREAM,SrvDlg.m_HostIP);          //创建套接字
```

Create 方法的第二个参数为 SOCK_STREAM，表示创建 TCP 套接字。

② 将套接字置于监听模式。

```
m_SrvSock.Listen();                                           //监听套接字
```

③ 在客户端创建并绑定套接字地址和端口。

```
m_ClientSock.Create();                                          // 创建客户端套接字
```

④ 客户端套接字开始连接服务器端套接字。

```
m_ClientSock.Connect(srvDlg.m_IP,srvDlg.m_Port);                // 连接服务器端
```

此时服务器端的套接字将调用 OnAccept 方法（CSrvSock 类），执行自定义的 AcceptConnection 方法接受客户端的连接，这样客户端就可以和服务器端进行通信了。例如，向服务器发送一行文本数据，代码如下：

```
m_ClientSock.Send("明日科技",8);                                // 向服务器端发送数据
```

20.4.2 定义网络通信协议

在设计网络应用程序时，通常需要定义一个应用协议，使通信双方按照此协议来解释接收的数据。以网络五子棋游戏为例，网络通信的数据主要包括文本数据、开始游戏命令、网络测试命令、五子棋坐标、悔棋请求命令、同意悔棋请求命令和拒绝悔棋请求命令等。这些类型的数据需要在接收端按照预定的协议解析出来，然后执行相应的动作。下面给出网络五子棋游戏定义的通信协议。

```
01    /********************** 枚举常量说明 ***************************
02    CT_BEGINGAME                                 // 开始游戏
03    CT_NETTEST                                   // 网络测试
04    CT_POINT                                     // 棋子坐标
05    CT_TEXT                                      // 文本信息
06    CT_WINPOINT                                  // 赢棋时的起点和终点棋子
07    CT_BACKREQUEST                               // 悔棋请求
08    CT_BACKACCEPTANCE                            // 同意悔棋
09    CT_BACKDENY                                  // 拒绝悔棋
10    CT_DRAWCHESSREQUEST                          // 和棋请求
11    CT_DRAWCHESSACCEPTANCE                       // 同意和棋
12    CT_DRAWCHESSDENY                             // 拒绝和棋
13    CT_GIVEUP                                    // 认输
14    ****************************************************************/
15    enum CMDTYPE  { CT_BEGINGAME,CT_NETTEST,CT_POINT,CT_TEXT,CT_WINPOINT,
16                    CT_BACKREQUEST,CT_BACKACCEPTANCE,CT_BACKDENY,
17                    CT_DRAWCHESSREQUEST,CT_DRAWCHESSACCEPTANCE,
18                    CT_DRAWCHESSDENY,CT_GIVEUP
19                  };
20    // 定义数据包结构
21    struct TCP_PACKAGE
22    {
23        CMDTYPE cmdType;                         // 命令类型
24        CPoint chessPT;                          // 五子棋坐标（行和列坐标）
25        CPoint winPT[2];                         // 赢棋时的路径（起点和终点）
26        char chText[512];                        // 文本数据
27    };
```

在定义了通信协议后，通信双方在发送数据时，需要按照数据的类型填充数据包。例如，要发送开始游戏的请求，需要按照如下的格式填充数据包：

```
01    // 发送游戏开始的信息
02    TCP_PACKAGE tcpPackage;                                   // 定义数据包格式
03    memset(&tcpPackage,0,sizeof(TCP_PACKAGE));                // 初始化数据包
04    tcpPackage.cmdType = CT_BEGINGAME;                        // 设置命令类型
05    strncpy(tcpPackage.chText,m_csNickName,512);              // 设置昵称
06    m_ClientSock.Send(&tcpPackage,sizeof(TCP_PACKAGE));       // 发送数据包
```

这样，当对方接收到数据包时，会根据数据包的类型来执行相应的动作。

```
01  BYTE* pBuffer = new BYTE[sizeof(TCP_PACKAGE)];                   //定义缓冲区
02  //从套接字中读取数据
03  int factlen = m_ClientSock.Receive(pBuffer,sizeof(TCP_PACKAGE));
04  if (factlen == sizeof(TCP_PACKAGE))                               //判断读取数据的大小
05  {
06      TCP_PACKAGE tcpPackage;                                       //定义一个数据包
07  //复制缓冲区数据到数据包中
08          memcpy(&tcpPackage,pBuffer,sizeof(TCP_PACKAGE));
09      if (tcpPackage.cmdType == CT_BEGINGAME)                       //开始游戏
10      {
11              //进行游戏开始的操作
12      }
13  }
```

20.4.3 实现动态调整棋盘大小

在设计网络五子棋游戏时，为了突出游戏的特点，允许用户在游戏进行的过程中调整窗口的大小，效果如图 20.6 和图 20.7 所示。

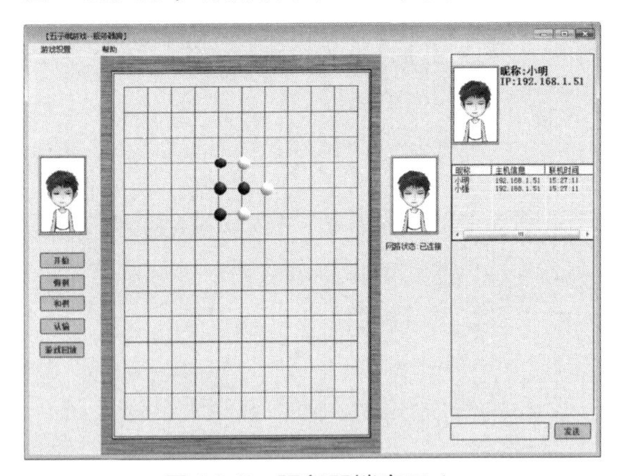

图 20.6　服务器端窗口 1

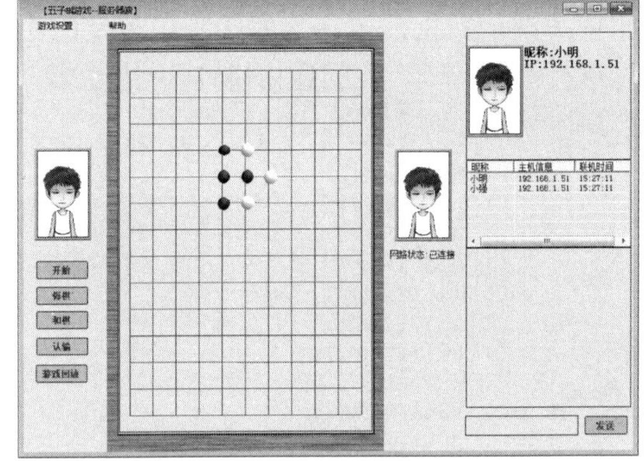

图 20.7　服务器端窗口 2

实现该功能的难点在于窗口大小被调整后，需要调整棋盘的大小、棋盘表格的大小和棋盘中当前棋子的位置。笔者采用的方式是记录水平方向和垂直方向的缩放比例，当首次显示窗口时，认为水平方向和垂直方向的缩放比例为 1，并记录棋盘的宽度和高度，作为棋盘的原始宽度和高度。当调整窗口时，设置棋盘新的宽度和高度，并将其与原始棋盘的宽度和高度进行除法运算，记录水平方向和垂直方向的缩放比例。在绘制棋盘表格和棋子位置时都依据缩放比例进行绘制。

以绘制棋盘的表格为例，在窗口初始化时需要确定表格相对棋盘的坐标以及表格中每个单元格的宽度和高度。以本游戏为例，首次绘制表格时，起点坐标分别为 50 和 50，单元格的宽度和高度均为 50。

```
01  m_nOrginX = m_nOrginY = 50;                                       //表格起点坐标
02  m_nCellHeight = m_nCellWidth = 50;                                //单元格高度和宽度
```

绘制表格时，系统会根据当前水平方向和垂直方向的缩放比例计算此刻表格的起点坐标、单元格的高度和宽度，这样就可以正确地绘制表格了。

```
01  void CChessBorad::DrawChessboard()
02  {
```

```
03        CDC* pDC = GetDC();                              // 获取窗口设备上下文
04        CPen pen(PS_SOLID,1,RGB(0,0,0));                 // 定义黑色的画笔
05        pDC->SelectObject(&pen);                         // 选中画笔
06        int nOriginX = m_nOrginX*m_fRateX;               // 计算表格的起点坐标
07        int nOriginY = m_nOrginY*m_fRateY;
08        int nCellWidth = m_nCellWidth*m_fRateX;          // 计算单元格的宽度和高度
09        int nCellHeight = m_nCellHeight*m_fRateY;
10        for (int i = 0; i<m_nRowCount+1; i++)            // 绘制棋盘中的列
11        {
12            pDC->MoveTo(nOriginX+nCellWidth*(i),nOriginY);
13            pDC->LineTo(nOriginX+nCellWidth*(i),nOriginY+m_nRowCount*nCellHeight);
14        }
15        for (int j = 0; j<m_nColCount+1; j++)            // 绘制棋盘中的行
16        {
17            pDC->MoveTo(nOriginX ,nOriginY+(j)*nCellHeight);
18            pDC->LineTo(nOriginX +m_nColCount*nCellWidth,nOriginY+(j)*nCellHeight);
19        }
20    }
```

20.4.4 在棋盘中绘制棋子

在设计网络五子棋游戏时，需要在棋盘中绘制棋子，并保证在窗口更新时，棋子仍然在棋盘上。笔者采用的方式是定义一个二维数组，数组的大小与棋盘中表格的行和列有关，用以描述棋盘中可以放置的所有棋子。每枚棋子关联一个数据结构 NODE，定义如下：

```
01    // 定义节点颜色
02    /************************************************************************
03    ncWHITE:        // 表示白色棋子
04    ncBLACK:        // 表示黑色棋子
05    ncUNKOWN:       // 表示棋子颜色未知，当没有在棋盘中放置棋子时，棋子为 ncUNKOWN
06    ************************************************************************/
07    typedef enum NODECOLOR{ ncWHITE,ncBLACK,ncUNKOWN};
08    // 定义节点类
09    class NODE
10    {
11    public:
12        NODECOLOR m_Color;                        // 棋子颜色
13        CPoint m_Point;                           // 棋子的物理坐标点
14        int m_nX;                                 // 棋子的逻辑横坐标
15        int m_nY;                                 // 棋子的逻辑纵坐标
16    public:
17        NODE* m_pRecents[8];                      // 临近棋子
18        BOOL m_IsUsed;                            // 棋子是否被用
19        NODE()
20        {
21            m_Color = ncUNKOWN;
22            m_IsUsed = FALSE;
23        }
24        ~NODE()
25        {
26        }
27    };
```

当用户在棋盘中放置一枚棋子时，会根据鼠标的坐标点从二维数组中获取对应的一枚棋子。如果该棋子没有被使用，则设置棋子的颜色，并将棋子标记为已用。这样，在窗口更新时，从二维数组中遍历棋子，如果棋子已用，则根据棋子的坐标和颜色绘制棋子。

```
01    for (int m=0; m<m_nRowCount+1; m++)                              // 遍历行
02    {
```

```
03        for (int n=0; n<m_nColCount+1; n++)                        // 遍历列
04        {
05            if (m_NodeList[m][n].m_Color == ncWHITE)               // 如果为白色棋子
06            {
07                memDC.SelectObject(&BmpWhite);                     // 选中白色棋子位图
08                pDC->StretchBlt(m_NodeList[m][n].m_Point.x-nPosX,
09                    m_NodeList[m][n].m_Point.y-nPosY,nBmpWidth,nBmpHeight,
10                    &memDC,0,0,nBmpWidth,nBmpHeight,SRCCOPY);      // 绘制白色棋子
11            }
12            else if (m_NodeList[m][n].m_Color == ncBLACK)          // 如果为黑色棋子
13            {
14                memDC.SelectObject(&BmpBlack);                     // 选中黑色棋子位图
15                pDC->StretchBlt(m_NodeList[m][n].m_Point.x-nPosX,
16                    m_NodeList[m][n].m_Point.y-nPosY,nBmpWidth,nBmpHeight,
17                    &memDC,0,0,nBmpWidth,nBmpHeight,SRCCOPY);      // 绘制黑色棋子
18            }
19        }
20    }
```

这里还涉及一个问题：如何根据鼠标的坐标点从二维数组中获取对应的棋子？笔者采用的方式是在窗口初始化时为每枚棋子设置一个坐标点。采用这种方式是因为在绘制表格时知道表格的起点坐标、单元格的宽度和高度，自然可以知道每一个表格交叉点的坐标，也就是棋子的坐标。

```
01    for (int i=0; i<m_nRowCount+1; i++)                            // 遍历行
02    {
03        for (int j=0; j<m_nColCount+1; j++)                        // 遍历列
04        {
05            // 设置节点的坐标
06            m_NodeList[i][j].m_Point= CPoint(nOriginX+nCellWidth*j,nOriginY+nCellHeight*i);
07        }
08    }
```

当窗口大小改变时，还将根据缩放比例重新设置每枚棋子的坐标。

```
01    void CChessBorad::OnSize(UINT nType, int cx, int cy)
02    {
03        CDialog::OnSize(nType, cx, cy);
04        // 当窗口大小改变时确定图像的缩放比例
05        CRect cltRC;
06        GetClientRect(cltRC);                                      // 获取窗口客户区域
07        m_fRateX =  cltRC.Width() / (double)m_nBmpWidth;          // 计算新的缩放比例
08        m_fRateY =  cltRC.Height() / (double)m_nBmpHeight;
09        int nOriginX = m_nOrginX*m_fRateX;                         // 计算表格新的起点坐标
10        int nOriginY = m_nOrginY*m_fRateY;
11        int nCellWidth = m_nCellWidth*m_fRateX;                    // 计算表格单元格新的宽度和高度
12        int nCellHeight = m_nCellHeight*m_fRateY;
13        for (int i=0; i<m_nRowCount+1; i++)                        // 重新设置棋子的坐标
14        {
15            for (int j=0; j<m_nColCount+1; j++)
16            {
17                m_NodeList[i][j].m_Point= CPoint(nOriginX+nCellWidth*j,nOriginY+nCellHeight*i);
18            }
19        }
20    }
```

知道了每枚棋子的坐标，根据鼠标的坐标点就可以获取对应的棋子坐标。但是在判断坐标时，还需要设置一个近似的区域。例如，棋子的坐标为（100,80），而鼠标的坐标为

(98,87)，如果进行精确比较，则在鼠标点处获取不到棋子，玩家也不可能准确地单击到棋子坐标。为此需要进行一个近似比较。笔者采用的方式是以棋子坐标为中心点，设置一个区域，只要鼠标点位于该区域中，则返回该棋子坐标。

```
01  //根据坐标点获取棋子
02  NODE* CChessBorad::GetLikeNode(CPoint pt)
03  {
04      CPoint tmp;
05      for (int i = 0 ;i<m_nRowCount+1;i++)                    //遍历行
06          for (int j = 0; j<m_nColCount+1;j++)                //遍历列
07          {
08              tmp = m_NodeList[i][j].m_Point;                 //获取棋子坐标
09              int nSizeX = 10 * m_fRateX;
10              int nSizeY = 10 * m_fRateY;
11              //定义一个临近棋子的区域
12              CRect rect(tmp.x-nSizeX,tmp.y-nSizeY,tmp.x+nSizeX,tmp.y+nSizeY);
13              if (rect.PtInRect(pt))                          //判断鼠标指针是否在临近区域
14                  return &m_NodeList[i][j];                   //返回棋子坐标
15          }
16      return NULL;
17  }
```

20.4.5 五子棋赢棋判断

在设计网络五子棋游戏时，需要提供一个算法判断用户或者对方是否赢棋。根据五子棋规则，只要在水平方向、垂直方向或斜线方向的任意一个方向存在 5 个连续颜色一致的棋子即表示获胜。为了能够进行赢棋判断，在设计棋子结构时，笔者定义了一个 m_pRecents[8] 成员，该成员表示当前节点周围的临近节点，如图 20.8 所示。一些位于表格边缘的棋子是没有 8 个临近节点的，则该棋子的某些临近节点为空。

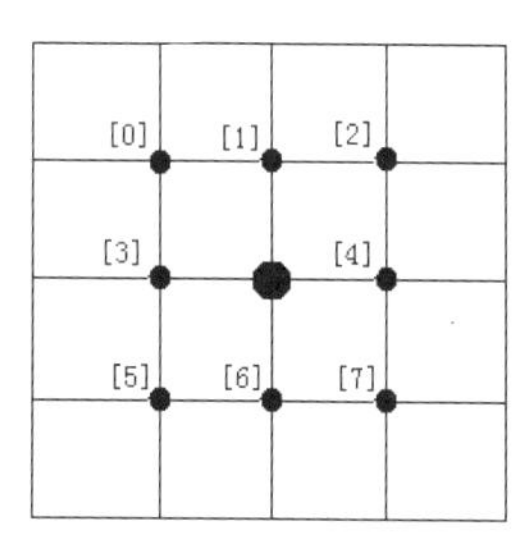

图 20.8　棋子的 8 个临近节点示意图

下面的代码用于为某枚棋子设置临近节点。

```
01  void CChessBorad::SetRecentNode(NODE *pNode)
02  {
03      int nCurX = pNode->m_nX;                                //获取当前节点的行索引
04      int nCurY = pNode->m_nY;                                //获取当前节点的列索引
05      if (nCurX > 0 && nCurY >0)                              //左上方临近节点
06          pNode->m_pRecents[0] = &m_NodeList[nCurX-1][nCurY-1];
07      else
08          pNode->m_pRecents[0] = NULL;
09      if (nCurY > 0)                                          //上方临近节点
10          pNode->m_pRecents[1] = &m_NodeList[nCurX][nCurY-1];
11      else
12          pNode->m_pRecents[1] = NULL;
13      if (nCurX < m_nColCount-1 && nCurY > 0)                 //右上方临近节点
14          pNode->m_pRecents[2] = &m_NodeList[nCurX+1][nCurY-1];
15      else
16          pNode->m_pRecents[2] = NULL;
17      if (nCurX >0 )                                          //左方临近节点
18          pNode->m_pRecents[3] = &m_NodeList[nCurX-1][nCurY];
19      else
20          pNode->m_pRecents[3] = NULL;
21      if (nCurX < m_nColCount-1)                              //右方临近节点
```

```
22            pNode->m_pRecents[4] = &m_NodeList[nCurX+1][nCurY];
23        else
24            pNode->m_pRecents[4] = NULL;
25        if (nCurX >0 && nCurY < m_nRowCount-1)              //左下方临近节点
26            pNode->m_pRecents[5] = &m_NodeList[nCurX-1][nCurY+1];
27        else
28            pNode->m_pRecents[5] = NULL;
29        if (nCurY < m_nRowCount-1)                          //下方临近节点
30            pNode->m_pRecents[6] = &m_NodeList[nCurX][nCurY+1];
31        else
32            pNode->m_pRecents[6] = NULL;
33        if (nCurX < m_nColCount-1 && nCurY < m_nRowCount-1)    //右下方临近节点
34            pNode->m_pRecents[7] = &m_NodeList[nCurX+1][nCurY+1];
35        else
36            pNode->m_pRecents[7] = NULL;
37    }
```

如果为每枚棋子都设置了临近节点，那么通过一枚棋子就可以遍历整个棋盘中的所有节点，也就可以判断五子棋的输赢了。在判断五子棋输赢时需要从水平方向、垂直方向和斜线方向分别进行判断。以从垂直方向判断为例，以当前棋子为当前节点，向上方查找同一个颜色的棋子，有则累加计数，然后从当前节点的下方开始查找节点，如果有同一个颜色的棋子，则继续累加计数，当计数达到 5 时，则表示赢棋。赢棋判断的代码如下：

```
01    NODE* CChessBorad::IsWin(NODE *pCurrent)
02    {
03        if (pCurrent->m_Color != ncBLACK)
04            return NULL;
05        //按 4 个方向判断
06        int num = 0;                                              //定义计数
07        m_Startpt.x = pCurrent->m_nX;
08        m_Startpt.y = pCurrent->m_nY;
09        m_Endpt.x = pCurrent->m_nX;
10        m_Endpt.y = pCurrent->m_nY;
11        //按垂直方向判断，在当前节点分别按上、下两个方向遍历
12        NODE* tmp = pCurrent->m_pRecents[1];                      //获得当前节点的上方节点
13        while (tmp != NULL && tmp->m_Color==pCurrent->m_Color)    //遍历上方节点
14        {
15            m_Startpt.x = tmp->m_nX;
16            m_Startpt.y = tmp->m_nY;
17            num += 1;                                             //累加连续棋子数量
18            if (num >= 4)                                         //是否有 5 枚连续棋子
19            {
20                return tmp;                                       //表示赢棋，返回最后一枚棋子
21            }
22            tmp = tmp->m_pRecents[1];
23        }
24        tmp = pCurrent->m_pRecents[6];                             //获得当前节点的下方节点
25        while (tmp != NULL && tmp->m_Color==pCurrent->m_Color)     //遍历下方节点
26        {
27            m_Endpt.x = tmp->m_nX;
28            m_Endpt.y = tmp->m_nY;
29            num += 1;
30            if ( num >= 4 )
31            {
32                return tmp;
33            }
34            tmp = tmp->m_pRecents[6];
35        }
36        //按水平方向判断，在当前节点处分别向左、右两个方向遍历
37        num = 0;
```

```
38        tmp = pCurrent->m_pRecents[3];                        // 遍历左节点
39        while (tmp != NULL && tmp->m_Color==pCurrent->m_Color)
40        {
41            m_Startpt.x = tmp->m_nX;
42            m_Startpt.y = tmp->m_nY;
43            num += 1;                                         // 累加连续棋子数量
44            if (num >= 4)                                     // 是否有 5 枚连续棋子
45            {
46                return tmp;
47            }
48            tmp = tmp->m_pRecents[3];
49        }
50        tmp = pCurrent->m_pRecents[4];                        // 遍历右节点
51        while (tmp != NULL && tmp->m_Color==pCurrent->m_Color)
52        {
53            m_Endpt.x = tmp->m_nX;
54            m_Endpt.y = tmp->m_nY;
55            num += 1;
56            if (num >= 4)
57            {
58                return tmp;
59            }
60            tmp = tmp->m_pRecents[4];
61        }
62        num = 0;
63    // 按 135°斜角遍历
64        tmp = pCurrent->m_pRecents[0];
65        while (tmp != NULL && tmp->m_Color==pCurrent->m_Color)// 遍历斜上方节点
66        {
67            m_Startpt.x = tmp->m_nX;
68            m_Startpt.y = tmp->m_nY;
69            num += 1;                                         // 累加连续棋子数量
70            if (num >= 4)                                     // 是否有 5 枚连续棋子
71            {
72                return tmp;                                   // 表示赢棋，返回最后一枚棋子
73            }
74            tmp = tmp->m_pRecents[0];
75        }
76        tmp = pCurrent->m_pRecents[7];                        // 遍历斜下方节点
77        while (tmp != NULL && tmp->m_Color==pCurrent->m_Color)
78        {
79            m_Endpt.x = tmp->m_nX;
80            m_Endpt.y = tmp->m_nY;
81            num += 1;                                         // 累加连续棋子数量
82            if (num >= 4)                                     // 是否有 5 枚连续棋子
83            {
84                return tmp;                                   // 表示赢棋，返回最后一枚棋子
85            }
86            tmp = tmp->m_pRecents[7];
87        }
88        // 按 45°斜角遍历
89        num = 0;
90        tmp = pCurrent->m_pRecents[2];                        // 遍历斜上方节点
91        while (tmp != NULL && tmp->m_Color==pCurrent->m_Color)
92        {
93            m_Startpt.x = tmp->m_nX;
94            m_Startpt.y = tmp->m_nY;
95            num += 1;                                         // 累加连续棋子数量
96            if (num >= 4)                                     // 是否有 5 枚连续棋子
97            {
98                return tmp;                                   // 表示赢棋，返回最后一枚棋子
99            }
```

```
100             tmp = tmp->m_pRecents[2];
101         }
102         tmp = pCurrent->m_pRecents[5];                          // 遍历斜下方节点
103         while (tmp != NULL && tmp->m_Color==pCurrent->m_Color)
104         {
105             m_Endpt.x = tmp->m_nX;
106             m_Endpt.y = tmp->m_nY;
107             num += 1;                                           // 累加连续棋子数量
108             if (num >= 4)                                       // 是否有 5 枚连续棋子
109             {
110                 return tmp;                                     // 表示赢棋，返回最后一枚棋子
111             }
112             tmp = tmp->m_pRecents[5];
113         }
114         return NULL;
115     }
```

20.4.6 设计游戏悔棋功能

为了增加网络五子棋的灵活性，在游戏中添加了悔棋功能。当用户想要悔棋时，需要向对方发送悔棋请求，如果对方同意悔棋，则双方都进行悔棋操作；如果对方不同意悔棋，则向发送请求的一方发出拒绝悔棋消息。

为了实现悔棋功能，在客户端和服务器端都定义了两个成员变量，分别记录当前用户最近放置棋子的逻辑坐标和对方最近放置棋子的逻辑坐标。实现悔棋的效果处理非常简单，只需要将最近放置的棋子的颜色设置为 ncUNKOWN，然后重绘窗口就可以了。这里有一个问题需要注意：在进行悔棋时，如果轮到本地用户下棋时进行悔棋操作，需要撤销两枚棋子，第一枚棋子是之前对方放置的棋子，第二枚棋子是之前本地用户放置的棋子；如果轮到对方下棋时进行悔棋，则只需要撤销一枚棋子，即之前本地用户放置的棋子。下面给出实现悔棋功能的主要代码。

① 发送悔棋请求，代码如下：

```
01  void CLeftPanel::OnBtBack()
02  {
03      CSrvFiveChessDlg *pDlg = (CSrvFiveChessDlg*)GetParent();
04      if (pDlg->m_ChessBoard.m_State==esBEGIN)                    // 判断游戏是否正在进行
05      {
06          // 发出悔棋请求
07          TCP_PACKAGE tcpPackage;                                 // 定义数据包
08          tcpPackage.cmdType = CT_BACKREQUEST;                    // 设置数据包命令类型
09          // 用户已经下棋
10          if (pDlg->m_ChessBoard.m_LocalChessPT.x > -1
11              && pDlg->m_ChessBoard.m_LocalChessPT.y > -1 )
12          {
13          // 发送数据包
14          pDlg->m_ChessBoard.m_ClientSock.Send(&tcpPackage,sizeof(TCP_PACKAGE));
15          }
16          else                                                    // 用户还没有开始下棋
17          {
18              MessageBox(" 当前不允许悔棋 !"," 提示 ");
19          }
20      }
21  }
```

② 对方接收到悔棋消息，判断是否同意悔棋，如果同意，则进行悔棋处理，并向对方

发送同意悔棋消息；如果不同意悔棋，则发送拒绝悔棋消息。

```
01  else if (tcpPackage.cmdType == CT_BACKREQUEST)                  // 对方发送悔棋请求
02  {
03      if (MessageBox(" 是否同意悔棋 ?"," 提示 ",MB_YESNO)==IDYES)
04      {
05          CSrvFiveChessDlg *pDlg = (CSrvFiveChessDlg*)GetParent();
06          // 同意悔棋
07          tcpPackage.cmdType = CT_BACKACCEPTANCE;
08          m_ClientSock.Send(&tcpPackage,sizeof(TCP_PACKAGE));
09          // 进行本地的悔棋处理
10          if (m_IsDown==TRUE)                                     // 该本地下棋了，只需要撤销一步
11          {
12              int nPosX = m_RemoteChessPT.x;
13              int nPosY = m_RemoteChessPT.y;
14              if (nPosX > -1 && nPosY > -1)                       // 用户已下棋
15              {
16                  // 重新设置棋子颜色
17                  m_NodeList[nPosX][nPosY].m_Color = ncUNKOWN;
18                  NODE *pNode = new NODE();                       // 定义一枚棋子
19                  // 复制棋子信息
20                  memcpy(pNode,&m_NodeList[nPosX][nPosY],sizeof(NODE));
21                  m_BackPlayList.AddTail(pNode);                  // 向回放链表中添加棋子
22                  Invalidate();                                   // 刷新窗口
23              }
24              m_IsDown = FALSE;
25          }
26          else                                                    // 该对方下棋了，需要撤销两步
27          {
28              int nPosX = m_LocalChessPT.x;                       // 获取用户最近放置的棋子的坐标
29              int nPosY = m_LocalChessPT.y;
30              if (nPosX > -1 && nPosY > -1)
31              {
32                  // 重新设置棋子颜色
33                  m_NodeList[nPosX][nPosY].m_Color = ncUNKOWN;
34                  NODE *pNode = new NODE();                       // 定义棋子
35                  // 复制棋子信息
36                  memcpy(pNode,&m_NodeList[nPosX][nPosY],sizeof(NODE));
37                  m_BackPlayList.AddTail(pNode);                  // 向回放链表中添加棋子
38              }
39              nPosX = m_RemoteChessPT.x;                          // 获取对方最近放置的棋子坐标
40              nPosY = m_RemoteChessPT.y;
41              if (nPosX > -1 && nPosY > -1)
42              {
43                  // 重新设置棋子颜色
44                  m_NodeList[nPosX][nPosY].m_Color = ncUNKOWN;
45                  NODE *pNode = new NODE();                       // 定义棋子
46                  // 复制棋子信息
47                  memcpy(pNode,&m_NodeList[nPosX][nPosY],sizeof(NODE));
48                  m_BackPlayList.AddTail(pNode);                  // 向回放链表中添加棋子
49              }
50              Invalidate();                                       // 刷新窗口
51          }
52          m_LocalChessPT.x = -1;
53          m_LocalChessPT.y = -1;
54          m_RemoteChessPT.x = -1;
55          m_RemoteChessPT.y = -1;
56      }
57      else                                                        // 拒绝悔棋
58      {
59          tcpPackage.cmdType = CT_BACKDENY;                       // 设置数据包命令类型表示拒绝悔棋
60          // 发送悔棋数据包
61          m_ClientSock.Send(&tcpPackage,sizeof(TCP_PACKAGE));
62      }
63  }
```

③ 发送请求的一方收到对方的答复信息，判断同意悔棋还是拒绝悔棋。如果同意悔棋，则进行悔棋操作；如果对方拒绝了悔棋，则弹出消息提示框。

```
01  else if (tcpPackage.cmdType == CT_BACKDENY)                      // 对方拒绝悔棋
02  {
03       MessageBox(" 对方拒绝悔棋 !"," 提示 ");
04  }
05  else if (tcpPackage.cmdType == CT_BACKACCEPTANCE)                // 对方同意悔棋
06  {
07       CSrvFiveChessDlg *pDlg = (CSrvFiveChessDlg*)GetParent();
08       // 判断是否该本地用户下棋了，如果是则需要撤销之前对方下的棋子，然后再撤销本地用户下的棋子
09       if (pDlg->m_ChessBoard.m_IsDown==TRUE)
10       {
11           int nPosX = m_RemoteChessPT.x;                          // 获取对方最近放置的棋子的坐标
12           int nPosY = m_RemoteChessPT.y;
13           if (nPosX > -1 && nPosY > -1)
14           {
15               m_NodeList[nPosX][nPosY].m_Color = ncUNKOWN;   // 重新设置棋子颜色
16               NODE *pNode = new NODE();                      // 定义棋子
17               // 复制棋子信息
18               memcpy(pNode,&m_NodeList[nPosX][nPosY],sizeof(NODE));
19               m_BackPlayList.AddTail(pNode);                  // 将棋子添加到回放链表中
20           }
21           nPosX = m_LocalChessPT.x;                           // 获取用户最近放置的棋子的坐标
22           nPosY = m_LocalChessPT.y;
23           if (nPosX > -1 && nPosY > -1)
24           {
25               m_NodeList[nPosX][nPosY].m_Color = ncUNKOWN;   // 重新设置棋子颜色
26               NODE *pNode = new NODE();                      // 定义棋子
27               // 复制棋子信息
28               memcpy(pNode,&m_NodeList[nPosX][nPosY],sizeof(NODE));
29               m_BackPlayList.AddTail(pNode);                  // 将棋子添加到回放链表中
30           }
31           Invalidate();                                       // 刷新窗口
32
33       }
34       else                                                // 该对方下棋了，只撤销本地用户下的棋子
35       {
36           int nPosX = m_LocalChessPT.x;                       // 获取用户最近放置的棋子坐标
37           int nPosY = m_LocalChessPT.y;
38           if (nPosX > -1 && nPosY > -1)
39           {
40               m_NodeList[nPosX][nPosY].m_Color = ncUNKOWN;   // 重新设置棋子颜色
41               NODE *pNode = new NODE();                      // 定义棋子
42               // 复制棋子信息
43               memcpy(pNode,&m_NodeList[nPosX][nPosY],sizeof(NODE));
44               m_BackPlayList.AddTail(pNode);                  // 将棋子添加到回放链表中
45               Invalidate();                                   // 刷新窗口
46               m_IsDown = TRUE;
47           }
48       }
49       m_LocalChessPT.x = -1;
50       m_LocalChessPT.y = -1;
51       m_RemoteChessPT.x = -1;
52       m_RemoteChessPT.y = -1;
53  }
```

20.4.7 设计游戏回放功能

为了让游戏的双方了解下棋的整个过程，在网络五子棋游戏中设计了游戏回放功能。当游戏结束后，用户可以通过游戏回放了解整个下棋的过程，分析对方下棋的思路，总结经验。

为了实现游戏回放功能，需要在用户或对方放置棋子时使用链表记录棋子，在回放时遍历链表，输出每一枚棋子。思路虽然简单，实现起来却不容易，尤其是在用户悔棋时，需要从棋盘中撤销棋子，如何在链表中记录呢？笔者采用的方法是在用户悔棋时依然向链表中添加悔棋的棋子，只是棋子的颜色为 ncUNKOWN。在游戏回放时，如果链表中的棋子颜色为 ncUNKOWN，将使用背景位图覆盖当前棋子，这样就演示了用户的悔棋效果。下面以代码的形式描述游戏回放功能的实现。

① 定义游戏回放的链表对象。

```
CPtrList m_BackPlayList;                               //记录用户下棋的步骤
```

② 在用户放置棋子时向链表中添加棋子。

```
01   NODE *pNode = new NODE();                          //定义棋子
02   memcpy(pNode,node,sizeof(NODE));                   //复制棋子信息
03   m_BackPlayList.AddTail(pNode);                     //将棋子添加到回放链表中
```

③ 在对方放置棋子时在棋盘中显示棋子，向链表中添加棋子，记录对方放置的棋子坐标。

```
01   else if (tcpPackage.cmdType == CT_POINT)           //客户端棋子坐标信息
02   {
03        int nX = tcpPackage.chessPT.x;                //获取棋子坐标
04        int nY = tcpPackage.chessPT.y;
05        m_NodeList[nX][nY].m_Color = ncWHITE;         //设置棋子颜色
06        NODE *pNode = new NODE();                     //定义棋子
07        memcpy(pNode,&m_NodeList[nX][nY],sizeof(NODE));      //复制棋子信息
08        m_BackPlayList.AddTail(pNode);                       //将棋子添加到回放链表中
09        m_RemoteChessPT.x = nX;                              //记录对方放置的棋子坐标
10        m_RemoteChessPT.y = nY;
11        OnPaint();                                           //重新绘制窗口，显示棋子
12        m_IsDown = TRUE;                                     //轮到用户下棋
13   }
```

④ 在游戏回放时遍历链表，将链表中的每枚棋子绘制在棋盘中。如果棋子的颜色为 ncUNKOWN，表示用户进行了悔棋操作，将使用背景位图填充原来的棋子区域，这将导致棋盘中当前棋子的部分表格被填充。因此，在绘制完背景位图之后，还需要绘制部分表格。

```
01   //游戏回放
02   void CChessBorad::GamePlayBack()
03   {
04        CDC* pDC = GetDC();                           //获取窗口设备上下文
05        CDC memDC;                                    //定义内存设备上下文
06        CBitmap BmpWhite,BmpBlack,BmpBK;              //定义棋子位图
07        memDC.CreateCompatibleDC(pDC);                //创建内存设备上下文
08        BmpBlack.LoadBitmap(IDB_BLACK);               //加载棋子位图
09        BmpWhite.LoadBitmap(IDB_WHITE);
10        BmpBK.LoadBitmap(IDB_BLANK);
11        BITMAP bmpInfo;                               //定义位图信息对象
12        BmpBlack.GetBitmap(&bmpInfo);                 //获取位图信息
13        int nBmpWidth = bmpInfo.bmWidth;              //获取位图宽度和高度
14        int nBmpHeight = bmpInfo.bmHeight;
15        POSITION pos = NULL;
16        m_bBackPlay = FALSE;
17        InitBackPlayNode();                           //初始化回放链表
18        OnPaint();                                    //刷新窗口
```

```
19        m_bBackPlay = TRUE;
20        for(pos = m_BackPlayList.GetHeadPosition(); pos != NULL;)        // 遍历回放链表
21        {
22            NODE* pNode = (NODE*)m_BackPlayList.GetNext(pos);             // 获取棋子
23            int nPosX,nPosY;
24            nPosX = 10*m_fRateX;
25            nPosY = 10*m_fRateY;
26            pNode->m_IsUsed = TRUE;                                       // 棋子被使用
27            if (pNode->m_Color == ncWHITE)                                // 如果为白色棋子
28            {
29                memDC.SelectObject(&BmpWhite);                            // 选中白色位图
30                // 绘制白色棋子
31                pDC->StretchBlt(pNode->m_Point.x-nPosX,pNode->m_Point.y-nPosY,
32                    nBmpWidth,nBmpHeight,&memDC,0,0,nBmpWidth,nBmpHeight,SRCCOPY);
33            }
34            else if (pNode->m_Color == ncBLACK)                           // 如果为黑色棋子
35            {
36                memDC.SelectObject(&BmpBlack);                            // 选中黑色位图
37                // 绘制黑色棋子
38                pDC->StretchBlt(pNode->m_Point.x-nPosX,pNode->m_Point.y-nPosY,
39                    nBmpWidth,nBmpHeight,&memDC,0,0,nBmpWidth,nBmpHeight,SRCCOPY);
40            }
41            else if (pNode->m_Color == ncUNKOWN)                          // 棋子颜色位置
42            {
43                memDC.SelectObject(&BmpBK);                               // 选中背景颜色
44                // 绘制背景颜色取消原来显示的棋子
45                pDC->StretchBlt(pNode->m_Point.x-nPosX,pNode->m_Point.y-nPosY,
46                    nBmpWidth,nBmpHeight,&memDC,0,0,nBmpWidth,nBmpHeight,SRCCOPY);
47                // 绘制棋盘的局部表格
48                // 首先获取中心点坐标
49                int nCenterX = pNode->m_Point.x ;                         // 获取棋子坐标
50                int nCenterY = pNode->m_Point.y;
51                CPoint topPT(nCenterX,nCenterY-nPosY);
52                CPoint bottomPT(nCenterX,nCenterY+nPosY + 5);
53                CPen pen(PS_SOLID,1,RGB(0,0,0));                          // 定义黑色画笔
54                pDC->SelectObject(&pen);                                  // 选中画笔
55                pDC->MoveTo(topPT);                                       // 绘制直线
56                pDC->LineTo(bottomPT);
57                CPoint leftPT(nCenterX-nPosX,nCenterY);
58                CPoint rightPT(nCenterX+nPosX + 10 ,nCenterY);
59                pDC->MoveTo(leftPT);                                      // 绘制横线
60                pDC->LineTo(rightPT);
61            }
62            // 延迟
63            SYSTEMTIME beginTime,endTime;
64            GetSystemTime(&beginTime);
65            if (beginTime.wSecond > 58)
66                beginTime.wSecond = 58;
67            while (true)                                          // 进行延迟操作
68            {
69                MSG msg;                                          // 在回放过程中相应的界面操作
70                ::GetMessage(&msg,0,0,WM_USER);
71                TranslateMessage(&msg);
72                DispatchMessage(&msg);
73                GetSystemTime(&endTime);
74                if (endTime.wSecond ==0 )
75                    endTime.wSecond = 59;
76                if (endTime.wSecond > beginTime.wSecond)
77                    break;
78            }
79        }
80        BmpWhite.DeleteObject();                                  // 释放位图对象
```

```
81        BmpBlack.DeleteObject();
82        BmpBK.DeleteObject();
83        memDC.DeleteDC();                                        // 释放内存设备上下文
84        MessageBox(" 游戏回放结束 !"," 提示 ");
85    }
```

⑤ 在窗口需要绘制时（WM_PAINT 消息处理函数中），如果当前处于回放状态，则保持回放的效果。

```
01    if (m_bBackPlay)                                                // 当前是否为游戏回放
02    {
03        POSITION pos = NULL;
04        for(pos = m_BackPlayList.GetHeadPosition(); pos != NULL;)   // 遍历回放链表
05        {
06            NODE* pNode = (NODE*)m_BackPlayList.GetNext(pos);       // 获取节点
07            if (pNode->m_IsUsed==TRUE)                              // 判断节点是否被使用
08            {
09                int nPosX,nPosY;
10                nPosX = 10*m_fRateX;
11                nPosY = 10*m_fRateY;
12                if (pNode->m_Color == ncWHITE)                      // 如果为白色棋子
13                {
14                    memDC.SelectObject(&BmpWhite);                  // 选中白色棋子位图
15                    // 绘制白色棋子
16                    pDC->StretchBlt(pNode->m_Point.x-nPosX,pNode->m_Point.y-nPosY,
17                        nBmpWidth,nBmpHeight,&memDC,0,0,nBmpWidth,nBmpHeight,SRCCOPY);
18                }
19                else if (pNode->m_Color == ncBLACK)                 // 如果为黑色棋子
20                {
21                    memDC.SelectObject(&BmpBlack);                  // 选中黑色棋子位图
22                    // 绘制黑色棋子
23                    pDC->StretchBlt(pNode->m_Point.x-nPosX,pNode->m_Point.y-nPosY,
24                        nBmpWidth,nBmpHeight,&memDC,0,0,nBmpWidth,nBmpHeight,SRCCOPY);
25                }
26                else if (pNode->m_Color == ncUNKOWN)                // 棋子颜色未知
27                {
28                    memDC.SelectObject(&BmpBK);                     // 选中背景位图
29                    // 绘制背景位图
30                    pDC->StretchBlt(pNode->m_Point.x-nPosX,pNode->m_Point.y-nPosY,
31                        nBmpWidth,nBmpHeight,&memDC,0,0,nBmpWidth,nBmpHeight,SRCCOPY);
32                    // 绘制棋盘的局部表格，首先获取中心点坐标
33                    int nCenterX = pNode->m_Point.x ;
34                    int nCenterY = pNode->m_Point.y;
35                    CPoint topPT(nCenterX,nCenterY-nPosY);
36                    CPoint bottomPT(nCenterX,nCenterY+nPosY + 5);
37                    CPen pen(PS_SOLID,1,RGB(0,0,0));                // 定义黑色画笔
38                    pDC->SelectObject(&pen);                        // 选中画笔
39                    pDC->MoveTo(topPT);                             // 绘制直线
40                    pDC->LineTo(bottomPT);
41                    CPoint leftPT(nCenterX-nPosX,nCenterY);
42                    CPoint rightPT(nCenterX+nPosX + 10 ,nCenterY);
43                    pDC->MoveTo(leftPT);                            // 绘制横线
44                    pDC->LineTo(rightPT);
45                }
46            }
47        }
48    }
```

20.4.8 对方网络状态测试

在进行游戏的过程中，为了防止由于网络故障或某一方掉线使得游戏无法结束或无法

重新开始，在网络五子棋游戏中添加了网络状态测试功能。实现网络状态测试功能比较简单，在游戏开始后，由服务器端每隔 1s 向对方发送网络状态测试信息，然后开启一个计时器，对方在接收到网络状态测试信息后发送应答信息到服务器端。在服务器端，如果 3s 后没有收到应答信息，则表示与对方失去连接，当前游戏结束。在客户端，如果 3s 后没有收到服务器端发来的网络状态测试信息，则认为与对方失去连接，当前游戏结束。关键代码如下。

① 在游戏过程中，服务器端每隔 1s 发送网络状态测试信息。

```
01   void CChessBorad::OnTimer(UINT nIDEvent)
02   {
03        if (m_IsConnect)                                          // 客户端已连接服务器端
04        {
05            TCP_PACKAGE tcpPackage;                               // 定义数据包
06            tcpPackage.cmdType = CT_NETTEST;                      // 设置数据包类型
07            m_ClientSock.Send(&tcpPackage,sizeof(TCP_PACKAGE));   // 发送网络测试信息
08            m_TestNum++;                                          // 累加计数
09            if (m_TestNum > 3)                                    // 对方掉线，游戏结束
10            {
11                m_TestNum = 0;
12                m_IsDown = FALSE;
13                m_IsStart = FALSE;
14                m_IsWin = FALSE;
15                m_State = esEND;
16                m_IsConnect = FALSE;
17                InitializeNode();                                 // 初始化棋子
18                // 获取父窗口
19                CSrvFiveChessDlg *pDlg = (CSrvFiveChessDlg*)GetParent();
20                pDlg->m_RightPanel.m_NetState.SetWindowText(" 网路状态：断开连接 ");
21                Invalidate();                                     // 更新界面
22               // 初始化最近放置的棋子坐标
23                m_LocalChessPT.x = m_LocalChessPT.y = -1;
24                m_RemoteChessPT.x = m_RemoteChessPT.y = -1;
25            }
26        }
27        CDialog::OnTimer(nIDEvent);
28   }
```

② 游戏开始时，在客户端开启一个定时器，检测是否收到服务器端的网络状态测试信息。

```
01   void CChessBorad::OnTimer(UINT nIDEvent)
02   {
03        if (m_IsConnect)
04        {
05            m_TestNum++;                                  // 累加计数
06            if (m_TestNum > 3)                            // 与对方断开连接
07            {
08                m_TestNum = 0;
09                m_IsConnect = FALSE;
10                m_IsDown = FALSE;
11                m_IsStart = FALSE;
12                m_IsWin = FALSE;
13                m_State = esEND;
14                m_IsConnect = FALSE;
15                InitializeNode();                         // 初始化所有棋子
16                CClientFiveChessDlg *pDlg = (CClientFiveChessDlg*)GetParent();
17                pDlg->m_RightPanel.m_NetState.SetWindowText(" 网路状态：断开连接 ");
18                Invalidate();                             // 更新界面
19                m_LocalChessPT.x = m_LocalChessPT.y = -1;     // 初始化最近放置的棋子坐标
```

```
20              m_RemoteChessPT.x = m_RemoteChessPT.y = -1;
21          }
22      }
23      CDialog::OnTimer(nIDEvent);
24  }
```

③ 在客户端，如果收到服务器端的网络状态测试信息，则将计数器归零。

```
01  TCP_PACKAGE tcpPackage;                                  // 定义数据包
02  memcpy(&tcpPackage,pBuffer,sizeof(TCP_PACKAGE));         // 复制数据包
03  if (tcpPackage.cmdType == CT_NETTEST )                   // 测试网络状态
04  {
05      m_TestNum = 0;                                       // 接收到网络状态测试，计数为 0
06      // 向服务器端发送网络状态测试信息
07      m_ClientSoc k.Send(&tcpPackage,sizeof(TCP_PACKAGE));
08  }
```

20.5 服务器端主窗体设计

20.5.1 服务器端主窗体概述

服务器端的主窗体主要由游戏控制窗体、棋盘窗体和对方信息窗体 3 个子窗体构成，运行效果如图 20.9 所示。

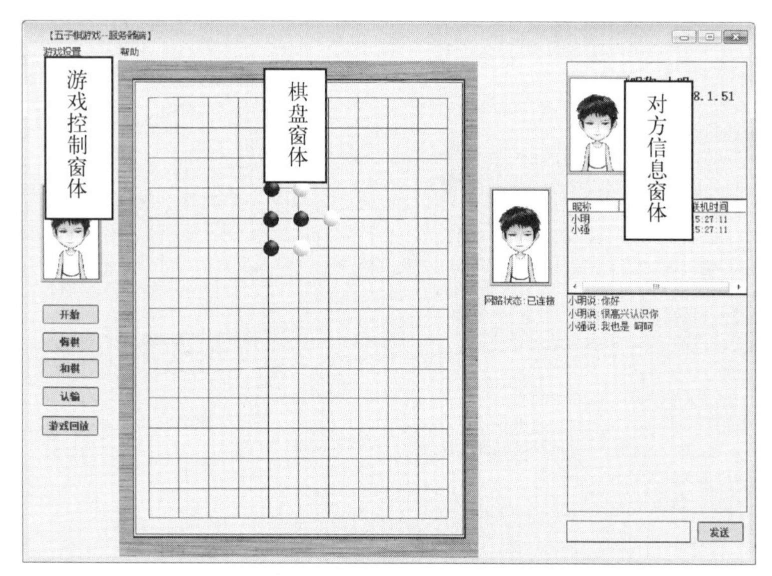

图 20.9 网络五子棋服务器端主窗体的运行效果

20.5.2 服务器端主窗体实现过程

服务器端主窗体实现过程如下。

① 创建一个基于窗体的工程，工程名称为 SrvFiveChess。工程向导将创建一个默认的对话框类——CSrvFiveChessDlg，该类将作为网络五子棋服务器端的主窗体。

② 定义 3 个子窗体变量，分别表示游戏控制窗体、棋盘窗体和对方信息窗体（有关这

3 个窗体的设计过程将在后面几节进行介绍）。

```
01    CLeftPanel m_LeftPanel;                                    // 游戏控制窗体
02    CRightPanel m_RightPanel;                                  // 对方信息窗体
03    CChessBorad m_ChessBoard;                                  // 棋盘窗体
```

③ 在窗体初始化时创建游戏控制窗体、棋盘窗体和对方信息窗体，并调整这 3 个窗体的大小和位置。

```
01    BOOL CSrvFiveChessDlg::OnInitDialog()
02    {
03        // 省略不必要的代码
04        m_RightPanel.Create(IDD_RIGHTPANEL_DIALOG,this);       // 创建对方信息窗体
05        m_RightPanel.ShowWindow(SW_SHOW);                      // 显示对方信息窗体
06        CRect wndRC;
07        m_RightPanel.GetWindowRect(wndRC);                     // 获取对方信息窗体区域
08        int nWidth = wndRC.Width();                            // 获取对方信息窗体宽度
09        CRect cltRC;
10        GetClientRect(cltRC);                                  // 获取主窗体客户区域
11        int nHeight = cltRC.Height();                          // 获取主窗体高度
12        // 定义对方信息窗体显示的区域
13        CRect pnlRC;
14        pnlRC.left = cltRC.right-nWidth;
15        pnlRC.top = 0;
16        pnlRC.bottom = nHeight;
17        pnlRC.right = cltRC.right;
18        m_RightPanel.MoveWindow(pnlRC);                        // 设置对方信息窗体显示区域
19        int nRightWidth = nWidth;                              // 记录对方信息窗体的宽度
20        m_LeftPanel.Create(IDD_LEFTPANEL_DIALOG,this);         // 创建游戏控制窗体
21        m_LeftPanel.ShowWindow(SW_SHOW);                       // 显示游戏控制窗体
22        m_LeftPanel.GetWindowRect(wndRC);                      // 获取游戏控制窗体区域
23        nWidth = wndRC.Width();                                // 获取游戏控制窗体宽度
24        pnlRC.left = 0;
25        pnlRC.top = 0;
26        pnlRC.bottom = nHeight;
27        pnlRC.right = nWidth;
28        int nLeftWidth = nWidth;                               // 记录游戏控制窗体的宽度
29        m_LeftPanel.MoveWindow(pnlRC);                         // 显示游戏控制窗体
30        m_ChessBoard.Create(IDD_CHESSBORAD_DIALOG,this);       // 创建棋盘窗体
31        m_ChessBoard.ShowWindow(SW_SHOW);                      // 显示棋盘窗体
32        // 计算棋盘窗体的显示区域
33        pnlRC.left = nLeftWidth;                               // 获取游戏控制窗体的宽度
34        pnlRC.top = 0;
35        pnlRC.bottom = nHeight;                                // 主窗体的高度
36        pnlRC.right = cltRC.Width() - nRightWidth;         // 整个窗体的区域去除对方信息窗体的宽度
37        m_ChessBoard.MoveWindow(pnlRC);                        // 设置棋盘窗体显示区域
38        m_bCreatePanel = TRUE;
39        return TRUE;
40    }
```

④ 在窗体大小改变时，调整游戏控制窗体、棋盘窗体和对方信息窗体的大小和位置。

```
01    void CSrvFiveChessDlg::OnSize(UINT nType, int cx, int cy)
02    {
03        CDialog::OnSize(nType, cx, cy);
04        if (m_bCreatePanel)                                    // 判断子窗体是否被创建
05        {
06            CRect wndRC;
07            m_RightPanel.GetWindowRect(wndRC);                 // 获取对方信息窗体区域
08            int nWidth = wndRC.Width();                        // 获取对方信息窗体宽度
09            CRect cltRC;
10            GetClientRect(cltRC);                              // 获取主窗体客户区域
```

```
11          int nHeight = cltRC.Height();                         // 获取主窗体高度
12          // 定义窗体列表显示的区域
13          CRect pnlRC;
14          pnlRC.left = cltRC.right-nWidth;
15          pnlRC.top = 0;
16          pnlRC.bottom = nHeight;
17          pnlRC.right = cltRC.right;
18          m_RightPanel.MoveWindow(pnlRC);                       // 设置对方信息窗体显示区域
19          int nRightWidth = nWidth;                             // 获取对方信息窗体宽度
20          m_RightPanel.Invalidate();                            // 更新对方信息窗体
21          // 显示左边的窗体列表区域
22          m_LeftPanel.GetWindowRect(wndRC);
23          nWidth = wndRC.Width();
24          pnlRC.left = 0;
25          pnlRC.top = 0;
26          pnlRC.bottom = nHeight;
27          pnlRC.right = nWidth;
28          m_LeftPanel.MoveWindow(pnlRC);                        // 设置游戏控制窗体显示区域
29          int nLeftWidth = nWidth;                              // 获取游戏控制窗体宽度
30          pnlRC.left = nLeftWidth;
31          pnlRC.top = 0;
32          pnlRC.bottom = nHeight;                               // 获取主窗体的高度
33          // 整个窗体的区域去除右边窗体的宽度
34          pnlRC.right = cltRC.Width() - nRightWidth;
35          m_ChessBoard.MoveWindow(pnlRC);                       // 设置棋盘窗体显示区域
36          m_ChessBoard.Invalidate();                            // 更新棋盘窗体
37      }
38  }
```

⑤ 处理窗体的 WM_GETMINMAXINFO 消息，限制窗体的最小窗体大小。

```
01  void CSrvFiveChessDlg::OnGetMinMaxInfo(MINMAXINFO FAR* lpMMI)
02  {
03      lpMMI->ptMinTrackSize.x = 800;                            // 限制窗体最小宽度
04      lpMMI->ptMinTrackSize.y = 500;                            // 限制窗体最小高度
05      CDialog::OnGetMinMaxInfo(lpMMI);
06  }
```

20.6 棋盘窗体模块设计

20.6.1 棋盘窗体模块概述

棋盘窗体是整个网络五子棋游戏的核心。在棋盘窗体中实现的主要功能包括接受客户端连接、接收客户端发送的数据、绘制棋盘、绘制棋盘表格、绘制棋子、赢棋判断、网络状态测试、开始游戏、游戏回放等。棋盘窗体的运行效果如图 20.10 所示。

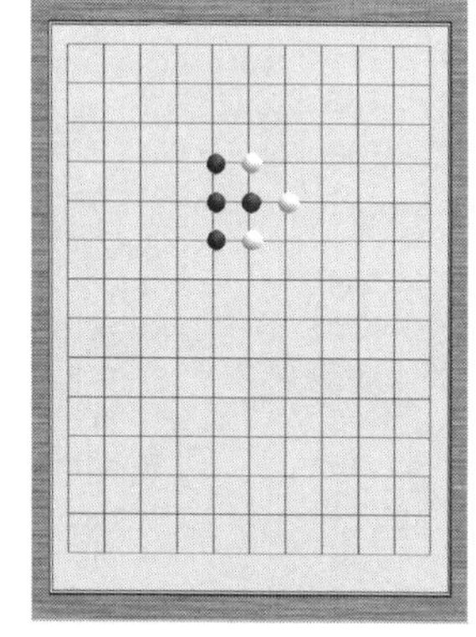

图 20.10　棋盘窗体的运行效果

20.6.2 棋盘窗体模块界面布局

棋盘窗体界面布局如下。

① 创建一个对话框类，类名为 CChessBorad。

② 设置对话框属性，如表 20.1 所示。

第6篇 项目开发篇

表 20.1　棋盘窗体属性设置

控件 ID	控件属性	关联变量
IDD_CHESSBORAD_DIALOG	Style：Child Border：None Title bar：False	CChessBorad：m_ChessBoard

20.6.3　棋盘窗体模块实现过程

棋盘窗体模块实现过程如下。

① 向对话框类中添加 AcceptConnection 方法，当客户端有套接字连接时，接受客户端的连接，记录客户端的 IP、端口号和连接时间。

```
01  void CChessBorad::AcceptConnection()
02  {
03      m_ClientSock.Close();                                        // 关闭客户端套接字
04      m_SrvSock.Accept(m_ClientSock);                              // 接受客户端连接
05      m_IsConnect = TRUE;
06      CSrvFiveChessDlg * pDlg = (CSrvFiveChessDlg*)GetParent();    // 获取主窗口
07      CTime tmNow = CTime::GetCurrentTime();                       // 获取当前时间
08      CString csFormat = tmNow.Format("%H:%M:%S");
09      pDlg->m_RightPanel.m_UserList.SetItemText(0,2,csFormat);
10      CString csClientIP;
11      UINT nPort;
12      m_ClientSock.GetSockName(csClientIP,nPort);                  // 获取客户端信息
13      if (pDlg->m_RightPanel.m_UserList.GetItemCount()<2)
14      {
15          // 向用户列表中添加数据
16          int nItem = pDlg->m_RightPanel.m_UserList.InsertItem(1,"");
17          pDlg->m_RightPanel.m_UserList.SetItemText(nItem,1,csClientIP);
18          pDlg->m_RightPanel.m_UserList.SetItemText(nItem,2,csFormat);
19      }
20      else
21      {
22          // 设置用于列表中的数据
23          pDlg->m_RightPanel.m_UserList.SetItemText(1,1,csClientIP);
24          pDlg->m_RightPanel.m_UserList.SetItemText(1,2,csFormat);
25      }
26      pDlg->m_RightPanel.m_NetState.SetWindowText(" 网路状态：已连接 ");
27  }
```

② 向对话框类中添加 DrawChessboard 方法，在棋盘位图背景上绘制表格。

```
01  void CChessBorad::DrawChessboard()
02  {
03      CDC* pDC = GetDC();                                // 获取窗口设备上下文
04      CPen pen(PS_SOLID,1,RGB(0,0,0));                   // 定义黑色的画笔
05      pDC->SelectObject(&pen);                           // 选中画笔
06      int nOriginX = m_nOrginX*m_fRateX;                 // 计算表格的起点坐标
07      int nOriginY = m_nOrginY*m_fRateY;
08      int nCellWidth = m_nCellWidth*m_fRateX;            // 计算单元格的宽度和高度
09      int nCellHeight = m_nCellHeight*m_fRateY;
10      for (int i = 0; i<m_nRowCount+1; i++)              // 绘制棋盘中的列
11      {
12          pDC->MoveTo(nOriginX+nCellWidth*(i),nOriginY);
13          pDC->LineTo(nOriginX+nCellWidth*(i),nOriginY+m_nRowCount*nCellHeight);
14      }
15      for (int j = 0; j<m_nColCount+1; j++)              // 绘制棋盘中的行
```

```
16        {
17            pDC->MoveTo(nOriginX ,nOriginY+(j)*nCellHeight);
18            pDC->LineTo(nOriginX +m_nColCount*nCellWidth,nOriginY+(j)*nCellHeight);
19        }
20    }
```

③ 向对话框类中添加 FreeBackPlayList 方法，释放游戏回放使用的链表。

```
01    void CChessBorad::FreeBackPlayList()
02    {
03        if (m_BackPlayList.GetCount()>0)                          // 判断回放链表中是否有棋子
04        {
05            POSITION pos;
06            // 遍历回放链表
07            for (pos = m_BackPlayList.GetHeadPosition();pos != NULL;)
08            {
09                NODE *pNode = (NODE*)m_BackPlayList.GetNext(pos);    // 获取棋子
10                delete pNode;                                         // 释放棋子
11            }
12            m_BackPlayList.RemoveAll();                               // 移除所有棋子
13        }
14    }
```

④ 向对话框类中添加 GamePlayBack 方法，实现游戏回放。在游戏回放时遍历链表，将链表中的每枚棋子绘制在棋盘中。如果棋子的颜色为 ncUNKOWN，表示用户进行了悔棋操作，将使用背景位图填充原来的棋子区域，这将导致棋盘中当前棋子的部分表格被填充。因此，在绘制完背景位图之后，还需要绘制部分表格。

说明：

由于篇幅问题，实现游戏回放的代码可以参考资源包内的源代码［实现的源代码是 void CChessBorad::GamePlayBack( ) 函数］。

⑤ 向对话框类中添加 GetLikeNode 方法，根据坐标点获取相应的棋子。

```
01    NODE* CChessBorad::GetLikeNode(CPoint pt)
02    {
03        CPoint tmp;
04        for (int i = 0 ;i<m_nRowCount+1;i++)                  // 遍历行
05            for (int j = 0; j<m_nColCount+1;j++)              // 遍历列
06            {
07                tmp = m_NodeList[i][j].m_Point;               // 获取棋子坐标
08                int nSizeX = 10 * m_fRateX;
09                int nSizeY = 10 * m_fRateY;
10                // 定义一个临近棋子的区域
11                CRect rect(tmp.x-nSizeX,tmp.y-nSizeY,tmp.x+nSizeX,tmp.y+nSizeY);
12                if (rect.PtInRect(pt))                        // 判断鼠标指针是否在临近区域
13                    return &m_NodeList[i][j];                 // 返回棋子
14            }
15        return NULL;
16    }
```

⑥ 向对话框类中添加 GetNodeFromPoint 方法，根据坐标点获取相应的棋子。与 GetLikeNode 方法不同的是，GetNodeFromPoint 方法进行精确的坐标比较。

```
01    NODE* CChessBorad::GetNodeFromPoint(CPoint pt)
02    {
03        for (int i=0; i<m_nRowCount+1; i++)                   // 遍历行
04        {
```

第6篇 项目开发篇

```
05          for (int j=0; j<m_nColCount+1; j++)                       // 遍历列
06          {
07              if (m_NodeList[i][j].m_Point == pt)                   // 匹配棋子坐标
08                  return &m_NodeList[i][j];                         // 返回棋子
09          }
10      }
11      return NULL;
12  }
```

⑦ 向对话框类中添加 InitBackPlayNode 方法，初始化游戏回放使用的链表节点。

```
01  void CChessBorad::InitBackPlayNode()
02  {
03      POSITION pos;
04      for(pos = m_BackPlayList.GetHeadPosition(); pos != NULL;)    // 遍历回放链表
05      {
06          NODE* pNode = (NODE*)m_BackPlayList.GetNext(pos);         // 获取棋子
07         //将棋子设置为未使用状态
08          pNode->m_IsUsed = FALSE;
09      }
10  }
```

⑧ 向对话框类中添加 InitializeNode 方法，初始化棋盘中的所有棋子，将其设置为未使用状态。

```
01  void CChessBorad::InitializeNode()
02  {
03      for (int i=0; i<m_nRowCount+1; i++)                          // 遍历行
04      {
05          for (int j=0; j<m_nColCount+1; j++)                      // 遍历列
06          {
07              m_NodeList[i][j].m_Color = ncUNKOWN;                  // 设置棋子颜色
08              m_NodeList[i][j].m_nX = i;                            // 设置棋子坐标
09              m_NodeList[i][j].m_nY = j;
10          }
11      }
12      OnPaint();                                                   // 更新窗口
13  }
```

⑨ 向对话框类中添加 IsWin 方法，判断是否赢棋。在判断五子棋输赢时需要从水平方向、垂直方向和斜线方向分别进行判断。

说明：

由于篇幅问题，实现判断是否赢棋的代码可以参考资源包内的源代码［实现的源代码是 NODE* CChessBorad::IsWin(NODE *pCurrent) 函数］。

⑩ 在对话框初始化时创建套接字，初始化棋子，设置棋子坐标。

```
01  BOOL CChessBorad::OnInitDialog()
02  {
03      CDialog::OnInitDialog();
04      int nOriginX = m_nOrginX*m_fRateX;                          // 计算表格起点坐标
05      int nOriginY = m_nOrginY*m_fRateY;
06      int nCellWidth = m_nCellWidth*m_fRateX;                     // 计算表格单元格宽度
07      int nCellHeight = m_nCellHeight*m_fRateY;
08      m_ClientSock.AttachDlg(this);
09      m_SrvSock.AttachDlg(this);
```

```
10        m_ClientSock.Create();                                    // 创建套接字
11        InitializeNode();                                         // 初始化棋子
12        for (int i=0; i<m_nRowCount+1; i++)
13        {
14            for (int j=0; j<m_nColCount+1; j++)
15            {
16                // 设置棋子坐标
17                m_NodeList[i][j].m_Point=CPoint(nOriginX+nCellWidth*j,nOriginY+nCellHeight*i);
18            }
19        }
20        for (int m=0; m<m_nRowCount+1; m++)                       // 为每枚棋子设置临近节点
21        {
22            for (int n=0; n<m_nColCount+1; n++)
23            {
24                SetRecentNode(&m_NodeList[m][n]);
25            }
26        }
27        return TRUE;
28    }
```

⑪ 在游戏开始时，如果轮到用户下棋，则在当前鼠标附近（与鼠标点最近的棋子坐标点）添加一枚棋子，并向对方发送该棋子的坐标。

```
01    void CChessBorad::OnLButtonUp(UINT nFlags, CPoint point)
02    {
03        CPoint pt = point;
04        if (m_IsStart == FALSE)                                   // 游戏终止
05            return;
06        if (m_IsDown==TRUE)                                       // 轮到客户端
07        {
08            NODE* node = GetLikeNode(pt);                         // 根据坐标获取棋子
09            if (node !=NULL)
10            {
11                if (node->m_Color==ncUNKOWN)                      // 如果棋子未被使用
12                {
13                    node->m_Color = ncBLACK;                      // 设置棋子颜色
14                    NODE *pNode = new NODE();                     // 定义棋子
15                    memcpy(pNode,node,sizeof(NODE));              // 复制棋子
16                    m_BackPlayList.AddTail(pNode);                // 将棋子添加到回放链表中
17                    OnPaint();                                    // 更新窗口
18                    TCP_PACKAGE package;                          // 定义一个 TCP 数据包
19                    package.cmdType = CT_POINT;                   // 设置数据包命令类型
20                    package.chessPT.x = node->m_nX;               // 读取棋子坐标
21                    package.chessPT.y = node->m_nY;
22                    // 将棋子坐标发送给对方
23                    m_ClientSock.Send((void*)&package,sizeof(TCP_PACKAGE));
24                    m_LocalChessPT.x = node->m_nX;                // 记录最近的棋子坐标
25                    m_LocalChessPT.y = node->m_nY;
26                    m_IsDown= FALSE;
27                    if (IsWin(node)!= NULL)                       // 进行赢棋判断
28                    {
29                        m_IsStart = FALSE;
30                        Sleep(1000);
31                        // 赢棋
32                        TCP_PACKAGE  winPackage;                  // 定义数据包
33                        winPackage.cmdType = CT_WINPOINT;         // 设置数据包命令类型
34                        winPackage.winPT[0] = m_Startpt;          // 设置赢棋的起点坐标
35                        winPackage.winPT[1] = m_Endpt;            // 设置赢棋的终点坐标
36                        // 发送赢棋数据包
37                        m_ClientSock.Send((void*)&winPackage,sizeof(TCP_PACKAGE));
38                        m_IsWin = TRUE;
39                        m_State = esEND;                          // 设置游戏结束
```

```
40                      Invalidate();                         // 更新窗口
41                      MessageBox(" 恭喜你，赢了 !!!");
42                      m_IsWin = FALSE;
43                      InitializeNode();                     // 初始化节点
44                      Invalidate();                         // 更新窗口
45                      // 初始化用户最近放置的棋子坐标
46                      m_LocalChessPT.x = m_LocalChessPT.y = -1;
47                      m_RemoteChessPT.x = m_RemoteChessPT.y  = -1;
48                  }
49              }
50          }
51      }
52      CDialog::OnLButtonUp(nFlags, point);
53  }
```

⑫ 处理“服务器设置”菜单命令的单击事件，设置服务器的地址和端口号，然后将信息添加到对方信息窗体的用户列表中。

```
01  void CChessBorad::OnMenuSvrSetting()
02  {
03      CServerSetting SrvDlg;                                // 定义服务器设置对话框
04      if (m_ConfigSrv == FALSE)                             // 没有配置服务器
05      {
06          if (SrvDlg.DoModal()==IDOK)
07          {
08              UINT port = SrvDlg.m_Port;                    // 获取端口信息
09              // 获取主窗体
10              CSrvFiveChessDlg * pDlg = (CSrvFiveChessDlg*)GetParent();
11              // 创建并监听套接字
12              if (m_SrvSock.Create(port,SOCK_STREAM,SrvDlg.m_HostIP) && m_SrvSock.Listen())
13              {
14                  m_ConfigSrv = TRUE;                       // 服务器信息已设置
15                  // 向用户列表中添加新行
16                  int nItem = pDlg->m_RightPanel.m_UserList.InsertItem(0,"");
17                  if (SrvDlg.m_NickName.IsEmpty())
18                      SrvDlg.m_NickName = " 匿名 ";
19                  // 设置用户信息
20                  pDlg->m_RightPanel.m_UserList.SetItemText(nItem,0,SrvDlg.m_NickName);
21                  pDlg->m_RightPanel.m_UserList.SetItemText(nItem,1,SrvDlg.m_HostIP);
22                  CString csUser = "\r\n 昵称 :";
23                  csUser += SrvDlg.m_NickName;
24                  csUser += "\r\n";
25                  csUser += "IP:";
26                  csUser += SrvDlg.m_HostIP;
27                  pDlg->m_RightPanel.m_User.SetWindowText(csUser);
28                  MessageBox(" 服务器设置成功 !"," 提示 ");
29              }
30              else
31              {
32                  m_ConfigSrv = FALSE;
33                  MessageBox(" 服务器设置失败 !"," 提示 ");
34              }
35          }   // 对话框结束
36      }
37      else
38      {
39          MessageBox(" 已经配置了服务器信息 !"," 提示 ");
40      }
41  }
```

⑬ 处理对话框的 WM_SIZE 消息，在窗体大小改变时调整棋子的坐标。

```
01  void CChessBorad::OnSize(UINT nType, int cx, int cy)
02  {
03      CDialog::OnSize(nType, cx, cy);
04      //当窗体大小改变时确定图像的缩放比例
05      CRect cltRC;
06      GetClientRect(cltRC);                                   //获取窗体客户区域
07      m_fRateX = cltRC.Width() / (double)m_nBmpWidth;         //计算新的缩放比例
08      m_fRateY = cltRC.Height() / (double)m_nBmpHeight;
09      int nOriginX = m_nOrginX*m_fRateX;                      //计算表格新的起点坐标
10      int nOriginY = m_nOrginY*m_fRateY;
11      int nCellWidth = m_nCellWidth*m_fRateX;                 //计算表格单元格新的宽度和高度
12      int nCellHeight = m_nCellHeight*m_fRateY;
13      for (int i=0; i<m_nRowCount+1; i++)                     //重新设置棋子的坐标
14      {
15          for (int j=0; j<m_nColCount+1; j++)
16          {
17              m_NodeList[i][j].m_Point=CPoint(nOriginX+nCellWidth*j,nOriginY+nCellHeight*i);
18          }
19      }
20      POSITION pos;
21     //遍历回放链表
22      for(pos = m_BackPlayList.GetHeadPosition(); pos != NULL;)
23      {
24     //获取回放链表中的棋子
25          NODE* pNode = (NODE*)m_BackPlayList.GetNext(pos);
26          pNode->m_Point= CPoint(nOriginX+nCellWidth*pNode->m_nY,
27              nOriginY+nCellHeight*pNode->m_nX);                 //设置棋子坐标
28      }
29  }
```

⑭ 处理对话框的 WM_TIMER 消息，定时向客户端发送网络状态测试信息，检测对方是否在线。

```
01  void CChessBorad::OnTimer(UINT nIDEvent)
02  {
03      if (m_IsConnect)
04      {
05          TCP_PACKAGE tcpPackage;                                 //定义数据包
06          tcpPackage.cmdType = CT_NETTEST;                        //设置数据包类型
07          m_ClientSock.Send(&tcpPackage,sizeof(TCP_PACKAGE));     //发送网络测试信息
08          m_TestNum++;
09          if (m_TestNum > 3)                                      //对方掉线，游戏结束
10          {
11              m_TestNum = 0;
12              m_IsDown = FALSE;
13              m_IsStart = FALSE;
14              m_IsWin = FALSE;
15              m_State = esEND;
16              m_IsConnect = FALSE;
17              InitializeNode();                                   //初始化节点
18              CSrvFiveChessDlg *pDlg = (CSrvFiveChessDlg*)GetParent();
19              pDlg->m_RightPanel.m_NetState.SetWindowText("网路状态：断开连接");
20              Invalidate();                                       //更新界面
21              //初始化用户最近放置的棋子的坐标
22              m_LocalChessPT.x = m_LocalChessPT.y = -1;
23              m_RemoteChessPT.x = m_RemoteChessPT.y = -1;
24          }
25      }
26      CDialog::OnTimer(nIDEvent);
27  }
```

⑮ 向对话框类中添加 ReceiveData 方法，接收客户端发来的数据，根据数据包格式解析数据，并进行相应处理。

说明：

由于篇幅问题，实现接收客户端发来的数据的代码可以参考资源包内的源代码［实现的源代码是 void CChessBorad::ReceiveData( ) 函数］。

⑯ 向对话框中添加 SetRecentNode 方法，设置棋子的 8 个临近节点。

```
01  void CChessBorad::SetRecentNode(NODE *pNode)
02  {
03      int nCurX = pNode->m_nX;                              // 获取当前节点的行索引
04      int nCurY = pNode->m_nY;                              // 获取当前节点的列索引
05      if (nCurX > 0 && nCurY >0)                            // 左上方的临近节点
06          pNode->m_pRecents[0] = &m_NodeList[nCurX-1][nCurY-1];
07      else
08          pNode->m_pRecents[0] = NULL;
09      if (nCurY > 0)                                        // 上方临近节点
10          pNode->m_pRecents[1] = &m_NodeList[nCurX][nCurY-1];
11      else
12          pNode->m_pRecents[1] = NULL;
13      if (nCurX < m_nColCount-1 && nCurY > 0)               // 右上方临近节点
14          pNode->m_pRecents[2] = &m_NodeList[nCurX+1][nCurY-1];
15      else
16          pNode->m_pRecents[2] = NULL;
17      if (nCurX >0 )                                        // 左方节点临近节点
18          pNode->m_pRecents[3] = &m_NodeList[nCurX-1][nCurY];
19      else
20          pNode->m_pRecents[3] = NULL;
21      if (nCurX < m_nColCount-1)                            // 右方节点临近节点
22          pNode->m_pRecents[4] = &m_NodeList[nCurX+1][nCurY];
23      else
24          pNode->m_pRecents[4] = NULL;
25      if (nCurX >0 && nCurY < m_nRowCount-1)                // 左下方临近节点
26          pNode->m_pRecents[5] = &m_NodeList[nCurX-1][nCurY+1];
27      else
28          pNode->m_pRecents[5] = NULL;
29      if (nCurY < m_nRowCount-1)                            // 下方临近节点
30          pNode->m_pRecents[6] = &m_NodeList[nCurX][nCurY+1];
31      else
32          pNode->m_pRecents[6] = NULL;
33      if (nCurX < m_nColCount-1 && nCurY < m_nRowCount-1)   // 右下方临近节点
34          pNode->m_pRecents[7] = &m_NodeList[nCurX+1][nCurY+1];
35      else
36          pNode->m_pRecents[7] = NULL;
37  }
```

20.7 游戏控制窗体模块设计

20.7.1 游戏控制窗体模块概述

游戏控制窗体实现的主要功能包括开始、悔棋、和棋、认输和游戏回放，其运行效果如图 20.11 所示。

20.7.2 游戏控制窗体模块界面布局

游戏控制窗体界面布局如下。

① 创建一个对话框类，类名为 CLeftPanel。

图 20.11 游戏控制窗体的运行效果

② 向对话框中添加按钮和图片控件。主要控件属性如表 20.2 所示。

表 20.2 控制窗体控件属性设置

控件 ID	控件属性	关联变量
IDC_STATIC	Type：Bitmap Image：IDB_PLAYER	无
IDC_BEGINGAME	Caption：开始	无
IDC_BT_BACK	Caption：悔棋	无
IDC_GIVE_UP	Caption：认输	无
IDC_BACK_PLAY	Caption：游戏回放	无
IDC_DRAW_CHESS	Caption：和棋	无

20.7.3 游戏控制窗体模块实现过程

游戏控制窗体实现过程如下。

① 处理“开始”按钮的单击事件，向对方发送开始游戏的请求。

```
01  void CLeftPanel::OnBegingame()
02  {
03      CSrvFiveChessDlg *pDlg = (CSrvFiveChessDlg*)GetParent();
04      pDlg->m_ChessBoard.BeginGame();                       // 开始游戏
05  }
```

② 处理“悔棋”按钮的单击事件，向对方发送悔棋请求。

```
01  void CLeftPanel::OnBtBack()
02  {
03      CSrvFiveChessDlg *pDlg = (CSrvFiveChessDlg*)GetParent();
04      if (pDlg->m_ChessBoard.m_State==esBEGIN)              // 判断游戏是否进行中
05      {
06          TCP_PACKAGE tcpPackage;                           // 定义数据包
07          tcpPackage.cmdType = CT_BACKREQUEST;              // 设置悔棋请求信息
08          // 用户已经下棋
09          if (pDlg->m_ChessBoard.m_LocalChessPT.x > -1
10              && pDlg->m_ChessBoard.m_LocalChessPT.y > -1 )
11          {
12              // 发出悔棋请求
13              pDlg->m_ChessBoard.m_ClientSock.Send(&tcpPackage,sizeof(TCP_PACKAGE));
14          }
15          else
16          {
17              MessageBox(" 当前不允许悔棋 !"," 提示 ");
18          }
19      }
20  }
```

③ 处理“和棋”按钮的单击事件，向对方发送和棋请求。

```
01  void CLeftPanel::OnDrawChess()
02  {
03      CSrvFiveChessDlg *pDlg = (CSrvFiveChessDlg*)GetParent();
04      if (pDlg->m_ChessBoard.m_State==esBEGIN)              // 判断游戏是否进行中
05      {
06
```

第6篇 项目开发篇

```
07            TCP_PACKAGE tcpPackage;                        // 定义数据包
08            tcpPackage.cmdType = CT_DRAWCHESSREQUEST;      // 设置和棋请求信息
09            // 发送和棋请求
10            pDlg->m_ChessBoard.m_ClientSock.Send(&tcpPackage,sizeof(TCP_PACKAGE));
11        }
12    }
```

④ 处理“认输”按钮的单击事件，向对方发送认输消息，同时结束当前游戏。

```
01    void CLeftPanel::OnGiveUp()
02    {
03        CSrvFiveChessDlg *pDlg = (CSrvFiveChessDlg*)GetParent();
04        if (pDlg->m_ChessBoard.m_State==esBEGIN)           // 判断游戏是否进行中
05        {
06            if (MessageBox(" 确实要认输吗 ?"," 提示 ",MB_YESNO)==IDYES)
07            {
08                TCP_PACKAGE tcpPackage;                    // 定义数据包
09                tcpPackage.cmdType = CT_GIVEUP;            // 设置数据包类型
10                // 发送认输信息
11                pDlg->m_ChessBoard.m_ClientSock.Send(&tcpPackage,sizeof(TCP_PACKAGE));
12                // 进行和棋处理，游戏结束
13                pDlg->m_ChessBoard.m_TestNum = 0;
14                pDlg->m_ChessBoard.m_IsDown = FALSE;
15                pDlg->m_ChessBoard.m_IsStart = FALSE;
16                pDlg->m_ChessBoard.m_IsWin = FALSE;
17                pDlg->m_ChessBoard.m_State = esEND;
18                pDlg->m_ChessBoard.InitializeNode();
19                pDlg->m_ChessBoard.Invalidate();           // 更新界面
20                // 初始化用户最近放置的棋子坐标和对方最近放置的棋子坐标
21                pDlg->m_ChessBoard.m_LocalChessPT.x = pDlg->m_ChessBoard.m_LocalChessPT.y = -1;
22                pDlg->m_ChessBoard.m_RemoteChessPT.x = pDlg->m_ChessBoard.m_RemoteChessPT.y= -1;
23                MessageBox(" 您输了 !"," 提示 ");
24            }
25        }
26    }
```

⑤ 处理“游戏回放”按钮的单击事件，如果当前游戏已结束，则进行游戏回放。

```
01    void CLeftPanel::OnBackPlay()
02    {
03        CSrvFiveChessDlg *pDlg = (CSrvFiveChessDlg*)GetParent();
04        if (pDlg->m_ChessBoard.m_State==esEND)             // 游戏进行中不允许回放
05        {
06            // 判断回放链表是否为空
07            if (pDlg->m_ChessBoard.m_BackPlayList.GetCount()>0)
08            {
09                // 首先清空棋盘
10                pDlg->m_ChessBoard.InitializeNode();
11                pDlg->m_ChessBoard.Invalidate();           // 更新棋盘窗口
12                pDlg->m_ChessBoard.GamePlayBack();         // 进行游戏回放
13            }
14            else
15            {
16                MessageBox(" 当前没有游戏记录 !"," 提示 ");
17            }
18        }
19        else
20        {
21            MessageBox(" 当前不允许回放 !"," 提示 ");
22        }
23    }
```

20.8 对方信息窗体模块设计

20.8.1 对方信息窗体模块概述

对方信息窗体主要用于显示对方的 IP、昵称和网络状态等信息，并允许向对方发送文本数据。对方信息窗体的运行效果如图 20.12 所示。

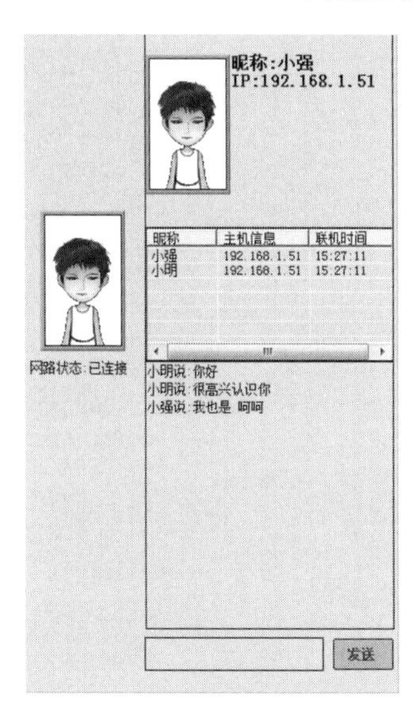

图 20.12 对方信息窗体的运行效果

20.8.2 对方信息窗体模块界面布局

对方信息窗体界面布局如下。

① 创建一个对话框类，类名为 CRightPanel。

② 向对话框中添加按钮、列表视图、静态文本和多功能文本框等控件。

③ 设置控件主要属性，如表 20.3 所示。

表 20.3 对方信息窗体控件属性设置

控件 ID	控件属性	关联变量
IDC_STATIC	Type：Bitmap Image：IDB_PLAYER	无
IDC_USERLIST	View：Report Sort：None	CListCtrl：m_UserList
IDC_CONVERSATION	Multiline：True Read only：True	CRichEditCtrl：m_MsgList
IDC_NETSTATE	Border：False	CblackStatic：m_NetState
IDC_MESSAGE	Border：False	CRichEditCtrl：m_Msg

20.8.3 对方信息窗体模块实现过程

对方信息窗体模块实现过程如下。

① 处理对话框的 WM_SIZE 消息，在对话框的大小、位置改变时，调整窗体中控件的大小和位置。

```
01  void CRightPanel::OnSize(UINT nType, int cx, int cy)
02  {
03      CDialog::OnSize(nType, cx, cy);
04      if (m_Initialized == TRUE)
05      {
06          CRect editRC,cltRC,panelRC;
07          GetClientRect(cltRC);                          // 获取窗体客户区域
08          m_Panel3.GetClientRect(panelRC);
09          m_Panel3.MapWindowPoints(this,panelRC);        // 映射窗体坐标
10          m_Frame1.GetClientRect(editRC);
11          m_Frame1.MapWindowPoints(this,editRC);
12          int nPanelBottom = cltRC.Height()-m_nPanelToBottom;
13          panelRC.bottom = nPanelBottom;
```

```
14          m_Panel3.MoveWindow(panelRC);
15          panelRC.DeflateRect(1,1,1,1);
16          m_MsgList.MoveWindow(panelRC);                          // 设置信息列表编辑框显示区域
17          int nEditBottom = cltRC.Height()-m_nEditToBottom;
18          int nEditHeight = editRC.Height();                      // 获取文本框高度
19          editRC.bottom = nEditBottom ;
20          editRC.top = nEditBottom-nEditHeight;
21          m_Frame1.MoveWindow(editRC);
22          editRC.DeflateRect(1,1,1,1);
23          m_Msg.MoveWindow(editRC);                               // 设置文本框显示区域
24          CRect ButtonRC;
25          m_SendBtn.GetClientRect(ButtonRC);
26          editRC.OffsetRect(editRC.Width()+10,0);
27          editRC.right = editRC.left + ButtonRC.Width();
28          m_SendBtn.MoveWindow(editRC);                           // 设置发送按钮显示区域
29          GetParent()->Invalidate();                              // 更新主窗体
30      }
31  }
```

② 处理“发送”按钮的单击事件，将文本框中的文本发送给对方。

```
01  void CRightPanel::OnSendMsg()
02  {
03      CSrvFiveChessDlg *pDlg = (CSrvFiveChessDlg*)GetParent();
04      if (pDlg->m_ChessBoard.m_IsConnect)                             // 判断是否处于连接状态
05      {
06          CString csText;
07          m_Msg.GetWindowText(csText);                                // 获取发送的文本信息
08          if (!csText.IsEmpty() && csText.GetLength()< 512)           // 验证文本长度
09          {
10              TCP_PACKAGE txtPackage;                                 // 定义数据包
11              memset(&txtPackage,0,sizeof(TCP_PACKAGE));              // 初始化数据包
12              txtPackage.cmdType = CT_TEXT;                           // 设置数据包类型
13              strcpy(txtPackage.chText,csText);                       // 填充数据包文本
14              // 发送数据包
15              pDlg->m_ChessBoard.m_ClientSock.Send(&txtPackage,sizeof(TCP_PACKAGE));
16              // 将发送信息添加到信息显示列表中
17              CString csNickName = m_UserList.GetItemText(0,0);       // 获取用户昵称
18              csNickName += " 说 :";
19              csText = csNickName + csText;
20              m_MsgList.SetSel(-1,-1);
21              m_MsgList.ReplaceSel(csText);
22              m_MsgList.SetSel(-1,-1);
23              m_MsgList.ReplaceSel("\n");
24              m_Msg.SetWindowText("");
25          }
26      }
27  }
```

20.9 客户端主窗体模块设计

20.9.1 客户端主窗体模块概述

客户端主窗体主要由游戏控制窗体、棋盘窗体和对方信息窗体 3 个子窗体构成，其运行效果如图 20.13 所示。

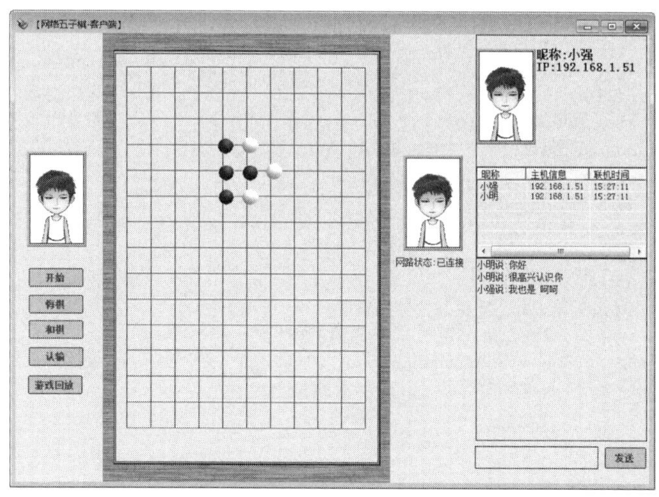

图 20.13　网络五子棋客户端主窗体的运行效果

20.9.2　客户端主窗体模块实现过程

客户端主窗体实现过程如下。

① 创建一个基于对话框的工程，工程名称为 ClientFiveChess。工程向导将创建一个默认的对话框类——CClientFiveChessDlg，该类将作为网络五子棋游戏客户端的主窗体。

② 定义 3 个子窗体变量，分别表示游戏控制窗体、棋盘窗体和对方信息窗体。

```
01    CLeftPanel m_LeftPanel;                                          // 游戏控制窗体
02    CRightPanel m_RightPanel;                                        // 对方信息窗体
03    CChessBorad m_ChessBoard;                                        // 棋盘窗体
```

③ 在对话框初始化时创建游戏控制窗体、棋盘窗体和对方信息窗体，并调整这 3 个窗体的大小和位置。

```
01    BOOL CClientFiveChessDlg::OnInitDialog()
02    {
03         // 省略不必要的代码
04         m_RightPanel.Create(IDD_RIGHTPANEL_DIALOG,this);         // 创建对方信息窗体
05         m_RightPanel.ShowWindow(SW_SHOW);                        // 显示对方信息窗体
06         CRect wndRC;
07         m_RightPanel.GetWindowRect(wndRC);                       // 获取对方信息窗体区域
08         int nWidth = wndRC.Width();                              // 获取对方信息窗体宽度
09         CRect cltRC;
10         GetClientRect(cltRC);                                    // 获取主窗体客户区域
11         int nHeight = cltRC.Height();                            // 获取主窗体高度
12         CRect pnlRC;
13         pnlRC.left = cltRC.right-nWidth;
14         pnlRC.top = 0;
15         pnlRC.bottom = nHeight;
16         pnlRC.right = cltRC.right;
17         m_RightPanel.MoveWindow(pnlRC);                          // 设置对方信息窗体显示区域
18         int nRightWidth = nWidth;                                // 记录对方信息窗体的宽度
19         m_LeftPanel.Create(IDD_LEFTPANEL_DIALOG,this);           // 创建游戏控制窗体
20         m_LeftPanel.ShowWindow(SW_SHOW);                         // 显示游戏控制窗体
21         m_LeftPanel.GetWindowRect(wndRC);                        // 获取游戏控制窗体区域
22         nWidth = wndRC.Width();                                  // 获取游戏控制窗体宽度
23         pnlRC.left = 0;
24         pnlRC.top = 0;
```

```
25        pnlRC.bottom = nHeight;
26        pnlRC.right = nWidth;
27        int nLeftWidth = nWidth;                              // 记录游戏控制窗体宽度
28        m_LeftPanel.MoveWindow(pnlRC);                        // 设置游戏控制窗体显示区域
29        m_ChessBoard.Create(IDD_CHESSBORAD_DIALOG,this);      // 创建棋盘窗体
30        m_ChessBoard.ShowWindow(SW_SHOW);                     // 显示棋盘窗体
31        // 计算棋盘窗体的显示区域
32        pnlRC.left = nLeftWidth;                              // 获取游戏控制窗体的宽度
33        pnlRC.top = 0;
34        pnlRC.bottom = nHeight;                               // 主窗体的高度
35        // 整个窗体的区域去除对方信息窗体的宽度
36        pnlRC.right = cltRC.Width() - nRightWidth;
37        m_ChessBoard.MoveWindow(pnlRC);                       // 设置棋盘窗体显示区域
38        m_bCreatePanel = TRUE;
39        return TRUE;
40    }
```

④ 处理对话框的 WM_SIZE 消息，在对话框大小改变时，调整子窗体的大小和位置。

```
01    void CClientFiveChessDlg::OnSize(UINT nType, int cx, int cy)
02    {
03        CDialog::OnSize(nType, cx, cy);
04        if (m_bCreatePanel)                                   // 判断子窗体是否被创建
05        {
06            CRect wndRC;
07            m_RightPanel.GetWindowRect(wndRC);                // 获取对方信息窗体的区域
08            int nWidth = wndRC.Width();                       // 获取对方信息窗体的宽度
09            CRect cltRC;
10            GetClientRect(cltRC);                             // 获取主窗体客户区域
11            int nHeight = cltRC.Height();                     // 获取主窗体高度
12            // 定义窗体列表显示的区域
13            CRect pnlRC;
14            pnlRC.left = cltRC.right-nWidth;
15            pnlRC.top = 0;
16            pnlRC.bottom = nHeight;
17            pnlRC.right = cltRC.right;
18            m_RightPanel.MoveWindow(pnlRC);                   // 设置对方信息窗体显示区域
19            int nRightWidth = nWidth;
20            m_RightPanel.Invalidate();                        // 更新对方信息窗体
21            m_LeftPanel.GetWindowRect(wndRC);                 // 获取游戏控制窗体区域
22            nWidth = wndRC.Width();                           // 获取游戏控制窗体宽度
23            pnlRC.left = 0;
24            pnlRC.top = 0;
25            pnlRC.bottom = nHeight;
26            pnlRC.right = nWidth;
27            m_LeftPanel.MoveWindow(pnlRC);                    // 设置游戏控制窗体显示区域
28            int nLeftWidth = nWidth;
29            pnlRC.left = nLeftWidth;                          // 为游戏控制窗体的宽度
30            pnlRC.top = 0;
31            pnlRC.bottom = nHeight;                           // 主窗体的高度
32            // 整个窗体的区域去除对方信息窗体的宽度
33            pnlRC.right = cltRC.Width() - nRightWidth;
34            m_ChessBoard.MoveWindow(pnlRC);                   // 设置棋盘窗体显示区域
35            m_ChessBoard.Invalidate();                        // 更新棋盘窗体
36        }
37    }
```

⑤ 处理对话框的 WM_GETMINMAXINFO 消息，限制对话框的最小窗体大小。

```
01    void CClientFiveChessDlg::OnGetMinMaxInfo(MINMAXINFO FAR* lpMMI)
02    {
03        lpMMI->ptMinTrackSize.x = 800;                        // 限制窗体最小宽度
```

```
04        lpMMI->ptMinTrackSize.y = 500;                    // 限制窗体最小高度
05        CDialog::OnGetMinMaxInfo(lpMMI);
06    }
```

在客户端的主窗体中包含游戏控制窗体、棋盘窗体和对方信息窗体，这 3 个窗体的设计过程与服务器端对应的窗体设计过程是完全相同的，因此就不再单独介绍了。其设计过程请参考 20.5 节、20.6 节和 20.7 节。

本章知识思维导图

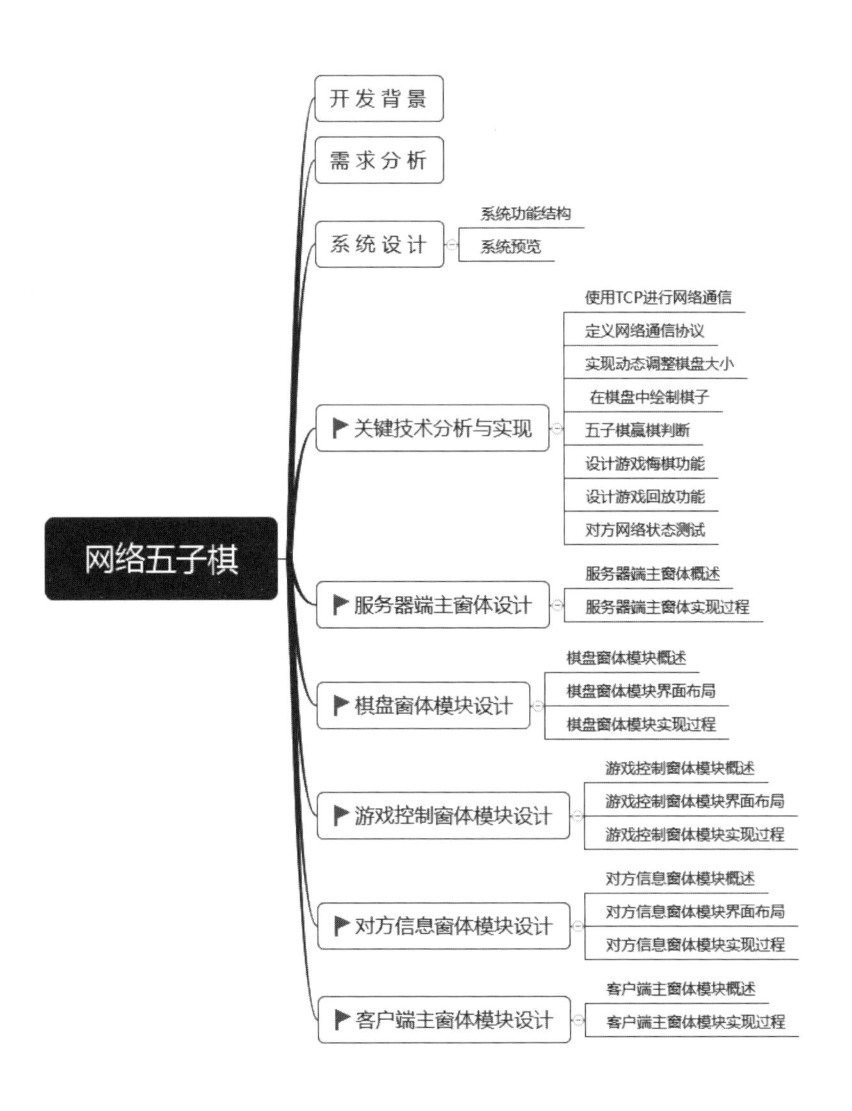